中国黑土地保护
与利用科技创新战略研究

邓小明　张佳宝　张　辉　童玉娥　主编

科学出版社

北　京

内 容 简 介

全书分为绪论、总体篇和区域篇，共包括 13 章。总体篇主要内容包括黑土地保护与利用的现状与趋势、耕地质量监测与评价、侵蚀退化与阻控、有机质退化阻控与固碳培肥、压实板结退化阻控与恢复、健康土壤培育与发展趋势、保护与利用及区域资源生态协同发展，未来 5～10 年保护与利用科技创新优先发展的考虑；区域篇主要阐述黑土地保护与利用的关键技术在松嫩平原、三江平原、辽河平原、长白山—辽东丘陵区及大小兴安岭沿麓五大生态区域的应用及其效果。

本书系统地介绍了黑土地保护与利用科技创新的理论、技术及应用，可供从事黑土地保护与利用等相关领域的科研人员及一线科技工作者学习参考，也可作为农业、资源环境、生态、地理等学科领域高校师生的参考书目。

审图号：GS京（2024）2353号

图书在版编目（CIP）数据

中国黑土地保护与利用科技创新战略研究 / 邓小明等主编. -- 北京：科学出版社，2024. 11. -- ISBN 978-7-03-080168-5

Ⅰ．S157. 1

中国国家版本馆 CIP 数据核字第 2024AN3006 号

责任编辑：李秀伟 / 责任校对：杨 赛
责任印制：赵 博 / 封面设计：无极书装

科 学 出 版 社 出版
北京东黄城根北街 16 号
邮政编码：100717
http://www.sciencep.com
北京建宏印刷有限公司印刷
科学出版社发行 各地新华书店经销
*
2024 年 11 月第 一 版 开本：720×1000 1/16
2025 年 1 月第二次印刷 印张：25 1/4
字数：507 000
定价：328.00 元
（如有印装质量问题，我社负责调换）

《中国黑土地保护与利用科技创新战略研究》
编委会

主　编：邓小明　张佳宝　张　辉　童玉娥

副主编：孙康泰　王振忠　彭新华　董　文

编　委（按姓氏汉语拼音排序）：

白　伟	陈立宇	陈祥伟	陈增明	蔡红光	程玉臣
褚海燕	丁维新	董芳瑾	董姝君	范昊明	范坤坤
范庆锋	方运霆	冯良山	高　磊	高　娃	高传宇
高贵锋	高洪军	郭明明	郭跃东	韩晓增	何　进
何晓燕	黄　彦	黄东浩	黄善林	贾燕锋	贾仲君
姜　明	荆敏毓	隽英华	孔令阳	黎　烨	李　丹
李　静	李　娜	李保国	李殿甲	李广胤	李佳穗
李禄军	李庆林	李双异	李向楠	李秀芬	李亚威
李彦生	梁　尧	林建英	刘宝元	刘春柱	刘红文
刘焕军	刘剑钊	刘天奇	刘艳杰	刘振盼	卢奕丽
路战远	罗　冲	吕丽慧	马晶晶	马仁明	马玉颖
孟庆峰	裴久渤	彭显龙	钱泳其	任　军	任图生
任永峰	沈海鸥	宋春雨	苏芳莉	孙　晶	孙福军
孙占祥	唐　杰	汪景宽	王　洋	王恩姮	王璐瑶
王秋菊	王文娟	王宇先	温艳茹	吴文斌	武海涛

谢　云　　辛　广　　邢志鹏　　许士麒　　杨　腾　　杨建军
杨颂宇　　姚凡云　　尹昌斌　　于立忠　　宇万太　　张　哲
张丽欣　　张向前　　张兴义　　张一枫　　张玉潇　　张中彬
章光新　　赵　鑫　　赵洪祥　　赵明辉　　赵婉莹　　赵小庆
郑　晓　　郑海峰　　郑兴明　　周　锋　　周　虎　　周丽丽
周云成　　祝　惠　　邹洪涛　　邹文秀　　邹元春

前　言

　　耕地是粮食生产的"命根子"，而东北黑土地是耕地中的"大熊猫"，更是保障我国粮食安全的"稳压器"和"压舱石"。保护好耕地中的"大熊猫"是党中央立足新发展阶段作出的重大战略部署，也是习近平总书记的殷切期望。党的二十大强调全方位夯实粮食安全根基，确保中国人的饭碗牢牢端在自己手中。黑土地是指黑龙江省、吉林省、辽宁省、内蒙古自治区的相关区域范围内具有黑色或者暗黑色腐殖质表土层，性状好、肥力高的耕地，面积约为 2.78 亿亩。然而，由于长期高强度利用、保护培育不力，黑土地出现了不同程度的退化，主要包括水土流失严重，黑土地"变薄"；有机质含量减少，黑土地"变瘦"；高强度耕作，黑土地"变硬"。因此，保护利用好黑土地资源、恢复提升黑土地地力，对于保障我国粮食安全、促进农业可持续发展具有重要意义。

　　党的二十大首次提出加快建设农业强国，强国必先强农，农强方能国强。本书在此背景下，依托"十四五"国家重点研发计划"黑土地保护与利用科技创新"重点专项，部署黑土地科技创新的战略研究，厘清黑土地资源与退化现状，总结黑土地保护与利用的主要研究进展，提出黑土地保护与利用的关键科学问题，指出黑土地保护与利用科技创新未来重点研究方向。

　　全书分为绪论、总体篇和区域篇，共包括 13 章。绪论由张佳宝、彭新华等完成。总体篇包括 8 章：第 1 章为黑土地保护与利用的现状与趋势，由贾仲君、李禄军等完成；第 2 章为黑土地耕地质量监测与评价，由吴文斌、汪景宽等完成；第 3 章为黑土地侵蚀退化与阻控，由刘宝元、张兴义等完成；第 4 章为黑土地有机质退化阻控与固碳培肥，由丁维新等完成；第 5 章为黑土地压实板结退化阻控与恢复，由彭新华等完成；第 6 章为黑土地健康土壤培育与发展趋势，由褚海燕等完成；第 7 章为黑土地保护与利用及区域资源生态协同发展，由姜明等完成；第 8 章为未来 5～10 年黑土地保护与利用科技创新优先发展的考虑，由李保国、周虎等完成。区域篇包括 5 章：第 9 章为松嫩平原黑土地保护与利用的关键技术及应用，由邹文秀、任军等完成；第 10 章为三江平原黑土地保护与利用的关键技术及应用，由刘焕军、王秋菊等完成；第 11 章为辽河平原黑土地保护与利用的关键技术及应用，由孙占祥等完成；第 12 章为长白山—辽东丘陵区黑土地保护与利用的关键技术及应用，由邹洪涛完成；第 13 章为大小兴安岭沿麓黑土地保护与利用的关键技术及应用，由路战远、程玉臣完成。全书由彭新华、张中彬、孟庆峰、邢志鹏、卢奕丽、赵鑫、董姝君、温艳茹统稿和审定。

本书的研究工作得到了"十四五"国家重点研发计划"黑土地保护与利用科技创新"重点专项等项目的资助。本书的撰写和出版得到了中国农村技术开发中心等单位领导与专家的大力支持。在此，一并表示衷心感谢！

由于时间仓促加上编者水平有限，书中难免有不足之处，敬请读者批评、指正。

编　者

2024 年 5 月

目　录

总　体　篇

区 域 篇

绪　　论

中国东北黑土区主要分布在松嫩平原、三江平原、辽河平原、长白山—辽东丘陵、大小兴安岭等地区，涉及黑龙江省、吉林省、辽宁省及内蒙古自治区"东四盟"[呼伦贝尔盟（现呼伦贝尔市）、兴安盟、哲里木盟（现通辽市）、昭乌达盟（现赤峰市）]，总面积为 109 万 km^2，约占全球黑土区总面积的 12%。东北黑土地以黑色或暗黑色腐殖质表土层为特征，是一种性状好、肥力高、适宜农耕的优质土地。东北黑土地耕地面积 5.38 亿亩[①]（其中具有黑色或者暗黑色腐殖质表土层耕地面积 2.78 亿亩），占全国的 27%，粮食总产量占全国的 1/4，但商品粮占全国的 1/3，是我国十分重要的商品粮基地，也是保障国家粮食安全的"压舱石"。但是，由于长期高强度利用、保护培育不力，黑土地退化严重，已成为制约区域粮食产能提升和农业可持续发展的因素，并对国家粮食安全构成了严重威胁。

2020 年 7 月 22 日，习近平总书记在吉林考察时强调"采取有效措施切实把黑土地这个'耕地中的大熊猫'保护好、利用好，使之永远造福人民"。2017 年，农业部会同国家发展改革委等六部门联合印发并实施了《东北黑土地保护规划纲要（2017—2030 年）》，加强黑土地保护与利用。2020 年，农业农村部、财政部共同发布了《东北黑土地保护性耕作行动计划（2020—2025 年）》，支持东北四省（自治区）实施保护性耕作，防止黑土退化。2021 年，中央一号文件明文提出要"实施国家黑土地保护工程，推广保护性耕作模式"。2022 年 8 月 1 日，《中华人民共和国黑土地保护法》颁布施行，从法律层面保护黑土地资源，稳步恢复提升黑土地基础地力，促进资源可持续利用。

粮食安全是"国之大者"。党的二十大提出加快建设农业强国。习近平总书记在第十四届全国人大一次会议时强调"农业强国是社会主义现代化强国的根基，推进农业现代化是实现高质量发展的必然要求"。为了深入贯彻落实习近平总书记关于保护好、利用好黑土地的相关重要指示精神，准确把握我国黑土地保护与利用领域的科技发展现状，总结黑土地科技创新成果，探讨黑土地保护与利用未来发展趋势，提升农业强国背景下我国黑土地保护与利用科技创新能力，既是落实"藏粮于地、藏粮于技"战略，又是推动东北乡村振兴、端好中国饭碗的发展大事。

---

① 1 亩≈666.67 m^2。

研 究 背 景

遏制黑土地退化是保障国家粮食安全的迫切需要

黑土地是我国最肥沃的土壤资源，但受人为高强度利用和土壤侵蚀等多个因素影响，黑土地面临黑土层变薄、有机质衰减、耕层变硬等"变薄、变瘦、变硬"的问题，地力水平下降。据农业部（现农业农村部）发布的《东北黑土区耕地质量主要性状数据集》（全国农业技术推广服务中心，2015）[①]及相关调研结果，东北平原部分黑土表土层厚度已由开垦初的 60～70cm 下降到目前的 20～30cm，松辽平原甚至出现了"破皮黄"黑土。"变瘦"主要以黑土地土壤有机质含量下降最为明显，黑土有机质含量开垦最初的 20 年下降大约 30%，40 年下降 50%左右，70～80 年下降 65%左右，每 10 年下降量为 0.6～1.4g C/kg。"变硬"主要表现在土壤容重增加，孔隙度下降，土壤强度提升。自然黑土的土壤容重范围为 0.80～1.00g/cm³，第二次全国土壤普查，黑土耕层土壤容重为 1.00～1.10g/cm³，而目前黑土耕层的土壤容重已增加到 1.25～1.30g/cm³，有些地方甚至超过了 1.40g/cm³。由于黑土地退化，单位面积耕地作物产量下降 15%以上，同时也导致肥料等农业投入品使用量增加，严重损害了农民的种粮积极性，也给"东北大粮仓"的地位带来严峻挑战。因此，必须大力强化科技创新，在合理利用黑土地的同时加强保护和培育，防止黑土退化，提高黑土地地力和单位面积粮食产量，稳定东北地区粮食和农产品产能，确保国家粮食安全。

推动黑土地保护与利用亟须科技创新的有效驱动

为了保护好、利用好黑土地，国家重点研发计划启动实施"黑土地保护与利用科技创新"重点专项，中国科学院启动了战略性先导科技专项（A 类）"黑土地保护与利用科技工程"（以下简称"黑土粮仓"先导专项），大力推动了黑土地保护与利用的基础研究、技术研发与应用示范，取得了重要进展。但是，黑土地退化阻控与恢复是一个长期的过程，需要久久为功。黑土地资源清单仍然不完善，"变薄、变瘦、变硬"诊断指标与监测方法还未建立，耕地质量立体监测与数据时效性有待提升。土壤侵蚀是黑土地退化的主要驱动力，但是过去科研人员主要聚焦水力侵蚀的机理与阻控技术研究，而对影响范围更为广泛、社会关注度更高的"沙尘暴"风力侵蚀的研究非常缺乏，其预测预报模型尚未建立。近 40 年，黑土区是我国唯一土壤有机质含量下降的区域，有机质衰减阻控与提升的技术需要创

---

① 全国农业技术推广服务中心. 2015. 东北黑土区耕地质量主要性状数据集. 北京: 中国农业出版社.

新，东北低温下秸秆还田与促腐技术还需要突破。东北农业现代化水平不断提高，机械化耕、种和收越来越普及，土壤压实板结也越来越突出。如何缓解农机具压实土壤与恢复生产力是我国农业现代化进程中面临的现实问题。

东北地处温带季风气候区，自南向北跨中温带与寒温带，四季分明，春旱频发、降水过于集中，夏季温热多雨，冬季寒冷干燥；自东南向西北，年降水量自1000mm 降至 300mm 以下，从湿润区、半湿润区过渡到半干旱区，区域内降水资源差异大，作物需水与降水的时空分布不协调，部分地区缺水严重。加强东北黑土地数量、质量和生态保护，采取综合性治理措施，构建面向区域生态安全和黑土地保育的景观格局，有利于稳定黑土地耕地面积、提升黑土地耕地质量，实现国家"藏粮于地、藏粮于技"战略。

实施黑土地保护与利用，促进东北地区乡村振兴与农业绿色高质量发展

黑土区优势作物玉米、水稻、大豆产量分别占全国的 41%、19%、56%，被誉为我国粮食安全的"稳压器"和"压舱石"。东北黑土耕地规模化经营和农业机械化水平高于全国平均水平，具备率先实现农业现代化的基础和条件。发挥东北黑土区资源环境优势，破解黑土地保护与可持续利用的瓶颈问题，亟须探索黑土地保育和高效利用技术推广机制与实现路径，建立有利于促进黑土地保护性耕作的土地流转与现代农业规模化经营模式，优化种植业结构与生态产品开发格局，促进乡村种植、养殖、服务等相关行业在资源高效与循环利用基础上有机融合，构建利于生态产业化、产业生态化的黑土地保护性利用区域模式，让农民在保护中增收、让农业在保护中提质，大力促进东北地区乡村振兴与农业绿色高质量发展。

研究目的与内容

当前，黑土地保护与利用受到了前所未有的重视，但是在基础理论、技术研发、模式集成等方面还存在卡点、堵点、痛点和瓶颈。立足"十四五"国家重点研发计划"黑土地保护与利用科技创新"重点专项的最新研究成果，以建设农业强国为指导方针，围绕黑土地耕地质量监测与评价、退化阻控、区域技术集成及示范等，重点解决黑土地保护与利用关键基础科学问题和技术瓶颈，谋划未来 5～10 年黑土地保护与利用科技创新战略。

研究目的

本研究围绕保护好黑土地资源、提高黑土地力和产能、促进黑土区农业绿色可持续发展的核心使命，为解决黑土地研究现状不清楚、退化过程与驱动因素不明、保护利用技术与模式适宜性不强等问题，本研究联合国内优势团队，利用文献分析与野外考察等多种方法，阐述目前世界和我国黑土地保护与利用研究现状，分析黑土地保护与利用所面临的问题，厘清我国黑土地保护与利用主要研究进展，分析黑土地保护与利用关键技术及应用场景，提出我国黑土地保护与利用科技创新发展战略和政策建议，为黑土地保护与利用科技计划顶层设计、实施提供决策依据。

研究内容

为了深入贯彻习近平总书记关于"采取有效措施切实把黑土地这个'耕地中的大熊猫'保护好、利用好，使之永远造福人民"等系列重要讲话精神，落实《东北黑土地保护规划纲要（2017—2030年）》《东北黑土地保护性耕作行动计划（2020—2025年）》及中央一号文件关于"深入推进国家黑土地保护工程。实施黑土地保护性耕作8000万亩"的精神，本书拟分析黑土地保护与利用的现状与发展态势，剖析存在的关键科学问题与技术瓶颈，谋划我国黑土地科技创新未来发展规划与战略布局，提出我国黑土地科技创新和发展的保障措施与政策建议。本书主体分为总体篇和区域篇两个部分，研究框架如图1所示。

通过文献分析与野外实地考察相结合，从黑土地资源与我国粮食安全战略需求，分析国内外黑土地保护与利用研究的现状与趋势，阐述我国黑土地保护与利用的瓶颈和挑战，剖析黑土地耕地质量监测与评价、黑土地侵蚀退化与阻控、黑土地有机质退化阻控与固碳培肥、黑土地压实板结退化阻控与恢复、黑土地健康土壤培育与发展趋势、黑土地保护与利用及区域资源生态协同发展等领域的主要研究进展，剖析该领域科技创新面临的关键科学问题与技术瓶颈，并提出该领域未来科技创新的重点研究方向，为我国黑土地保护与利用科技创新找到新的突破点，为未来黑土地保护与利用科技创新提出发展规划和政策建议。

东北黑土区包括黑龙江省、吉林省、辽宁省和内蒙古自治区东四盟，根据地形地貌、水热条件、种植制度、土壤退化问题等因素，将东北黑土区划分为松嫩平原区、三江平原区、辽河平原区、长白山—辽东丘陵区、大小兴安岭沿麓区五大生态区域（图2），综合分析这五大生态区域的自然资源禀赋与利用现状，分析各个区域黑土地保护与利用技术模式、应用现状及存在的关键问题，在此基础上提出未来5~10年该区域黑土地保护与利用科技创新重点研究方向，为落实黑土地保护与利用技术在东北各个区域因地制宜推广应用提出发展规划和政策建议。

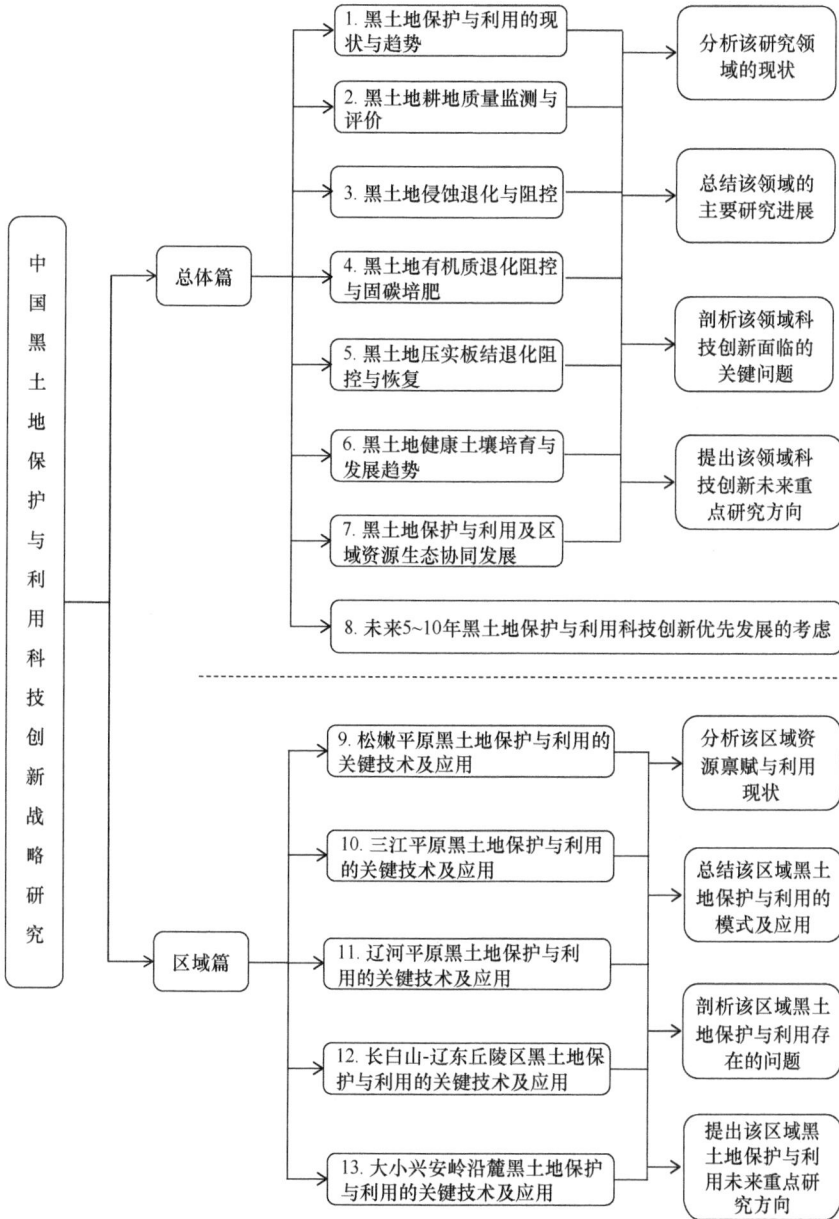

图 1 战略研究框架图

图2　东北黑土区五大生态区域分布图

作 者 信 息

张佳宝，中国科学院南京土壤研究所

彭新华，中国农业科学院农业资源与农业区划研究所

总体篇

第1章 黑土地保护与利用的现状与趋势

摘要：黑土地以其黑色或暗黑色腐殖质表土层为标志，是一种性状好、肥力高、适宜农耕的优质土地。全球四大黑土区中，中国东北黑土区面积位居第三，是我国重要的商品粮基地，并为国家粮食安全提供了坚实的保障。然而，高强度的利用、不合理的耕作方式和土壤侵蚀，造成黑土层变薄、有机质含量下降和压实板结等，导致黑土地面临严重的退化问题。为响应农业强国的号召、全面遏制黑土地退化趋势并推动黑土地保护与利用，亟须有效的科技创新驱动。因此，本章从黑土地资源保护与利用现状与趋势入手，综合分析和总结国内外在黑土地保护与利用方面的研究动向和热点议题，详细探讨黑土地土壤发生与演变、保护性耕作与作物种植、土壤微生物群落与健康保育、物质循环与养分利用、固碳培肥与气候变化、退化侵蚀阻控与环境污染修复、农业遥感等方面的研究进展。梳理国内外共性关键技术，归纳我国典型黑土区保护与利用模式集成示范推广情况，总结了当前我国在黑土地保护与利用科技创新方面的瓶颈与挑战，包括耕地质量的监测评价体系、退化与侵蚀控制技术、耕地健康与生物功能调控技术亟须创新，智慧农业技术–农机–农艺仍需配伍，技术集成体系有待整合等问题。提出了以系统认知分析、精准动态感知、数据科学、基因编辑、微生物组五大关键技术为核心的科技创新构想。发掘"山水林田湖草沙生命共同体"的重大社会实践，突破水土资源安全与管理的基础科学难题，从而促进黑土地保护与利用的科技创新，抢占新一轮农业革命的科技制高点，为迎接未来挑战提供有益参考和指导。

黑土地，作为全球范围内具有显著生态和农业价值的土地资源，承载着保障粮食安全、应对气候变化和保护生物多样性等多项重要任务。在我国，黑土地主要分布在黑龙江省、吉林省、辽宁省和内蒙古自治区，因其丰饶的土壤和良好的生产条件，被誉为"耕地中的大熊猫"。然而，这片宝贵的黑土地正面临着退化和侵蚀的严峻挑战，迫切需要人们加强黑土保护意识，推动黑土永续利用，结合精细化管理，为黑土地保护与利用提供条件，以期在保护生态环境、缓解气候变化的同时，确保黑土地稳定、可持续的粮食生产能力。为贯彻落实习近平总书记关于东北黑土地保护的重要指示精神，认真落实党中央、国务院决策部署，已先后发布了《东北黑土地保护规划纲要（2017—2030 年）》《东北黑土地保护性耕作行动计划（2020—2025 年）》《国家黑土地保护工程实施方案（2021—2025 年）》等重要文件。2021 年 3 月，中国科学院联合东北"三省一区"（黑龙江省、吉林省、辽宁省和内蒙古自治区）启动"黑土粮仓"科技会战，针对东北黑土地保护与利用需要破解的关键科学技术难题，集聚相关科技力量开展核心技术攻关和示范，致力于形成用好养好黑土地的系统解决方案。为增进公众对黑土地的科学认知，中国科学院编制《东北黑土地白皮书（2020）》等系列报告，全面介绍了黑土地的资源环境状况、保护利用进展、科技创新成果及相关的技术与模式。这些举措不仅广泛传播了黑土地的科研成果和保护理念，还大大提高了公众对黑土地保护重要性的认识。因此，本章致力于深入分析黑土地保护和利用研究的状况及发展趋势，探讨科技创新方面的关键挑战，并提出前瞻性的愿景，旨在为国家的农业安全与生态环境保护提供支持和贡献。

1.1 黑土、黑土区与黑土地定义

黑土：表层为黑色、富含有机碳且深度至少为 25cm 的矿质土壤。

黑土区：分布在平原及周边、海拔 600m 以下低山和丘陵以"黑土"为主的地区。黑土区土壤主要包括黑土、黑钙土、暗棕壤、棕壤、白浆土、草甸土等土壤类型。这些土壤形成过程的基本特点是具有显著的有机质积累过程（生物富积作用），土壤的腐殖质层厚度一般在 20～100cm，酸碱度（pH）呈中性，主要为黄土状母质。

黑土地：拥有黑色或暗黑色腐殖质表土层、性状好、肥力高的耕地。该区域在中温带半湿润大陆季风气候区，种植制度基本是一年一熟，是我国大豆、玉米、水稻和甜菜的主产区。

1.1.1 黑土

1. 国际土壤分类系统中黑土的术语、定义及演变历史

一直以来，受到国家语言特点的影响，"黑土"是一些国家土壤分类系统中使用的术语，但在全球范围内对黑土还没有一致的定义。在世界土壤资源参比基础（IUSS Working Group WRB，2015）中，大多数黑土对应黑钙土（chernozem）、栗钙土（kastanozem）和黑土（phaeozem）。此外，在美国，根据《美国土壤系统分类学》（USDA，2014），黑土被称为松软土（mollisol），大部分草原地带的土壤都

被归类为松软土；加拿大的土壤分类系统并未明确定义黑土，但是黑土带（chernozemic）、碱性土（solonetzic）、变性土（vertisolic）大类较为符合黑土的定义标准；在俄罗斯的土壤分类系统中，黑土被称为黑钙土（chernozem）；在乌拉圭的国家土壤分类系统中，黑土被归入褐土（brunosol）和淋溶土（argisol）的大类中。

　　为了促进黑土的可持续管理和国际技术交流，2019 年，联合国粮食及农业组织全球土壤伙伴关系（Global Soil Partnership）在政府间土壤技术小组（Intergovermental Technical Panel on Soils，ITPS）第 11 次工作会议上审议通过了对全球黑土的一致定义，即"黑土是指表层为黑色、富含有机碳且深度至少为 25cm 的矿质土壤"。联合国粮食及农业组织依据黑土的土壤价值，将黑土分为两种类型：第一类是具有较高价值、最脆弱和濒临消失的，需要在全球范围内获得最高保护级别的土壤类别；第二类是在国家层面上濒临消失的，属于广义黑土类别（FAO, Global Soil Partnership, Black Soils International Network，2019）。具体分类标准如下。

　　1）满足以下 5 种性质的土壤是第一类黑土：表层呈黑色或深暗色，通常土壤色度（chroma）≤3moist，明度（value）≤3moist，并且≤5dry（Munsell 颜色系统）；黑色表层的总厚度≥25cm；黑色表层上方 25cm 内有机碳含量≥1.2%（热带地区≥0.6%）并且≤20%；黑色表层的土壤阳离子交换量（CEC）≥25cmol/kg；黑色表层的土壤盐基饱和度≥50%。

　　2）满足以下 3 种性质的土壤是第二类黑土：表层为黑色或深暗色，通常土壤色度（chroma）≤3moist，明度（value）≤3moist，并且≤5dry（Munsell 颜色系统）；黑色表层的总厚度≥25cm；黑色表层上方 25cm 内有机碳含量≥1.2%（热带地区≥0.6%）并且≤20%。

2. 中国土壤分类系统中黑土的术语、定义和演变历史

　　我国在不同时间阶段对黑土的定义有所不同，黑土最早是由农民从颜色和地力来辨别的，指的是肥沃黑土层厚度超过一犁深的土壤。在中国早期土壤发生学分类中这种土壤被归为黑钙土，后来人们发现东北东部土壤剖面中无碳酸钙，于是将这些土壤先后称为淋溶黑钙土、退化黑钙土、暗色草甸土、黑钙土型草甸土、草甸黑钙土型土壤等。1958 年第一次全国土壤普查时，以土壤农业性状为基础，沿用了农民群众的称呼，将黑土层厚度超过一犁深（18~20cm）的土壤都称为"黑土"，包括了发生学分类的黑土、黑钙土、草甸土、白浆土、暗棕壤等各类土壤。1958 年，宋达泉等将东北东部不含碳酸钙的土壤单独划分为独立的土类。1978年在土壤分类中将黑土列入半水成土纲的黑土土类。至此，黑土与黑钙土土类并列，分别属于发生学分类中的半水成土和钙层土土纲，1979 年全国第二次土壤普查分类中黑土被划归为均腐殖质土纲的黑土土类。1991 年在《中国土壤系统分类

（首次方案）》（中国科学院南京土壤研究所土壤系统分类课题组和中国土壤系统分类课题研究协作组，1991）中黑土属均腐土土纲湿润均腐土亚纲简育或黏化湿润均腐土土类。

因此，中国的广义黑土主要包括狭义黑土、黑钙土、暗棕壤、棕壤、白浆土、草甸土六大类。

1）黑土： 其形成过程主要包括腐殖质积累过程和轻度滞水还原淋溶过程。黑土淋溶作用存在于 1m 或 2～3m 土体内，轻度滞水还原淋溶过程表现为矿物质溶胶状态移动。成土母质主要为第三纪、第四纪更新世和全新世的沉积物，以更新世黏土或亚黏土母质分布最广。狭义黑土土类进一步划分为典型黑土、草甸黑土、白浆化黑土和表潜黑土 4 个亚类。

2）黑钙土： 其成土过程含有明显的腐殖质累积和钙积过程。土体中碳酸盐被淋失的速度慢，部分被淋失的钙镁碳酸盐积聚于腐殖质层以下，形成明显的结核状或假菌丝体状碳酸钙聚积层。成土母质有冲积物、洪积物、湖积物、黄土和少量石灰性岩石的坡积物、残积物等。黑钙土土类进一步划分为黑钙土、淋溶黑钙土、石灰性黑钙土、淡黑钙土、草甸黑钙土、盐化黑钙土和碱化黑钙土 7 个亚类。

3）暗棕壤： 其成土过程主要包括弱酸性淋溶过程和温带湿润森林下腐殖质积累过程。暗棕壤分布区针阔混交林凋落物落于地表并覆盖在土壤上，由于降水和融冻水的影响，有机残体分解缓慢，在土壤表层积累形成腐殖质。成土母质为各种岩石的残积物、坡积物、洪积物及黄土。暗棕壤土类进一步划分为典型暗棕壤、白浆化暗棕壤、草甸暗棕壤、潜育暗棕壤和暗棕壤性土 5 个亚类。

4）棕壤： 其成土过程主要包括淋溶作用、黏化作用和生物积累作用等过程。成土过程中易溶性盐类被淋溶形成次生硅铝酸盐黏粒，随土壤渗漏水下移并在心土层淀积形成黏化层。地表土壤凋落物和表层土壤根系在生物的转化下，土壤表层积累大量的腐殖质并形成腐殖质层。成土母质多为非石灰性的残坡积物和黄土状堆积物。棕壤土类可以进一步划分为典型棕壤、白浆化棕壤、潮棕壤和棕壤性土 4 个亚类。

5）白浆土： 其成土过程为土壤中黏粒随下渗水产生机械悬浮性位移，在土体中下部随水分减少附着在土壤结构体表面；受土壤质地和季节性冻层影响，铁锰淋洗发生化学变化并在土层中非均匀分布，使原土壤亚表层脱色成为灰白色土层（白浆层）。成土母质主要是第四纪河湖相沉积物，质地黏重。白浆土土类进一步划分为白浆土、草甸白浆土和潜育白浆土 3 个亚类。

6）草甸土： 是在地形低平、地下水位较高、土壤水分较多、草甸植被生长繁茂的条件下发育形成，具有明显的有机质积累过程。成土母质主要为近代河湖相沉积物，是草甸土形成的一个重要过程。草甸土土类进一步划分为典型草甸土、石灰性草甸土、白浆化草甸土、潜育化草甸土、盐化草甸土和碱化草甸土 6 个亚类。

由于黑土和黑钙土有机质含量更高,暗沃表层(或黑土层)更厚,并集中分布在东北黑土区的中心部位,所以将黑土和黑钙土称为我国的典型黑土。

1.1.2 黑土区

1. 世界四大黑土区

全球范围内分布的四大黑土区为中高纬度的北美洲中南部地区、俄罗斯—乌克兰大平原区、中国东北地区及南美洲潘帕斯草原区(FAO,2022a),总面积占全球无冰地表面积的 7%。北美洲中南部黑土区位于 90°~130°W 和 24°~50°N,面积 290 万 km²,北端起于加拿大草原诸省,纵贯美国大平原,并向南延伸到墨西哥东部的半干旱草原,呈南北带状分布,主要分布在密西西比河流域。俄罗斯—乌克兰大平原黑土区位于 24°~40°E、44°~51°N,面积 190 万 km²,主要发育在高地平原、低地平原和近海平原上。南美洲黑土区位于 57°~66°W、32°~38°S,面积 76 万 km²,分布于阿根廷至乌拉圭的潘帕斯草原上,东起大西洋西岸,西至安第斯山麓,北达大查科平原,南接巴塔哥尼亚高原。中国东北黑土区位于 118°~128°E、42°~48°N,总面积为 109 万 km²,主要分布在松嫩平原、三江平原、辽河平原、长白山—辽东丘陵、大小兴安岭等地区。

2. 中国东北黑土区

1)东北黑土区:包括黑龙江省、吉林省、辽宁省和内蒙古自治区东部 244 个县(市、区、旗),土地面积约 109 万 km²,约占全球黑土区总面积的 12%。北起大兴安岭,南至辽宁南部,西到内蒙古东部的大兴安岭山地边缘,东达乌苏里江和图们江[《东北黑土地保护规划纲要(2017—2030 年)》《全国水土保持规划(2015—2030 年)》]。

2)东北典型黑土区:是指黑土和黑钙土集中分布的区域。东北典型黑土区的范围依据《东北黑土地保护规划纲要(2017—2030 年)》划定,具体包括 44 个县、30 个县级市、63 个市辖区及 4 个旗,如扎赉特旗、嫩江市、克东县、阿城区等。地理上位于 120°29'13"~134°06'41"E、41°00'40"~51°39'40"N,为温带大陆性季风气候,自南向北跨越了几乎整个中温带,从东到西经历湿润区、半湿润区两个干湿地区,主要分布于松辽平原区、小兴安岭到长白山地区、三江平原区等农业区,面积共计 45.94 万 km²,占东北地区总面积的 36.94%。区域内土壤类型以典型黑土(黑土和黑钙土)为主,拥有较为优质的耕地资源。

1.1.3 黑土地

1. 国际与国内对黑土地的概念界定

因语言特点影响，国际上对黑土地与黑土没有严格的区分，仅区分了黑土（black soil、black earth、black land）与黑土区（black soil area、black earth area、black soil region），以及黑土草地（black soil grassland）、黑土林地（black soil forest）、黑土耕地（black soil cropland）。这导致黑土地在国际上尚无绝对统一的明确定义，产生这一问题的主要原因是黑土分类体系多样，不同分类体系对黑土定义和分类不同，并且国际上对黑土的看法和研究程度不尽相同，选用的分类体系不同。然而，虽然黑土分类体系多样，但其背后都是有权威的土壤分类体系作支撑，或是根据成土过程和成土因素定性描述，或是根据诊断层和诊断特性定量刻画。因此，学者们从多个角度和多个标准进行研究，虽然研究结果存在差异，但是结论大都是准确的、可靠的。

2. 中国黑土地的共识概念与定义

在科学研究中，黑土地是指以黑色或暗黑色腐殖质表土层为标志的土地，是一种性状好、肥力高、适宜农耕的优质土地（中国科学院，2021）。在中国的法律中，黑土地是指黑龙江省、吉林省、辽宁省、内蒙古自治区的相关区域范围内具有黑色或者暗黑色腐殖质表土层，性状好、肥力高的耕地（《中华人民共和国黑土地保护法》）。基于以往关于黑土的研究基础及《中国土壤系统分类》《中华人民共和国黑土地保护法》中的概念，在本研究中我们给出了"黑土地"的共识定义为，"黑土地是指土壤类型为黑土、黑钙土、白浆土、草甸土、暗棕壤、棕壤的旱田和水浇地，以及由这些土壤类型转化成的水稻田"。

基于黑土地的共识定义，本研究给出了典型黑土地的定义，即分布在松嫩平原、三江平原和辽河平原上，土壤类型主要为黑土、黑钙土、白浆土、草甸土和水稻土的耕地。我国农业部等六部委 2017 年发布的《东北黑土地保护规划纲要（2017—2030年）》中，根据第二次全国土地调查数据和县域耕地质量调查评价成果，明确了东北典型黑土区耕地（典型黑土地）面积约 1853.33 万 hm^2（2.78 亿亩）。其中，内蒙古自治区 0.25 亿亩，辽宁省 0.28 亿亩，吉林省 0.69 亿亩，黑龙江省 1.56 亿亩。

1.2 黑土资源现状

1.2.1 世界黑土资源现状

1. 世界黑土资源及分布

全世界共有 7.25 亿 hm^2 的黑土，黑土的分布与原生草原生态系统密切相关，包括但不限于其他大陆性气候的草原生态系统。按照联合国粮食及农业组织对黑土的分类统计，不同类型黑土资源的主要分布区域如下。

1）黑钙土（chernozem）：主要分布在俄罗斯、乌克兰、中国、美国大平原、哈萨克斯坦北部及中欧部分国家和地区等，主要用于种植小麦、大麦、玉米及其他粮食作物和蔬菜，也被用于牲畜饲养。

2）栗钙土（kastanozem）：主要分布在欧亚短草草原带（乌克兰南部，俄罗斯南部，哈萨克斯坦和蒙古国）、美国、加拿大和墨西哥的大平原地区，南美潘帕斯草原（阿根廷北部、巴拉圭和玻利维亚东南部），以及中国东北地区。栗钙土地区雨水相对欠缺，土壤腐殖质含量较低，因此对抗农耕条件的适应力较弱，主要用于种植小颗粒谷物、灌溉粮食作物和蔬菜作物，同时也用于自由放牧。

3）黑土（phaeozem）：主要分布在美国大平原湿润和半湿润的中央低地和最东部地区、阿根廷和乌拉圭的亚热带潘帕斯草原、中国东北地区、俄罗斯中部的连续区域、中欧地区较小且多数不连续的区域，特别是匈牙利和邻近国家的多瑙河地区、热带地区的山区，主要用于生产大豆、小麦、大麦、蔬菜及其他作物，也用于改良牧场中饲养牲畜和育肥（FAO，2022a）。

2. 世界黑土与粮食安全

黑土普遍被认为是天然高产肥沃的土壤，含有大量植物生长所必需的氮、磷、钾、镁等矿物质元素，且土壤保水性好，因而有利于植物吸收和农作物生长。长期以来，黑土地被精耕细作，越来越专注于粮食生产、放牧、饲草种植系统。在有利的气候条件下，黑土的作物产量很高。全球范围内，大约 1/3 的黑土被农作物覆盖，另外 1/3 被草原覆盖，剩余 1/3 则被森林覆盖。虽然全球大约 17%的农田位于黑土上，但联合国粮食及农业组织 2010 年的数据（图 1-1）显示，全球 66%的葵花籽、51%的小米、46%的大麦、42%的甜菜、30%的小麦和 26%的马铃薯均产自黑土区。

然而，军事冲突对欧亚大陆的粮食生产构成严重挑战，世界粮食生产受到严重威胁。在联合国粮食及农业组织理事会第 169 届会议上，针对当前冲突的背景下讨了粮食不安全问题。俄罗斯和乌克兰的合计出口量约占全球小麦和葵花籽出口量的 30%和 80%，俄罗斯也是最大的化肥出口国。这意味着供应中断将对全球农业粮食系统、全球消费者及粮食、能源和化肥价格产生影响。此外，军事冲突也加剧了黑土的退化，各种污染源（如重金属、贫铀、凝固汽油弹等）污染了黑土，大大减少了黑土区的生物多样性（FAO，2022b）。

3. 世界黑土退化现状

《世界土壤资源状况报告》（FAO and ITPS，2015）指出了全球范围内对土壤

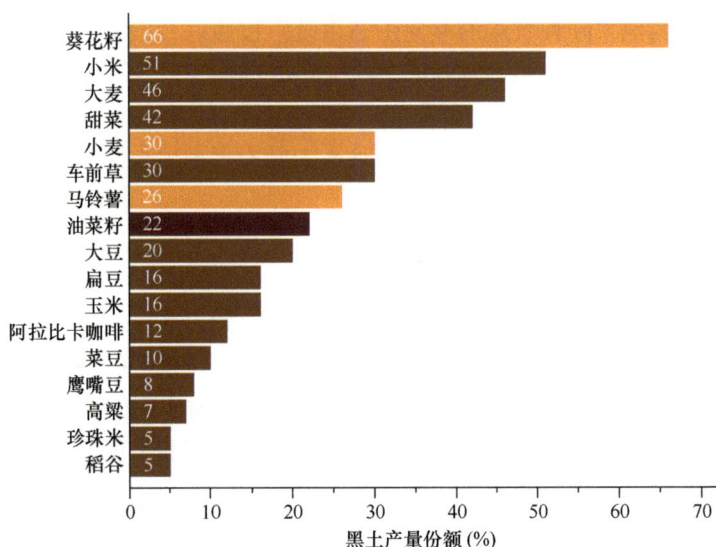

图 1-1　直接归属于黑土的作物生产的全球份额

功能的十大威胁，强调土壤侵蚀、土壤有机碳损失和养分失衡是前三大威胁。几个世纪以来，由于集约化种植系统、土地利用的变化、不可持续的管理做法和农药化肥的过度使用，黑土也面临着有机碳与腐殖质的严重损失，还遭受了中度至重度侵蚀，以及营养失衡、酸化、压实和土壤生物多样性丧失等退化问题（FAO and ITPS，2015）。目前，全球黑土退化现状主要表现在以下几个方面。

1）土壤有机碳损失严重。 据联合国粮食及农业组织统计，全球黑土含有约 560 亿 t 碳，占世界土壤有机碳储量的 8.2%（FAO，2023）。然而，大多数黑土已经损失了 20%～50% 的原始碳储量，主要以二氧化碳的形式释放到大气中，加剧全球变暖。乌克兰的黑土为有机碳损失提供了一个有力的例证。根据 Baliuk 和 Kucher（2019）的研究，近 140 多年来，由于不合理的土地利用，乌克兰草原的土壤有机碳平均损失达到 22%。此外，Yatsuk（2018）指出，由于农业生产迁移与集约化耕种面积扩大，尤其是甜菜和玉米，黑土腐殖质的年损失量在 20 世纪 60～80 年代达到 0.55～0.60t/hm^2。从气候带来看，腐殖质含量降幅最大的是草原区，损失了 0.32%；在森林区中，腐殖质则损失 0.19%。除此之外，放牧也对南美洲的黑土区造成大量有机碳损失（Maia et al.，2010）。

2）土壤侵蚀同样显著。 在全球范围内，土壤侵蚀被认为是最严重的威胁，导致发达地区水质较差，许多发展中地区作物产量降低（Montanarella et al.，2016）。主要的土壤侵蚀过程是由水力、风力和雪融引起的，其中坡耕地农田的水力侵蚀是土壤侵蚀的主要原因。Ouyang 等（2018）的研究结果显示，从 1979～2014 年，林地到旱地的种植系统转换使中国东北黑土区土壤侵蚀从每年 204t/km^2 增加到

421t/km^2。乌克兰的土壤受到水力和风力侵蚀的影响严重，每年约有 225t/km^2 的土壤被侵蚀，导致约 7.4 亿 t 肥沃土壤流失。水力侵蚀影响了乌克兰 32% 的土地面积，风蚀导致年均 2000 万 hm^2 的土地受到沙尘暴影响（Balyuk et al.，2010）。

3）养分失衡不容忽视。 养分失衡包括土壤养分的不足与养分过剩。Montanarella 等（2016）认为，养分失衡是北美的第二大威胁，也是非洲大部分地区（特别是黑土地区）的第三大威胁。由于缺乏养分补充，阿根廷潘帕斯草原的氮、磷、钙、镁和锌等养分水平已经下降（Rubio et al.，2019；Lavado and Taboada，2009）。俄罗斯（Grekov et al.，2011）、乌克兰（Baliuk et al.，2021）和巴西（Rezapour and Alipour，2017）黑土中的营养储量也显著下降。另外，在世界其他黑土区，过量的化肥使用导致了严重的非点源污染和富营养化问题（Ju et al.，2004），高磷肥施用导致磷过剩 [>13kg/(hm^2·a)]。

4）土壤压实导致土壤物理性质恶化。 土壤压实是农田重型机械密集使用得到的直接后果。压实导致土壤容重增加和渗透性减弱、有机质含量减少和团聚体稳定性降低，从而影响作物产量（Montanarella et al.，2016；Gupta and Allmaras，1987）。经过集约化耕作的加拿大的草原土壤和乌克兰的黑土区都出现了不同程度的土壤物理退化。根据 Medvedev（2012）报道，乌克兰被压实的土壤的分布面积占耕地面积的约 39%，其中，轻度压实面积占 10%，中度压实面积占 28%，重度压实面积占 1%。巴西耕种的黑土容重与林地相比增加了 14%～20%，孔隙度降低了 10%～22%（Rezapour and Alipour，2017）。在阿根廷的潘帕斯草原，连续耕作和土壤压实加剧了水蚀作用，导致地势起伏的黑土区平均损失了 50% 的原始土壤有机质，土壤发生了严重的物理变化（Lavado，2016）。

5）盐碱化导致黑土质量下降。 盐碱化是自然（初级）和人为（次级）因素引起的，必然导致土壤质量下降。主要原因包括土地利用的变化，如一年生作物取代了多年生植被，或与气候变化有关的水文不平衡（Taboada et al.，2021），以及使用含盐量较高的灌溉水（Bilanchyn et al.，2021；Choudhary and Kharche，2018）。在自然和人为因素引起的盐碱化情况下，pH 值、电导率和可交换性钠的百分比的增加都会降低黑土的质量。然而，人为盐碱化是土壤和肥料管理不当导致，也是黑土区面临的主要挑战。在俄罗斯，灌溉土壤发生次生盐碱化，富含腐殖质的土层厚度下降（Medvedev，2012；Grekov et al.，2011）。

6）黑土酸化趋势不容忽视。 土壤酸化通常是由于作物过量吸收交换性盐基而未补充，或氮肥过量施用。在乌克兰的 Cherkassy 和 Sumy 地区，土壤 pH 值在种植 40～50 年后下降 0.3～0.5 个单位（Medvedev，2012；Grekov et al.，2011）。在中国东北的黑土区，也检测到在集约化种植系统中过度施用氮肥而导致的酸化趋势，影响了土壤的 pH 值平衡（佟玉欣，2018）。

7）土壤生物多样性丧失。 集约化农业导致了物种丰富度和生物多样性降低，如何恢复生物多样性成为未来的挑战之一。Wagg 等（2014）的研究表明，土壤生物多样性的减少会导致植物物种多样性急剧下降，并伴随着碳封存的减少。此外，土壤生物多样性和土壤群落组成的变化也会影响养分循环过程。

总体而言，全球黑土的退化因素错综复杂，既包括直接的土地管理活动，如不当的农业耕作，又涉及间接的环境变化，如气候变化。因此，解决黑土退化问题需要综合多方面的战略，包括可持续农业实践、改进土地管理和促进生态恢复。

1.2.2　中国黑土资源现状

1. 我国黑土资源的分布

黑土的形成与气候及地质条件密不可分，仅能形成于四季分明且温差较大的温带地区。我国黑土主要连片分布在东北区，包括黑龙江省、吉林省、辽宁省、内蒙古自治区（东四盟），其中，暗棕壤的分布面积最大，其次是草甸土，再次为黑钙土、黑土、白浆土，棕壤分布面积最小，具体如下。

1）黑土：主要分布在黑龙江省、吉林省及内蒙古自治区，总面积 7.02 万 km^2。黑土分布区属温带湿润、半湿润季风气候，年平均气温 $0\sim6.7^\circ\text{C}$，$\geqslant10^\circ\text{C}$ 积温为 $2000\sim3000^\circ\text{C}$，无霜期 110～140 天，年降水量 500～600mm，自然植被为草原化草甸或草甸化草原。

2）黑钙土：主要分布在内蒙古自治区、吉林省西部及黑龙江省西部，总面积 9.58 万 km^2。黑钙土分布区属温带半干旱半湿润季风气候，年平均气温 $-2\sim5^\circ\text{C}$，$\geqslant10^\circ\text{C}$ 积温为 1500～3000℃，无霜期 80～120 天，年降水量 300～500mm，自然植被为草甸草原。

3）暗棕壤：主要分布在黑龙江省、吉林省及内蒙古自治区东部，总面积 31.95 万 km^2。暗棕壤分布区属温带湿润季风气候，年平均气温 $-2\sim5^\circ\text{C}$，$\geqslant10^\circ\text{C}$ 积温为 1900～3300℃，无霜期 80～155 天，年降水量 600～1100mm，自然植被是以红松为主的针阔混交林或阔叶林、乔灌混交林。

4）棕壤：主要集中分布在辽东半岛，并延伸至吉林省境内西南边缘的低山丘陵，总面积 4.99 万 km^2。棕壤分布区属暖温带湿润、半湿润季风气候，年平均气温 $5\sim15^\circ\text{C}$，$\geqslant10^\circ\text{C}$ 积温为 2700～4500℃，无霜期 120～220 天，年降水量 500～1200mm，自然植被主要为针阔混交林、针叶林和阔叶林。

5）白浆土：主要分布在黑龙江省和吉林省东部山麓岗平地和河谷台地上，总面积 5.27 万 km^2。白浆土分布区属温带湿润、半湿润季风气候，年平均气温 $1.6\sim3.5^\circ\text{C}$，$\geqslant10^\circ\text{C}$ 积温为 1900～2800℃，无霜期 87～154 天，年降水量 500～900mm，自然植被为针阔混交林、次生杂木林、草甸及沼泽化草甸。

6）草甸土：在东北黑土区均有分布，总面积 17.56 万 km^2。草甸土分布区属温带湿润、半湿润、半干旱气候，年平均气温 0～10℃，年降水量 200～800mm，自然植被为湿生型草甸植物、草甸草原植物、沼生植物。

2. 我国黑土地与粮食产量

东北地区是我国极为重要的粮食生产基地，其粮食产量和粮食调出量分别占全国总量的 1/4 和 1/3，为国家粮食安全提供了重要保障。在东北地区，典型黑土地面积为 1853.33 万 hm²，以旱田为主，水田次之。农作物主要为玉米、大豆和水稻等。全国第三次国土调查变更数据显示（表 1-1），2021 年年底东北地区（包括辽宁省、吉林省、黑龙江省、内蒙古自治区东四盟）耕地面积为 3741.65 万 hm²（5.61 亿亩），相比 2019 年减少 8.39 万 hm²（125.85 万亩），占比 0.22%。

表 1-1　2019～2021 年东北地区耕地面积变化　　　（单位：万 hm²）

区域	2019 年	2021 年	变化
辽宁省	518.21	515.36	−2.85
吉林省	749.85	744.98	−4.87
黑龙江省	1719.54	1716.58	−2.96
内蒙古自治区东四盟	762.44	764.73	2.29
合计	3750.04	3741.65	−8.39

资料来源：中国科学院，2023

2019～2021 年东北地区粮食播种面积、总产量及单位面积产量情况如表 1-2 所示。东北地区粮食种植面积持续增加，种植结构得到优化，稳粮扩豆成效明显。2021 年东北地区的粮食播种面积为 2965.5 万 hm²（44 482.5 万亩），占全国播种面积的 25.2%，比 2019 年增加了 248 万 hm²（3720 万亩）。2021 年东北地区粮食产量保持稳定。根据国家统计局数据显示，2021 年东北地区的粮食总产量为 17 320 万 t，占全国粮食总产量的 25.36%，比 2019 年粮食产量增加了 777 万 t。其中，辽宁省产量为 2539 万 t，吉林省产量为 4039 万 t，黑龙江省产量为 7868 万 t，内蒙古自治区东四盟产量为 2874 万 t。2021 年，辽宁省和吉林省的单位面积产量均超过了全国的平均单位面积产量（5805kg/hm²）。辽宁省、吉林省、黑龙江省、内蒙古自治区东四盟 2021 年的单位面积产量相比 2019 年分别增加了 2.86%、2.77%、3.32% 和 6.96%。

东北地区在 2019～2021 年的主要粮食作物产量如图 1-2 所示，黑龙江省的稻谷、玉米和豆类产量一直居高不下，且稻谷和豆类产量逐年增长。而吉林省的稻谷产量持续增加，玉米和豆类产量在 2019～2020 年略有增加，而 2021 年有所下降。辽宁省的稻谷产量逐年增加，虽然玉米产量在 2021 年有所下降，但仍显著高于 2019 年。内蒙古自治区东四盟主要贡献了玉米及豆类产量，其中豆类在 2020

年和 2021 年的产量相比 2019 年有所提升。总体来看，在 2021 年，东北地区的稻谷产量相比 2019 年增产 260.61 万 t，增幅 6.77%；玉米产量下降 232.97 万 t，降幅为 2.18%；大豆产量增加 332.65 万 t，增幅为 35.39%。

表 1-2　2019～2021 年全国及东北地区粮食产量

统计年份	统计范围	播种面积 （万 hm²）	总产量 （万 t）	单位面积产量 （kg/hm²）
2021	全国总计	11 763.2	68 285	5 805
	辽宁省	354.4	2 539	7 164
	吉林省	572.1	4 039	7 060
	黑龙江省	1 455.1	7 868	5 407
	内蒙古自治区东四盟	583.9	2 874	4 924
	东北地区合计	2 965.5	17 320	24 555
2020	全国总计	11 676.8	66 949	5 734
	辽宁省	352.7	2 339	6 631
	吉林省	568.2	3 803	6 694
	黑龙江省	1 443.8	7 541	5 223
	内蒙古自治区东四盟	593.8	2 716	4 574
	东北地区合计	2 958.5	16 399	23 122
2019	全国总计	11 606.4	66 384	5 720
	辽宁省	348.9	2 430	6 965
	吉林省	564.5	3 878	6 870
	黑龙江省	1 433.8	7 503	5 233
	内蒙古自治区东四盟	593.5	2 732	4 603
	东北地区合计	2 940.7	16 543	23 671

注：以上数据来自国家统计局网站 https://www.stats.gov.cn/sj/（查询时间为 2024 年 1 月 25 日）

这些数据反映了东北地区农业生产的特点和发展趋势。可以看出在 2019～2021 年，我国东北地区的粮食产量稳步增长，实现了稳粮扩豆的目标。

3. 我国黑土地退化现状

东北黑土地退化已是不争的事实，主要表现为，耕地土壤有机质含量减少，导致土壤生态功能减弱；水土流失严重，进一步降低土壤肥力；机械化水平较高，导致土壤压实板结；自然因素影响严重，导致农业生态环境变差；可耕地面积逐渐减小，导致有效灌溉面积不足。东北黑土区大多一年只能种植一季，由于长期裸露导致土壤结构恶化，加剧了风蚀和水蚀，对东北农业可持续发展构成严峻挑战。另外，东北黑土区种植结构不平衡，大豆种植面积急剧减少，导致粮豆轮作

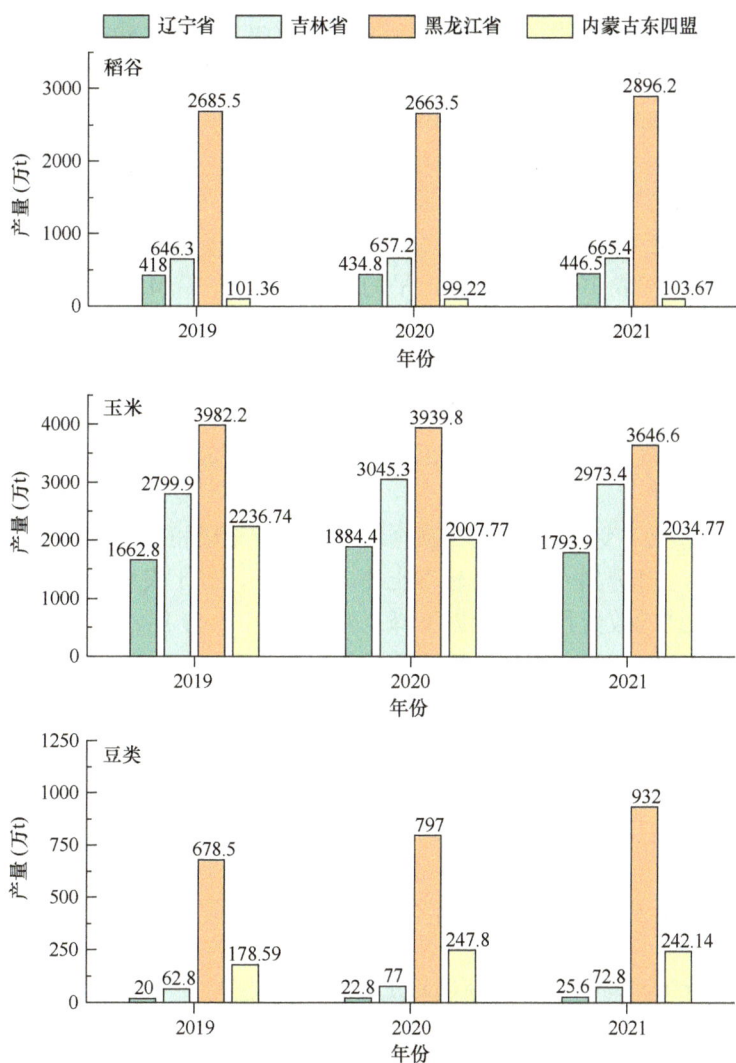

图 1-2 2019～2021 年东北地区主要粮食作物产量
以上数据来自国家统计局网站 https://www.stats.gov.cn/sj/（查询时间为 2024 年 1 月 25 日）

制度难以施行，加上种养业发展不协调，导致玉米就地转化料比例偏低、有机肥资源不足等问题日益突显。与此同时，大量使用化肥、农药和农用塑料薄膜导致土壤养分结构失调，一方面，严重制约了黑土耕地土壤的质量；另一方面，在施用无机肥料的同时忽视有机肥料的投入，导致土壤中有机质补充不足，氮、磷、钾三种元素比例失衡，耕地肥力大面积下降，黑土区的土壤由高产田变成中、低产田（刘宝元等，2021）。目前，我国的黑土地退化现象主要体现在"变薄""变瘦""变硬"几个方面。

1）一是黑土"变薄"。《中国水土保持公报（2022 年）》显示，东北黑土区水土流失面积达 21.15 万 km²，占其土地总面积 108.75 万 km² 的 19.45%。水力侵蚀面积达 13.49 万 km²，风力侵蚀面积 7.66 万 km²。其中水土流失主要来源于 3°～15° 的坡耕地，占黑土地水土流失总面积的 46.4%。60% 以上的旱作农田发生水土流失问题，黑土层正以年均 0.1～0.5cm 的速度剥蚀流失。

2）二是黑土"变瘦"。与第二次全国土壤普查结果相比，2011 年典型黑土区黑龙江省海伦市的农田，每千克黑土平均有机碳含量下降 4.0g，表层黑土有机碳含量下降 12%。1980～2011 年，东北黑土地是我国旱地土壤有机碳唯一表现为下降趋势的地区。已有研究表明，黑土地开垦最初 20 年有机质含量下降约 30%，40 年后下降 50% 左右，70～80 年后下降 65% 左右，进入一个相对稳定期。此后黑土有机质含量下降缓慢，平均有机碳含量年下降速度低于 2%，每 10 年下降 0.6～1.4g/kg。

3）三是黑土"变硬"。与第二次全国土壤普查结果相比，退化黑土中黏粒含量下降 5.04%，部分黑土质地由轻壤土变成中壤土，黑土表层细颗粒向粗颗粒转变，导致土壤结构改变和蓄水能力下降。开垦 20 年、40 年、80 年的耕地土壤与自然黑土相比，0～30cm 土层土壤容重分别增加 7.59%、34.18%、59.49%，总孔隙度分别下降 1.91%、13.25%、22.68%，田间持水量分别下降 10.74%、27.38%、53.90%。

1.3 国际黑土地保护与利用现状

1.3.1 国际黑土地保护与利用研究的主要特点、趋势、机构及热点

1. 国际黑土地保护与利用研究领域的发文特点与趋势

截至 2023 年，在合并检索 Web of Science 核心合集数据库与 CNKI 数据库中的土壤学领域研究中，共检索到黑土领域研究论文 19 786 篇（图 1-3），占比 0.8%，其中，黑土领域 SCI 论文占比 0.5%，占 Web of Science 核心合集数据库比例为 0.64%；黑土领域 CNKI 论文占比 0.3%，占 CNKI 数据库比例为 1.48%。如图 1-4 所示，国际有关黑土地理论研究自 20 世纪初开始，至今已持续百年，在 20 世纪 90 年代开始进入爆发期，并至今保持不断增长。进入 21 世纪以后，中国在国际黑土领域研究论文中的占比逐年增长，成为黑土领域研究的主力军，特别是在 2022～2023 年，中国发表的黑土领域研究论文在国际上的占比超过了 50%。

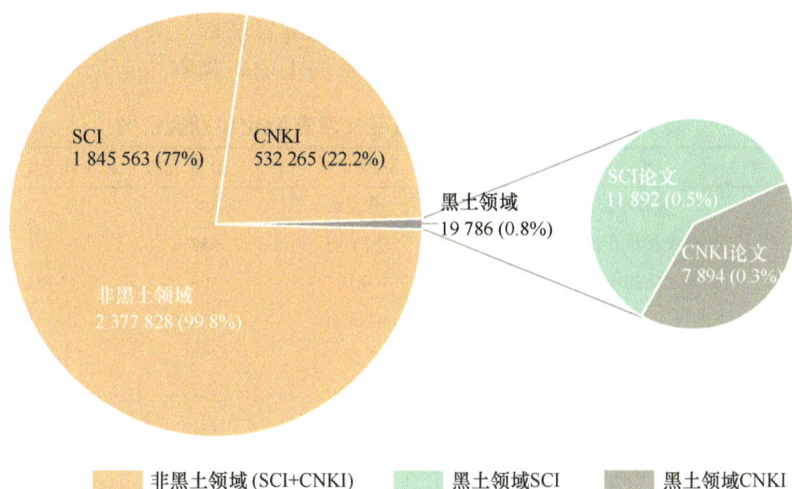

图 1-3　国际黑土领域研究论文占整体土壤学领域研究的比例

CNKI 论文检索：以"土壤"为主题，检索范围为"学术期刊"，在 CNKI 检索论文，而后在该检索结果下以"黑土"为主题进行筛选；SCI 论文检索：以 soil* 为主题，检索范围为论文或综述论文在 Web of Science 核心合集数据库中检索，而后在该主题下以 Chemozem* or "black earth" or "black soil" or "blacksoil" or "black land" or Mollisol* or Phaeozem* or Kastanozem*（主题）and PEOPLES R CHINA* or China*（国家/地区）构建检索式，进行进一步筛选（检索时间为 2024 年 1 月 10 日）

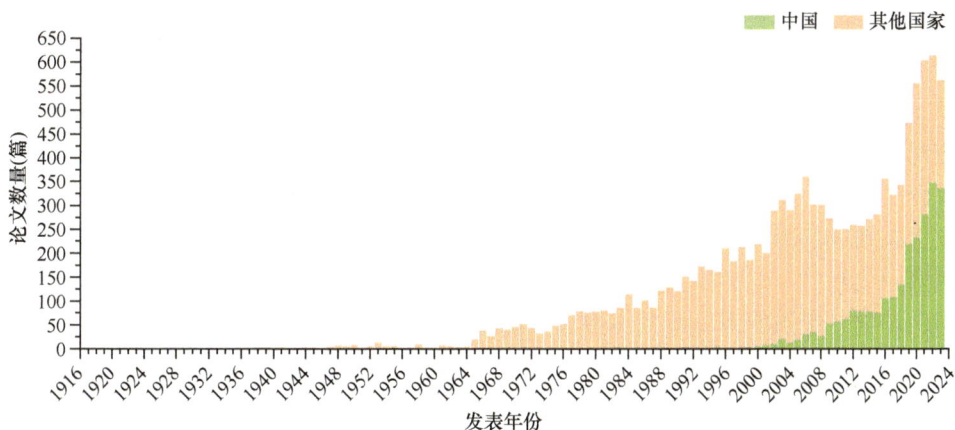

图 1-4　国际黑土地领域研究年度发文趋势变化（Web of Science 核心合集数据库）

以主题=（chernozem* or "black earth" or "black soil*" or "blacksoil" or "black land" or mollisol* or Phaeozem* or Kastanozem*）构建检索式，在 Web of Science 核心合集数据库中，共检索到 11　892 篇论文（检索时间为 2024 年 1 月 10 日）

2. 国际黑土地保护与利用的研究机构与团队

在国际黑土地保护与利用研究方面，国外排名前 10 位的重要发文机构中（表 1-3），俄罗斯 4 个，加拿大 3 个，匈牙利 2 个，美国 1 个。发文量排名前 5

位的机构依次是俄罗斯科学院、加拿大农业及农业食品部、美国农业部农业研究中心、莫斯科罗蒙诺索夫国立大学、道库恰耶夫土壤研究所。

表 1-3　国外黑土地领域 SCI 论文发表 TOP10 研究机构

序号	机构名称	所属国家	发文数量（篇）	近 3 年发文比例（%）
1	俄罗斯科学院	俄罗斯	688	18
2	加拿大农业及农业食品部	加拿大	657	11
3	美国农业部农业研究中心	美国	568	2
4	莫斯科罗蒙诺索夫国立大学	俄罗斯	498	15
5	道库恰耶夫土壤研究所	俄罗斯	272	22
6	萨斯喀彻温大学	加拿大	248	7
7	南联邦大学	俄罗斯	191	24
8	阿尔伯塔大学	加拿大	180	7
9	匈牙利科学院	匈牙利	175	5
10	德布勒森大学	匈牙利	165	5

注：检索式为主题=(Chernozem* or "black earth" or "black soil*" or "blacksoil" or "black land" or Molisol* or Phacozem* or Kastanozem*)，按照机构进行检索（检索时间为 2024 年 1 月 10 日）

3. 国际黑土地保护与利用的研究热点

黑土地保护与利用的国际研究涉及多个国家，其中俄罗斯、美国、加拿大和德国等国家在领域内具有显著影响力。由于土壤类型、开发历史和保护程度的差异，各国研究机构侧重不同。俄罗斯专注于土壤基础结构与保护性耕作，美国农业部农业研究中心关注作物种植、固碳、气候变化和土壤健康，加拿大农业及农业食品部致力于黑土地作物种植研究。随着气候变暖，全球黑土地基础研究中农业生态系统的固碳减排研究变得日益关键。此外，国际黑土地保护与利用研究呈现多元化趋势。欧洲主要聚焦农业种植、地质与水资源，而美国偏向气候、工程和生态学。中国的黑土研究主要受美国影响较大。

近年来，国际学术界在黑土地保护与利用领域取得显著进展，包括保护性耕作、土壤侵蚀阻控和有机碳库评估等方面。欧洲和北美通过作物轮作、地表覆盖、少免耕等先进管理措施成功遏制了黑土地的持续退化趋势，抑制了过度垦殖引发的"黑色风暴"。特别值得关注的是，美国能源部和国家科学院为黑土区设定战略规划，强调土壤作为关键领域，特别关注土壤健康技术的发展。

在科研影响力上，中国科学院、美国农业部农业研究中心和加拿大农业及农业食品部成为全球黑土研究的领军力量。中国的研究机构积极参与黑土地保护与利用研究，逐渐取得发文量上的优势，成为领先机构之一。尽管各国在黑土地保护与利用研究方面呈现出各自独特的特点，但国际合作潜力巨大，科研机构应加强合作，以应对全球黑土地保护与利用的共同挑战。

1.3.2　国际上黑土地保护与利用在科技创新方面的主要进展情况

本节将简要介绍其他国家的研究进展,中国的研究进展将在下一节详细介绍。

1. 基础前沿

全球黑土地保护研究主要集中在黑土地发生和演变、黑土地保护性耕作、黑土地作物种植、黑土地固碳与气候变化、黑土地健康与保育及土壤环境修复 6 个方面(图 1-5)。黑土地发生和演变方面,国际上主要开展了不同类型黑土的微观形态、发育过程、成因机制等机理研究;保护性耕作方面,研究重点是基于长期实验验证了免耕、休耕等不同耕作模式对土壤微生物、土壤有机质含量、土壤肥力的影响;作物种植方面,重点研究了轮作、间作等种植模式对土地耕作效率、二氧化碳和氮氧化物的排放产生的影响;黑土地固碳与气候变化方面,研究了黑土农业生态系统的碳排放,以及黑土区农田生态系统固碳情况;黑土地健康与保育方面,研究集中在耕作模式对土壤有机质、腐殖质、氮、磷等养分的影响。此外,由于黑土区域不合理的土地利用方式及农药、化肥的过量施用,土壤生产力下降,黑土区土壤环境修复也是重要的研究内容之一。总体来看,黑土地研究已向跨学科方向发展,多学科交叉融合有利于促进研究的深入。

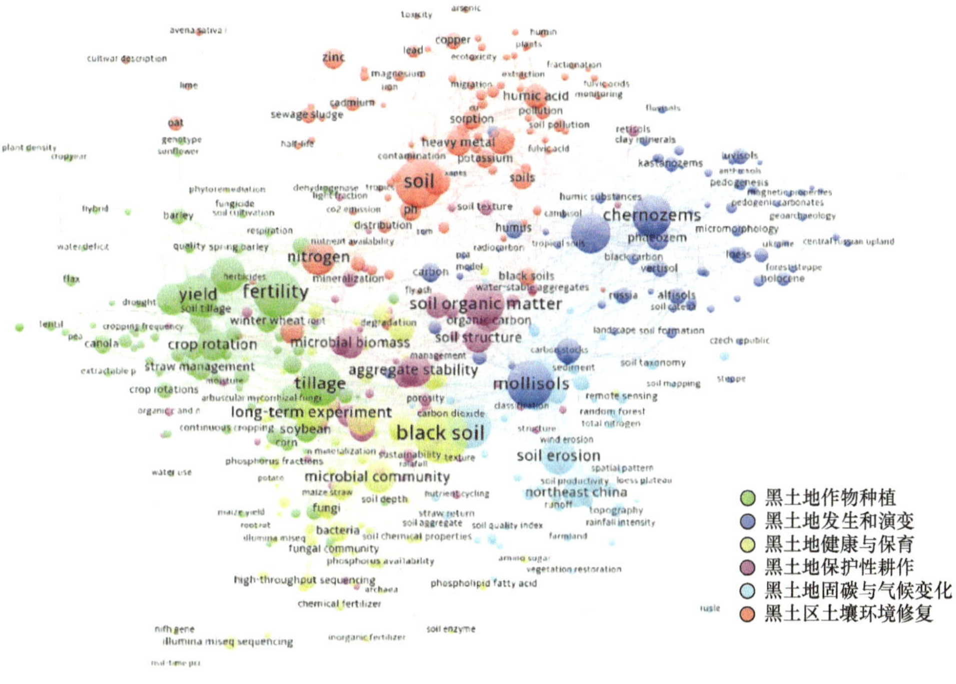

图 1-5　国际黑土地研究主题分布(Web of Science 核心合集数据库)

（1）黑土地发生和演变

近年来，国际基础研究在黑土地的发生和演变领域取得了重要进展。Kurochkina（2022）利用水银孔隙率法发现土壤在腐殖酸作用下表现出更高的结构稳定性和更均匀的孔隙率分布，为土壤结构演变提供了重要线索。Kurbanova 等（2023）研究了俄罗斯平原森林草原地区全新世景观演变下的土壤特性变化，并分析了人类耕作等活动对黑钙土特性的影响，深入研究并探讨了土壤发育、碳储量和碳库动态等。另外，Bezuglova（2019）的研究聚焦于俄罗斯黑土深处的有机碳，涉及成土碳酸盐和放射性碳同位素、黑土中天然碳和腐殖质形成及全新世演化过程中性质的快速变化等问题。Sukhoveeva 等（2020）进行了关于黑土在不同气候条件下发育及其可耕地中有机碳储量随气候变化的研究，为深化对黑土地发育和演变过程的认识提供了科学支撑。此外，道库恰耶夫土壤研究所的Kholodov 等（2020）进行了长期野外实验，探讨了黑土中可萃取有机物组分的光学性质及不同土地利用方式下黑土有机物的热稳定性。Volkov 等（2021）则通过比较研究硅酸盐土壤的有机质和矿物成分，为土壤和有机矿物复合物的红外光谱方法学提供了基础支持。这些研究还运用了聚焦离子双束显微镜（FIB-SEM）成像技术对土壤进行了纳米结构表征，为未来土壤科学研究提供了宝贵的实验数据和重要方向。

（2）黑土地保护性耕作

全球各地对黑土地保护性耕作都进行了广泛的实验研究和技术探索，旨在探索出提高土壤质量和保护环境的创新方式。Belobrov 等（2020）在俄罗斯中央区和南方联邦区的黑土试验中发现，免耕有助于形成微团聚体，减缓腐殖酸含量下降，提高土壤肥力。同时，长期施用有机肥能有效增加有机碳含量（Romanenkov et al.，2019），休耕则提高土壤中有机碳和相关酶的活性（Kazeev et al.，2020）。在乌克兰南部和东南部地区的黑土研究中发现，少耕能提高土壤压实度、渗透率、pH 值、有机碳含量，同时增加了胡敏酸和富里酸的碳量及胡敏酸的分子量（Kravchenko et al.，2012），为深化保护性耕作策略提供了实证支持。加拿大农业及农业食品部自 20 世纪 60 年代起就在大草原地区引进和试验保护性耕作技术。Campbell 等（2011）研究发现，免耕和增加氮肥施用对小麦产量和氮磷平衡有显著积极影响，证实了保护性耕作对土壤肥力的积极作用。美国则采取多种保护性耕作措施，中部平原北部地区降水充足，典型的保护性耕作轮作模式为：冬小麦—夏季作物—夏季休耕，通过降低土壤容重、增加土壤总孔隙度，从而改善土壤质量，提高土壤有机质含量，使谷物年产量增加了 75%以上（Archer et al.，2002）。在阿根廷，Agostini 等（2012）研究发现，不同放牧和浅耕策略对免耕 15 年后的黑土性质和玉米产量有显著影响，浅耕处理玉米产量高于免耕，为保护性耕作提供经验。Fernandez 等（2017）的长期研究证实，具有轻度放牧的免耕系统在半干旱环境下可行，并能提高土地生产力。

（3）黑土地作物种植

在全球黑土地的作物种植领域，不同国家在保护性耕作技术的基础上制定了多种科学有效的种植方法。Fabrizzi 等（2009）的研究表明，在以种植玉米和大豆为主的前提下，配合高氮处理的垄耕可以提高净收益并降低经济风险。一项在乌克兰典型黑土的研究中，采用少耕、免耕、深耕、深松和旋耕技术的基础之上配合轮作，实现了谷类和甜菜的增产并提高土壤有机质含量（Demidenko，2012）。加拿大哈罗研究和发展中心的长期作物轮作研究显示，多样化轮作能提高产量、改善土壤质量并减少温室气体排放。在加拿大萨斯喀彻温省进行的为期 50 年的黑色黑钙土轮作试验中（Campbell et al.，2011），评估了从传统耕作到免耕的转变及氮肥施用量增加对小麦产量和氮磷平衡的影响。结果显示，施肥处理显著提高了休耕小麦和留茬小麦的产量，使休耕小麦产量提高了 31%、留茬小麦产量提高了 114%。合理的施肥配合轮作对于维持土壤肥力和增加作物产量至关重要。此外，在美国的大平原地区，农民主要采用覆盖种植、双季种植和保护性耕作轮作结合的多种作物种植方式。根据不同地理条件，北部地区采用大豆和油料作物替代夏季休耕，中部地区降低休耕频率为每三到四年一次，南部地区则采用小麦—高粱结合夏季休耕。这些多样的种植技术不仅在国际上得到广泛应用，也为实现可持续的农业生产模式提供了关键思路，为全球黑土地区域的农业发展和生态环境保护提供了重要指导。

（4）黑土地固碳与气候变化

当前，国际上针对黑土地固碳与气候变化的研究取得了一系列重要成果。在美国堪萨斯州曼哈顿地区的 28 年试验中，Nicoloso 等（2020）发现适度碳氮投入下免耕能够恢复土壤表层有机碳，但下层土壤有机碳（SOC）的损失抵消了有机碳的累积。因此，保护性耕作、有机改良剂和最佳作物管理对 SOC 长期储存至关重要。Smith 等（2016）在加拿大西部对暗棕色黑钙土的研究表明，长期实施管理措施对土壤质量和农作物生产力具有持久影响。休耕频率和多样化的作物轮作对 SOC 浓度和存量产生直接影响。另外，Berhongaray 和 Alvarez（2019）发现，尽管南美洲植树造林区土壤碳输入较多，但其储量通常比草地少，尤其在热带地区。这表明在林牧系统中将林草结合起来可能是热带土壤固碳的一种解决方案。

此外，在研究黑土在不同气候条件下的发育和有机碳储存方面，Sukhoveeva

等（2020）深入分析了库尔斯克地区可耕地黑土中有机碳储量的气候变化影响及不同季节对黑土二氧化碳流出的永久性和偶发性控制的贡献。另外，Sukhoveeva等（2023）研究了东欧湿润气候下受气候变化影响最大的黑土区的碳通量和碳库情况，揭示了不同作物对土壤有机碳储量的不同贡献。Romero等（2021）则关注了生物炭施肥对黑土的养分保留、可用性和温室气体排放的影响。这一系列研究为加深对黑土地固碳与气候变化关系的理解提供了新的思路和实践经验，为制定有效的土壤碳储存和减缓气候变化的措施提供了科学依据。

（5）黑土地健康与保育

近年来，国际上关于黑土地健康与保育的研究为土壤改良和保护提供了重要数据和见解。评价黑土健康主要关注土壤有机碳、团聚体稳定性、土壤微生物和土壤有机质等方面。所以，保护性耕作仍然是全球黑土健康发展的重要手段。俄罗斯科学家发现有机肥与矿物肥同时施用可以提高土壤储水量、保护土壤腐殖质、提高土壤水稳定性（Zavalin et al.，2018）。乌克兰的研究者强调有机肥还田对灰化黑土的积极作用，通过改善土壤团聚性减少耕层中有机碳的流失（Veremeenko and Furmanets，2014）。Malhi等（2011）在加拿大的田间试验表明，氮肥施用降低了表层土壤可提取磷含量和 pH 值。Villarreal 等（2022）的研究表明，相比裸露休耕，种植覆盖作物能增加土壤水分输送和捕获，是一种适合恢复退化黑土的健康保育管理措施。这些研究成果为更好地理解和实施黑土地健康保育提供了科学依据。

另外，从微生物的角度来看，Semenov 等（2016）通过荧光原位杂交方法研究了自然和农业生态系统中黑土微生物的分布及其在几丁质分解中的作用。Bhatt等（2016）在水稻-小麦种植系统中研究了化肥和农家肥对黑土生产力和土壤生物的影响，发现不平衡的化肥施用对土壤生物健康不利，而化肥与农家肥同时施用有助于保持高产量和土壤生物学特性。Khandare 等（2019）的田间试验显示液体生物肥料的施用可以提高土壤中微生物数量和酶活性，彰显了微生物在改善土壤质量和生态系统中的关键作用。这些研究为未来实现黑土地健康与保育提供了有力支持。

（6）黑土地土壤环境修复

莫斯科罗蒙诺索夫国立大学在黑土环境修复方面展开了多项创新研究。Minkina 等（2006）深入研究了普通黑土中重金属与有机物相互作用，以及人工污染黑土中铜和锌化合物的形态。Andreazza 等（2011）研究了巴西南部葡萄园黑土中受铜和铜矿废料污染的多年生花生的植物修复潜力，发现其对铜的植物固定潜力显著。Bauer 等（2019）关注了土壤中易溶和难溶锌化合物的稳定化动态，而 Semenkov 等（2022）在莫斯科褐煤盆地研究了废弃矿区生态系统中重金属和类金属地球化学分配。Malykhina 等（2016）评估了新型生物技术在石油污染黑土修复中的应用，通过烃氧化微生物菌株生物制剂与纳米膨润土结合联用腐殖酸钾的生物技术，证实了其有效性。这些研究成果为理解重金属、石油、多环芳烃等对土壤环境的影响及制定有效修复策略提供了基础。Golosov 等（2022）开展了干旱河谷可耕流域土壤侵蚀和沉积速率估计的研究，验证了土壤侵蚀模型的有效性，丰富了我们对土壤侵蚀和地貌演变的认识，为土壤治理和生态修复提供了科学依据。这些成果对全球范围内的土壤环境修复和生态保护都具有重要的理论和实践指导意义。

2. 共性关键技术

（1）保护性耕作技术

保护性耕作是指通过少耕、免耕、地表微地形改造技术及地表覆盖、合理种植等综合配套措施，从而减少农田土壤侵蚀，保护农田生态环境，并获得生态效益、经济效益及社会效益协调发展的耕作技术。最初保护性耕作的主要目的是应对"黑风暴"，减轻风水蚀，保护土壤，而如今在保护土壤健康的同时实现减投增产已逐渐成为保护性耕作新的目标。目前国际上主要的保护性耕作技术包括免耕、条耕、垄耕、覆盖耕作等。作为世界上保护性耕作应用的发源地，美国不仅在推广面积上为全球最多，在保护性耕作技术和机具装备研发应用上，也处于领先水平。

（2）土壤养分管理技术

土壤养分管理技术从 20 世纪 60 年代开始发展，早期该技术主要聚焦于秸秆还田、有机肥和矿物肥料的配合施用。现已基本形成了秸秆直接还田+厩肥+化肥的"三合制"施肥制度，一般秸秆直接还田和厩肥施用量占施肥总量的 2/3 左右。该技术从农业生态系统的观点出发，综合利用自然和化工合成的植物养分资源，通过有机肥与化肥的投入、土壤培肥与土壤保护、植物改良和农艺措施等有关技术的综合运用，协调农业生产系统中养分的投入产出平衡，调节养分循环与利用强度。近年来，生物炭等新型增碳措施被纳入黑土地的土壤增碳与养分管理中。

（3）作物多样化种植技术

作物多样化种植技术，是通过改变和优化作物品种、种植制度和种植方式等改良土壤和保护土地。作物多样化包括作物物种多样化、作物物种内的品种多样化和作物物种内的遗传多样性，包括轮作、种植多年生作物和覆盖作物等。作物多样化种植对于保持和改善农业生态系统，提高粮食产量有着重要作用。例如，加拿大非常重视发展作物多样化种植技术。加拿大过去实行的是休闲耕作制度，即土地每耕种 3~5 年后要休闲 1 年，让地力得到恢复。目前，在加拿大轮作制度已替代了传统的休闲耕作制度，通过在不同地块上进行小麦、苜蓿、油籽和豆类等作物轮作，提高了土地利用效率，同时也实现了黑土地的保护利用。

（4）黑土地保护的工程措施

黑土地保护的工程措施包括农田防护林、植物篱、侵蚀沟治理等。农田防护林是以改善农业生产的环境条件，减免自然灾害对农业生产危害为目的的人工营造的林带体系，通过林带对气流、温度、水分、土壤等环境因子的影响，能够提供多种效益。植物篱是指在农耕地上以等高方式种植乔木、灌木和多年生草本植物并间以农作物的生产系统，对坡地水土流失和农业面源污染具有显著防治效果。侵蚀沟治理主要通过工程措施和林草措施的配合施用，实现水土流失面积和强度持续"双下降"。20 世纪 30 年代的"黑风暴"之后，美国政府接连采取水土保持等措施，并沿线种植了一条几乎纵贯了全美的防护林带，大大改善了大平原地区的自然生态环境。乌克兰运用了保土轮作制度及少耕、条耕和免耕等措施，同时结合了作物覆盖和有机肥还田等保护性耕作方式，建立了农田防护林，促进了退耕和大面积封育保护。

1.4 我国黑土地保护与利用现状

1.4.1 黑土地保护与利用研究的主要特点、趋势、机构、热点

1. 我国黑土地保护与利用研究领域的发文特点与趋势

我国在黑土地领域研究年度发文趋势如图 1-6 所示。我国对黑土地领域最早的提及是在 1934 年，李庆逵发表在《地理学报》上的《中国土壤之概述》；在 20 世纪 50 年代，我国关于黑土领域的研究论文主要为与苏联土壤科学家共同开展的；1955 年，中国科学院林业土壤研究所（现为中国科学院沈阳应用生态研究所）的宋连泉首次发表了关于黑土的综述类论文《我国东北的黑钙土》，系统介绍了我国东北黑钙土的分布、类型与天然植被、肥沃特性；同年许冀泉在《土壤学报》发表了第一篇针对黑土的研究型论文《氢离子、三价铝离子、钙离子和铵离子在红壤和黑土上吸附能力的比较》。我国黑土地领域最早发表在国际期刊上的研究是在 1983 年，是中国科学院林业土壤研究所的曾昭顺（Zeng Z S）等在 *Soil Science* 上发表的文章，主要介绍了中国黑土区农业生态系统现状与调控（Zeng et al.，1983）。在 1998 年之前，该领域的发文量比较有限，但在此之后呈逐年上升趋势。2017 年，农业部、国家发展改革委等六部门印发了《东北黑土地保护规划

纲要（2017—2030 年）》，国家出台多项制度保护黑土地，学术界也开始加大对黑土地领域的科学研究，根据图 1-6 可以看到，2017 年以后，论文数量显著上升。近三年黑土地领域的研究逐渐呈上升趋势。

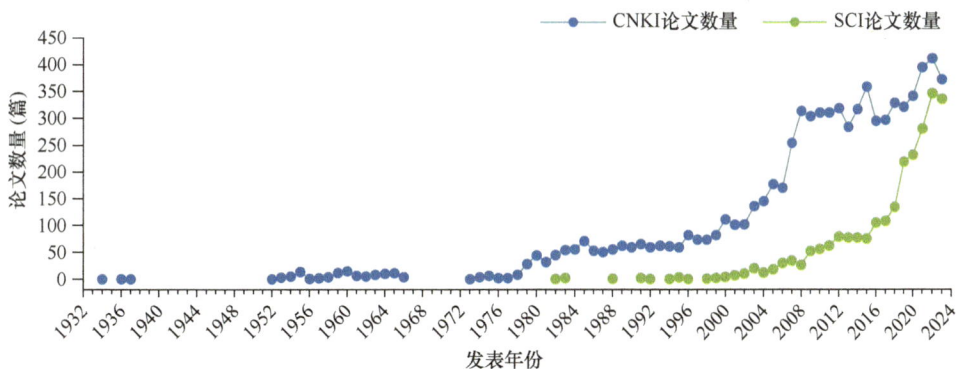

图 1-6　我国黑土地领域研究年度发文趋势变化

以"黑土"为主题，检索范围为"学术期刊"，在 CNKI 共检索到论文 7894 篇（检索时间为 2024 年 1 月）；以 chernoze* or "black earth" or "black soil" or blacksoil or "black land" or mollisol* or Phaeozem* or Kastanozem*（主题）and Web of Science 核心合集（数据库）and 论文 or 综述论文（文献类型）and PEOPLES R CHINA（国家/地区）构建检索式，在 Web of Science 核心合集数据库中，共检索到 2446 篇论文（检索时间为 2024 年 1 月）

2. 我国黑土地保护与利用的研究机构与团队

我国黑土地领域 Web of Science（WOS）发文量排名前 10 位的机构中（表 1-4），发文量排在第一位的是中国科学院东北地理与农业生态研究所 514 篇，排在第二位的是东北农业大学 452 篇，吉林农业大学以 262 篇论文位列第三位。这些机构的所属省份以黑龙江、吉林的高校和科研院所为主，此外，北京的机构有 2 家，辽宁的机构有 1 家，江苏的机构有 1 家。TOP10 研究机构的研究方向主要在黑土保护与利用、土壤物质循环、盐碱地改良、土壤微生物与养分循环、黑土有机碳与保护性耕作、坡面水土保持与耕地生态修复、养分资源高效利用与综合调控、农业遥感等方面。

对黑土地领域 CNKI 发文量排名进行分析（表 1-5），中国科学院东北地理与农业生态研究所以 428 篇发文量排名第一位，排在第二和第三位的分别是东北农业大学和吉林农业大学，发文量分别为 394 篇和 332 篇。排名前三位的机构的发文量远超过其他机构。

3. 我国黑土地保护与利用研究的热点

在过去的几年里，我国学者在黑土地保护与利用相关研究领域取得了丰硕的成果。采用 VOSviewer 软件对 Web of Science（WOS）和中国知网（CNKI）中的论文进行关键词聚类分析（图 1-7）。结果显示，黑土地领域的研究热点主要聚焦在以下几个方面。

表 1-4　黑土地领域 WOS 发文量国内 TOP10 机构情况

序号	机构名称	所属省份	论文数量（篇）	研究方向
1	中国科学院东北地理与农业生态研究所	吉林	514	黑土保护与利用、土壤物质循环、土壤微生物与养分循环、黑土有机碳与保护性耕作及黑土退化与修复
2	东北农业大学	黑龙江	452	黑土修复与健康、农业资源高效利用与黑土保护、黑土地可持续利用、黑土区盐碱地微生物资源发掘及土壤修复与利用
3	吉林农业大学	吉林	262	黑土坡面水土保持与生态修复、养分资源高效利用与综合调控、土壤环境与生物化学、土壤改良与肥力调控
4	中国农业大学	北京	240	区域土地资源与耕地质量、耕地保护与生态修复、农用地质量与监测、土地工程
5	西北农林科技大学	陕西	213	黑土侵蚀、退化、土壤结构、土壤有机碳、土壤微生物
6	中国科学院沈阳应用生态研究所	辽宁	163	黑土地玉米保护性耕作
7	中国农业科学院农业资源与农业区划研究所	北京	149	黑土区盐碱地改良、植物营养、土壤植物互作、耕地质量保育、农业遥感
8	中国科学院南京土壤研究所	江苏	132	黑土区耕地保育、土壤微生物、土壤物理与盐渍化、土壤资源合理利用与农业可持续发展
9	黑龙江省农业科学院	黑龙江	129	黑土资源保护与持续利用、土壤环境
10	吉林省农业科学院	吉林	108	黑土资源保护与利用、玉米分子育种

注：检索式为主题=(Chernozem* or "black earth" or "black soil*" or "blacksoil" or "black land" or Molisol* or Phacozem* or Kastanozem*)，检索时间为 2024 年 1 月

表 1-5　黑土地领域 CNKI 发文量国内 TOP10 机构情况

序号	机构名称	论文数量（篇）	所属省份	研究方向
1	中国科学院东北地理与农业生态研究所	428	吉林	东北黑土区、有机肥、土壤有机碳、土壤侵蚀、土壤水分、施肥管理、保护性耕作、坡耕地、团聚体、土壤酶活性
2	东北农业大学	394	黑龙江	东北黑土区、松嫩高平原、有机肥、土壤类型、有机碳、秸秆还田、作物产量、施肥管理、水分利用效率、土壤肥力
3	吉林农业大学	332	吉林	白浆土、黑钙土、有机物料、有机无机复合体、腐殖质、生物炭、作物产量、秸秆还田、土壤酶活性、玉米连作

续表

序号	机构名称	论文数量（篇）	所属省份	研究方向
4	中国科学院南京土壤研究所	158	江苏	砂姜黑土、黑钙土、硝化率、土壤类型、有机质含量、黄棕壤、秸秆还田、增产效果、培养温度、吸附量
5	沈阳农业大学	146	辽宁	土壤类型、土壤胶体、土壤有机质、土壤养分、土壤肥力指标、离子吸附、防护林带、磁处理、空间变异性、开垦年限
6	东北林业大学	138	黑龙江	典型黑土区、水曲柳、碳密度、土壤结构指数、落叶松人工林、碳氮储量、季节性冻融、土壤微生物群落、地理信息系统（GIS）、水土保持林
7	中国科学院沈阳应用生态研究所	135	辽宁	东北黑土、氨基糖、乙草胺、有机碳、秸秆还田、长期施肥、酶活性、微生物微生物量碳、地统计学、复合污染
8	中国农业科学院农业资源与农业区划研究所	133	北京	有机质、长期施肥、高光谱、光谱反射率、土壤类型、灰漠土、坡耕地、有机物料还田、土壤微生物、土壤酶活性
9	西北农林科技大学	108	陕西	坡耕地、东北黑土区、土壤侵蚀、空间分布、团聚体迁移、土壤养分、入渗模型、坡面水蚀、斥水土壤、土壤酶活性
10	北京师范大学	89	北京	东北黑土区、土壤侵蚀、土壤水分、交替冻融、剖面特征、小流域、有机质含量、土壤风蚀、差异分析、三维荧光

注：以"黑土"为主题，检索范围为"学术期刊"，在 CNKI 共检索到论文 7894 篇（检索时间为 2024 年 1 月）

（1）黑土区土壤侵蚀特征

黑土区土壤侵蚀是一个严重的问题，影响着土壤肥力和生态环境。因此，研究者们对该领域的关注度极高。主要研究方向包括土地利用变化对切沟侵蚀影响、土壤侵蚀遥感监测、黑土区水土流失发展趋势及特征研究、黑土区侵蚀沟形态/发育演化及分布特征研究、土地利用与土壤侵蚀时空变化及关系研究等方面。这些研究成果为我国黑土区土壤侵蚀防治提供了理论依据和技术支持。

（2）土壤环境与污染

黑土区土壤环境问题同样备受关注。研究者们主要研究农药、抑菌剂等在土壤中的降解、吸附与淋溶特性的影响，黑土酸碱度变化对营养元素、微量元素的影响，长期施肥土壤腐殖质变化的研究，黑土区土壤重金属污染特征、风险评价、含量检测等方面的研究。这些研究为我国黑土区土壤环境保护和治理提供了重要理论依据。

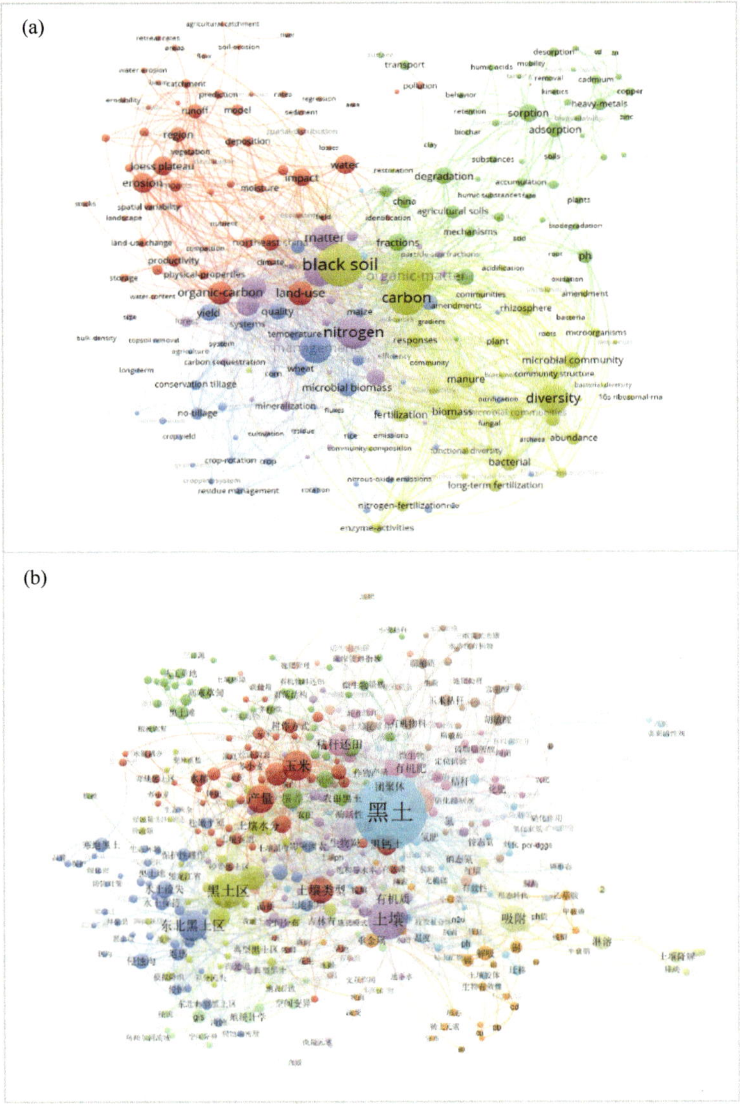

图 1-7　黑土地领域 WOS 论文（a）与 CNKI 论文（b）研究主题聚类

（3）耕作与土壤性质

为了保护黑土资源和提高作物产量，研究者们对耕作方式进行了大量研究。主要包括黑土保护性耕作技术的研究与应用，耕作深度/耕作时间对黑土生态化学计量特征、酶活性、作物产量的影响，不同耕作方式对黑土理化性质及作物产量的影响，黑土团聚体有机碳对耕作方式的响应差异等方面。这些研究成果为我国黑土区耕作制度的改革提供了有力支持。

（4）微生物群落多样性

微生物群落在黑土生态系统中起着关键作用。研究者们关注的主要内容包括土壤细菌、真菌等微生物群落结构，微生物多样性特征，长期施肥对土壤微生物群落的影响，不同耕作模式对微生物群落结构的影响，土地利用对微生物群落的影响等方面。这些研究有助于深入了解黑土微生物生态功能及其对土壤质量的影响。

（5）土壤碳氮循环

土壤碳氮循环是黑土生态系统的重要组成部分。主要研究内容包括黑土有机碳矿化、黑土碳氮循环关键过程、不同施肥量及开垦年限等对黑土氮素转化速率的影响等方面。

1.4.2　黑土地保护与利用在科技创新方面的主要进展情况

1. 基础前沿

为保护好黑土地这一"耕地中的大熊猫"，2021 年起，国家重点研发计划启动"黑土地保护与利用科技创新"重点专项。同时，中国科学院于 2021 年 1 月启动了"黑土粮仓"先导专项，设置 6 个攻关任务和 7 个示范区，联合黑龙江、吉林、辽宁、内蒙古"三省一区"开展"黑土粮仓"科技会战。目前，国内的黑土地保护与利用的研究主要在土壤物质循环与养分利用调控、黑土固碳培肥与保护性耕作、土壤微生物群落与养分循环、黑土退化侵蚀与阻控、黑土污染与修复、农业遥感等方面开展。近年来的主要研究基础与前沿进展如下。

（1）土壤物质循环与养分利用调控

养分是土壤地力的核心，扩增土壤养分库容是培肥地力的重要内容。研究土壤物质循环机理和养分合理利用可平衡土壤养分收支，满足作物需求（邢力等，2022），有助于"黑土粮仓"高效、可持续地为国家粮食安全提供保障（邢力等，2022；李保国等，2021）。中国科学院沈阳应用生态研究所张旭东团队利用 ^{15}N 标记的玉米秸秆进行研究，发现连续秸秆还田提高了秸秆氮素在土壤中的微生物固持，显著提高秸秆氮素在土壤—植物系统中的总回收率（胡国庆等，2016）。张秀芝等（2019）系统评价了不同培肥模式下玉米产量的稳定性和可持续性，结果表明有机肥和化肥配施有利于提升土壤肥力，保障黑土资源可持续利用。Gao 等（2021）研究发现冻融循环后土壤可溶性碳、磷含量增加，且效应随冻融循环强度增加而更显著。中国科学院东北地理与农业生态研究所黑土有机碳与保护性耕作学科组科研人员依托保护性耕作长期定位实验，开展了黑土潜在碳矿化响应秸秆覆盖还田的生物学机制研究，结果显示秸秆覆盖还田保护性耕作显著提高表层土壤（0～5cm）的潜在碳矿化速率，降低底土（5～20cm）的碳矿化速率（Wang et al.，2023a）。Hao 等（2023）通过田间原位实验发现秸秆还田引发的"激发效应"在不同 SOC 组分中表现出不同强度，从侧面验证了土壤有机质分组研究的重要性。Guo 等（2023）结合 ^{13}C 同位素示踪技术，明确了在大气 CO_2 浓度和温度升高的条件下，微生物对植物光合碳的响应可能会加速土壤碳和磷的耦合循环，揭示了作物-土壤-微生物系统磷循环的相关机制。

（2）黑土固碳培肥与保护性耕作

东北垄耕区作物种植存在季节性干旱等环境问题，保护性耕作被视为改善土壤肥力和生态环境的重要措施。值得注意的是，保护性耕作对作物产量和土壤质量的影响因地区和作物种植条件的不同而具有显著差异。Chen 等（2011）在黑龙江省海伦市的试验研究发现免耕处理显著提高大豆产量，但略微降低了玉米产量。Wang 等（2014）在辽宁省比较了 1999～2011 年深松结合秸秆覆盖免耕和传统耕作秸秆移除对土壤理化性质和产量的影响，研究发现深松结合秸秆覆盖免耕可增加总孔隙度，降低土壤容重和土壤盐度。Li 等（2015）对辽宁省苏家屯、彰武和阜新等地的研究表明，保护性耕作玉米产量比传统耕作提高了 10.5%。吉林省德惠市的一项 12 年大田试验研究表明，免耕和垄作提高了玉米产量（Zhang et al.，2015），这一结果与 He 等（2011）在河北省藁城市的研究结果一致。另一项有关近 35 年来中国黑土区耕地开垦对土壤有机碳影响的研究显示，耕地的长期使用对 SOC 产生了负面影响，近 64% 的耕地面积的 SOC 含量在过去 35 年中有所下降，1985~2020 年东北地区 SOC 密度和储量分别减少了 6.71Mg C/hm^2 和 0.32Pg（Wang et al.，2023b）。玉米—大豆轮作已成为黑土农田的主要保护性措施之一，同时实现了条带和间作种植（敖曼等，2021）。Fan 等（2012）在吉林省德惠市进行的为期 9 年的研究表明，在玉米—大豆轮作下，免耕的玉米和大豆单产与利润高于翻耕和垄耕处理。此外，中国农业科学院农业资源与农业区划研究所盐碱地改良团队在东北黑土区的定位试验中得出结论，连续三年深埋秸秆颗粒还田使 0～40cm 土壤的有机质含量提升 0.81%，为东北退化黑土区的地力培育和快速提升提供了一种新的可行技术途径（Wang et al.，2023c）。

（3）土壤微生物群落与养分循环

土壤微生物是土壤养分循环的推动者，对土壤环境变化极其敏感，在生态系统中扮演关键角色（何振立，1997），明确土壤养分循环的微生物学机制，可为提高土壤养分利用效率和实现农业增产提升提供理论基础（孙波等，2017）。近年来，我国学者对东北黑土区土壤微生物群落与养分循环开展了大量研究。Ding 等（2017）以 35 年长期定位施肥的东北黑土作为研究对象，发现无机肥会降低土壤真菌群落多样性，而有机肥反之，无机肥和有机肥配施可小幅提升真菌群落多样性，土壤中真菌群落结构的变化是通过改变土壤理化性质实现的。Gao 等（2022）研究发现土壤有机碳是决定真菌群落的最关键因素。此外，Yang 等（2019）研究发现堆肥的添加对单个生长季节内的土壤真菌群落和网络模式都产生了积极影响，该研究为改善土壤质量和健康提供了良好的实践方向。

在微生物与氮素调控方面，研究发现有机肥单施和化肥有机肥配施，都能显著增加反硝化细菌的丰度（Cui et al.，2016）。Yang 等（2023a）基于 2020 年建立的增温和秸秆还田田间试验平台确定了微生物养分限制情况。Bai 等（2022）利用黑河、民主乡和公主岭三个 30 年以上的黑土野外施肥试验平台，研究了长期施用化肥和有机肥对土壤氨氧化微生物的影响。Hu 等（2022）研究发现，长期施用化肥可能积累氮循环相关功能基因，导致硝酸盐淋失和 N_2O 排放增加；Zhang 等（2023a）报道，有机肥和化肥配施可能显著增加反硝化相关功能基因，导致氮素损失并增加土壤微生物网络的复杂性。此外，就磷素方面，Hu 等（2023）采用高通量宏基因组测序技术研究发现了有机肥对土壤微生物介导的磷养分转化起到关键作用，*Sphingomicrobium* 是调控速效磷的指示物种。这些研究为黑土区减量化肥使用、建立有机肥使用的长效机制提供了微生物学理论支持。

（4）黑土退化侵蚀与阻控

东北黑土区的长期过度开垦，导致黑土退化侵蚀日益严重，进而导致耕地碎片化，黑土层流失加剧，严重损害粮食产量（杨建雨等，2023）。为解决该问题，我国在 21 世纪开始了土壤侵蚀研究和以秸秆还田为核心的侵蚀退化阻控技术的研发。研究发现秸秆还田阻控侵蚀的机理与侵蚀类型直接相关（张光辉等，2022），秸秆覆盖消减降雨动能，降低坡面径流流速，减小径流挟沙力和剪切力（贺云锋等，2020；牟廷森等，2022）。在侵蚀特性理论方面，Li 等（2020）研究发现，土壤侵蚀显著增加了土壤容重，降低了 0~70cm 土壤剖面的结构稳定性及有机碳、氮和磷的浓度和储量。He 等（2023）发现切沟侵蚀对土壤水力特性和作物特性具有显著影响。Wang 等（2023d）通过建立边坡侵蚀率沿坡长方向的数学拟合，发现正弦函数拟合能更好地刻画黑土区长缓坡耕地边坡侵蚀率的周期规律。Yang 等（2023b）通过宏基因组学和代谢组学研究发现，土壤退化通过影响碳含量显著改变了微生物群落结构和组成，并影响土壤养分和酶活性。在模型预测研究方面，Liu 等（2023）利用机器学习模型在黑土区评估了突泉县切沟侵蚀敏感性，发现转换器（Transformer）模型在预测性能上优于随机森林（Random Forest，RF）模型和卷积神经网络（Convolutional Neural Network，CNN）模型，为切沟侵蚀研究提供了有效参考。此外，小流域综合治理工程（刘志新等，2021）和农田防护林

（李德文等，2023；张佳宝等，2021）是针对黑土地侵蚀退化阻控最直接、最有效的手段，可以有效改善黑土地耕地质量，减轻自然灾害，保育土壤，改善小气候和水文条件，创造有利于农作物和牲畜生长繁育的环境。

（5）黑土污染与修复

东北黑土区存在多环芳烃污染、地膜残留与微塑料污染、重金属污染等，这些污染问题严重威胁农业生产和土壤生态环境。黑土污染修复理论与技术的发展，对于保障黑土地农业绿色可持续发展具有重要的科学意义。孙楠等（2022）筛选出能在低温环境下高效降解多环芳烃的耐冷菌。Li 等（2023）使用纳米材料（氧化石墨烯）辅助功能细菌制剂降解多氯联苯进行土壤修复工作。另外，任文杰等（2022）系统分析了黑土地农田除草剂污染过程与消减技术研究进展与发展趋势，提出了未来的研究思路与重点方向。

土壤邻苯二甲酸因塑料覆盖膜的广泛使用对黑土造成潜在污染问题而受到广泛关注，丁凡等（2022）指出黑土区地膜与微塑料残留对土壤健康影响的研究不容忽视。Tao 等（2020）研究发现腐殖酸可以为土壤微生物降解邻苯二酸二丁酯提供更多的时间。Hu 等（2024a，2024b）开展的研究明确了微塑料圈通过富集碳代谢相关微生物类群进而显著影响土壤碳循环功能，该研究为黑土微塑料治理及提升黑土有机碳固存潜力提供微生物学理论借鉴。

另外，朱亦君等（2008）明确了土壤 Cu 浓度阈值对蔬菜种植的意义。在重金属污染方面，郭观林和周启星（2005）分析发现，外源污染增加了可交换态重金属含量，对当地农业和地下水安全构成潜在威胁。曹会聪等（2007）通过对东北地区污染农田黑土剖面的取样调查，发现 Pb 以有机质结合态存在的量较大，而 Zn 以有机质结合态存在的量较小。此外，Zhang 等（2023b）指出管理地表水农业生态系统中硒资源需要考虑水文-水文地球化学扰动。

（6）农业遥感监测与反演

农业遥感技术的发展为中国农业决策提供了科学依据。刘焕军等（2011）采集了黑龙江省黑土带的土壤样本，获取了 Landsat TM 遥感影像，建立了区域土壤有机质遥感预测模型。陈德宝和陈桂芬（2020）通过 Landsat 8 遥感图像开展了土壤有机质含量反演研究，确定了土壤有机质的光谱特征，建立了相应的反演模型。刘焕军等（2021）分析了黑土区田块尺度精准管理的遥感分区时空格局与成因。郑淼等（2022）建立了土壤有机质和土壤全氮预测模型，对比分析了不同气候、土壤类型和地形下土壤有机质和全氮的空间分布差异。Luo 等（2023，2024）利用 Landsat 8 不同时间段合成影像绘制了东北黑土区的土壤有机质含量图，评估了不同环境协变量对该结果的影响。同时，有学者探究了典型黑土区作物根层土壤含水量的遥感估算和影响因素（杭艳红等，2023），遥感监测了黑土区草地退化（刘云峰等，2022），并分析了典型黑土区耕作土壤质地的遥感时间窗口及影响因素（刘琼等，2022）。

近年来，无人机低空遥感技术获得了广泛应用。杨凤海等（2018）和于佩鑫等（2018）通过构建耕地和侵蚀沟遥感影像的训练样本集，提取了光谱特征和纹理特征组成的浅层特征和 SIFT 特征经编码后得到的中层特征，大大提高了自动化程度。Wen 等（2021）利用航片和卫星影像估算了 1968～2018 年东北黑土区切沟侵蚀的起始年份和发育速率，发现土壤流失量为每年 25.7～44.7t/hm²。总体而言，农业遥感技术为我国黑土地保护与利用研究提供了科学的技术支持，但仍需要不断克服技术限制，以更广泛地应用于农业生产各环节。

2. 共性关键技术

黑土地保护与利用技术模式是指针对特定区域黑土地退化的主要特征和保护利用的关键难题，所形成的多项关键技术综合集成的解决方案。自 2015 年开始，农业部通过实施东北黑土地保护利用试点项目，黑龙江省、吉林省、辽宁省和内蒙古自治区因地制宜、分区域制定了黑土地保护利用措施（图 1-8）。其中，松嫩平原黑土黑钙土区以培肥土壤、防治水土流失、消除犁底层为主；三江平原白浆土区以障碍层消减，解决内涝，遏制有机质下降、酸化为主；辽河平原棕壤区以侵蚀防控、增加有机质含量、治理盐碱化为主；长白山—辽东低山丘陵暗棕壤和棕壤区以固土培肥、水土流失治理、预防冻害为主；大小兴安岭低山麓黑土暗棕

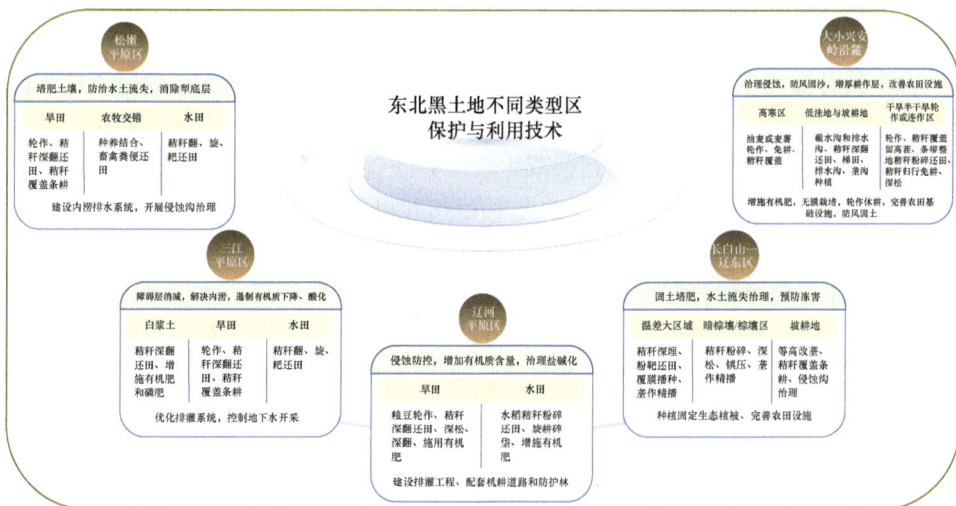

图 1-8　东北黑土地不同类型区适用的保护利用技术（据徐英德等，2023 绘制）

壤区以治理侵蚀、增厚耕作层、改善农田设施为主，风沙区以防风固土抗旱、碱化土改良、改善灌排能力、提升土壤肥力为主（徐英德等，2023）。

围绕《国家黑土地保护工程实施方案（2021—2025 年）》中指出的黑土地保护的关键问题和主要目标，以国家部委和东北"三省一区"发布的 300 余条农业主推技术、保护性耕作技术及中国科学院"黑土粮仓"科技会战成果为技术库，按照先进、适用、成熟且具有较强地域特性的原则，遴选总结出保护性耕作、地力培育、土壤退化防控及作物绿色高效栽培 4 类黑土地保护与利用的共性关键技术如下。

（1）保护性耕作技术

保护性耕作，一般是指为减少土壤侵蚀，任何能保证在播种后地表作物秸秆残茬覆盖率不低于 30%的耕作和种植管理措施。其核心特征是减少土壤扰动和增加地表覆盖，降低土壤侵蚀的同时蓄水保墒，通过合理的作物搭配、水肥调控等配套技术，实现培肥地力、固碳减排，同时减少作业次数，节约成本投入。当前主流保护性耕作主要包括秸秆覆盖免耕、秸秆覆盖垄作、秸秆覆盖条耕及新近发展的秸秆覆盖轮作等。具体技术内容与要点如下。

1）秸秆覆盖免耕技术：该技术是在农田表面保留秸秆或其他植物残余物，形成有机覆盖层，而无须进行传统的耕地操作（如翻耕）。技术要点包括三个方面：一是春季播种前根据土壤墒情与秸秆覆盖量情况，在高留茬或秸秆量少的条件下直接进行播种；二是应用免耕精量播种机一次完成施肥、苗带整理、播种开沟、单粒播种、覆土、重镇压等工序；三是机械化喷施除草剂，玉米拔节前追肥，绿色生物防治病虫害。

2）秸秆覆盖垄作技术：该技术结合了秸秆覆盖和垄作的优势，通过农田表面形成的秸秆覆盖层，减少水分蒸发、防止土壤侵蚀，并提供有机质。同时，通过形成垄，集中和保持水分，控制杂草生长，并改善土壤结构。技术要点包括 4 个方面：一是在农田表面覆盖秸秆；二是利用扫茬机或扫茬装置将垄台的根茬打散，并扫除到垄沟内，形成无秸秆及根茬的播种带；三是采用深松中耕培垄，恢复垄型；四是合理选择和管理农具，实现高效的种植操作和管理。该技术可以解决水分管理、土壤侵蚀、杂草控制和土壤质量提升等问题。适用于东北黑土区中低温冷凉区域及低洼易涝区的黑土、黑钙土、草甸土等主要土壤类型。

3）秸秆覆盖条耕技术：该技术是通过特殊的农具或机械在秸秆覆盖基础上进行秸秆归行和条耕作业。技术要点为春季耕作作业时使用专用条耕整地机开展秸秆归行作业，将播种带上的秸秆归集到休闲带上，同时清理出一个疏松平整无秸秆覆盖的播种带，作业后应达到"播种带与休闲带泾渭分明"，为播种和实现苗齐、苗壮、苗匀奠定基础。条耕作业适用于玉米宽窄行种植，可使用常规精量播种机播种。条耕作业带宽度以 50～55cm 为宜，休闲带宽度以 70～80cm 为宜，耕深不超过 10cm。依据当地气象及秋季农时情况，确定条耕作业时间。当春季耕层土壤 10cm 深度温度稳定通过 10℃、土壤相对含水率在 70%左右即可播种。播种机进地一次性即可完成开沟施底肥、播种施口肥、覆土和种床重镇压多项作业。

4）秸秆覆盖轮作技术：该技术是在作物收获后将秸秆覆盖在农田表面，然后选择适合的轮作作物在覆盖层上种植，利用秸秆的分解过程提供养分，并改善土壤结构。秸秆覆盖轮作以秸秆覆盖玉米大豆轮作为主。技术要点包括玉米季收获后进行秸秆还田，翌年免耕播种大豆，大豆收获时，将大豆秸秆直接粉碎并均匀抛施于地表，翌年春季采用免耕播种机播种玉米。该技术适用于东北黑土区黑土、黑钙土等主要土壤类型。

（2）地力培育技术

地力培育是指通过农业生产活动构建良好的土体，培育肥沃耕作层，提高土壤肥力和生产力的过程。核心内容是改善土壤的物理性、化学性和生物性，提高土壤肥力和水分保持能力，促进植物的生长和发育，从而提高农田的产量和品质。黑土地保护的地力培育技术主要包括秸秆还田技术、有机肥还田技术、绿肥还田技术等。具体技术内容与要点如下。

1）秸秆还田技术：该技术是基于秸秆富含有机质和营养元素，通过还田的方式将有机物质释放到土壤中去。同时，秸秆还能够促进土壤中微生物的活动，微生物分解秸秆并释放出养分，进一步增加土壤肥力。根据还田深度，分为秸秆表层覆盖还田和秸秆深混还田。以秸秆深混还田技术为例，技术要点为秋季玉米收获后，用灭茬机进行灭茬，用螺旋式犁壁犁进行全量秸秆深混还田；秸秆深混深度为 35cm 左右，待含水量适宜时进行耙地、旋耕起垄至待播种状态。

2）有机肥还田技术：该技术通过土壤有机质与有机肥的组分配伍，促进关键有机组分的高效累积，从而提升土壤有机质含量。同时匹配土壤中缺乏的活性有机组分，达到土壤质量提升和功能优化，实现土壤培肥和产能扩增。有机肥包括固体有机肥和液体有机肥两种。技术要点为固体有机肥施用时间一般在秋季玉米收获后，施用方式为撒施；液体有机肥可联合脲酶抑制剂作为玉米种植的基肥，以及拔节期和大喇叭口期追肥施用；液体有机肥作基肥施用时，施于农田地表，将液体有机肥翻入土中，追肥时与灌溉水同时使用。

3）绿肥还田技术：该技术是利用植物生长过程中所产生的全部或部分绿色体，直接或异地翻压或者经堆沤后施用到土地中作肥料。在黑土区碱化草地修复改良研究中，以耐盐碱豆科绿肥驱动的碱化草地修复技术的改良修复效果显著。技术要点包括整地起垄种植耐盐碱植物，选用田菁作为先锋物种，耐盐碱能力较强的羊草、老芒麦和星星草作为建群种；采用机械条播，播种当年严禁牲畜、车辆等人为破坏。

绿肥还田的时间根据不同的绿肥品种和生长情况而定。绿肥翻压时间最好控制在冬季或秋季，或在收获后异地堆沤一段时间后借助机器将绿肥翻入土壤深处。

（3）土壤退化防控技术

土壤退化防控技术，旨在减缓土壤退化过程、恢复和改善土壤质量、保护土壤资源并提高土壤可持续利用能力。核心内容是对土壤进行修复、改良或管理，提高土壤对风蚀、水蚀等侵蚀的抗性，遏制耕地水土流失，降低土壤碱化度，从而改良土壤、提高农作物产量。土壤退化防控技术主要包括风蚀防控技术、侵蚀沟治理技术、盐渍化防控技术和白浆层障碍消除技术等。具体技术内容与要点如下。

1）风蚀防控技术： 该技术通过削弱风能来降低风力侵蚀的强度，同时在防风带下风方向一定范围内，由于林带遮挡和涡流效应，有效降低了风速，从而促进风蚀颗粒沉降。防护林的防风效应与空间布局和林网结构密切相关，主要技术要点为林带方位、林带结构、林带间距、林带宽度和网格规格等关键参数的确定。

2）侵蚀沟治理技术： 该技术是通过采用工程和生物治理等措施，降低径流对地表冲刷和侵蚀，防止土壤流失和环境破坏。技术要点包括 4 个方面：一是以农田集水区为单元进行治理，坡耕地上采用横坡垄作、秸秆覆盖免耕、条耕等技术可有效防治水土流失；二是秋收后或春耕前，疏通田间导水渠系，使之与沟底暗管相连，打通农田集水区水系；三是对于浅沟和小型切沟，采用秸秆填埋复垦技术修复沟毁耕地、恢复地块完整；四是对于大型切沟，则采用秸秆填埋+表层覆土+阶梯石笼谷坊抬升沟道侵蚀基准、沟底布设柳跌水、沟坡布设草灌等工程和生物措施稳固大型侵蚀沟。

3）盐渍化防控技术： 该技术是通过土地改良、灌排工程和生物农艺等技术对盐碱障碍进行消解。盐碱地种稻配合复合调理剂改良苏打盐碱土的效果显著。技术要点包括以腐殖酸基苏打盐碱地新型调理剂及精准施用技术为核心，在秋季收获后或春季整地前进行撒施，之后旋耕混入土壤；用天然腐殖酸和复合钙源快速降低碱化度和 pH 值；抑制黏粒分散，加速耕层土壤脱盐降碱。该技术在缓解苏打盐碱地土壤结构恶化、提升土壤有机质和破除作物生长障碍上具有显著的优势。适用于东北松嫩平原西部 pH 值大于 8.5、碱化度大于 15% 的苏打盐碱土。

4）白浆层障碍消除技术： 该技术的原理是打破坚硬的白浆层，培肥心土层，改善土壤理化性质，提高土壤肥力，使耕层水、肥、气、热协调发展。技术要点包括以白浆土秸秆深还田心土混拌地力提升技术为核心，秋季玉米收获后，地表秸秆全部还入心土层，与白浆层和淀积层进行混合；随后进行大垄起垄、播种，要求一次完成玉米播种、基肥施用、镇压作业。该技术已在黑龙江省八五四农场示范面积 10 万亩，辐射推广 50 万亩。

（4）作物绿色高效栽培技术

作物绿色高效栽培技术是指在确保作物产量的前提下，尽可能地保护环境、节约资源、降低成本，以实现可持续发展的农作物种植技术。核心内容是提高肥料和灌溉水利用效率，改善土壤结构，提高土壤养分利用效率，减少污染，实现可持续发展。作物绿色高效栽培技术主要有密植栽培技术、高效施肥技术及绿色种植技术等。具体技术内容与要点如下。

1）密植栽培技术：密植栽培技术通常通过减小植株间距来增加单位面积植株数量，从而提高作物产量。技术要点为根据具体作物的生长特性、品种选择及土壤和气候条件进行合理调整，以确保植株之间的空间仍然能够满足作物的生长需求，避免过于拥挤导致植株生长不良或疾病传播。常见作物适宜密度如下：玉米播种密度 5.3 万～6.0 万株/hm²，豆类播种密度 22 万～25 万株/hm²，春小麦播种密度 900 万～975 万株/hm²，饲料油菜播种密度 50 万～52 万株/hm²，矮秆高粱播种密度 12 万～13 万株/hm²。

2）高效施肥技术：农田高效施肥技术是指在作物营养供应的各个环节上，在遵循"四合适"原则（合适的肥料类型、合适的用量、合适的施肥时间、合适的施肥位置）基础上，设计措施最大限度地提高肥料的利用效率，以充分保证提高作物的产量和品质。其中，保护性耕作轻简化一次性施肥免追技术，是在常规肥料基础上进行配方优化，播种的同时完成施肥，其技术要点为，将稳定性肥料技术、磷活化技术、聚谷氨酸增效技术进行有机集成与优化，采用种肥同播机，配合保护性耕作，将对土壤的扰动次数降到最低。

3）绿色种植技术：该技术旨在通过生物防治病虫害代替化学防治、机械和人工除草代替化学除草，全过程采用有机种植技术，避免了化学农药、肥料的土壤残留和环境损害。技术要点包括：玉米出土前后深松作业，覆盖刚出土的杂草；玉米出苗后进行旋转松土除草及中耕除草；释放赤眼蜂防治玉米螟，喷施苏云金芽孢杆菌粉剂、枯草芽孢杆菌及除虫菊素水乳剂等防治虫害。

3. 新产品和新装备

（1）星空地协同监测与智能管控技术

黑土地星空地监测与智能管控是指通过多维度监测手段获得长时序、高精度的黑土资源环境数据，并进行数据融合和挖掘，实现黑土区水、土、养分、作物产量等要素动态变化模拟，为制定多尺度黑土保护与利用决策方案提供支撑。包括星空地协同监测、多元异构数据融合与定量模拟、大数据+人工智能决策支持等关键技术。星空地协同监测技术融合了卫星遥感（星）、无人机遥感（空）、近地表主被动探测（地）等监测手段，能提供持续稳定的黑土地土壤、植被覆盖及生长信息实时监测，有助于及时掌握黑土区资源环境动态变化，为后续黑土地保护与利用智能管控提供精准数据信息。

（2）多元异构数据融合与定量模拟技术

通过大数据流水线处理和异构数据融合对上述星空地网协同监测产生的数据集进行清洗、关联和融合，并应用机器学习实现土壤和作物中多种要素的观测与识别，开展"农情""土情""地情"评估与决策。"大数据+人工智能"决策技术应用机器学习等模型挖掘星、空、地、文献等数据，精准识别土壤退化问题并因地制宜地推荐土壤修复技术，在区域内分层次为土壤退化和修复提供科学系统的解决方案。

（3）现代微生物技术

土壤微生物驱动的有机质转化是维持农田生态系统稳定和改善土壤质量的基础，现代微生物技术在促进土壤改良、黑土培肥和产能提升等方面都具有广泛的应用前景。该技术针对不同植物，通过接种匹配性益生菌、载体型有机质及作物轮作等方式，改变植物与微生物组的响应关系，实现对根系微生物组的精准调控，促进其生长发育。该项技术可有效改善不同植物种植条件下的土壤微生物结构及功能，改良土壤微生态系统，减少化学肥料和农药的使用，促进农业可持续发展。

（4）新一代农机技术

以无人化和智能化作业为主要特征的新一代农机技术，将信息化与智能化技术赋能于农机装备，在农事活动的全程作业范围内，可最大限度地通过智能农机节本增效，提升综合效益。新一代农机技术的关键包括农机无人驾驶技术和智能作业控制技术。农机无人驾驶技术是一种囊括人工智能、自动化控制、物联网通信等技术，结合农机智能作业技术，使农机具备自主化行走与作业能力，替代或减少驾驶员操作的智能化技术。该项技术主要从感知、定位、规划、控制 4 个方面，提升农业装备的智能化水平，使农机具备高精度的作业能力，适应黑土区广域大田集体经营、规模化生产的需求。农机智能作业控制技术是实现智能农机的核心技术，以农机装备为载体，包括农机智能作业感知、智能作业控制及作业决策与管理等技术。国内外主要集中于利用先进控制与信息技术对传统农机进行智能化升级，促使农机作业模式革新，向人员投入更少、数据获取更精准、决策更智能、作业质量更高和效率更快的方向发展。

4. 模式集成示范推广

通过梳理近年来国家部委、地方政府和相关机构等发布的黑土地保护与利用技术模式，按照问题导向、地域特点、技术组合特征进行了归类整理，得到了农业农村部、黑龙江省农业农村厅、吉林省农业农村厅、辽宁省农业农村厅、内蒙古自治区农牧厅、中国科学院、北大荒农垦集团 6 家权威部门发布的 67 项较成熟技术模式（表 1-6）。在这些技术模式的指导下，因地制宜地在松嫩平原、三江平原、辽河平原、长白山—辽东丘陵、大小兴安岭沿麓开展了黑土地保护利用，取得了良好成效，东北黑土地"变薄、变瘦、变硬"的突出问题得到了一定程度的缓解。

表 1-6　东北黑土地保护与利用技术模式梳理

编号	模式名称	发布单位
	1. 松嫩平原黑土地保护与利用技术模式	
1	第一积温带旱平地米豆杂轮作黑土培肥技术模式	农业农村部
2	半干旱区米豆米轮作水肥一体化黑土培肥技术模式	农业农村部
3	第三积温带以北质地黏重黑土米豆杂轮作肥沃耕层构建模式	农业农村部
4	第五六积温带质地黏重黑土米豆轮作肥沃耕层构建模式	农业农村部
5	黑龙江省第三积温带以北黑土地肥沃耕层构建技术模式	农业农村部
6	黑土区大豆土壤障碍消减与地力提升技术模式	农业农村部
7	松嫩平原北部黑土地有机种植技术模式	农业农村部
8	半干旱区玉米秸秆深翻还田水肥一体化产效双增技术模式	农业农村部
9	吉林省半湿润区玉米秸秆全量深翻还田地力提升技术模式	农业农村部
10	吉林省玉米秸秆条带覆盖还田地力保育技术模式	农业农村部
11	（第三积温带以北）肥沃耕层构建技术模式	农业农村部
12	秸秆条带田保护性耕作技术模式	吉林省农业农村厅
13	玉米秸秆深翻还田地力保育技术模式	吉林省农业农村厅
14	玉米秸秆还田滴灌减肥技术模式	吉林省农业农村厅
15	玉米秸秆全量深翻还田坐水种保苗增产技术模式	吉林省农业农村厅
16	水稻稻草全量粉碎还田技术模式	吉林省农业农村厅
17	玉米秸秆全量碎混还田技术模式	吉林省农业农村厅
18	米豆轮作黑土保护培肥模式	吉林省农业农村厅
19	龙江模式	黑龙江省农业农村厅
20	中南模式	黑龙江省农业农村厅
21	拜泉模式	黑龙江省农业农村厅
22	大安模式	中国科学院
23	全域定制模式	中国科学院
24	梨树模式 2.0	中国科学院
25	梨树模式	吉林省农业农村厅
	2. 三江平原黑土地保护与利用技术模式	
26	三江平原玉米连作黑土保护培肥技术模式	农业农村部

续表

编号	模式名称	发布单位
27	三江平原水稻连作黑土地保护培肥技术模式	农业农村部
28	第一、二积温带洼地稻田黑土培肥技术模式	农业农村部
29	（第三积温带以北）三江平原耕层改良培肥技术模式	农业农村部
30	三江模式	中国科学院
31	北大荒模式	北大荒农垦集团
3. 辽河平原黑土地保护与利用技术模式		
32	松辽平原分水岭米豆轮作黑土保护培肥技术模式	农业农村部
33	旱稻增施有机肥黑土培肥技术模式	农业农村部
34	黑土地沟毁耕地修复技术模式	农业农村部
35	东北中南部黑土地雨养区地力保育技术模式	农业农村部
36	东北中南部黑土地灌溉区补水保苗提升地力技术模式	农业农村部
37	水源涵养林结构优化与功能提升技术模式	中国科学院
38	以矮秆密植作物为主体的粮豆轮作模式	中国科学院
39	玉米秸秆堆沤培肥技术模式	吉林省农业农村厅
40	辽河模式	中国科学院和辽宁省农业农村厅
41	张庄模式	辽宁省农业农村厅
42	昌图模式	辽宁省农业农村厅
4. 长白山—辽东丘陵黑土地保护与利用技术模式		
43	低山丘陵瘠薄坡耕地黑土保护培肥技术模式	农业农村部
44	缓坡耕地黑土保护培肥技术模式	农业农村部
45	丘陵缓坡薄层黑土米豆轮作培肥技术模式	农业农村部
46	坡耕地侵蚀沟修复黑土保护培肥技术模式	农业农村部
47	吉林省湿润冷凉区玉米秸秆粉耙还田技术模式	农业农村部
48	坡耕地保土提质综合技术模式	农业农村部
49	坡耕地沟毁耕地修复提质综合技术模式	农业农村部
50	坡耕地退耕还林与林下植物资源高效开发利用模式	中国科学院
51	坡耕地保土培肥综合技术模式	吉林省农业农村厅
52	玉米秸秆粉耙还田散墒增温技术模式	吉林省农业农村厅
5. 大小兴安岭沿麓黑土地保护与利用技术模式		
53	辽北米豆轮作黑土保育技术模式	农业农村部
54	风沙干旱区玉米连作增施有机肥黑土保护培肥技术模式	农业农村部
55	有机肥堆沤还田黑土地保护培肥技术模式	农业农村部
56	高纬度缓坡耕地黑土麦豆（米豆麦）轮作黑土保护培肥技术模式	农业农村部
57	内蒙古大兴安岭北麓高寒旱作区麦油轮作免耕秸秆覆盖还田技术模式	农业农村部
58	东北黑土区大豆玉米轮作秸秆还田增碳培肥技术模式	农业农村部
59	大兴安岭沿麓黑土地小麦油菜轮作秸秆还田增碳培肥技术模式	农业农村部

续表

编号	模式名称	发布单位
60	（风沙干旱区）水土保持提升地力技术模式	农业农村部
61	（风沙干旱区）保墒增温提升地力技术模式	农业农村部
62	（东北黑土地区水田土壤）水田地力保育技术模式	农业农村部
63	（东北黑土地区水田土壤）地力培肥技术模式	农业农村部
64	扎赉特模式	内蒙古自治区农牧厅
65	额尔古纳模式	内蒙古自治区农牧厅
66	大河湾模式	中国科学院
67	辽北模式	辽宁省农业农村厅

注：农业农村部、中国科学院、吉林省农业农村厅、黑龙江省农业农村厅、辽宁省农业农村厅、内蒙古自治区农牧厅发布的集成模式及北大荒农垦集团有限公司发布的"北大荒模式"均可以通过书籍和网站查询到各模式详细内容

1.4.3　黑土地保护制度建设

1. 黑土地保护法律法规逐步健全

黑土地保护法治建设是强化黑土地保护与利用的有力手段。第十三届全国人民代表大会常务委员会第三十五次会议于 2022 年 6 月 24 日审议通过了《中华人民共和国黑土地保护法》，适用于从事黑土地保护、利用和相关治理、修复等活动，自 2022 年 8 月 1 日起施行。该法坚持长远保障粮食安全的战略定位，明确黑土地优先用于粮食生产的导向，实施严格的黑土地保护制度，强化黑土地治理修复，确保黑土地总量不减少、功能不退化、质量有提升、产能可持续。建立政府主导、农民主体、多元参与的黑土地保护格局，明确了不同主体的黑土地保护责任。《中华人民共和国黑土地保护法》明确规定加大投入保障机制，强化科技支撑，建立和完善黑土地保护财政投入保障机制，加大对黑土地的资金与项目支持。中国是世界四大黑土区唯一一个通过专门立法来保护黑土地的国家。为了强化问题导向和突出地方特色，黑龙江省颁布了《黑龙江省黑土地保护利用条例》，条例遵循自然规律，确定黑土地概念与分布，明确了保护的对象与范围，构建了严格规范的责任体系，着重解决黑土地保护利用工作中的"单打独斗"和"各自为战"情况，建立黑土地保护长效机制。吉林省制定了《吉林省黑土地保护条例》，条例明确了保护范围，根据本地特色将黑土湿地也作为保护对象，创设分区分类保护机制，构建了严格的保护体系和责任机制。同时，《中华人民共和国土地管理法》《中华人民共和国基本农田保护条例》《中华人民共和国环境保护法》《中华人民共和国水土保持法》等和地方关于耕地保护、农业环境保护、水土保持的规章制度，为

黑土地保护提供有力基础法治保障。随着黑土地保护上升为国家战略，这些法律的作用也将更加凸显，尤其是关于土地用途管理、基本农田保护、耕地总量动态平衡及水土流失预防、监督、治理等相关法律法规条文。

2. 黑土地保护政策支持体系不断完善

为切实做好黑土地保护与利用工作，国家出台了系列相关政策文件与规划，包括《东北黑土地保护规划纲要（2017—2030年）》《东北黑土地保护性耕作行动计划（2020—2025年）》《国家黑土地保护工程实施方案（2021—2025年）》等。黑土地保护已经连续3年作为重要内容写入中央一号文件（2021~2023年），成为农业农村现代化建设的重要任务。同时，东北黑土区各省（市、县）将黑土地保护利用纳入"十四五"规划的重要任务，并制定了黑土地保护利用规划。不同层级政府和不同政府部门制定出台了有关促进黑土地保护的政策与规划，逐步形成了较为完整的黑土地保护政策支持体系，为黑土地保护工程实施和技术落地应用提供了有力政策保障。

3. 黑土地保护标准与规范加快出台

黑土地保护与利用的相关标准规范是实施黑土地保护的重要手段。农业农村部、水利部和地方有关部门出台了多项关于黑土地保护的标准规范，初步形成了黑土地保护标准体系，为黑土地的保护和合理开发利用提供了基本依据。中国科学院东北地理与农业生态研究所作为主要单位参与起草了《东北黑土区旱地肥沃耕层构建技术规程》和《黑土区水土流失综合防治技术标准》。现行的主要标准规范见表1-7。

表1-7　黑土地保护与利用相关标准与规范

类型	名称	标准号	发布单位	发布时间
行业标准	《东北黑土区旱地肥沃耕层构建技术规程》	NY/T 3694—2020	农业农村部	2020年
	《黑土区水土流失综合防治技术标准》	SL 446—2009	水利部	2009年
地方标准	《黑土有机质流失程度等级划分标准》	DB23/T 3086—2022	黑龙江省市场监督管理局	2022年
	《黑钙土肥沃耕层培育技术规程》	DB23/T 3364—2022	黑龙江省市场监督管理局	2022年
	《黑土耕地质量监测与评价技术规程》	DB23/T 3388—2022	黑龙江省市场监督管理局	2022年
	《黑土耕地土壤微生物肥力评价技术规范》	DB23/T 3237—2022	黑龙江省市场监督管理局	2022年
	《黑土区农田土壤障碍层消减与培肥技术规程》	DB23/T 3159—2022	黑龙江省市场监督管理局	2022年
	《沙化黑土香料用百里香栽培技术规程》	DB23/T 3046—2021	黑龙江省市场监督管理局	2021年
	《西部半干旱区黑土保护利用技术规程》	DB23/T 2987—2021	黑龙江省市场监督管理局	2021年
	《退化黑土快速培肥技术规程》	DB23/T 2986—2021	黑龙江省市场监督管理局	2021年

类型	名称	标准号	发布单位	发布时间
地方标准	《侵蚀退化黑土农田保护性耕作技术规程》	DB23/T 2984—2021	黑龙江省市场监督管理局	2021 年
	《冷凉区黑土地保护利用技术规程》	DB23/T 2982—2021	黑龙江省市场监督管理局	2021 年
	《暗棕壤肥沃耕层培育技术规程》	DB23/T 2977—2021	黑龙江省市场监督管理局	2021 年
	《黑土地保护性耕作技术规范》	DB23/T 2768—2020	黑龙江省市场监督管理局	2020 年
	《黑土区大豆玉米轮作下秸秆还田技术规范》	DB23/T 1842—2017	黑龙江省质量技术监督局	2017 年
	《黑土区大豆玉米轮作下减量施用化肥技术规范》	DB23/T 1841—2017	黑龙江省质量技术监督局	2017 年
	《黑土培肥技术规范》	DB23/T 1351—2009	黑龙江省质量技术监督局	2009 年
	《"梨树模式"黑土地保护 现代农业生产单元建设 技术规程》	DB2203/T 2—2023	吉林省四平市市场监督管理局	2023 年
	《黑土地质量》	DB22/T 3394—2022	吉林省市场监督管理厅	2022 年
	《黑土地质量分等定级技术规范》	DB22/T 3395—2022	吉林省市场监督管理厅	2022 年
	《不同肥力耕地土壤微生物学指标 黑土》	DB22/T 3078—2019	吉林省市场监督管理厅	2019 年
	《黑土耕地土壤肥力评价技术规范》	DB22/T 1776—2013	吉林省质量技术监督局	2013 年
	《黑土地质量》	DB22/T 3394—2022	吉林省市场监督管理厅	2022 年
	《黑土地厚沃耕层培育技术规程》	DB21/T 3498—2021	辽宁省市场监督管理局	2021 年
	《大兴安岭南麓黑土地培育技术规程》	DB1507/T 81—2023	内蒙古呼伦贝尔市市场监督管理局	2023 年
	《黑土区玉米隔行深松垄上免耕栽培技术规程》	DB15/T 2398—2021	内蒙古自治区市场监督管理局	2021 年
	《黑土区甜叶菊组织培养育苗移栽技术规程》	DB15/T 2397—2021	内蒙古自治区市场监督管理局	2021 年
	《黑土区作物秸秆离田腐熟与厩肥隔年交替还田技术规程》	DB15/T 2396—2021	内蒙古自治区市场监督管理局	2021 年

1.5　我国黑土地保护与利用在科技创新方面的问题

与世界上其他的黑土区不同，我国黑土区面临着完全不同的保护压力。我国以占世界 7%的耕地，养活了世界 22%的人口，创造了奇迹。但奇迹的背后，是我国耕地无法实行发达国家的休耕保护措施，因为黑土过度垦殖、重用轻养、大水大肥及农化用品的过量施用，黑土区土壤健康长期透支，优质耕地"瘦、薄、硬"及水土流失问题严重。而黑土区开垦时间最短，利用强度最高，发展用养兼顾的现代农业体系面临着前所未有的挑战（王志刚，2021）。

我国政府一直高度重视黑土地保护与利用的科技创新，启动了一系列的国家级重大项目与示范工程，特别是在最近 10 年出现了跨越式发展，研究成果得到了主要发达国家的高度评价，2011 年由中国科学院东北地理与农业生态研究所联合世界主要黑土机构，成立了世界黑土联合会并于 2019 年成功入选"一带一路"国际科学组织联盟（Alliance of International Science Organization，ANSO）；2018 年我国发起成立了国际黑土联盟，成为联合国粮食及农业组织的重要机构并组织了第一届全会暨国际黑土学术研讨会。我国科学家在黑土地"肥沃耕层"构造、侵蚀沟治理、土壤有机质提升等方面取得了较大进展，特别是中国科学院牵头创建了秸秆覆盖免耕保护性耕作技术模式，并由中国农业大学、中国科学院、梨树县农业技术推广总站总结为"梨树模式"。而近年来，国际黑土保护和利用研究的主要方向包括：土壤培肥、保护性耕作和种植制度等对土壤属性的影响；土壤系统-养分生物有效性-作物生产力之间的相互作用和内在关系；土壤生物系统与气候变化的互馈机制。

然而，与国际一流水平相比，我国黑土区具有独特而更为复杂的挑战，特别是用养协同的黑土健康诊断、障碍消减及土壤地力定向培育，保护性耕作及生态高效种植模式的可持续发展模式，生态经济的综合效益评估理论和技术体系相对薄弱，特别是关于黑土地保护和可持续利用的理论和技术体系相对较弱，关键装备、核心部件和一些硬核产品存在一系列"卡脖子"难题，主要瓶颈问题如下。

1.5.1 黑土地耕地质量监测及评价体系需要创新

1. 黑土地耕地质量监测关键核心技术亟待突破

部分土壤要素监测技术仍存在"卡脖子"难题。例如，土体构型、障碍层次等稳定性指标，监测过程复杂、数据准确度低、结果更新滞后；土壤养分含量、微生物多样性等易变性指标，难以开展快速、低成本、高精度、大尺度范围监测；土壤侵蚀、养分迁移、生态退化与时空演变特征指标，缺乏动态监测手段；耕地本底质量、经济质量和健康质量缺乏一体化监测体系。上述问题限制了综合监测能力进一步提升，难以对黑土地耕地质量进行"精准把脉"。

2. 黑土地耕地质量评价技术体系仍需完善

现行黑土地耕地质量评价技术的应用局限性在于动态评价能力不足，且评价结果易受评价指标设定影响。同时，由于缺乏气候生态、土壤本底、生产管理、社会经济等多要素、多结构、多功能的综合认知研究，导致评价技术指标体系仍不健全，多源异构数据综合评价技术还未突破，难以为黑土地保护与利用提供更加准确的质量清单和利用红线。

3. 黑土地质量监测与评价数据融合共享还需加强

目前，监测数据与评价指标还不能完全对应，导致监测数据难以完全契合评价需求。同时，已有监测数据储存分散、利用率低，也导致耕地质量评价结果时效性和现势性较差。农业农村部与自然资源部分别建立了各自的耕地质量等级评定标准，但在评价需求、目标、标准和应用指向上均有差异，经常出现同一区域耕地质量评价结果不一致的情形。

1.5.2 黑土地退化阻控技术需要创新

1. 黑土地侵蚀退化阻控技术科技创新存在的关键问题亟待解决

黑土地侵蚀退化阻控技术仍存在关键问题有待解决。尽管 21 世纪初已加强土壤侵蚀和阻控技术研发，但在实践中仍然存在挑战。目前依赖工程类措施的侵蚀沟治理成本高，治理标准低。对此需要高效组配工程和植物措施，降低成本，提升防治效果。农田防护林建设应同时考虑水蚀和风蚀防控，合理规划林带走向和林带间距，研发风蚀农田可持续利用的风沙防御技术。此外，加强各部门间协作，建立部门协调机制，以解决单项水土流失治理措施之间的不协调。

2. 黑土地有机质退化阻控与固碳培肥理论与技术瓶颈亟待突破

针对黑土地有机质提升与固碳培肥的理论难题，首先是过去基于腐殖质理论的固碳培肥理论需要修正，如何根据外源有机质品质、气候环境和土壤性质控制好微生物对外源有机质的转化。其次，利用外源有机质特性提高固碳效率是当今理论研究的重点。不同类型土壤和有机质组分对应关系不明确，外源有机质的分子多样性如何影响微生物对有机质的分解转化尚需深入研究。同时，如何利用化学计量比原理，采取适当措施提高土壤微生物转化效率以实现固碳培肥。另外，土壤空间异质性是制约东北黑土区固碳培肥理论研究的重要因素，其中的机理问题尚未全面揭示，需要提出适应特定土壤的方案。有机肥施用与秸秆还田技术对土壤有机质的提升效果具有很大的不确定性，需要科学匹配最佳种类和用量的有机肥及还田方式，以解决这些配肥技术瓶颈。

3. 黑土地压实板结退化阻控与恢复技术亟待升级

当前对黑土压实问题的研究已很多，但存在基础性问题需要解决。亟须提出适用于东北黑土区的科学压实诊断与评价体系，以揭示压实板结原理、更高效研发压实阻控技术。传统指标如土壤容重和穿透阻力等无法在大尺度上准确评价压实程度，需要建立针对不同土壤类型的稳健函数。另外，需深入研究黑土地土壤预压应力的空间分布和时间变化规律，以指导制定土壤压实的管理措施。保护性耕作虽然可以减少土壤扰动，但在免耕和秸秆覆盖条件下，播种质量受影响，仍存在土壤压实的风险。因此，在推广保护性耕作的同时，需要改进机械装备，落实保护性耕作、多样化轮作、种植覆盖作物等措施融合，以全面缓解土壤压实和生态恶化。

1.5.3　耕地健康与生物功能调控的技术需要创新

1. 黑土微生物组生态服务功能的先进定量表征技术有待引入

针对黑土区积温低、微生物活性弱、耕地关键属性的健康生物区系形成机制不清等问题，黑土健康发育过程的生物群落构建机制亟待解析，黑土退化生物学机制仍有待研究阐明。应利用先进的微流控捕获识别技术、微液滴数字聚合酶链反应（PCR）检测及纳米孔单分子技术、分子标志物诊断技术体系，解析不同立地条件下，典型黑土诊断属性的健康动物-微生物丰富度、分布格局及其群落构建特征，明确耕地地力健康属性形成的微生物多样性构建机制，明确十年至百年现代农业管理尺度下，保护性耕作、轮间套作及传统耕作模式下土壤动物-微生物-作物根系互作机制及其多样性的定向构建特征。先进定量表征技术的引入将加速构建健康黑土的最简生物组，定向提升黑土内稳性地力，提升黑土地生态服务功能。

2. 黑土生物多样性与功能调控理论仍需完善

目前，对黑土生物多样性的关注不仅局限于土壤微生物，还需对土壤动物、土壤病毒的生物多样性与功能进行深入挖掘，以完善土壤生物功能调控理论体系。有必要运用生态网络模型来解析基因调控、新陈代谢及种间互作。特别是基于营养动力学理论，在群落水平上研究不同生物群落之间及其物种内部相互作用的规律和模式，这将有助于拓展宏观土壤生物学的研究范畴至微观土壤生物学。通过运用土壤发生学经典方法，并采用空间换时间的生态学策略，研究母质、时间、气候和地形等自然因素和人为因素对生物群落起源和演化的影响规律，我们可以明确非生物因子的致障阈值，了解生物演化及其生理代谢适应过程的影响规律，进而全面认识和保护黑土地生物多样性，建立我国黑土生物多样性与功能调控理论体系。

3. 黑土生物健康的内稳性机制与定向培育技术亟待开发

土壤生物的功能可塑性是土壤内稳性的核心内容，然而，由于土壤生物存在巨大的功能冗余，群落结构和功能两者之间无法直接关联，土壤有机质提升过程中的沃土微生物功能的变化规律尚不明确。因此，系统研究不同农业管理措施和环境胁迫条件下土壤生物功能可塑性及其系统稳定性，将为发展基于黑土内稳性地力提升的健康生物定向培育技术提供重要依据。目前亟须以促进土壤团聚、土壤固碳、代谢物稳定、生态效率高为判别标准，筛选、鉴别、明确不同黑土区的沃土物种及其特征，结合生物激发剂、高通量与传统筛菌技术，分离培养沃土生物；开发联合多维、先进的手段以实现激发基质与沃土生物的配伍，达到定向培育的目的。

1.5.4 智慧农业关键技术、智能农机装备与农艺措施尚不匹配

1. 缺少先进的传感技术在不同尺度准确评价土壤属性

当前，黑土退化与利用时空信息不全、因地制宜的黑土保护与利用全域定制方案缺失、区域性智能管控水平亟待提升。因此，亟须开发先进的传感技术在不同尺度准确评价土壤属性，从而建立黑土地智能化管控系统，提升黑土地保护与利用数字化管理水平，为黑土区提供全域定制系统性解决方案。目前，黑土分类体系及退化诊断评价方案虽已得到初步建立，但仍有待进一步完善健全。为建立黑土地保护性利用长效机制，形成适用不同黑土地类型及地方需求的现代农业发展模式提供技术指导与支持。

2. 缺乏智慧农业的关键技术和装备

我国当前仍面临着农机与农业不匹配的技术瓶颈，智能农业关键技术和装备的研发仍有待进一步完善。构建"天空地"一体化、多维度全要素黑土地数据信息监测系统，利用近红外高光谱载荷提升黑土地无人机遥感监测能力。建立智能化管控系统与决策支持平台。针对东北黑土退化问题，研发具有自主知识产权的玉米免耕播种机并完善，发展无人驾驶的拖拉机，更新农机-农艺融合技术，以实现我国现代保护性耕作模式的推广与升级。

3. 缺少土壤大数据进行耕地质量的即时分析和模拟

土壤大数据的即时分析和模拟对于土壤管理和保护性农业的决策制定非常重要，可以提供对土壤质量的准确评估和预测，帮助农民和农业管理者更好地了解土壤的物理、化学和生物学特性，以及耕地使用对其质量的影响。然而，每个地区和地块的土壤特性都不尽相同，现有的土壤数据库和模型也存在一些限制，许多数据库缺乏地理平台和实时数据更新的能力，因此无法提供对不同保护与利用管理措施的效果的即时分析和模拟功能。另外，一些模型可能过于简化或缺乏特定地区的数据，限制了其在不同地区和环境条件下的应用。因此，需要加强土壤大数据的收集和共享。此外，开发和利用现代技术，如遥感和地理信息系统（GIS），可以实时获取土壤数据，并将其整合到模型中进行分析和模拟。鼓励和支持农民和农业管理者使用现有的农业技术和工具，如智能农业传感器和无人机，进行实时的土壤监测和数据收集。这将有助于提高土壤数据的质量和数量，并为土壤保护和利用的决策提供更可靠的基础。

1.5.5 技术集成体系的整合与分区域示范推广

1. 技术标准化与操作指导不健全

针对黑土地的保护与利用，现已经形成了一系列技术措施，包括秸秆深翻、深混、碎混、松耙碎混，以及有机肥施用、玉米—大豆轮作等方法。然而，缺乏简便易行的田间技术规范，导致实际应用中技术操作不到位，难以发挥黑土地的保护与利用作用。另外，尽管通过国家项目支持研发了配套改土机械，机械性能稳定满足改良需求，但如何将这些技术和机械应用到实际农业生产中，依然需要政策和市场的共同推动。

2. 适宜的集成技术模式区划缺失

目前，有相对成熟的技术模式如"龙江模式""梨树模式"等，已经在适宜区域提高了土地质量和粮食产能。然而，对于现阶段的东北黑土耕地五大区，不同技术模式在不同区域的适合性缺乏系统评价，导致技术适用范围界限模糊，适宜区域边界不清晰。缺乏科学的黑土地保护与利用适宜技术的集成区划，会导致资源利用效率低，生产潜力难以发挥，势必会影响跨区域应用的效果。

3. 缺乏对单一技术模式的整合配伍

当前黑土地保护大多依赖单项技术或单一环节，而非系统工程。不同类型土壤和低产障碍的多样性，需要更多技术创新及定制化的解决方案。面临不同生态类型区的多样性问题，黑土地保护需要更加系统、综合的措施，如调整作物种植结构和提高生物多样性，在生态保护和水土流失防治等环节上协调统一，以实现持续保护与利用。

1.6 我国黑土地保护与利用科技创新发展的愿景与构想

经过近百年的黑土地保护理论研究与技术实践探索，目前全球黑土地保护与利用仍主要面临 3 个方面的挑战：一是土壤可持续性问题，农业活动、极端天气等导致土壤退化，土壤质量、肥力和保水能力降低；二是土壤健康问题，土壤有机质下降、土壤健康退化，严重影响未来农业生产力；三是土壤养分有效性，长期以来化肥过量施用，威胁着土壤的活力和农业活动的长期可持续性。我国耕地资源稀缺，无法实行发达国家的休耕保护措施，个别地区的过度垦殖、重用轻养，导致黑土区土壤健康长期透支，"瘦、薄、硬"问题严重。东北黑土地发展用养兼顾的现代农业体系面临着前所未有的挑战。为应对这些挑战，必须借传统农业向现代农业转变的契机，通过科技创新突破黑土地保护与利用技术的瓶颈难题。

智能监测、微生物学和现代智能农机装备等新兴科技是黑土地保护与利用的新动力,通过跨学科合作构建复合侵蚀阻控治理技术体系、黑土地土壤障碍消减技术体系、黑土肥力产能协同提升的技术体系是促进黑土地保护的重要支撑。未来需在学科交叉融合、新兴技术应用等方向上寻求新突破,以解决黑土地保护与利用中的关键难题。因此,黑土地保护与利用科技创新的发展构想应主要围绕以下几个方面。

1. 整体思维和系统认知分析技术是黑土地保护与利用科技突破的首要前提

黑土是一个复杂的自然历史巨系统,已经很难再依靠“点”上的技术突破实现整体提升,必须采用跨学科研究和系统方法,从系统要素构成、互作机理和耦合作用来探索问题解决的途径。新时代,亟须将“山水林田湖草沙生命共同体”理念赋予黑土地保护实际,突破单要素思维,从黑土资源利用、水养运作效率、农田系统弹性和农业可持续性的整体维度进行思考。通过山水田林湖草沙一体化的黑土地保护与利用全域定制方案,促进与粮食增产全产业链相适宜的生态屏障构建。

2. 新一代传感器技术是黑土地保护与利用的底盘硬核技术

量值定义世界,精准决定未来。美国已经将高精度、精准、可现场部署的传感器及生物传感器的开发、应用作为未来土壤保护与利用技术突破的关键。当前传感器技术已经广泛应用在农业领域,但主要还集中在对单个特征如温度和水分的测量,破解黑土地保护与利用的难题,必须连续监测多个特征,剖析黑土地生态系统运行的机理。值得注意的是,新一代传感器技术不仅包括对黑土地的物理环境、生物性状的监测和整合,更需要跨越土壤、作物,对非生物的生物地球化学循环全过程进行监控,实现对诸如水分子、病原体、微生物的快速检测、连续监测、实时反馈,将为系统认知黑土健康、精准发现和定量识别可能出现的黑土退化风险提供关键技术支撑,极可能彻底改变我国农业生产利用方式。因此,新一代传感器技术将是我国必须掌握的关键技术。

3. 黑土地智能监测与评价技术为黑土地保护与利用提供智能决策

应用微电子、传感和建模等方面的科技成果,开展黑土地智能监测。随着无线通信的发展、电子设备的小型化,以及高频探地雷达技术、低场核磁技术、红外声光光谱技术等新兴谱学技术的应用,未来可以在整个农田的地表和地下原位布设传感器阵列网络,主动监测土壤中的生物、化学和物理反应,在不同的时间和空间维度获取土壤侵蚀、水分和养分含量、生物活动等数据,实现精准的土壤管理,进而改良土壤、缓解养分流失。此外,在黑土地上部署传感器阵列网络,可形成黑土地动态的"天气图"，还可以填补养分循环模型、温室气体产生模型、碳储存模型等的数据空白。完善黑土地智慧监测与信息服务技术体系，利用互联网、物联网技术、"天空地"一体化监测技术体系获取高时空分辨率黑土地农业资源环境、农机农艺、技术模式等农业大数据，实现多源异构农业大数据的融合分析；通过农业灾害与作物胁迫的智能诊断与预警，实现种、肥、药、水和农业自然资源与社会资源的智能管控，以及多尺度农业生产管理的智能决策。

4. 数据科学和信息技术是黑土地保护与利用的战略性关键技术

数据科学和分析工具的进步为提升黑土地保护与利用的研究和知识应用提供了重要的突破机遇。尽管我们已经收集了大量粮食、农业、资源等各类数据，但由于实验室研究与生产实践中的数据一直处于彼此脱节的状态，缺乏有效的工具来广泛使用已有的数据、知识和模型。大数据、人工智能、机器学习、区块链等技术的发展，为黑土地海量数据的收集、存储、分析、共享赋予了条件与便利，为整合异构数据集提供了高级分析方法。换言之，数据科学和信息技术能够极大地提高对复杂问题的解决能力，将农业、资源等相关领域的大量研究成果应用在生产实践中，在动态变化条件下自动整合数据并进行实时建模，促进形成数据驱动的智慧管控。

5. 生物赋能+微生物组技术对深刻理解和调控黑土地生态系统至关重要

随着基因编辑等先进技术快速发展，以种适地将越来越成为一种常规技术。即通过有针对性的遗传改良可将传统方法无法实现的方式对作物和绿肥进行改良。通过将基因组信息、先进育种技术和精确育种方法纳入常规育种和选择计划，可以定向筛选具有重要影响的农业性状，精确、快速地提升作物产量和农产品质量。这种能力为培育新作物和土壤微生物、开发抗病动植物、控制生物对压力的反应，以及挖掘有益基因的生物多样性等打开了技术大门，进而为快速实现作物秸秆还田并构建肥沃耕层提供了广阔的前景。目前，先进的测序和基因组技术呈现指数式发展，农业微生物组领域有望在未来十年取得突破性进展。建立农业微生物数据库，可更好地理解分子水平上土壤、植物和动物微生物组之间的相互作用。重点关注黑土地微生物组与植物的相互作用，以及其在养分循环中的作用对全球农业生产至关重要。充分利用土壤微生物的生物多样性资源及其有益功能，可优化作物生产力和土壤生态系统服务功能。宏基因组学和相关组学技术，可以为新微生物产品的开发提供信息，制定微生物组行为和状态的预测模型。深入了解黑土地微生物组并强化其在养分循环中的作用，对于确保全球农业的可持续生产十分关键。

6. 智能农机装备是智慧农业技术集成的结晶

智能农机装备是农业机械、人工智能、机器人和信息工程等技术交叉融合领域，是现代农业发展的重要趋势。智能农机不仅是装备了先进处理芯片和传感系统的现代化农业机械，它通过集成应用计算机科学、自主导航、电控、通信、大数据处理和人工智能等前沿技术，为精准农业的实施提供了强大的技术和装备支撑。这不仅包括传统农机的耕作、收获和病虫害防治等作业，还扩展到了土壤和作物产量信息的采集分析，体现了功能强大、结构紧凑和通用性强的特点。更重要的是，智能农机装备的节能和环保特性使其在促进农业生态环境保护与可持续利用方面发挥着关键作用。智能农机装备通过技术的创新与融合，在保障食物安全、提高作业效率、降低能耗及保护环境等多方面展现出巨大的潜力和价值。针对非结构化复杂的农业场景，智能农机装备未来应重点突破如下关键技术：一是作业机器人、作业环境和作业对象的信息精准感知机理和传感技术；二是基于多源感知异构信息的物景认知方法，以及基于作业流程和机器学习的自主决策、规划与控制技术；三是融合先进农艺的作业装置、末端执行器和机械臂先进设计与精准高效作业技术；四是全地形、多遮挡和动态农业场景下的底盘结构设计与线控技术，以及多传感融合的地图构建、自主规划与避障导航技术；五是机器人群体实时通信、群体自主协同和人机共融技术。

7. 构建黑土退化阻控的复合技术体系

构建复合侵蚀阻控治理技术体系。针对黑土地侵蚀退化及其影响农业生产等问题，要厘清风蚀、水蚀和融蚀空间格局与驱动因子，明确复合侵蚀对土壤有机碳和养分流失的影响机制，攻克坡耕地侵蚀阻控的新型保护性耕作技术、研发沟毁耕地再造关键技术，构建复合侵蚀阻控的耕作、生物、工程相融合的综合技术体系，以及农田集水区蓄导排一体化径流调控技术体系。研发黑土地土壤障碍消减技术体系。针对苏打盐碱土和白浆土均存在土壤结构不良、水分养分有效性低、生产力低等共性问题，碱化层和白浆层障碍消减耕作技术一直以来都是苏打盐碱土和白浆土地力提升的关键。完善绿肥作物种植与有机培肥等复合型技术，将有效推动黑土地障碍因子消减和产能提升。针对长期机械化耕作导致的黑土地压实板结，应进一步研究农机具作业对黑土地土壤结构、力学性质、作物生长等的影响，研发土壤压实板结消减的厚沃耕层构建技术、保护性耕作技术等。研发黑土肥力产能协同提升的技术体系，是培育良好土壤结构、阻控黑土退化的关键。需要从保护性耕作、深耕、增施有机肥、粮饲轮作等多个维度协同提升黑土肥力产能，研究黑土区主要耕作/轮作模式下土壤结构演变规律和有机质累积机理、典型土壤主要农作物水分养分转化运移和典型土壤营养元素高效利用原理，是未来黑土肥力产能协同提升的关键。

总体而言，未来十年，黑土地保护与利用科技愿景的核心是：系统认知分析、精准动态感知、数据科学、基因编辑、微生物组五大关键科学和技术在黑土地保护与利用中的研究和应用。也是我国农业强国背景下的科技制高点，有可能产生颠覆现在、引领未来、开创时代的重要新领域，特别是发掘"山水林田湖草沙生命共同体"的重大社会实践、黑土地水土资源安全与管控实践中的基础科学问题取得突破。具体而言，亟须在一些关键核心技术上取得突破进展，如黑土地耕地质量大数据、耕地健康诊断技术、生态良田构建技术、土壤生物多样性保护和耕地养护技术、耕地系统演化模拟仿真技术；在土体-田块-区域尺度，建立精准调查、精细感知、精明治理的科学技术体系；夯实低碳绿色的粮食安全"压舱石"，实现农业增产与碳中和国家重大需求的协调健康发展，抢占新一轮农业革命的科技制高点，提升我国在全球农业科技创新版图中的话语权，为中国粮食提供根本保障。

作 者 信 息

贾仲君，中国科学院东北地理与农业生态研究所

李禄军，中国科学院东北地理与农业生态研究所

张一枫，中国科学院东北地理与农业生态研究所

马晶晶，中国科学院东北地理与农业生态研究所

李殿甲，中国科学院东北地理与农业生态研究所

刘红文，中国科学院东北地理与农业生态研究所

张丽欣，中国科学院东北地理与农业生态研究所

汪景宽，沈阳农业大学

附　　件

1. 国际黑土领域主要科研机构情况调查（按拼音顺序列出，排名不分先后）

1）道库恰耶夫土壤科学研究所。道库恰耶夫土壤科学研究所是俄罗斯农业科学院下属的科研机构，是世界著名土壤科学研究机构之一。道库恰耶夫土壤科学研究所致力于对黑土进行基础研究，评估其当前的肥力和与自然、农业技术过程相关的退化问题。研究所主要任务之一是在减少人为压力的基础上保护和恢复黑土的肥力，包括减少种植、使用景观农业技术、轮作、调节土壤物理和化学特性等。另外，道库恰耶夫土壤科学研究所土壤数据部门通过卫星监测和测绘积极开展黑土的监测与数据存储工作，土壤生物学与生物化学系及土壤化学与物理化学系也参与了对黑土的研究与分析工作，为黑土领域的学术发展和科学研究提供了

重要的支持。此外，研究所还进行了对掺有镧系元素（La、Ce 和 Nd）的土壤毒性的更新评估，研究农业耕作对黑土特性的影响，监测非黑土区侵蚀与肥力指标等，同时研究了长期野外实验典型黑土中可萃取有机物组分的光学性质，对亚微米级别的黑土结构分析表征，为黑土领域的科研发展提供了重要支持。

2）俄罗斯科学院。 俄罗斯科学院下属科研机构中开展黑土研究的主要有 2 个，分别是土壤科学物理化学和生物问题研究所、地理研究所。土壤科学物理化学和生物问题研究所研究了黑土的发生和演化，研究重点包括俄罗斯黑土深处有机碳的成土碳酸盐和放射性碳同位素、黑土中天然碳和腐殖质形成、微生物生物质和腐殖质的分解代谢、黑土全新世演化过程中性质的快速变化。地理研究所主要研究黑土在不同气候条件下的发育，关注库尔斯克地区可耕地黑土中有机碳储量的气候变化、不同季节对黑土二氧化碳流出的永久性和偶发性控制的贡献分析。此外，俄罗斯科学院在黑土领域的研究还涉及黑土重金属污染与修复方向，研究集中于重金属对土壤物理性质及有机质的影响、黑土对重金属离子的吸附作用，以及重金属在黑土中的演化规律。以 Bauer T 和 Semenkov I 为代表，先后在 2019 年和 2022 年开展了土壤中重金属化合物的稳定化动态研究、废弃矿区生态系统中重金属和类金属的地球化学分配研究等。

3）加拿大农业及农业食品部。 加拿大农业及农业食品部在黑土领域有 4 个主要研究方向：土壤质量评估和监测、土壤保护和可持续管理、土壤肥力和养分管理、土壤生物学和生态系统功能。针对这些方向，该部门进行了一系列研究和实践。在土壤质量评估和监测方面，对加拿大范围内的土壤质量进行了评估和监测，并正着手建立黑土有机碳库监测网络，以评估和跟踪黑土的有机碳储量和动态变化，为黑土保护和可持续管理提供科学依据。在土壤保护和可持续管理方面，该机构着重于利用生物炭改善黑土质量，并发现生物炭的应用显著促进了土壤质量和农业生产力的提升。在土壤肥力和养分管理方面，通过长期实验研究表明，传统的农业耕作方式可能导致土壤质量下降，而节水耕作和保护性耕作可以改善土壤质量和农业生产力。在土壤生物学和生态系统功能方面，该部门运用分子生物学技术研究黑土中微生物多样性和功能，得出了适当的土地管理措施可以促进土壤微生物多样性和土壤健康的结论。这些研究成果为黑土的保护与可持续管理提供了指导和决策依据。

4）美国农业部农业研究中心。 美国农业部农业研究中心在黑土领域的研究方向包括黑土特性和质量评估、环境变化和农业可持续性、黑土侵蚀和保护。在黑土特性和质量评估方面，主要深入研究物理、化学和生物学特性，评估土壤的健康状况和质量水平，为优化土壤管理、提高农作物产量、保护环境和推动可持续农业发展提供重要参考。在环境变化和农业可持续性方面，目标是综合考虑环境因素、农业实践和经济需求，以保护黑土质量、提高农业生产效率，并促进农业的可持续发展。另外，黑土侵蚀和保护涉及侵蚀危害评估、侵蚀过程和机制研究、侵蚀控制和土壤保护措施、侵蚀风险评估和土壤保护规划四方面。此外，美国农业部也关注中国和俄罗斯的黑土，并与这些国家开展了合作与交流。2018 年，在中国哈尔滨举办的"联合国粮农组织国际黑土联盟第一届全会暨国际黑土学术研讨会"上，美国农业部土壤科学司的首席专家 Skye Angela Wills 作《美国黑土现状》的报告。自 2019 年起，美国农业部开展了关于土壤侵蚀控制机制与调控技术的研究，以确定最有效的水土流失控制措施。

5）莫斯科罗蒙诺索夫国立大学。莫斯科罗蒙诺索夫国立大学下属的土壤科学学院和地理学院是开展黑土研究的主要机构，在黑土领域的研究主要包括微生物演替、土壤侵蚀和土壤重金属污染。在微生物演替方面，土壤科学学院的研究团队在黑土领域取得了重要成果，包括在好氧和厌氧环境中黑土不同层位在微宇宙实验条件下的微生物种类和数量，荧光原位杂交法研究黑土的微生物量。在土壤侵蚀方面，地理学院的研究团队以 Larionov、Krasnov 和 Litvin 为代表进行了系统研究，如通过模型实验研究水温和土壤湿度对黑土样品可蚀性的影响；探讨了淋溶黑土中土壤密度、抗拉强度（STS）和渗透性与土壤颗粒间结合强度之间的关系，并分析了这些因素如何影响土壤的侵蚀性；研究了淋溶黑土不同制备方法、侵蚀速率变化、接种培养物和干燥对土壤可蚀性的影响及其与 STS 的关系。针对黑土重金属污染，探索了重金属与有机物的相互作用，并对人工污染黑土中重金属化合物的形态进行了测定。

2. 国内黑土领域主要科研机构情况调查（按拼音顺序列出，排名不分先后）

1）东北农业大学。东北农业大学在黑土领域的研究团队主要有 4 个，包括张颖教授领导的黑土修复与健康团队、闫立龙教授领导的农业资源高效利用与黑土保护团队、杜国明教授领导的黑土地可持续利用团队及姜巨全教授领导的盐碱地微生物资源发掘及土壤修复与利用团队。在黑土修复与健康方面，研究内容涉及农用化学品生态毒理效应与环境归趋、碳基功能材料的制备及其污染防控应用、环境污染控制与土壤修复及土壤改良与地力提升。另外，在农业资源高效利用与黑土保护方面，研究领域包括农业水污染控制理论与技术、固体废物处理及资源化、黑土保护与修复。此外，黑土地的可持续利用方面涉及黑土资源的调查与评价、保护与恢复及优化配置与综合利用。黑土区盐碱地微生物资源的发掘及土壤修复与利用方面的研究涉及了嗜盐/耐盐菌、秸秆降解菌、根际促生菌及乳酸菌等微生物资源的发掘与应用研究、高产纤维素酶菌株选育及秸秆综合利用研究、豆科植物根瘤菌及植物内生菌的遗传多样性研究等。

2）黑龙江省农业科学院。黑龙江省农业科学院拥有国家重点领域创新团队和土壤学、土壤肥料学两个省级学科梯队，拥有 3 个国家级实验平台、5 个省级重点实验室和工程技术研究中心。在黑土领域研究团队以刘杰、高洪生和王爽为主导,主要研究方向有 4 个:黑土资源保护与持续利用、黑土地水土保持与生态修复、黑土监测与评价、黑土培肥与地力提升。在黑土资源保护与持续利用方面,研究内容包括黑土保育和培育、坡耕地黑土修复及酸化黑土治理等,在该领域的研究处于国内领先水平,且障碍土壤改良技术达到国际领先水平。在黑土地水土保持与生态修复方面,则以玉米秸秆覆盖为核心的保护性耕作模式为研究重点,以解决黑土遭受侵蚀的问题。此外,该院还在黑土监测与评价及黑土培肥与地力提升等领域展开了一系列创新研究与应用工作。

3)吉林农业大学。吉林农业大学的黑土研究团队主要分布在资源与环境学院,设有秸秆综合利用与黑土地保护教育部重点实验室、吉林省黑土地保护与利用协同创新中心、吉林省黑土地保护与利用工程研究中心。研究团队包括:王宇负责的黑土坡面水土保持与生态修复团队、高强负责的养分资源高效利用与综合调控团队、窦森负责的土壤环境与生物化学团队及王鸿斌负责的土壤改良与肥力调控团队。吉林农业大学在黑土领域的主要研究方向包括养分资源高效利用与综合调控、黑土坡面水土保持与生态修复、秸秆还田与黑土地保护、土壤改良与肥力调控。在养分资源高效利用与综合调控方面,关注植物营养生理、土壤养分转化和新型肥料的创制。针对黑土坡面水土保持与生态修复,研究内容包括侵蚀防治机理与技术、水土流失动态监测、水土资源保护等方向。土壤环境与生物化学方面专注于土壤有机质、生物质炭、盐碱地改良等方面的研究,还致力于探索秸秆还田、土壤培肥、固碳减排效果等秸秆富集深还与利用技术,以及黑土地保护下的玉米养分管理技术。土壤改良与肥力调控方面关注黑土肥力培育、盐碱地改良与利用、土壤碳氮磷循环过程和机制等研究。

4)吉林省农业科学院。吉林省农业科学院的黑土研究团队主要分布在农业资源与环境研究所和玉米研究所,包括农业资源与环境研究所的植物营养与新型肥料创新团队,以及玉米研究所的玉米分子育种创新团队。在黑土领域的主要研究方向有 4 个,分别是黑土地土壤肥力保育与质量提升、黑土地玉米全耕层培肥技术、黑土监测与评估、黑土地土壤改良。黑土地土壤肥力保育与质量提升方面,包括秸秆直接还田、秸秆全量深翻还田、有机肥还田、化肥减施等新技术。黑土地玉米全耕层培肥技术方面,包括玉米秸秆全量直接还田、玉米秸秆粉碎深翻还田、玉米高产高效栽培等技术,当代玉米高产群体理想根构型及其对土壤环境因子的特异性响应机制研究等。黑土监测与评估方面,吉林省农业科学院于 20 世纪 80 年代创建了我国第一个黑土肥力和肥料效益长期定位监测研究基地,揭示了黑土肥力退化机制及肥力演变规律,构建了黑土培肥技术模式和黑土养分调控模式。黑土地土壤改良方面,主要包括黑土地肥力培育、盐碱地改良与利用、土壤碳氮磷循环过程与机制研究等。

5）沈阳农业大学。沈阳农业大学的黑土研究相关领域有国家级重点学科土壤学，该学科下有土肥高效利用国家工程研究中心、农业农村部东北耕地保育重点实验室、辽宁省高校重大科技平台、辽宁省农业资源与环境重点实验室、中美土壤生产力和环境保护研究中心、国际黑土研究合作联盟等科研平台。近年来，承担 4 个国家黑土地保护试点县技术服务任务，助力国家黑土地保护战略实施。黑土相关研究方向有 5 个：土壤地理与土地资源、土壤肥力与耕地保育、农业环境保护与生态建设、土壤改良与农业节水及土壤微生物与分子生物学。相关的研究团队还有农业农村部生物炭与土壤改良重点实验室，该实验室深入开展生物炭还田改土理论与技术研究，重点突破生物炭还田土壤碳库培育协同养分高效利用定向调控技术。在土壤肥力与质量演变、土壤资源与发生分类、土壤改良与水分高效利用、农业环境评价和土壤微生物生态等领域形成特色，并具有明显的研究优势。

6）中国科学院东北地理与农业生态研究所。中国科学院东北地理与农业生态研究所（简称"东北地理所"）在黑土领域的研究团队以姜明、邹文秀、李禄军、田春杰、梁爱珍、张兴义为主导，研究方向主要包括黑土区土壤质量演变与驱动机制、作物生产力与生理生态机制及农田与草地生态系统过程与管理。在土壤质量演变与驱动机制方面，其重点研究黑土质量退化关键过程、侵蚀引力作用过程、土壤盐渍化过程等，并建立相应的保育和定向培育理论与方法，构建水土保持耕作技术体系、盐渍土生态恢复及综合治理关键技术体系。作物生产力与生理生态机制方面，专注于作物高产高效理想群体构建过程中的光合碳同化、养分转运及源库调控等关键环节，并致力于建立作物丰产绿色高效生产模式及技术体系。在农田与草地生态系统过程与管理方面，其研究重点包括黑土农田和草地生态系统的生产力稳定增长机理、全球气候变化对生态系统的影响及相关管理对策等。此外，还研究了黑土生产潜力与退化黑土耕地保育，探讨黑土区水土流失机制及生态控制技术，研究黑土质量时空演变与评价，开展智能化黑土生态系统管理等。东北地理所主办的世界黑土联合会等入选"一带一路"国际科学组织联盟（Alliance of International Science Organization，ANSO）的专题联盟。

7）中国科学院南京土壤研究所。中国科学院南京土壤研究所设有农业农村部耕地保育重点实验室、土壤生物与生化研究室、土壤物理与盐渍土研究室及土壤与农业可持续发展国家重点实验室，黑土领域相关研究团队以张佳宝、孙波、褚海燕、彭新华、张甘霖等为主导，主要研究方向包括耕地保育、土壤生物与生化、土壤物理与盐渍土及土壤与农业可持续发展。在耕地保育方面，着重研究农田地力长期演变和调控技术、土壤障碍综合修复理论与技术、地力提升生物促进机制及耕地质量动态监测，并通过建设研究应用网络平台为提出相关技术规范和推广应用提供技术支撑。土壤生物与生化方向关注土壤微生物多样性、土壤矿质元素循环、污染物迁移转化、土壤生态系统演变、有机质的组成和性质及土壤生态系统演变等。土壤物理与盐渍土方面则专注于土壤水分和盐碱的运动规律，以及盐渍土资源的利用和水盐运动建模。在土壤与农业可持续发展方面关注数字土壤资源管理、土壤肥力培育、植物营养与施肥、土壤利用与环境变化，解决土壤资源利用与农业可持续发展中的关键问题。

8）中国科学院沈阳应用生态研究所。中国科学院沈阳应用生态研究所的黑土领域主要研究方向包括土壤增碳培肥作用与生态功能评价、土壤养分循环调控与养分高效利用及土壤水循环调控与水分高效利用。在土壤增碳培肥作用与生态功能评价方面，研究内容包括土壤碳氮循环转化、陆地生态系统、土壤施肥效果、土壤碳氮生物、土壤生物群落结构。而在土壤养分循环调控与养分高效利用方面，研究重点包括农田土壤养分循环、农田系统养分亏缺、土壤养分充分利用及农业生态系统中的养分循环过程。另外，在土壤水循环调控与水分高效利用方面，研究内容涵盖有机磷水解、土壤水养源汇容量、水质改善关键技术。黑土研究团队主要集中在辽宁省现代保护性耕作与生态农业重点实验室，具体研究内容包括：现代保护性耕作技术模式研发与应用、土壤增碳培肥作用与生态功能评价、土壤养分循环调控与养分高效利用、土壤水循环调控与水分高效利用，以及旱地农田生态系统作物高效生产和效益评价。

9）中国农业大学。中国农业大学的黑土领域相关研究团队分为孙丹峰负责的土地资源团队、王健负责的土地管理团队、黄健熙负责的土地信息团队和商建英负责的土地工程团队。在黑土领域的主要研究方向有 4 个：黑土地资源、黑土地信息、黑土工程、黑土及水系。黑土地资源包括土地性状与资源演化、智慧耕地与治理修复、耕地可持续利用与保护、水土资源耦合与流域综合发展、土地系统分析与大数据建模。黑土地信息包括农业遥感与农业灾害监测预警、土地资源调查与耕地质量监测、耕地利用过程精细探测。黑土工程包括土壤污染防治与修复、水土资源高效利用、土壤资源和区域综合治理、土地整治工程、植物系统的虚拟技术、数字农业、土壤盐渍化防治改良、退化土地的整治与开发利用。黑土及水系包括土壤物理与环境过程、农田水分调控及节水农业、土壤生物地球化学过程与土壤健康、资源与环境信息技术、土壤-作物系统过程模拟及精确化管理、全球变化与土壤质量演变。

10）中国农业科学院。中国农业科学院的黑土研究团队分布在农业资源与农业区划研究所，主要包括盐碱地改良团队、植物营养团队、土壤植物互作团队、耕地质量保育团队和农业遥感创新团队 5 个团队。研究方向主要涉及黑土地稻田保育增效技术、黑土质量状况评估、黑土地地力提升与可持续利用技术及耕地质量与利用智慧监测。在黑土地稻田保育增效技术方面，研究内容包括整合黑土健康增粮技术、制定黑土有机无机肥料配施定向培肥技术、推广秸秆牧草资源化综合利用技术等。而在黑土质量状况评估方面，涉及黑土地土壤有机质演变规律与生产力响应机制研究，以及东北黑土农业区抗生素耐药基因的分布和共存模式研究。该研究还聚焦于黑土地地力提升与可持续利用技术，致力于解决东北黑土区耕层厚度减小、有机质含量下降等问题，通过技术和规范的研究推广，实现东北黑土地有机质提高和农作物增产，"主要粮食产区农田土壤有机质演变与提升综合技术及应用"成果荣获 2015 年国家科学技术进步奖二等奖。而在耕地质量与利用智慧监测方面，研究着眼于完善全国耕地监测网络、建立智慧耕地平台，实现"天空地"一体化的决策支持与智能管控。

参 考 文 献

敖曼, 张旭东, 关义新. 2021. 东北黑土保护性耕作技术的研究与实践. 中国科学院院刊, 36(10): 1203-1215.

曹会聪, 王金达, 张学林. 2007. 东北地区污染黑土中重金属与有机质的关联作用. 环境科学研究, (1): 36-41.

陈德宝, 陈桂芬. 2020. 基于 Landsat 8 遥感图像的黑土区土壤有机质含量反演研究. 中国农机化学报, 41(6): 194-198.

丁凡, 严昌荣, 汪景宽. 2022. 黑土地保护中不容忽视的一个问题: 地膜残留及其污染. 土壤通报, 53(1): 234-240.

郭观林, 周启星. 2005. 污染黑土中重金属的形态分布与生物活性研究. 环境化学, (4): 383-388.

杭艳红, 宋梦宁, 杜嘉, 等. 2023. 典型黑土区作物根层土壤含水量遥感估算及影响因素研究. 遥感技术与应用, 38(6): 1328-1337.

何振立. 1997. 土壤微生物量及其在养分循环和环境质量评价中的意义. 土壤, 29(2): 61-69.

贺云锋, 沈海鸥, 张月, 等. 2020. 黑土区坡耕地不同秸秆还田方式的水土保持效果分析. 水土保持学报, 34(6): 89-94.

胡国庆, 刘肖, 何红波, 等. 2016. 免耕覆盖还田下玉米秸秆氮素的去向研究. 土壤学报, 53(4): 963-971.

李保国, 刘忠, 黄峰, 等. 2021. 巩固黑土地粮仓保障国家粮食安全. 中国科学院院刊, 3(1): 1184-1193.

李德文, 周文玲, 季倩如, 等. 2023. 不同林型农田防护林植物与土壤理化指标及功能基因差异. 中国水土保持, (7): 41-46.

刘宝元, 张甘霖, 谢云, 等. 2021. 东北黑土区和东北典型黑土区的范围与划界. 科学通报, 66: 96-106.

刘焕军, 殷悦, 鲍依临, 等. 2021. 黑土区田块尺度精准管理遥感分区时空格局与成因分析. 农业工程学报, 37(3): 147-154.

刘焕军, 赵春江, 王纪华, 等. 2011. 黑土典型区土壤有机质遥感反演. 农业工程学报, 27(8): 211-215.

刘琼, 罗冲, 孟祥添, 等. 2022. 典型黑土区耕作土壤质地遥感时间窗口及影响因素分析. 农业工程学报, 38(18): 122-129.

刘云峰, 秦坤, 吕慧玲, 等. 2022. 黑土型退化草地时空格局遥感监测. 测绘通报, (11): 57-61.

刘志新, 曹文洪, 张怀坤, 等. 2021. 黑土地水土保持系统治理东辽模式. 中国水利, (22): 37-40.

牟廷森, 沈海鸥, 贺云锋, 等. 2022. 黑土区垄作方式对坡耕地土壤侵蚀的调控效果. 水土保持通报, 42(2): 22-30.

任文杰, 滕应, 骆永明. 2022. 东北黑土地农田除草剂污染过程与消减技术研究进展与展望. 土壤学报, 59(4): 888-898.

宋达泉, 程伯容, 曾昭顺. 1958. 东北及内蒙东部土壤区划. 土壤通报, 4: 1-9.

孙波, 王晓玥, 吕新华. 2017. 我国 60 年来土壤养分循环微生物机制的研究历程: 基于文献计量学和大数据可视化分析. 植物营养与肥料学报, 23(6): 1590-1601.

孙楠, 朱广雷, 杨安培, 等. 2022. 寒区降解多环芳烃耐冷菌株的分离鉴定及特性. 农业工程学报, 38(17): 224-231.

佟玉欣. 2018. 松嫩平原黑土区种植结构调整对 SOC、土壤 pH 和侵蚀的影响. 中国农业大学博士学位论文.

王志刚. 2021. 充分发挥科技创新在保护利用黑土地中的关键支撑作用. 中国科学院院刊, 36(10): 1127-1132.

邢力, 张玉铭, 胡春胜, 等. 2022. 长期不同养分循环再利用途径对农田土壤养分演替规律与培肥效果的影响研究. 中国生态农业学报(中英文), 30(6): 937-951.

徐英德, 裴久渤, 李双异, 等. 2023. 东北黑土地不同类型区主要特征及保护利用对策. 土壤通报, 54(2): 495-504.

杨凤海, 宋佳佳, 赵烨荣, 等. 2018. 东北黑土水土流失区生态环境遥感动态监测. 环境科学研究, 31(9): 1580-1587.

杨建雨, 王永亮, 苟鹏飞, 等. 2023. 东北黑土地退化的原因及保护策略. 现代农业研究, 29(12): 148-150.

于佩鑫, 周询, 刘素红, 等. 2018. 东北黑土区侵蚀沟遥感影像特征提取与识别. 遥感学报, 22(4): 611-620.

张光辉, 杨扬, 刘瑛娜, 等. 2022. 秸秆还田阻控黑土侵蚀机理及效应. 土壤与作物, 11(2): 115-128.

张佳宝, 孙波, 朱教君, 等. 2021. 黑土地保护利用与山水林田湖草沙系统的协调及生态屏障建设战略. 中国科学院院刊, 36(10): 1155-1164.

张秀芝, 高洪军, 彭畅, 等. 2019. 长期有机培肥黑土有机碳、全氮及玉米产量稳定性的变化特征. 植物营养与肥料学报, 25(9): 1473-1481.

郑淼, 王翔, 李思佳, 等. 2022. 黑土区土壤有机质和全氮含量遥感反演研究. 地理科学, 42(8): 1336-1347.

中国科学院. 2021. 东北黑土地白皮书 (2020). http://www.igsnrr.cas.cn/publish/dbhtd/index.html. [2024-1-25]

中国科学院. 2023. 东北黑土地保护与利用报告(2022 年). http://www.igsnrr.cas.cn/publish/dbhtd/index.html.[2024-1-25]

中国科学院南京土壤研究所土壤系统分类课题组, 中国土壤系统分类课题研究协作组. 1991. 中国土壤系统分类(首次方案). 北京: 科学出版社.

朱亦君, 郑袁明, 贺纪正, 等. 2008. 猪粪中铜对东北黑土的污染风险评价. 应用生态学报, 19(12): 2751-2756.

Agostini M, Studdert G A, San M S, et al. 2012. Crop residue grazing and tillage systems effects on soil physical properties and corn (*Zea mays* L.) performance. J Soil Sci Plant Nut, 12(2):

271-282.

Andreazza R, Pieniz S, Okeke B C, et al. 2011. Evaluation of copper resistant bacteria from vineyard soils and mining waste for copper biosorption. Brazilian J Microbiol, 42: 66-74.

Archer D W, Pikul Jr J L, Riedell W E. 2002. Economic risk, returns and input use under ridge and conventional tillage in the northern corn belt. Soil Till Res, 67(1): 1-8.

Bai X, Hu X, Liu J, et al. 2022. Ammonia oxidizing bacteria dominate soil nitrification under different fertilization regimes in black soils of northeast China. Eur J Soil Biol, 111: 103410.

Baliuk S A, Kucher A V. 2019. Spatial features of soil cover as a basis for sustainable soil management (In Ukrainian). Ukrainian Geographical Journal, 3(107): 3-14.

Baliuk S A, Kucher A V, Maksymenko N V. 2021. Soil resources of Ukraine: state, problems and strategy of sustainable management. Ukrainian Geographical Journal, 2(114): 3-11.

Balyuk S A, Medvedev V V, Tarariko O G, et al. 2010. National report on the state of soil fertility of Ukraine (In Ukrainian). MAPU, State Center for Fertility, NAAS, NSC IGA, NULES.

Bauer T, Pinskii D, Minkina T, et al. 2019. Stabilization dynamics of easily and poorly soluble Zn compounds in the soil. Geochem-Explor Env A, 19(2): 184-192.

Belobrov V P, Yudin S S, Yaroslavtseva N V, et al. 2020. Changes in physical properties of chernozems under the impact of no-till technology. Eurasian Soil Sci+, 53(7): 968-977.

Berhongaray G, Alvarez R. 2019. Soil carbon sequestration of Mollisols and Oxisols under grassland and tree plantations in South America-A review. Geoderma Reg, 18: e00226.

Bezuglova O. 2019. Molecular structure of humus acids in soils. J Plant Nutr Soil Sci, 182(4): 676-682.

Bhatt B, Chandra R, Ram S, et al. 2016. Long-term effects of fertilization and manuring on productivity and soil biological properties under rice (*Oryza sativa*)- wheat (*Triticum aestivum*) sequence in Mollisols. Arch Agron Soil Sci, 62(8): 1109-1122.

Bilanchyn Y, Tsurkan O, Tortyk M, et al. 2021. Post-irrigation state of Black soils in South-Western Ukraine. *In*: Dent D, Boincean B. Regenerative Agriculture: What's Missing? What Do We Still Need to Know? Cham: Springer International Publishing: 303-309.

Campbell C A, Lafond G P, Vandenbygaart A J, et al. 2011. Effect of crop rotation, fertilizer and tillage management on spring wheat grain yield and N and P content in a thin Black Chernozem: a long-term study. Can J Plant Sci, 91(3): 467-483.

Chen Y, Liu S, Li H, et al. 2011. Effects of conservation tillage on corn and soybean yield in the humid continental climate region of Northeast China. Soil Till Res, 115: 56-61.

Choudhary O P, Kharche V K. 2018. Soil salinity and sodicity. Soil Science: an Introduction, 12: 353-384.

Cui P, Fan F, Yin C, et al. 2016. Long-term organic and inorganic fertilization alters temperature sensitivity of potential N_2O emissions and associated microbes. Soil Biol Biochem, 93: 131-141.

Demidenko O. 2012. Crop rotation effect on physics and chemical properties of forest-steppe mollisols. Proceedings of International Scientific-practical Conference Devoted to the 90th Anniversary of the Soil Science and Soil Conservation Department. Modern Soil Science: Scientific Issues and Teaching Methodology.

Ding J, Jiang X, Guan D, et al. 2017. Influence of inorganic fertilizer and organic manure application on fungal communities in a long-term field experiment of Chinese mollisols. Appl Soil Ecol, 111: 114-122.

Fabrizzi K P, Rice C W, Amado T J C, et al. 2009. Protection of soil organic C and N in temperate and tropical soils: effect of native and agroecosystems. Biogeochemistry, 92: 129-143.

Fan R, Zhang X, Liang A, et al. 2012. Tillage and rotation effects on crop yield and profitability on a

Black soil in northeast China. Can J Soil Sci, 92(3): 463-470.

FAO. 2022a. Global Map of Black Soils. https://www.fao.org/3/cc0236en/cc0236en.pdf.[2024-1-25]

FAO. 2022b. Global status of black soils. https://doi.org/10.4060/cc3124en.[2024-1-25]

FAO. 2023. A call to protect the world's food basket: black soils.https://www.fao.org/3/cc6845en/cc6845en.pdf.[2024-1-25]

FAO, Global Soil Partnership, Black Soils International Network. 2019. Definition | What is a black soil? https://www.fao.org/global-soil-partnership/intergovernmental-technical-panel-soils/gsoc17-implementation/internationalnetworkblacksoils/more-on-black-soils/definition-what-is-a-black-soil/en/.[2024-1-25]

FAO, ITPS. 2015. Status of the world's soil resources (SWSR): main report. http://www.fao.org/3/a-i5199e.pdf.[2024-1-25]

Fernandez R, Frasier I, Noellemeyer E, et al. 2017. Soil quality and productivity under zero tillage and grazing on mollisols in Argentina—a long-term study. Geoderma Reg, 11: 44-52.

Gao D, Bai E, Yang Y, et al. 2021. A global meta-analysis on freeze-thaw effects on soil carbon and phosphorus cycling. Soil Biol Biochem, 159: 108283.

Gao M, Li H, Li M. 2022. Effect of no tillage system on soil fungal community structure of cropland in mollisol: a case study. Front Microbiol, 13: 847691.

Golosov V N, Zhidkin A P, Petel'ko A I, et al. 2022. Field verification of erosion models based on the studies of a small catchment in the Vorobzha River Basin (Kursk oblast, Russia). Eurasian Soil Sci+, 55(10): 1508-1523.

Grekov, Datsko L V, Zhilkin V A, et al. 2011. Methodical instructions for soil protection(In Ukrainian). The State Center of Soil Fertility Protection: 108.

Guo L L, Yu Z H, Li Y S, et al. 2023. Stimulation of primed carbon under climate change corresponds with phosphorus mineralization in the rhizosphere of soybean. Sci Total Environ, 899: 165580.

Gupta S C, Allmaras R R. 1987. Models to assess the susceptibility of soils to excessive compaction. *In*: Steward B A. Advances in Soil Science. New York: Springer: 65-100.

Hao X, Han X, Wang C, et al. 2023. Temporal dynamics of density separated soil organic carbon pools as revealed by $\delta^{13}C$ changes under 17 years of straw return. Agr Ecosyst Environ, 356: 108656.

He J, Li H, Rasaily R G, et al. 2011. Soil properties and crop yields after 11 years of no tillage farming in wheat-maize cropping system in North China Plain. Soil Till Res, 113(1): 48-54.

He Y, Gao Y, Li X, et al. 2023. Influence of gully erosion on hydraulic properties of black soil-based farmland. Catena, 232: 107372.

Hu X, Gu H, Liu J, et al. 2022. Metagenomics reveals divergent functional profiles of soil carbon and nitrogen cycling under long-term addition of chemical and organic fertilizers in the black soil region. Geoderma, 418: 115846.

Hu X, Gu H, Liu J, et al. 2023. Metagenomic strategies uncover the soil bioavailable phosphorus improved by organic fertilization in Mollisols. Agr Ecosyst Enviro, 349: 108462.

Hu X, Gu H, Sun X, et al. 2024a. Metagenomic exploration of microbial and enzymatic traits involved in microplastic biodegradation. Chemosphere, 348: 140762.

Hu X, Wang Y, Gu H, et al. 2024b. Changes in soil microbial functions involved in the carbon cycle response to conventional and biodegradable microplastics. Appl Soil Ecol, 195: 105269.

IUSS Working Group WRB. 2015. World Reference Base for Soil Resources 2014, update 2015. International soil classification system for naming soils and creating legends for soil maps. World Soil Resources Reports No. 106. FAO, Rome. https://www.isric.org/explore/wrb.

[2024-1-25]

Ju X, Liu X, Zhang F, et al. 2004. Nitrogen fertilization, soil nitrate accumulation, and policy recommendations in several agricultural regions of China. Ambio, 33(6): 300-305.

Kazeev K S, Trushkov A V, Odabashyan M Y, et al. 2020. Postagrogenic changes in the enzyme activity and organic carbon content in chernozem during the first three years of fallow regime. Eurasian Soil Sci+, 53: 995-1003.

Khandare R N, Chandra R, Pareek N, et al. 2019. Carrier-based and liquid bioinoculants of Azotobacter and PSB saved chemical fertilizers in wheat (*Triticum aestivum* L.)and enhanced soil biological properties in Mollisols. J Plant Nutr, 43(1): 36-50.

Kholodov V A, Yaroslavtseva N V, Farkhodov Y R, et al. 2020. Optical properties of the extractable organic matter fractions in typical chernozems of long-term field experiments. Eurasian Soil Sci+, 53: 739-748.

Kravchenko Y, Rogovska N, Petrenko L, et al. 2012. Quality and dynamics of soil organic matter in a typical Chernozem of Ukraine under different long-term tillage systems. Can J Soil Sci, 92(3): 429-438.

Kurbanova F, Makeev A, Aseyeva E, et al. 2023. Pedogenic response to Holocene landscape evolution in the forest-steppe zone of the Russian Plain. Catena, 220: 106675.

Kurochkina G N. 2022. Study of porosity of soils and soil minerals modified by adsorbed humic acid by the method of mercury porosimetry. Eurasian Soil Sci+, 55(10): 1414-1424.

Lavado R S, Taboada M A. 2009. The Argentinean Pampas: a key region with a negative nutrient balance and soil degradation needs better nutrient management and conservation programs to sustain its future viability as a world agroresource. J Soil Water Conserv, 64(5): 150A-153A.

Lavado R. 2016. Degradación de suelos argentinos. *In*: Pereyra F, Torres Duggan M. Suelos y Geología Argentina. Una visión integradora desde diferentes campos disciplinarios. AACS-AGA, UNDAV Ediciones: 313-328.

Li H, He J, Gao H, et al. 2015. The effect of conservation tillage on crop yield in China. Front Agr Sci Eng, 2(2): 179-185.

Li H, Zhu H, Qiu L, et al. 2020. Response of soil OC, N and P to land-use change and erosion in the black soil region of the Northeast China. Agr Ecosyst Environ, 302: 107081.

Li R, Teng Y, Sun Y, et al. 2023. Chemodiversity of soil organic matters determines biodegradation of polychlorinated biphenyls by a graphene oxide-assisted bacterial agent. J Hazard Mater, 449: 131015.

Liu C, Fan H, Jiang Y, et al. 2023. Gully erosion susceptibility assessment based on machine learning—a case study of watersheds in Tuquan County in the black soil region of Northeast China. Catena, 222: 106798.

Luo C, Zhang W, Zhang X, et al. 2023. Mapping of soil organic matter in a typical black soil area using Landsat-8 synthetic images at different time periods. Catena, 231: 107336.

Luo C, Zhang W, Zhang X, et al. 2024. Mapping the soil organic matter content in a typical black-soil area using optical data, radar data and environmental covariates. Soil Till Res, 235: 105912.

Maia S M, Ogle S M, Cerri C C, et al. 2010. Changes in soil organic carbon storage under different agricultural management systems in the Southwest Amazon Region of Brazil. Soil Till Res, 106(2): 177-184.

Malhi S S, Nyborg M, Goddard T, et al. 2011. Long-term tillage, straw and N rate effects on some chemical properties in two contrasting soil types in Western Canada. Nutr Cycling Agroecosyst, 90: 133-146.

Malykhina L V, Shaydullina I A, Antonov N A, et al. 2016. Application of new biotechnologies in the remediation of black soil with mixed pollution. Georesursy, 18(2): 138-144.

Medvedev V V. 2012. Soil Monitoring of the Ukraine. The Concept. Results. Tasks. (2nd rev. and adv. edition). Kharkiv: The City Printing House.

Minkina T M, Motuzova G V, Nazarenko O G. 2006. Interaction of heavy metals with the organic matter of an ordinary chernozem. Eurasian Soil Sci+, 39: 720-726.

Montanarella L, Pennock D J, McKenzie N, et al. 2016. World's soils are under threat. Soil, 2(1): 79-82.

Nicoloso R S, Amado T J C, Rice C W. 2020. Assessing strategies to enhance soil carbon sequestration with the DSSAT-CENTURY model. Eur J Soil Sci, 71(6): 1034-1049.

Ouyang W, Wu Y, Hao Z, et al. 2018. Combined impacts of land use and soil property changes on soil erosion in a mollisol area under long-term agricultural development. Sci Total Environ, 613-614: 798-809.

Rezapour S, Alipour O. 2017. Degradation of mollisols quality after deforestation and cultivation on a transect with mediterranean condition. Environ Earth Sci, 76(22): 755.

Romanenkov V, Belichenko M, Petrova A, et al. 2019. Soil organic carbon dynamics in long-term experiments with mineral and organic fertilizers in Russia. Geoderma Reg, 17: e00221.

Romero C M, Hao X, Li C, et al. 2021. Nutrient retention, availability and greenhouse gas emissions from biochar-fertilized Chernozems. Catena, 198: 105046.

Rubio G, Lavado R S, Pereyra F X. 2019. The Soils of Argentina. Buenos Aires, Argentina: Springer International Publishing.

Semenkov I, Sharapova A, Lednev S, et al. 2022. Geochemical partitioning of heavy metals and metalloids in the ecosystems of abandoned mine sites: a case study within the Moscow Brown Coal Basin. Water, 14(1): 113.

Semenov M V, Manucharova N A, Stepanov A L. 2016. Distribution of metabolically active prokaryotes (Archaea and Bacteria) throughout the profiles of chernozem and brown semidesert soil. Eurasian Soil Sci+, 49: 217-225.

Smith E G, Janzen H H, Scherloski L, et al. 2016. Long-term (47 yr) effects of tillage and frequency of summerfallow on soil organic carbon in a Dark Brown Chernozem soil in western Canada. Can J Soil Sci, 96(4): 347-350.

Sukhoveeva O E, Zolotukhin A N, Karelin D V. 2020. Climate-determined changes of organic carbon stocks in the arable chernozem of Kursk region. Arid Ecosystems, 10: 148-155.

Sukhoveeva O, Karelin D, Lebedeva T, et al. 2023. Greenhouse gases fluxes and carbon cycle in agroecosystems under humid continental climate conditions. Agr Ecosyst Environ, 352: 108502.

Taboada M Á, Costantini A O, Busto M, et al. 2021. Climate change adaptation and the agricultural sector in South American countries: Risk, vulnerabilities and opportunities. Rev Bras Ciênc Solo, 45: e0210072.

Tao Y, Shi H, Jiao Y, et al. 2020. Effects of humic acid on the biodegradation of di-n-butyl phthalate in mollisol. J Cleaner Prod, 249: 119404.

USDA. 2014. Keys To Soil Taxonomy. Soil Survey Staff. Twelfth Edition. https://nrcs.app.box.com/s/xi57bj6zyo601eokr7v715mkdpeaa81h/file/1147478400323.[2014-1-25]

Veremeenko S I, Furmanets O A. 2014. Changes in the agrochemical properties of dark gray soil in the western ukrainian forest-steppe under the effect of long-term agricultural Use. Eur Soil Sci, 47: 483-490.

Villarreal R, Lozano L A, Polich N, et al. 2022. Cover crops effects on soil hydraulic properties in two contrasting Mollisols of the Argentinean Pampas region. Soil Sci Soc Am J, 86(6): 1397-1412.

Volkov D S, Rogova O B, Proskurnin M A. 2021. Organic matter and mineral composition of silicate soils: FTIR comparison study by photoacoustic, diffuse reflectance, and attenuated total reflection modalities. Agronmy, 11(9): 1879.

Wagg C, Bender SF, Widmer F, et al. 2014. Soil biodiversity and soil community composition determine ecosystem multifunctionality. PNAS, 111(14): 5266-5270.

Wang Q, Lu C, Li H, et al. 2014. The effects of no-tillage with subsoiling on soil properties and maize yield: 12-year experiment on alkaline soils of Northeast China. Soil Till Res, 137: 43-49.

Wang Q, Zhang S X, Zhang M T, et al. 2023a. Soil biotic associations play a key role in subsoil C mineralization: Evidence from long-term tillage trial in the black soil of Northeast China. Soil Till Res, 234: 105859.

Wang X Q, Lv G Y, Zhang Y, et al. 2023b. Annual burying of straw after pelletizing: A novel and feasible way to improve soil fertility and productivity in Northeast China. Soil Till Res, 230: 105699.

Wang X, Li S, Wang L, et al. 2023c. Effects of cropland reclamation on soil organic carbon in China's black soil region over the past 35 years. Global Change Biol, 29(18): 5460-5477.

Wang Y, Xu Y, Yang H, et al. 2023d. Effect of slope shape on soil aggregate stability of slope farmland in black soil region. Front Env Sci-Switz, 11: 113.

Wen Y R, Kasielke T, Li H, et al. 2021. A case-study on history and rates of gully erosion in Northeast China. Land Degrad Dev, 32: 4254-4266.

Yang J, He J, Jia L, et al. 2023b. Integrating metagenomics and metabolomics to study the response of microbiota in black soil degradation. Sci Total Environ, 899: 165486.

Yang W, Jing X, Guan Y, et al. 2019. Response of fungal communities and co-occurrence network patterns to compost amendment in black soil of Northeast China. Front Microbiol, 10: 1562.

Yang X, He P, Zhang Z, et al. 2023a. Straw return, rather than warming, alleviates microbial phosphorus limitation in a cultivated Mollisol. Appl Soil Ecol, 186: 104821.

Yatsuk I P. 2018. Scientific bases of restoration of natural potential of agroecosystems of Ukraine(In Ukrainian). Institute of Agroecology and Nature Management of the National Academy of Agrarian Sciences of Ukraine PhD dissertation.

Zavalin A A, Dridiger V K, Belobrov V P, et al. 2018. Nitrogen in chernozems under traditional and direct seeding cropping systems: a review. Eurasian Soil Sci+, 51: 1497-1506.

Zeng Z S, Shen S M, Qiao Q. 1983. Situation and regulation of the agroecosystem of the black soil region in China. Soil Sci, 135(1): 54-58.

Zhang L, Ning J, Liu G, et al. 2023b. Mechanisms of changing speciation and bioavailability of selenium in agricultural mollisols of northern cold regions. Sci Total Environ, 858: 159897.

Zhang S, Chen X, Jia S, et al. 2015. The potential mechanism of long-term conservation tillage effects on maize yield in the black soil of Northeast China. Soil Till Res, 154: 84-90.

Zhang Z, He P, Hao X, et al. 2023a. Long-term mineral combined with organic fertilizer supports crop production by increasing microbial community complexity. Appl Soil Ecol, 188: 104930.

第 2 章 黑土地耕地质量监测与评价

摘要：东北黑土地耕地总面积为 5.38 亿亩，综合质量等级为 3.59 等。由于多年的重用轻养，出现黑土层变薄、有机质降低、表层容重增加、土壤酸化明显、生产潜力降低等问题。为了及时掌握黑土地耕地质量变化信息，最近在黑土地耕地质量监测与评价科技创新方面有较大进展，主要包括黑土地监测与评价认知、多尺度多维度监测与评价技术、监测与评价体系构建等方面。在黑土地监测与评价融合科技创新方面也有较大进展，主要包括大数据遥感监测、人工智能技术、"天空地"一体化技术等用于耕地质量评价，构建了多维度、多尺度黑土地耕地质量预警数据库，并初步构建多源数据协同的多功能耕地质量评价指标体系。但目前在黑土地耕地质量监测与评价方面存在的关键问题是：调查监测技术水平低，数字化程度不高；多源数据融合更新困难，监测与评价规范标准不统一；耕地质量大数据认知和综合评价指标体系尚未构建，多源数据协同的综合评价技术体系尚不完善，大数据获取与多目标综合评价及展示系统尚未构建。耕地质量监测与评价科技创新未来重点研究方向包括：黑土地耕地质量多尺度立体监测与多层级评价技术，黑土地耕地质量时空演替与提升技术监测评价，黑土地耕地健康监测评价和预测预警技术。

根据《中华人民共和国黑土地保护法》定义，黑土地是指黑龙江省、吉林省、辽宁省、内蒙古自治区的相关区域范围内具有黑色或者暗黑色腐殖质表土层，性状好、肥力高的耕地。其覆盖的土壤类型主要有黑土、黑钙土、白浆土、草甸土、暗棕壤、棕壤、水稻土等（汪景宽等，2021；徐英德等，2023）。由于黑土地开垦后重用轻养，目前黑土地存在黑土层变薄、肥力变瘦、耕层变硬等问题（辛景树等，2017；李保国等，2021）。东北四省份为了确保我国粮食安全，最近几年大力落实黑土地保护工程，建设高标准农田，探索形成工程与生物、农机与农艺、用地与养地相结合的综合治理模式。要全面评价目前黑土地耕地质量，准确评估这些工程项目和技术模式实施效果，就必须建立健全黑土区耕地质量监测与评价技术体系，着力解决黑土地耕地质量认知系统性不足、评价指标体系不健全、耕地质量清单缺乏等问题（沈仁芳等，2012；周文涛等，2022），提出黑土地保护利用和质量提升关键评价技术和详实质量清单，为黑土地保护建设项目实施效果评价提供技术支撑。因此，科学构建黑土地耕地质量监测与评价技术体系，准确掌握黑土地耕地质量家底及其动态变化状况，是黑土地保护与合理利用的前提（徐明岗等，2016；郑梦蕾等，2021；姚东恒等，2021）。

2.1 黑土地耕地质量现状

2.1.1 黑土地耕地质量总体状况

根据农业部公报〔2014〕1号和农业农村部公报〔2020〕1号，2012年年底农业部以全国18.26亿亩耕地（第二次全国土地调查前国土数据）为基数，以耕地土壤图、土地利用现状图、行政区划图叠加形成的图斑为评价单元，从立地条件、耕层理化性状、土壤管理、障碍因素和土壤剖面性状等方面综合评价了耕地地力，在此基础上对全国耕地质量等级进行划分。2019年，农业农村部依据《耕地质量调查监测与评价办法》[农业部令（2016年第2号）]和国家标准《耕地质量等级》（GB/T 33469—2016），组织完成全国耕地质量等级调查评价工作。评价以全国20.23亿亩耕地为基数（2009年第二次全国土地调查结果），以土地利用现状图、土壤图、行政区划图叠加形成的图斑为评价单元，选取了立地条件、剖面性状、耕层理化性状、养分状况、土壤健康状况和土壤管理等方面的指标对耕地质量进行综合评价，完成了全国耕地质量等级划分。东北区耕地质量等级比例分布如图2-1所示。

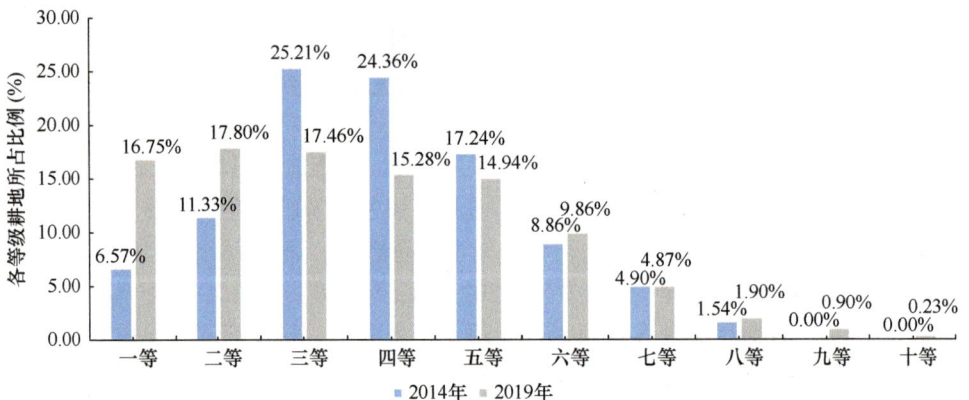

图 2-1 东北区耕地质量等级比例分布图

2014年东北区包括黑龙江、吉林、辽宁（除朝阳外）三省及内蒙古东北部大兴安岭区，总耕地面积3.34亿亩，占全国耕地总面积的18.3%。其中，评价为一至三等的耕地面积为1.44亿亩，主要分布在松嫩和三江平原农业区，以黑土、草甸土为主，土壤中没有明显的障碍因素。评价为四等的耕地面积为 0.81 亿亩，主要分布在松嫩和三江平原农业区及辽宁平原丘陵农林区，以白浆土、黑钙土、栗钙土、棕壤为主，土壤质地黏重，易受旱涝影响。评价为五至六等的耕地面积为0.87 亿亩，主要分布在松辽平原的轻度沙化与盐碱地区及大小兴安岭的丘陵区，以暗棕壤、白浆土、黑钙土、黑土、棕壤为主，主要障碍因素包括低温冷害、水土流失、土壤板结等。评价为七至八等的耕地面积为 0.22 亿亩，主要分布在大小兴安岭、长白山地区，以及内蒙古东北高原、松辽平原严重沙化与盐碱化地区，以暗棕壤、栗钙土、褐土、风沙土、盐碱土为主，主要障碍因素包括水土流失和土壤沙化、盐碱化及土壤养分贫瘠等，这部分耕地土壤保肥保水能力差、排水不畅，易受到干旱和洪涝灾害的影响。2014 年东北区没有九至十等地。

2019 年东北区共划分为兴安岭林区、松嫩–三江平原农业区、长白山地林农区、辽宁平原丘陵农林区 4 个二级区。总耕地面积 4.49 亿亩，平均等级为 3.59 等。

图 2-2 为 2014 年和 2019 年两次评价高中低等地耕地所占比例对比图。2019年评价为一至三等的高等耕地面积为 2.34 亿亩，占东北地区耕地总面积的52.01%，相比 2014 年增加了 8.90%。主要分布在松嫩平原、松辽平原、三江平原、大兴安岭两侧高平原和长白山地林农区的部分盆地中，以黑土、草甸土、暗棕壤和黑钙土为主，没有明显的障碍因素。评价为四至六等的中等耕地面积为 1.80 亿亩，占该区耕地总面积的 40.08%，减少了 10.38%。主要分布在松嫩平原、松辽平原、三江平原、大兴安岭东侧高平原，长白山地、辽西低山丘陵和辽东山地周边的中下部，以暗棕壤、草甸土、黑钙土为主。这部分耕地立地条件较好，基础地力中等，灌排能力基本满足，部分耕地存在盐渍化、潜育化、障碍层次和瘠薄等障碍因素。评价为七至十等的低等耕地面积为 0.35 亿亩，占该区耕地总面积的7.90%，增加了 1.46%。主要分布在松嫩平原西部、三江平原地势较低处，小兴安岭至黑龙江延伸地带，长白山、辽西低山丘陵和辽东山地的坡中与坡上，以草甸土、暗棕壤、黑钙土和风沙土为主。这部分耕地立地条件较差，基础地力较低，土壤结构松散，农田基础设施缺乏，灌溉条件不足，存在盐碱、瘠薄、潜育化、障碍层次、酸化等障碍因素，并伴有风蚀和水蚀危害。这部分耕地要注重推广少耕免耕技术，减少对耕层的扰动，降低风蚀水蚀风险，同时要针对障碍因素进行改良，培肥地力，提升耕地综合生产能力。

通过两次评价结果可以看出，高等地和低等地比例增加，中等地比例减少，平均等级由 3.88 等提高到 3.59 等。虽然从数据上看东北黑土区耕地质量仍在提升，但是近年来，该区域水土流失日益严重，利用强度日益增长，导致黑土"变薄、变瘦、变硬、变酸"的现象越来越明显（徐英德等，2023；汪景宽等，2021；魏丹等，2016）。

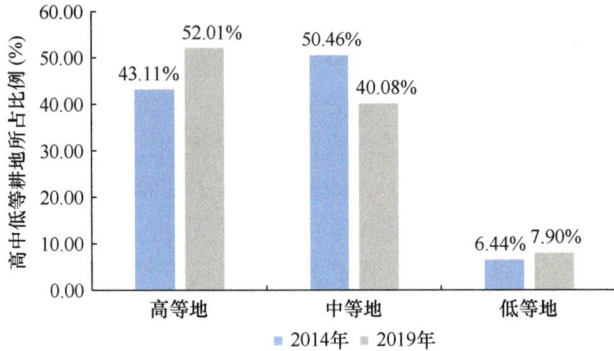

图 2-2 东北区高中低等地耕地所占比例分布图

2.1.2 黑土地耕地质量关键指标变化情况

1. 黑土层厚度逐渐变薄

根据调查结果，黑土地平均每年流失 0.3～1.0cm 厚的黑土表层，原本较厚的黑土层目前只剩下 20～30cm，有的甚至出现了"破皮黄"，基本丧失了生产能力（梁爱珍等，2021；邹文秀等，2020）。目前东北典型黑土区存在水土流失的面积有 4.47 万 km^2，约占典型黑土区总面积的 26.3%（刘兴土和阎百兴，2009；阎百兴等，2008；王玉玺等，2002）。据估计，每生成 1cm 黑土需要 200～400 年时间，而现在部分黑土层却在以每年近 1cm 的速度流失，黑土层越来越薄（图 2-3）。

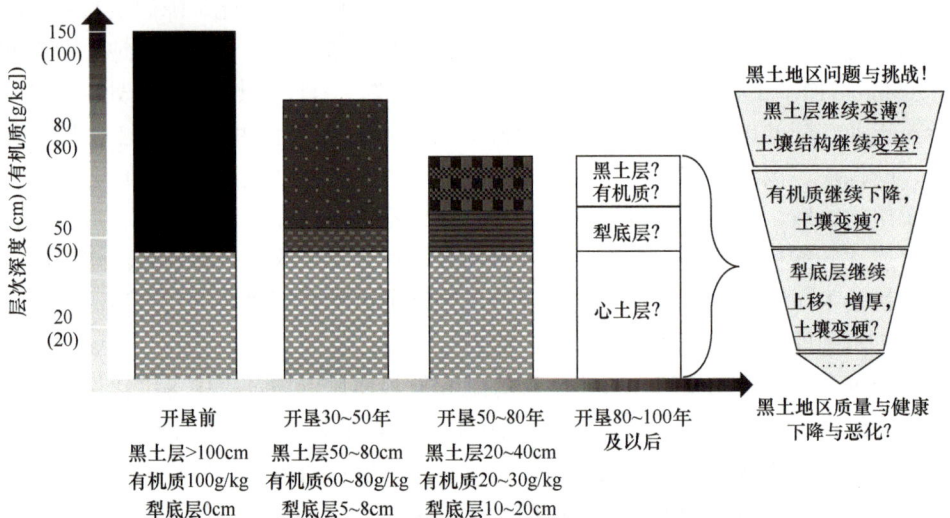

图 2-3 东北黑土区土壤剖面层次及有机质含量变化

2. 土壤有机质下降明显

东北黑土地土壤具有丰厚的腐殖质，碳储量巨大，相对于其他土壤类型，更容易受到扰动影响，其微小变化都对气候变化产生重要影响（于东升等，2005；方华军等，2003；李忠等，2001）。东北黑土地土壤有机质含量从原来开垦初期的 60～80g/kg，耕种 20～30 年后下降到 20～30g/kg，2019 年平均为 30.6g/kg（辛景树等，2017；汪景宽，2015）。损失的碳从土壤中释放到大气，导致大气中 CO_2 含量增加，影响气候变化，使土壤从"碳汇"转为"碳源"。黑土有机碳储量的降低导致黑土越来越瘦，土壤生产力显著下降。

3. 土壤容重逐渐增加

自然黑土的容重范围为 0.80～1.00g/cm³（平均 0.90g/cm³）。全国第二次土壤普查（1982 年）时，黑土耕层容重为 1.00～1.10g/cm³（平均 1.05g/cm³），而目前黑土耕层的容重已增加到 1.25～1.30g/cm³（平均 1.28g/cm³），有些地方甚至超过了 1.40g/cm³。土壤容重的增加，表明黑土地越来越硬（辛景树等，2017）。

4. 土壤 pH 值明显下降

耕层土壤酸化是近年来黑土区存在的主要问题。土壤酸化不仅影响作物的根系发育和养分吸收，而且会活化土壤中的重金属，导致农作物中重金属含量超标。从黑土区土壤情况来看（表 2-1），pH 值在 5.5～6.5 的耕地占总面积的 46.89%，占黑龙江省耕地面积的 54.90%，占黑龙江省农垦总局耕地面积的 75.42%，存在明显的酸化趋势。从耕地的土壤类型看，黑土 pH 均值为 5.98，暗棕壤为 5.91，棕壤为 6.26，草甸土为 6.7，白浆土为 5.84，水稻土为 6.32。由此可见，黑土区土壤酸化趋势明显，必须引起高度重视（辛景树等，2017）。

表 2-1　东北黑土区不同 pH 值级别下的耕地面积统计

省份	面积（万 hm²）及比例（%）	pH 值				
		≥8.5	7.5～8.5	6.5～7.5	5.5～6.5	<5.5
黑龙江省	耕地面积	3.08	157.43	424.54	891.28	147
	占该区耕地	0.19	9.7	26.15	54.9	9.06
黑龙江省农垦总局	耕地面积	0.05	12.66	21.86	216.76	36.07
	占该区耕地	0.02	4.41	7.61	75.42	12.54
吉林省	耕地面积	21.06	201.78	94.65	191.35	75.08
	占该区耕地	3.61	34.56	16.21	32.77	12.85
辽宁省	耕地面积	2.93	95.73	176.62	207.15	18.89
	占该区耕地	0.58	19.1	35.23	41.32	3.77
内蒙古东四盟	耕地面积	59.73	245.36	102.2	173.86	6.55
	占该区耕地	10.16	41.75	17.39	29.58	1.12
东北黑土区	耕地面积	86.85	712.95	819.87	1680.41	283.59
	占全区该级耕地	2.42	19.89	22.88	46.89	7.92

5. 黑土地耕地生产潜力下降

黑土地土壤关键指标下降的后果就是耕地生产潜力下降。为了维持东北黑土地粮食生产能力,农民不得不加大化肥等生产资料的投入。1980~2019 年,东北黑土区的化肥施用量由 457 万 t 上升到 738 万 t。化肥投入的增加与土壤的持续透支性利用,不仅降低了农民种粮的收益,也进一步加剧了黑土地退化(李保国等,2021)。

2.2 黑土地耕地质量监测与评价科技创新主要研究进展

2.2.1 监测科技创新进展

1. 黑土地监测认知方面不断完善

中国耕地质量研究衍生于土壤质量研究,相比于后者更强调表征自然-社会-经济因素作用下耕地系统整体性状态。在随后对耕地质量的研究中,相继有学者提出针对土地质量的各种评价体系,但侧重点有所不同,或偏向评价土地自然状态,或偏向表征人类活动对环境的影响,缺乏对耕地质量本体的统一认识。加之受限于研究区地理特点、监测手段、数据处理等现实条件,造成了同一区域耕地质量评价结果的千差万别,继而影响了对区域耕地质量的客观认知。传统获取耕地质量监测数据的方法主要是野外采样,以静态的土壤理化性质指标为主,通过空间插值、权重运算进行土壤制图,结果可以准确表达采样时刻耕地中某种物质的空间分布状态,但不足以表征某一时间段内耕地质量的好坏。在 2016 年农业部发布的首个《耕地质量等级》(GB/T 33469—2016)国家标准中,根据地形、有效土层厚度、有机质含量、土壤容重、耕地灌排水能力、农田林网化程度等指标对耕地质量进行等级划分,一定程度上为耕地质量调查监测与评价工作提供了科学的指标和方法,但标准中监测与评价指标注重刻画耕地某一时刻的具体状态,缺乏考虑气候因素、耕地利用方式和退化程度。评价耕地质量没有考虑实际自然地理过程对耕地质量的影响,耕地质量监测和预警能力不足,难以支撑耕地安全利用和保护国家战略的实施。

随着遥感、物联网监测技术和大数据云计算平台的发展,遥感技术在耕地质量的监测与评价中发挥重要作用(Li et al., 2021a, 2021b)。直接利用多源遥感获取耕地质量监测与评价指标,或通过遥感监测作物长势间接反映耕地质量状况,耕地质量由传统的样点采样监测正逐步扩展到高精度、大尺度、长时间的序列监测,启发学者采用多源异构数据将传统的静态指标向以过程机理为主的动态指标转变，进行时空谱多个维度的耕地质量评价体系建设（Li et al.，2022）。耕地质量监测方法由最初的地面点采样，逐渐扩展到遥感影像的大尺度监测，再到机动性高的无人机遥感监测，以定性的感官认识逐步过渡到定量的数值分析（Ma et al.，2023）。从系统论角度出发，搭建多要素、多结构、多过程和多功能论述耕地质量的认知体系，整理现有的监测技术，阐述耕地质量监测与评价方法。

2. 黑土地多尺度多维度监测技术和监测方法取得重要进展

　　监测维度方面，从土壤要素监测为主，向土壤、退化、利用等多维度监测发展；监测尺度方面，天空地立体监测、多源数据融合技术提高了多尺度监测能力；微观尺度如团聚体、微生物监测技术也取得重要进展。土壤关键要素监测指标的选取主要考虑土体构型、障碍层次、土壤肥力及质地等，而对土壤退化的监测较为有限（Siqueira et al.，2024；Yang et al.，2023；钟骁勇等，2023；赵永，2022；王飞等，2017）。传统监测方法主要采用土样化验分析、径流小区观测等手段（李汉涛等，2015；曹阿翔等，2007）。随着遥感、物联网等信息技术的发展，土壤关键要素监测水平得到了有效提升（Li et al.，2022；刘秀英，2016）。已有研究利用遥感卫星及无人机等多光谱与高光谱遥感在小范围应用于土壤肥力和盐渍化的监测（Ma et al.，2023；Pouladi et al.，2023）。此外，立体测绘卫星、三维激光雷达及物联网等技术也开始应用于精细地形因子的反演和土壤侵蚀参数过程的区域模拟。目前多数研究只是利用单一的数据源在一个较小的尺度进行土壤关键要素监测，并没有充分地利用天空地多源遥感数据的优势对土壤关键要素进行多尺度的监测。目前一些学者基于天空地多源遥感数据完成了土壤有机质、土壤质地、土壤侵蚀模数、土壤电导率等关键要素的多尺度（黑土区、生态区、县域、小流域）制图（Siqueira et al.，2024），提出了典型县域尺度土壤有机质卫星遥感监测方法；实现了县域及黑土区尺度土壤砂粒卫星高光谱反演；将 SBAS-InSAR 引入土壤侵蚀监测，解决了耕地地表形变较小难以监测的难点，能够实现黑土耕地土壤侵蚀敏感区识别。与传统使用单一遥感数据手段相比，提出了时–空–谱多源遥感数据结合的方法，并结合深度学习的方式绘制了东北黑土区 1984～2021 年以来每 5 年 1 期的土壤有机质含量空间分布图，相比目前可用的精度最高产品（中国高分辨率国家土壤信息网格），均方根误差（RMSE）从 14.68g/kg 降低到 8.43g/kg，精度提升了 40%；监测频率从 2010S（2010～2019 年）单期提升到每 5 年一期（共 7 期），空间分辨率从 90m 提升到 30m，这极大地提高了东北地区土壤有机质含量数据集的精度（Meng et al.，2024）。在黑土地侵蚀沟动态监测方面，明确了耕地侵蚀沟发育历史、发育速率和主要驱动因素。针对黑土坡耕地地形复杂、夏季暴雨集中、冬春冻融交替导致的切沟形态多样、侵蚀过程复杂的问题，构建"天空地"一体化的黑土地耕地侵蚀沟动态监测技术，初步建立协同遥感影像和地形特征的黑土地侵蚀沟提取方法。结合 60 多年历史遥感影像、无人机动态监测、放射性同位素定年等方法，量化了切沟发育历史和长期、短期侵蚀速率（Wen et al.，2021a，2021b），系统研究了冻前含水量与冻融过程、降雨、地形、土壤母质等自然力及人类耕作扰动对切沟损毁耕地的影响（Wen et al.，2024a，2024b）。另外，耕地质量很大程度上取决于土壤微团聚体分布与结构。新近基于同步辐射技术在纳米尺度上原位表征了土壤团聚体中黏土矿物、铁氧化物和有机物的微区分布特征，为进一步揭示人类–自然力扰动对耕地团聚体结构及质量的影响提高技术手段。通过系统土壤采样调查，利用高通量测序技术定量土壤微生物多样性，结合生态统计分析、地统计分析、空间分析、回归分析、机器学习等方法，探索了生态区土壤微生物多样性分布特征，率先研发了研究区土壤微生物多样性连续分布图，相关成果可为耕地质量评价、土壤资源合理利用与可持续管理等提供参考。

3. 黑土地产能与可持续利用监测取得一定进展

耕地产能与可持续利用监测主要体现在耕地生产规模、农田基础设施、利用模式、气候资源和生产能力及农田生态系统结构和功能指标等方面。目前，农田生产规模和基础设施的监测主要通过田块边界划分和田块大小、集中连片度、规整度和紧致度的计算来实现（梁晓玲等，2021；周尚意等，2008），沟林路渠调查则通过遥感影像的梯度计算方法进行提取（张琪等，2022；李琳和张翔，2015）；此外，多源遥感技术也开始应用于监测农田利用模式涉及的保护性耕作和秸秆还田量、深松、农膜覆盖、轮作和休耕等指标（赵成等，2023；Liu et al.，2022）。

耕地产能监测不单局限于土壤、气候等自然因素，增加产能/利用、生态等关键要素，也要考虑利用方式、生态过程、退化过程的综合作用，跟踪耕地质量自然、利用、生态等各关键因素的变化过程，并揭示其时空演变规律。通过国家重点研发计划"黑土地保护与利用科技创新"重点专项"黑土地耕地质量多尺度天空地立体监测技术与预警系统"项目实施，完善了黑土地耕地产能与生态可持续利用立体监测指标体系，聚焦农田地块、带状林网、秸秆覆盖度、保护性耕作模式、农膜分布、灌溉耕地、生产潜力、低温冷害/干旱强度与分布、作物冠层高度、大宗粮食作物分布、大宗粮食作物单产等指标因子，重点突破了基于语义分割模型与边缘检测模型融合的耕地地块边界提取、基于深度学习的农田带状林网识别、秸秆覆盖度遥感反演及保护性耕作遥感监测、农膜覆盖农田遥感识别、基于垂直干旱指数（PDI）的灌溉耕地遥感监测、主要粮食作物生产潜力评估、融合多源遥感观测数据的土壤水分双参数同化、综合利用光学和雷达数据的作物冠层高度反演、作物生长模型与机器学习结合的主要粮食作物单产智能估算等技术方法，并初步建立了黑土区和典型区/生态区相关指标（耕地地块边界、农田带状林网、主要粮食作物生产潜力、农田土壤水分、温度/降水等主要农业气象要素、低温冷害分布与程度、干旱分布与程度、主要粮食作物种植分布、秸秆覆盖度/资源量、农膜覆盖分布、灌溉耕地分布、主要粮食作物单产分布等）的数据集。

4. 我国耕地质量监测方法与体系逐步建立

目前，我国的耕地质量监测主要采用区划—布点—化验的方法。马佳妮等（2018）提出了利用遥感数据进行耕地质量直接和间接监测的方法。张玉臻等（2016）采用因素组合法、主导因素法、图斑法和网格法进行耕地质量监测单元划分，并且比较了各种划分方法的监测效率。基于监测单元，张玉臻等（2017）利用耕地制度二级区数据，结合《中国土地资源图集》（石玉林，2006）中的土地潜力分区图，依托 ArcGIS 平台，划分了标准样地的监测区。颜国强（2005）利用时间序列模型与影响因素分析法，对耕地质量变化趋势进行评估，并结合自然与社会经济指标建立了对应的监测指标体系。吴克宁等（2008）探讨了耕地质量监测标准样地选取原则，分析了基于标准样地的耕地质量监测研究方向。庄雅婷等（2013）基于 MODIS 影像与克里金插值方法，探讨了布设耕地质量监测点位的方法。彭茹燕和张晓沛（2008）应用农用地分等成果，在确定耕地质量监测指标体系和评价方法后，选取目标标准样地，利用标准化监测方法开展耕地质量动态监测。郭力娜等（2009）基于格网法和景观多样性指数法布设了省级耕地质量监测样区，并利用分层抽样法确定了监测点。孙亚彬等（2013）基于潜力指数探讨了县域耕地质量等级监测的样点布设方法。刘毅等（2013）将西部生态脆弱区作为试验区，研究了选取耕地质量基准监测县区和突变监测县区的方法。

2.2.2 评价科技创新进展

1. 耕地质量评价认知方面已有很大进步

黑土地耕地质量系统认知概念框架基本形成。基于大数据视角，进一步构建了耕地质量本体模型—映射模型—关联模型—决策模型的系统认知概念框架，梳理提出了耕地质量认知的基本内容和 4 个认知机理。耕地质量本体模型通过"天空地网"立体协同数据获取系统获得多源数据并提取有效信息构建全要素模型；耕地质量映射模型基于土壤、地理、工程、农学、生态、经济等多学科知识形成耕地质量"洞见"模型；耕地质量关联模型通过挖掘要素理论关联实现指标定量化分析；耕地质量决策模型面向不同的对象通过分析评价、模拟预测等方法进行辅助决策，为保护提升耕地质量提供科学的管理建议。该框架具有较好的通用性、扩展性和可操作性，运用该框架构建了黑土地耕地质量综合认知理论和调查评价技术框架。

2. 黑土地耕地质量评价指标体系与阈值基本形成

首先构建了黑土地耕地质量多功能综合评价指标体系。以耕地质量"要素—过程—功能"为理论依据，黑土地耕地"变薄、变瘦、变硬"等风险问题为导向，遵循继承性、科学性、可操作性原则，综合农业农村、自然资源、生态环境等相关部门开展的耕地质量评价工作，同时与第三次全国国土调查、第三次全国土壤普查工作充分衔接；综合考虑黑土区域尺度的初级生产力功能、养分供给和维持功能、基础设施调节功能、生物多样性供给功能、节本增效功能，以及县域尺度的养分运移与缓冲功能、水源涵养功能、生物多样性功能和碳固存功能；构建了包括指标层、准则层和目标层 3 个层级，涵盖黑土层厚度和蚯蚓数量等 26 个指标的黑土地耕地质量多功能综合评价指标体系。该综合评价指标体系的建立过程和内容如下：①使用特尔斐法选择区域评价指标；②使用隶属度函数法确定评价指标分级赋值标准；③使用层次分析法与熵权法结合确定评价指标权重；④基于 Topsis 模型多目标决策法评价耕地综合质量，初步形成了《黑土地耕地质量综合评价指标体系》。其次，基本确定了典型区域黑土地耕地质量评价指标阈值。在吉林省域尺度下，通过收集县域土壤普查成果、国土调查成果、相关农化数据、土壤志等文本资料，结合外业调查、土壤采样、室内化验及数据库建设等手段，确定了黑土地耕地质量评价指标阈值。将结合阈值进行计算的隶属函数划分为戒上型、戒下型、峰型、概念型和直线型 5 种函数。对于概念型数据，直接采用特尔斐法给出隶属度。对于其他数值型数据，应用特尔斐法评估各参评指标等级数值对耕地质量及作物生长的影响，确定其对应的隶属度，在此基础上绘制各指标两组数据的散点图并模拟曲线，得到各参评指标等级数值与隶属度关系方程，从而构建包含阈值的各参评指标隶属函数。

3. 黑土地耕地质量评价平台初步建立

按照黑土地耕地质量评价大数据平台需求，构建了耕地质量数据管理框架，厘清了数据接入–元数据管理–质量管理–安全管理–交换管理 5 方面的管理内容与要点；明晰了需要汇交的数据内容，包括数据库成果及数据库说明文档，同时明晰了各类型成果的格式要求；针对数据库电子成果，按照资源目录，共划分为基础地理、立地条件、土壤自然属性、土壤健康状况、农田建设管理和其他要素六大类型，并同步规定了数据的结构组织及要素代码；从数据质量的影响出发，研究了数据质量的内容与标准、质量控制的原则与方法及质量模型与控制技术，为下一步完成大数据平台的数据汇交工作奠定基础。完善服务接口交互技术。综合考虑黑土地耕地质量大数据平台的内容及功能实现，梳理研究了包括 J2EE/EJB、Web Service、交易中间件、消息中间件、SOCKET、CORBA、REST、文件和过程调用、共享数据表 9 种常见服务接口技术的原理与优缺点，为后续大数据平台服务接口选择奠定了基础；另外，开展了服务接口语义基本要求、安全要求与通信方式、传输控制的研究，支撑了耕地质量大数据平台服务接口交互的实现。下一步将进一步完善提升大数据平台资源目录、内容与属性结构；深入研究大数据平台服务接口交互技术，实现对数据资源检索、数据安全、接口安全等服务功能。

4. 有关国家已建立较完善的评价体系

黑土地集中分布在欧亚俄罗斯—乌克兰大平原和我国东北平原、北美密西西比河流域和南美潘帕斯大草原，是世界粮食作物的主产区。国外相关国家已开展许多研究，建立了黑土地耕地质量评估体系框架。美国建立了包含土地利用方式、耕作类型、土壤质量在内的黑土地资源清单，形成了耕地质量动态数据库，并通过土壤质量监测和保护性耕作相结合的体系，成功遏制了黑土地退化趋势；俄罗斯建立了以黑土可持续管理为目标的多层次土壤地理学模型，并完成了不同比例尺的数字土壤制图及土壤性质时空变化评估；乌克兰构建了几乎覆盖全国的黑土地耕地质量监测网络，定期获取土壤有机质、养分含量和田间持水量等关键指标；巴西广泛开展了基于保护性耕作的黑土肥力提升与评价工作，将免耕参与指数应用到了黑土质量评价中。黑土地零散分布的法国、荷兰和英国等也在试图建立统一的耕地质量评估体系和大数据平台。

5. 我国黑土地耕地质量评价工作不断推进

我国的耕地质量评价工作主要由自然资源部和农业农村部牵头实施。原国土资源部最早部署耕地质量监测与评价工作，建立了"定期全面评价、年度更新评价、年度监测评价"的工作制度。1999 年，由其牵头的第一次全国土壤调查部署了农用地分等工作，2003 年发布了行标《农用地分等规程》（TD/T 1004—2003）、《农用地定级规程》（TD/T 1005—2003），2009 年发布了我国历史上第一批耕地质量等级调查与评定成果——《中国耕地质量等级调查与评定》。2011 年年底开展了耕地质量等级补充完善作业，2012 年发布了国标《农用地质量分等规程》（GB/T 28407—2012）、《农用地定级规程》（GB/T 28405—2012），并于 2013 年获得基于第二次全国土地调查的耕地质量等级评价成果。2014 年部署了耕地质量等级年度更新评价工作，对耕地面积增减变化、耕地质量等级变化进行更新。自然资源部开展农用地等级评价最主要的目的是使全国农用地具有统一的等级价格体系，为划定永久基本农田和落实国家耕地占补平衡政策等提供依据。农业农村部开展耕地质量评价的根本目的是明确区域内耕地质量等级，为落实当地耕地质量保育、提升和土壤改良技术措施提供基础信息。农业部（现为农业农村部）主要以两次全国土壤普查等数据为基础，并充分应用测土配方施肥项目获得的近亿个土壤测试数据，于 2002 年开展了全国耕地地力调查与评价工作，以 1959 年和 1980 年的土壤普查等数据为基础进行补充调查；2005 年启动全国性测土配方施肥项目，取得了 1317 万个土壤样品、近亿个土壤测试数据，以及 8 万多个田间实验、11 万多个田间示范、1120 万个农户调查数据，为耕地质量评价积累了大量数据。2016 年发布了《耕地质量调查监测与评价办法》和国家标准《耕地质量等级》（GB/T 33469—2016），对全国耕地质量等级评价方法进行了明确规定。2017 年依据《耕地质量等级》（GB/T 33469—2016）开展耕地质量等级评价工作，将全国分为九大区，分区建立评价指标体系，相同大区间用同一层次分析模型和隶属函数模型进行评价，使得大区间各县（区）的耕地质量等级有了可比性，对于摸清我国耕地资源现状和开展统筹管理具有重要意义。分区建立评价指标体系的方法符合我国地大物博、自然禀赋差异大的地理实情，评价结果可以更好地用于县域耕地保护、高标准农田建设和地方领导责任考核。

2.2.3 监测与评价融合科技创新进展

1. 大数据遥感监测用于耕地质量监测与评价

将大数据技术与遥感技术结合使用，将遥感获取的数据直接传输到大数据处理终端，大数据中心能够获得更为直接、更为完善的数据。王莉等（2022）基于遥感卫星动态监测、无人机航测等大数据分析应用的"天空地"一体化监测体系，以耕地保护为对象，构建智慧监测及评价体系，实现三维立体、全域全覆盖、全时全天候、协同高效处置的动态监测监管，促进耕地的永久保护。孙建华等（2021）以各地方上报的数据资料，共享农业农村部门相关数据，辅以无人机、地物光谱仪、光谱遥感等技术手段，通过机器学习等人工智能技术进行信息提取、变化检测与空间分析，实现耕地智能监测及评价服务。

2. 人工智能技术用于耕地质量监测与评价

将人工智能技术应用于耕地质量监测，通过监测土壤质量、作物生长和水资源利用情况，实现农田规划和管理。孙桂清等（2023）基于航拍高清影像、卫星遥感影像、地面传感器信息，利用 AI 智能算法，从而实现对耕地布局、规模、变化及质量等开发利用情况的模拟推演、空间分析，对耕地"非粮化、非农化"和违法占用耕地等情况进行空间感知和智能识别，以此来提高耕地保护开发工作的分析水平。

3. "天空地"一体化技术用于耕地质量监测与评价

此种监测方式具有监测面积大、范围广的特点，可以结合行业应用构建全天候、全天时、全覆盖的监测体系,从而保障耕地质量检测与评价有序进行。张飞扬等(2021)构建了"天空地"一体化耕地质量监测指标体系,搭建集成卫星遥感、无人机遥感、无线传感器网络和原位速测等技术的移动实验室架构,研发基于中间件技术的天空地多种监测方法的集成技术。

4. 黑土区农作物全域种植制度监测用于耕地质量评价

我国黑土区的农业种植以玉米、大豆和水稻等作物为主,种植模式包括轮作、连作及间套作等。遥感技术可以大范围、长时序地刻画农作物种植制度的时空演替,为评估种植制度对土壤质量、耕地产能、耕地健康的影响提供基础数据。随着中、高分辨率时序遥感数据的免费获取和处理能力的增强,部分国家和地区相继开展了遥感作物制图的系列工作,发布或建立了国家尺度上作物制图的产品或系统。例如,美国农作物分布图 CDL 产品、欧盟的 Sen2-Agri 系统等,实现了对国家和地区种植制度的监测和评估。国内作物制图工作也发展迅速,相关研究不断丰富。由于我国农田地块破碎,农业经营规模较小,种植制度复杂,作物制图工作主要以具有典型光谱或物候特征的水稻、小麦专题制图为主,且多集中于小区域和个别年份,实现典型区域主要作物类型全覆盖的制图工作具有较大难度。因此,对黑土区覆盖主要农作物的长时序遥感制图,可以实现从种植结构和种植模式两个层面构建对种植制度时空演替和区域差异的科学认知,为土壤质量、耕地产能、耕地健康的评估及新型种植制度的构建提供基础支撑。

5. 构建了多维度多尺度黑土地耕地质量预警数据库

构建田块、小流域示范区、县域、生态区、黑土区 5 个尺度的黑土地耕地质量关键要素地面采样、天空地立体监测单元体系,为实现田块尺度到东北黑土区的耕地质量关键要素立体监测与预警系统研发与尺度转换提供基础空间框架。开展数据协同分析、预警技术、预警数据库与系统等进展现状及趋势分析,制定详细的课题实施的技术方案。开展黑土地耕地质量评估、决策预警及相关系统功能需求调研,开展土壤采样及相关数据资料收集与预处理。初步形成多维耕地质量评价指标体系、预警警情指标体系,构建出多维度多尺度黑土地耕地质量预警数据库。

6. 初步构建多源数据协同的多功能耕地质量评价指标体系

初步建立土壤健康与管理关键指标空间分区优化方法,突破了地块尺度土壤有机质无人机诊断方法,实现示范区黑土地有机质遥感监测与空间制图,构建了基于长时序遥感影像的黑土地耕地实际产能评估方法。制定《黑土地耕地质量大数据平台数据汇交规范(初稿)》,探索构建黑土地耕地质量多源多尺度异构的数据模型、遥感数据的切分存储和融合发布,实现黑土地耕地质量地理空间大数据的可视化,初步开发黑土地耕地质量大数据平台可视化评价系统框架。完成黑土区全域大比例尺全属性土壤数据库的编制,初步形成 30 多年来区域指标对比分析的基础数据,初步建立耕地质量与粮食产能对应关系研究方法,初步确定耕地质量等级红线指标。

2.3 黑土地耕地质量监测与评价科技创新发展存在的问题

2.3.1 黑土地耕地质量监测存在的关键问题

1. 调查监测技术水平低,数字化程度不高

现代农业精准化、智慧化的农田管理,需要基于高精度的土壤指标量化信息。近年来,无人机遥感技术、5G 技术和大数据技术等新兴科学技术不断发展,但由于难度大、成本高等原因,这些技术尚未在调查监测工作中得到广泛应用,而是较多采用卫星遥感和人工实地调查,导致调查监测成果在时效性、准确性和完整性等方面存在缺陷,无法准确把握黑土地资源的数量、质量、空间分布和动态变化情况,导致黑土地资源信息和质量指标数字化程度不高。例如,黑土层厚度、土壤质地、有机质等基础物理属性是稳定性状,也是土壤质量的关键指标,但这些物理性状在以往的调查监测中并未实现大比例尺制图。这些土壤基础属性数据的缺失,在一定程度上影响了高精度黑土地资源质量调控清单的制定。

2. 多源数据难以融合,数据同步更新困难

耕地质量监测需要综合利用来自不同源头的数据,包括遥感数据、土壤数据、气象数据等。这些数据来源的异构性、时空分辨率的不一致及数据格式的不统一可能导致融合时的技术难题,影响监测与评价的准确性。耕地状况可能随时间发生变化,而不同数据源的更新频率不一致。如果监测与评价系统无法及时同步更新数据,就难以反映最新的土地利用变化和质量状况,从而影响监测结果的实效性。

3. 数据融合复杂,融合结果解释和验证难

为了更准确地评估耕地质量,通常需要建立复杂的融合模型。然而,这些模型的建立和调整可能面临数据不足、参数选择困难等问题,增加了整个融合过程的复杂性。由于融合模型的复杂性,融合结果的解释可能变得复杂难懂。此外,验证融合结果的准确性也是一个挑战,尤其是在没有大量实地调查数据的情况下。耕地质量不仅受自然因素影响,还受到农业生产和土地利用活动的影响。融合过程中,对社会经济因素的考虑可能不足,导致评价结果不能全面反映土地的综合状况。

4. 调查监测规范标准不统一, 成果整合较难

监测与评价标准经常不一致, 不同地区和组织可能采用不同的监测与评价标准, 这可能导致结果的不可比性。需要建立统一的监测与评价标准, 以确保结果的可比性和一致性。国家和地方部门的管理需求不同, 对黑土地的调查监测目的往往带有差异化, 加之黑土地土壤类型多样, 各部门的调查单元、内容、规模、精度、指标、工具、方式等充满部门特色, 导致黑土地调查监测的规范和技术标准不统一。以调查监测布点为例, 有关部门一个样点单元覆盖从 2000 亩至 10 万亩不等。另外, 部分调查工作时间久远, 当时尚未建立部门间的协同工作机制, 存在重复调查与缺失调查并存的问题, 黑土地调查成果数据较为分散, 且存在一定的精度差异。例如, 调查成图的比例尺从 1∶5000 到 1∶100 万不等, 导致现有各部门成果整合、对接成图较为困难。

5. 调查监测时间跨度大, 很多数据更新难

目前, 各部门获取的黑土地土壤条件、土壤环境和耕地质量等数据, 多是在第二次全国土壤普查基础上进行补充调查或监测获取的, 并且大部分依然运用第二次全国土壤普查数据直接进行评价或分析。然而, 第二次全国土壤普查是 20 世纪 80 年代初开展的, 距今已有 40 年, 该地区的资源利用方式、规模和强度均已发生显著变化。因此, 相关土壤属性值也必然发生变化, 原始数据已不足以反映当前黑土地资源实际状况。虽然通过部分工作进行了补充调查或监测, 更新了部分点位数据, 并与原始数据进行了衔接, 但样点设置较少、精度较低, 难以掌握准确的黑土地质量变化状况及其退化程度。我国已有土壤资源数据的现势性较差, 难以与第三次全国国土调查成果同步, 不易支撑自然资源部耕地资源质量分类工作。

6. 调查监测样点密度低, 评价结果的精度不高

第二次全国土壤普查数据覆盖面虽广, 但调查样点密度仍然较低。县级土壤资源以土种体现, 每个土种特征一般设置一个典型剖面, 虽在一定程度上能够代表县域内典型土壤, 但要精确描述土壤资源的定量化空间质量信息, 还存在以点代面的问题。而且, 当时的样点定位不精确, 定量化信息不足, 难以描述黑土地土壤退化情况和生态状况。另外, 尽管调查监测精度不断提高, 但由于缺少黑土地专项调查, 测定指标尚未覆盖表征黑土地资源信息的全部内容。例如, 黑土层厚度, 尚没有明确的表征和调查规范; 农田耕作层性状调查, 主要包括土壤氮、磷、钾等大中微量元素的养分指标, 而对耕地质量影响较大的物理、生物和健康指标等, 基本没有开展调查或监测。

2.3.2 黑土地耕地质量评价存在的关键问题

我国重视耕地质量评价工作，并率先在东北黑土地进行耕地质量评价汇总，首次评定了黑土地耕地质量等级，明确了质量等级时空演变特征，阐明了土壤有机质空间分布特征和演变规律，但在黑土地耕地质量认知体系、指标体系、数据处理、平台建设等方面仍有很多问题尚未解决。

1. 黑土地耕地质量大数据认知和综合评价指标体系尚未构建

耕地质量是指由耕地地力、土壤健康状况、田间基础设施构成的满足农产品持续产出和质量安全的能力。因此，耕地质量不仅涉及土壤、地形、气候、水利等自然属性，而且涉及经济利用、区位条件等经济社会属性。此外，还与耕地管理、投入水平等因素有关。《耕地质量等级》（GB/T 33469—2016）国家标准根据全国综合农业区划，结合不同区域耕地特点、土壤类型分布特征，将黑土地耕地划分为东北区，并选择立地条件、剖面特性、理化性质、养分状况、健康状况、管理水平等16个指标作为评价指标，构建指标体系。但目前有关黑土的耕地质量的系统认知具有局限性，缺乏对气候因素、土壤健康、生产管理、社会经济等因素的综合考量及耕地多要素、多结构、多功能的协同与权衡。首先是缺乏黑土地耕地多功能协同与耕地质量要素表征，尚不清楚黑土地耕地多功能及其协同机理，没有基于"要素—过程—功能"的耕地质量理论分析框架；其次是黑土地耕地产能形成机制尚不清晰，黑土地耕地生产力模型与耕地质量评价指标关系尚未建立；最后是黑土地耕地质量大数据调查理论与调查方法体系尚不完善，缺乏黑土地耕地质量调查的数据获取与定量解析机制，缺乏多源多尺度感知数据与耕地质量要素之间的定量关系模型。

2. 多源数据协同的黑土地耕地质量综合评价技术体系尚不完善

基于黑土地耕地质量综合认知系统，从自然条件、立地条件、利用管理等方面，构建耕地质量综合评价模型，运用层次分析法、空间自相关法等研制关键指标权重定量方法。首先，目前耕地质量大数据调查评价技术方法尚未突破，评价样点数量少、指标数据时效性差，缺乏整合传统耕地质量数据获取手段；没有集成定位观测、车载测量、地面传感网和多源遥感等调查手段，尚未构建黑土地耕地质量大数据调查理论方法；缺乏地面调查样点数据的优化插值方法和空间预测模型。其次，缺乏黑土地耕地质量核心指标多源数据融合技术。缺少核心指标的数据提取、尺度转换和数据同化技术方法，缺少典型区黑土地耕地质量多尺度数据库模型，缺少质量评价海量数据的高性能计算与可视化技术；缺少黑土地耕地质量分区分类和多精度评价技术方法。

3. 黑土地耕地质量评价大数据获取与展示平台尚未构建

首先是缺少黑土地耕地质量大数据平台标准体系与服务接口交互技术。黑土地耕地质量评价大数据平台数据库结构、数据库内容、要素分类编码、数据分层、数据交换文件命名规则、图形数据与属性数据的结构、交换格式及元数据都尚未确定；支撑分布式、多源、异构、海量的时空数据资源的存储和读取缺乏技术，提升平台的时空大数据查询分析与渲染能力不足。大数据平台和耕地质量综合认知、星地数据协同精准调查等系统的数据汇交和服务接口尚未确定；关键指标、综合评价模型等数据的高效接入与成果数据的共享技术尚未实现。

4. 黑土地耕地质量多目标综合评价和展示系统尚未构建

构建多要素、多层次、多目标集成的黑土地耕地质量编辑管理及综合评价技术，集成并研发黑土地耕地质量综合评价系统，实现多尺度黑土地耕地质量综合评价，为黑土地耕地质量等级清单生成提供技术和评价结果支撑是综合评价的最终目标。目前，缺乏面向耕地质量指标和等级清单的多要素耦联大数据分析技术，不能实现多要素多尺度耕地质量清单表达及差异性分析；缺乏面向耕地质量产能、清单、红线的大数据协同研判技术，难以集成展示黑土地耕地质量清单成果。

2.4　黑土地耕地质量监测与评价科技创新未来重点研究方向

2.4.1　黑土地耕地质量多尺度立体监测与多层级评价技术

研究内容： 针对耕地质量遥感监测精度低、立体监测难度大、评价技术待开发等挑战，研究数据驱动与自适应校准的耕地土壤属性原位快速测定技术，突破土壤反射光谱信息分解算法；创新耕地地块提取，作物类型、轮作信息及长势产量等遥感算法，构建耕地质量三维立体监测技术；集成云计算、大数据等信息化手段，研发复杂场景下耕地质量监测与评价关键技术；研发耕地质量智慧监测装备及决策预警系统，并在粮食主产区开展示范应用，服务我国耕地质量精准化、网络化和智能化监测与评价。

2030 年目标： 依托第三次全国土壤普查数据，构建土壤光谱校准库，探究电磁辐射、环境因素与土壤关键指标的协同作用关系，研发土壤指标光谱响应自适应校准与快速测定方法；突破土壤核心参数大尺度时空连续监测的遥感反演算法，创建"水平维—垂直维—时间维"融合的耕地质量土壤剖面属性三维预测模型；发展土壤剖面垂直结构与作物冠层垂直结构智能重建模型，创新并集成耕地地块提取、作物种植识别、长势产量遥感算法，构建"点面结合""空地结合"的土壤–作物复合立体监测技术体系，建立"农户—村庄—乡镇—县域—市级—省区"多层级耕地质量评价体系，解决耕地质量监测与评价"卡脖子"难题。

2035 年目标：研发土壤关键指标手持式与车载式快速检测设备，突破土壤近地光谱获取设备国外垄断；针对土壤属性、农田基础设施、耕地利用等，实现"天空地"一体数据连续采集与协同监测；突破面向多源异构数据的耕地监测数据高效组织管理与边缘计算技术，结合耕地监测"应用场景—混杂对象—分析决策"共性算法，研制耕地监测数据方舱与智能引擎；构建"数据+算法+应用"的耕地系统智慧监测与智能评价决策支持系统。

2.4.2 黑土地耕地质量时空演替与提升技术监测评价

研究内容：回溯黑土区气候和农机投入等历史数据资料，探究典型农艺–农机管理模式下耕地质量变化过程和规律，揭示典型农艺–农机管理模式驱动耕地质量及其要素变化的机理；解析自然力与人类耕作扰动下耕地质量时空变化特征，揭示两者对耕地质量及要素时空变化的差异性贡献机制；研究黑土地耕地质量提升技术–社会–经济综合评估的指标体系；融合卫星观测、无人机遥感、探地雷达和地面调查技术，针对高标准农田建设、新增耕地质量评价、侵蚀沟治理、保护性耕作、有机肥还田等关键技术模式实施效果，研究"点–面结合"的技术模式验证与实施效果监测技术；构建不同技术模式应用的社会经济可行性评价模型方法，开发基于"人工智能+大数据"的黑土耕地质量提升技术模式智能监测与评价平台，综合筛选适宜区域推广的黑土耕地质量提升模式及其组合。

2030 年目标：构建黑土地耕地质量演变预测模型，明晰黑土地耕地质量及其要素时空演变机理；建立黑土地耕地质量提升模式的技术–社会–经济综合评估的指标体系；研发基于遥感观测和地面监测的耕地质量技术效果监测技术，建立技术模式社会经济可行性评价模型方法。

2035 年目标：研发黑土耕地质量提升技术模式智能监测与评价平台，实现耕地质量—产能提升—资源保护—生态保障等多功能权衡，实现黑土地高强度利用下，耕地质量、粮食产能双提升与资源保护、生态保障相协同的农业绿色发展。

2.4.3 黑土地耕地健康监测评价与预测预警技术

研究内容：基于黑土地耕地高度集约化利用的现状，与第三次全国土壤普查相衔接，在耕地理化特性普查基础上，围绕土壤肥力、土壤质量、土壤健康和土壤安全的核心评价指标，加强土壤环境和生物指标监测，构建耕地健康多属性、多尺度的指标体系与表征方法，阐明耕地健康演变特征及其驱动机制；提出耕地健康培育理论、土壤生物多样性形成理论和土壤多功能性协同理论；开发新型的主动和被动传感器,结合卫星、无人机遥感及土壤近地传感等技术,构建耕地健康快速监测与诊断技术;整合和共享耕地土壤理化和生物数据,针对不同耕地利用场景,构建新一代高精度的耕地健康预测预警模型和方法,创建天空地一体化的耕地健康监测评价与预测预警平台系统,提出我国黑土地健康耕地定向培育路径和策略。

2030 年目标:针对耕地土壤的生产力、生物多样性、污染物清洁、养分及水循环、碳固存等主要生态系统服务功能,形成概念体系、表征指标体系及方法,构建土壤功能表征理论和方法体系;以土壤功能为核心,以土壤特征、立地条件和耕作赋能等指标为基础,建立完整的耕地健康监测评价框架和方法体系;针对土壤水分、温度、盐分含量、pH、生物多样性等关键健康指标的信息获取精度差、时空不连续等短板,建立"天空地"一体化融合的监测技术,实现土壤三维属性反演,构建完整的耕地健康全时空连续智能监测技术体系。

2035 年目标:完善耕地健康监测评价指标体系和标准,构建健康耕地大数据库和监测与评价平台,解析发现健康耕地的演变特征与驱动因子,形成县级到区域不同尺度的土壤功能、生态服务、健康状况分布图;构建耕地健康预测预警智能模型,集成有机质、pH、盐分、污染、生物多样性等模型,预测预警阈值及多目标决策系统,构建多目标融合的智能决策平台,研发耕地健康和生态功能协同提升技术与产品,分区分类构建耕地健康定向培育模式。

2.5 典 型 案 例

案例一 黑土地耕地质量关键要素遥感监测技术

由于目前黑土地耕地质量监测和预警能力不足,黑土地耕地质量本底不清、变化不明,难以支撑黑土地耕地安全利用和保护国家战略的实施,亟须突破耕地质量监测关键技术瓶颈,建立立体监测技术体系,为黑土地耕地质量常态监测提供技术支撑。土壤有机质是耕地质量、农业生产指导与耕地产能提升的关键指标,也是目前天空地立体监测机理最明晰的耕地质量关键要素。利用遥感等技术摸清黑土地耕地土壤有机质基本情况是耕地质量监测的重要一环。

1. 融合"时空谱"信息的区域尺度土壤有机质遥感监测

随着遥感数据和预测模型的发展,基于融合方法的多源遥感数据综合利用并验证其在土壤有机质(SOM)含量预测中的有效性是一个有趣而富有挑战性的课题。然而,没有证据表明不同数据源在有机质含量预测过程中的作用。采集表层土壤样品 796 份(0~20cm),采用基于区域能量加权(RW-DWT)的离散小波变换和光谱波段分割方法，对 2009～2019 年 10 个场景 Landsat 多光谱图像数据的时间信息、地形数据的空间信息和高分 5 号高光谱图像的光谱信息进行融合。然后，以时间–空间–光谱（TSS）信息作为输入量，结合偏最小二乘回归（PLSR）、随机森林（RF）和卷积神经网络（CNN）算法，建立 SOM 含量预测模型（图 2-4）。

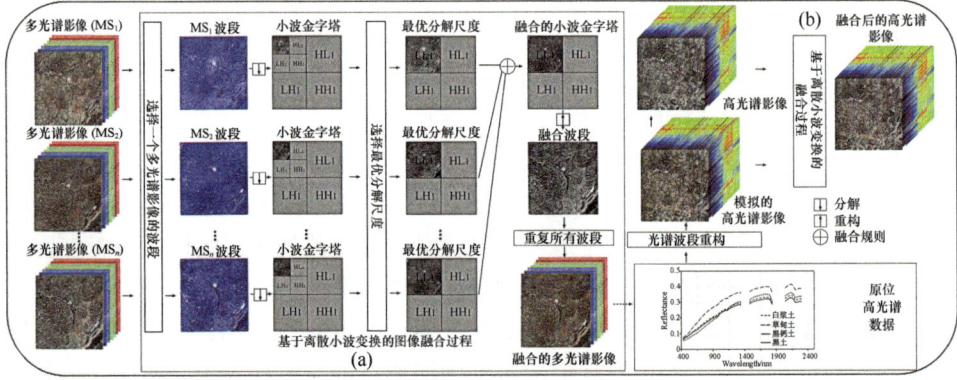

图 2-4　融合时间–空间–光谱信息遥感监测土壤有机质技术流程

研究结果表明，以 TSS 信息为输入，以 CNN 为预测模型的预测精度最高，其最小均方根误差（RMSE）为 2.49g/kg，最高决定系数（R^2）为 0.86，性能与四分位数距离之比（RPIQ）为 1.91。其次，对 SOM 含量预测的影响顺序为光谱>时间>空间信息，对模型精度分别提高 26.79%、19.64% 和 14.29%。此外，无论使用哪一组输入变量，CNN 的预测精度都高于 PLSR 和 RF。CNN 的平均 RMSE 比 RF 低 0.42g/kg，平均 R^2 和 RPIQ 分别比 RF 高 9.25% 和 0.14。该研究为综合利用多源遥感影像和深度学习算法预测土壤性质提供了新的思路。该成果发表在遥感顶级期刊 *Remote Sensing of Environment*（IF=13.85）上。

2. 10m 空间分辨率东北黑土区土壤有机质遥感监测

由于大尺度遥感数据时间分辨率与空间分辨率的矛盾，高空间分辨率、大尺度的 SOM 空间分布产品缺乏。遥感图像合成是执行像素级数据集成的一种方式，对于处理框架具有许多优势，尤其是在针对区域尺度进行分析时。本研究处理了覆盖中国东北黑土区 2019～2022 年裸土期（3～6 月）所有 Sentinel-2 影像，并将观察结果整合到 4 个定义的时间间隔（10 天、15 天、20 天和 30 天）的复合材料中。然后使用不同时间段合成影像进行 SOM 制图，以评估最优的时间间隔与最优的时间段，最后评估加入环境协变量对 SOM 制图精度的影响（图 2-5）。

研究结果表明，在黑土区尺度 SOM 制图中，使用 20 天时间间隔的 120～140 天合成影像可以获得最高的精度，不同时间间隔可以获得最高精度排序为 20 天>

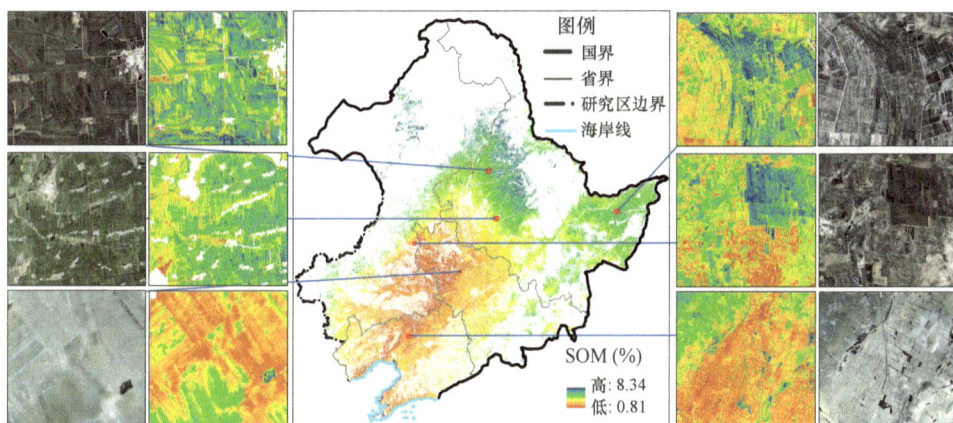

图 2-5　10m 空间分辨率东北黑土区 SOM 分布图

30 天>15 天>10 天。使用不同时间间隔合成影像都是在 5 月达到最高的 SOM 制图精度。加入环境变量可以有效提高 SOM 制图精度，其中多年平均温度的重要性最高。研究结果证明了多年合成影像进行 SOM 制图的潜力，可实现大尺度耕地 SOM 精细制图。该成果发表在遥感领域国际期刊 *International Journal of Digital Earth*（中科院 1 区）上。

3. 东北黑土区土壤有机质空间分布特征及其影响因素

明晰东北黑土区耕地 SOM 含量空间分布特征及其影响因素可以为农业可持续发展和退化耕地保护提供科学依据和数据支撑。以东北黑土区耕地 SOM 为研究对象，基于 10m 空间分辨率 SOM 产品，按整体与分区（大小兴安岭、辽河平原、三江平原、松嫩平原、西北半干旱区、长白山低山丘陵区）两个层面分析 SOM 含量空间分布特征，并结合地理探测器方法定量分析其影响因素。

研究结果表明，东北黑土区耕地 SOM 平均含量为 37.70g/kg，显著高于全国耕地平均含量，分区域来看，大小兴安岭区 SOM 平均含量最高（49.32g/kg），西北半干旱区 SOM 平均含量最低（26.15g/kg）。东北黑土区耕地 SOM 含量随环境梯度变化显著，SOM 含量最高的区域分别分布在高海拔、高坡度、低温与中等降水地区。从整个东北黑土区来看，年平均温度是影响土壤有机质空间分布差异的主控因素，年平均气温与行政区划的交互作用能更好地解释东北黑土区 SOM 含量的空间差异。不同保护区耕地 SOM 含量随环境变化趋势差异明显，半湿润地区平原（松嫩平原与辽河平原）的主控因素是坡度，干旱区与山区（西北半干旱区、大兴安岭地区、长白山低山丘陵地区）的主控因素是高程，三江平原各影响因素均不突出。研究证明，东北黑土区内部不同保护区耕地 SOM 的空间分布特征与影响因素差异明显，研究结果可为黑土地保护政策与工程实施提供科学决策支持。

案例二 黑土地耕地质量评价技术与平台建设

东北三省及内蒙古自治区东四盟黑土地耕地约 5.38 亿亩，是我国粮食作物主产区，商品粮供应量占全国的 1/3。但黑土地普遍存在"变薄""变瘦""变硬"等耕地质量下降问题，而这些问题的区域分布、程度和清单尚不清楚。因此，亟待解决一个关键科学问题——多要素、多结构、多功能的耕地质量综合认知系统与调查理论，突破三个关键技术问题——耕地质量关键指标获取技术、质量综合评价技术、大数据平台构建技术，为摸清黑土地耕地质量家底提供理论和技术支撑。

1. 初步构建黑土地耕地质量大数据认知系统与综合评价体系

东北黑土地耕地质量评价的难点与挑战是系统认知黑土地耕地质量并构建以产能为核心的调查评价指标与技术方法体系。针对我国东北黑土地耕地质量认知系统性不足、评价指标体系不健全、多源数据协同评价技术不规范等问题，重点开展黑土地耕地质量认知理论与要素表征，评价指标体系构建，大数据调查评价方法与技术研发，多尺度黑土地耕地质量调查评价应用与示范研究，能够为黑土地耕地质量调查评价提供理论技术依据，为黑土地耕地保护与利用管理决策提供基础支撑。

通过梳理国内外耕地质量、土壤质量、土壤健康等相关认知理论与评价技术，比较分析农业农村、自然资源、生态环境等部门在东北黑土区开展的耕地质量评价优缺点，面向多主体、基于大数据视角初步形成了黑土地耕地质量系统认知框架，探索建立了以耕地产能为核心的多要素、多功能、多结构的黑土地耕地质量评价指标体系。以沈阳市为例，分析了耕地的生产、生态、景观、社会等不同功能，探索构建了耕地多功能评价指标体系和耕地多功能权衡协同演变关系。根据耕地多功能权衡协同演变特征，可将该区域耕地进行功能分区，为多功能、差异化的耕地质量评价提供参考依据。此外，运用随机森林等方法绘制了黑土地耕地土壤生物多样性分布，发现其呈现由南向北逐渐降低的分布规律，主要受尺度因素、温度、pH 值影响。初步建立的以产能为核心的黑土地耕地质量评价认知理论框架，并已在不同尺度的典型区域进行初步探索应用，发现具有较好的可操作性和通用性，通过进一步研究将为黑土区耕地质量调查评价技术实践应用提供理论依据和方法指导。

2. 黑土地耕地"变薄"程度及其空间分布

收集了黑龙江省 1980 年和 2010 年土壤剖面样点数据，并在 2022 年开展了黑土区科学考察。其中，1980 年数据是依据第二次全国土壤普查资料，共 1746 个样点，剖面的厚度范围为 0~2m，作为黑土层变薄的基准数据。2010 年土壤剖面样点数据是基于张之一等主编的《黑龙江土系概论》(2006 年),共 246 个样点,厚度范围为 0~1.8m。2022 年在黑土区通过 1m 土钻结合剖面调查的方法,共获取了 663 个黑土层厚度数据。

为了使不同年份黑土层厚度具有可比性,设置了各年份黑土层厚度的判断标准。其中 2022 年野外黑土层判断方法主要是基于颜色,将湿润土壤与孟塞尔比色卡进行比色,颜色需满足黑棕色(7.5YR3/2)、黑色(10YR2/1)、暗棕色(10YR3/3),同时勘察 1m 范围内,表层至土壤颜色、质地等开始明显变化土层(黄土层)的深度值。对应选取历史剖面数据发生层在 A+AB+B 的范围内,有机质≥1%的厚度范围。构建黑土层厚度指标体系,包括 19 个地形因子、年均温度和降水、25 项植被因子、土壤类型和母质及土地利用、耕作年份等人为因子。利用随机森林模型构建黑土层厚度预测模型,将样点数据按照 8∶2 构建和验证模型,发现 1980 年、2010 年、2022 年模型 R^2 和 RMSE 分别为 0.52、0.57、0.60 和 26.5cm、33.6cm、26.17cm。不同年份黑土层厚度的主要影响因子有差别,其中,1980 年的主要影响因子为地形和降水条件,2010 年主要为地形因子,2022 年主要为植被指数和降水。

样点结果表明,从 1980~2010 年、2010~2022 年,黑土层平均厚度分别下降了 16.76cm 和 5.5cm,前 30 年和后 10 年黑土层变薄速率分别为每年 0.6cm、0.46cm。选取 2022 年调查的耕地样点及条件相似的林地样点进行比较,发现以林地为对照,耕地黑土层厚度平均下降了 23.25cm。从空间尺度上看,1980~2010 年,耕地黑土层厚度减少了 16cm,平均每年减少 0.56cm;2010~2022 年,耕地黑土层厚度减少了 11cm,平均每年减少 0.94cm;1980~2022 年,黑土层厚度减少了 27cm,平均每年减少 0.68cm。因此,2010 年以来,耕地黑土层厚度变薄速率呈现加快趋势。

3. 黑土地土壤有机质光谱响应特征及人机反演技术

土壤有机质含量是黑土地耕地质量的关键表征指标之一,对其他养分因子及土壤的各种理化性质也有重要的影响,是提升农作物产量的重要物质基础。传统的耕地土壤有机质监测大多采用的是人工取样、实验室化学测定的方法,单点精度较高,但费时又费力,只能获得样本点的土壤有机质信息,受样本点数量、代表性和化验时间滞后的限制,不能及时体现整个区域内土壤有机质含量分布,难以满足大范围耕地有机质信息获取的迫切需求。在黑土地土壤类型分区的基础上,利用地面高光谱和无人机高光谱开展土壤有机质光谱响应机理解析,分析了黑土地土壤有机质的光谱响应区间,利用小波变换技术有效提升了高光谱对于黑土地有机质的敏感性,筛选出土壤有机质的敏感光谱波段,利用多种机器学习算法构建了黑土地土壤有机质光谱诊断模型;在中国典型黑土区,根据土壤有机质在红边波段较为敏感的光谱响应特性，提出 NLI-rededge 和 GDVI-rededge 两种新型土壤指数，结合传统的波段反射率、反射率数学变换、传统植被指数等特征参量参数，基于 CARS 特征优选算法确定适用于土壤有机质反演的 9 个敏感特征参数，基于厘米级高分辨率无人机遥感影像，采用随机森林机器学习算法在中国东北黑土区实现地块尺度的土壤有机质高精度遥感反演和制图。本研究提出的新型土壤有机质光谱指数可有效地提升无人机多光谱影像反演地块尺度黑土地有机质含量的精度。与传统耕地质量调查方法相比，遥感技术应用于耕地土壤有机质获取将大幅降低调查的成本和时间，提升大范围信息获取的快捷性。

4. 大数据平台综合评价可视化系统构建

针对我国黑土地多要素、多结构、多功能耕地质量评价大数据平台缺失的问题，通过解决黑土地耕地质量大数据标准体系与平台服务接口交互技术，基于人工智能、数据挖掘、数字孪生、GIS 等技术，集成面向黑土地耕地质量大数据管理、指标研判、综合评价、质量清单创制、产能和红线协同研判的多功能、多尺度黑土地耕地质量评价大数据平台。针对多源异构的各类型检测数据汇交，对耕地质量数据的必选项、可选项进行分类处理，采用协议、连接方式、调用参数及数据返回格式建立数据服务接口，初步建立多源异构数据的统一访问接口，该接口支持 CSV、TXT、JSON、GeoJSON 等常用数据格式，支持 Socket、HTTP、JMS、Kafka 等主流数据传输协议。同时默认预配置了 4 种输入连接器提供各类数据接入，包括消息订阅、文件导入、HTTP 轮询和 WebSocket 接入。采用分布式文件系统+NoSQL 非关系型数据库+时空索引+分布式计算+地图发布技术路线，探索构建时空大数据平台的技术及方法，对 GeoMesa 时空数据中间件的存储过程及分析技术进行深入研究，以 HBase 分布式数据库作为底层存储，GeoMesa 作为时空数据处理中间件为 HBase 数据库提供空间数据库技术支持，建立 GeoMesa-HBase 空间数据存储模型，基于 GeoMesa-HBase 建立合适的耕地质量数据时空索引。运用 GeoMesa + Spark 时空大数据查询与分析计算技术实现地理空间大数据查询服务。探索利用 GeoMesa 对海量黑土地耕地质量地理空间数据进行存储及分析的方法，基于 GeoServer 地图服务器和 Open Layers 工具包实现黑土地耕地质量地理空间大数据的可视化评价系统构建。基于 Hadoop 大数据平台进行系统开发，以多台服务器为基础，设置 master 节点和 slave 节点，搭建大数据平台框架。通过构建多种类型的数据可视化 UI 组件，初步开发了基于国家标准《耕地质量等级》（GB/T 33469—2016）的黑土地耕地质量大数据平台可视化系统，采用抽屉式菜单导航栏布局，实现快捷工具操作。

与当前单机版国家现行耕地质量评价系统相比，该评价系统整体采用 B/S 架构，无须安装客户端应用，用户仅需通过浏览器，在通过安全认证后，即可使用系统各项评价功能。服务端基于大数据平台开发，分析评价采用多机并行计算模式，可随数据量及用户数增长，通过横向扩展平台存储及计算资源，解决系统性能瓶颈问题；具有比单机系统更快的计算速度、更大的存储容量和更好的容灾性能。服务端系统同时采用微服务架构，可根据系统未来需求，定制开发不同分析计算组件，利于维护和扩展。

5. 黑土地耕地质量清单制作与质量红线探索

　　针对黑土地耕地质量清单制图表达及尺度效应不明确、产能潜力测算及评估技术不精准、宏/微观耕地质量红线确定技术及清单和产能潜力协同机制不清楚等问题，突破大、中、小比例尺黑土地耕地质量清单制作与空间制图融合技术，揭示黑土地耕地质量清单、红线与产能潜力协同机制，提出黑土地宏观/微观耕地质量红线。一是开展大比例尺黑土地耕地质量清单制作技术研究，通过大比例尺融合和利用第二次全国土壤普查数据、耕地地力调查数据分析，研究典型县（区）大比例尺（1：10 万）制图技术，现已绘制建三江垦区、嫩江市、梨树县、科左中旗、铁岭县、凤城市"变薄""变硬""变瘦"清单，初步构建了耕地"薄、瘦、硬"数据库，阐明了项目县属性清单。二是开展中小比例尺黑土地耕地质量清单制作研究，完成了东北黑土区 1：5 万土壤数据的收集、数字化整理，编制完成了黑土区大比例尺土壤数据库，首次完成了黑土区全域大比例尺全属性土壤数据库的编制，首次完成了以第二次全国土壤普查成果为核心的全要素大比例尺土壤数据库，为后续开展评价单元数据赋值、评价奠定了坚实的基础。三是在黑土地耕地质量等级与产能对应关系研究方面，初步建立了耕地质量与粮食产能对应关系的研究方法，根据模糊数学的理论，将粮食产能与耕地质量综合指数建立戒上型函数关系，从而可以由耕地质量等级评价结果拟合出粮食产能。四是开展黑土地耕地质量等级红线指标确定技术与应用研究，耕地质量红线指标初步确定为耕地数量、农产品需求数量、气候生产潜力、目标产量、耕地等级极限值 5 个关键指标；初步确定了黑土耕地质量地力贡献率和影响因素，排在前三位的影响因素是有机质、pH 和有效磷。五是在黑土地耕地质量清单、红线与产能潜力协同机制方面，初步建立了黑土区玉米系统耕地质量长期监测和农户田间试验数据库。

作 者 信 息

吴文斌，中国农业科学院农业资源与农业区划研究所

汪景宽，沈阳农业大学

刘焕军，中国科学院东北地理与农业生态研究所

裴久渤，沈阳农业大学

孙　晶，中国农业科学院农业资源与农业区划研究所

杨建军，中国农业科学院农业资源与农业区划研究所

孙福军，沈阳农业大学

李双异，沈阳农业大学

周云成，沈阳农业大学

温艳茹，中国农业科学院农业资源与农业区划研究所

参 考 文 献

曹阿翔, 何方, 李玲, 等. 2007. 测土配方施肥数据管理系统的应用研究. 安徽农学通报, 13(14): 68-70, 32.

方华军, 杨学明, 张晓平. 2003. 东北黑土有机碳储量及其对大气 CO_2 的贡献. 水土保持学报, 17(3): 9-12.

郭力娜, 张凤荣, 马仁会, 等. 2009. 基于标准样地的国家级农用地等别质量监测点设置方法探讨: 以冀豫鄂三省为例. 资源科学, 31(11): 1957-1966.

李保国, 刘忠, 黄峰, 等. 2021. 巩固黑土地粮仓保障国家粮食安全. 中国科学院院刊, 36(10): 1184-1193.

李汉涛, 黎庆容, 刘军仿, 等. 2015. 土壤属性参数常规法测定值与速测法测定值相关性研究. 湖北农业科学, 54(11): 2727-2731.

李琳, 张翔. 2015. 一种高分辨率遥感影像快速自动道路提取方法. 测绘科学技术, 3(2): 15093.

李忠, 孙波, 林心雄. 2001. 我国东部土壤有机碳的密度及转化的控制因素. 地理科学, 21(4): 301-307.

梁爱珍, 李禄军, 祝惠. 2021. 科技创新推进黑土地保护与利用, 齐力维护国家粮食安全: 用好养好黑土地的对策建议. 中国科学院院刊, 36(5): 557-564.

梁晓玲, 王璐, 黎诚, 等. 2021. 基于数量、质量、生态三位一体的永久基本农田快速优化布局研究. 农业资源与环境学报, 38(6): 946-956.

刘兴土, 阎百兴. 2009. 东北黑土区水土流失与粮食安全. 中国水土保持, (1): 17-19.

刘秀英. 2016. 玉米生理参数及农田土壤信息高光谱监测模型研究. 西北农林科技大学博士学位论文.

刘毅, 高尚, 刘希霖, 等. 2013. 西部地区耕地质量监测县选取方法的研究. 资源科学, 35(11): 2248-2254.

马佳妮, 张超, 吕雅慧, 等. 2018. 多源遥感数据支撑的耕地质量监测与评价. 中国农业信息, 30(3): 14-22.

彭茹燕, 张晓沛. 2008. 基于农用地分等成果的国家耕地质量动态监测体系设计. 资源与产业, 10(5): 96-98.

沈仁芳, 陈美军, 孔祥斌, 等. 2012. 耕地质量的概念和评价与管理对策. 土壤学报, 49(6): 1210-1217.

石玉林. 2006. 中国土地资源图集. 北京: 中国大地出版社.

孙桂清, 季宏亮, 赵玉杰. 2023. 耕地智能监测及耕地保护开发. 农业工程技术, 43(5): 55-56.

孙建华, 王远喆, 杨四海, 等. 2021. 耕地智能监测及农业数字化服务系统设计与实现. 浙江国

土资源, (11): 38-40.

孙亚彬, 吴克宁, 胡晓海, 等. 2013. 基于潜力指数组合的耕地质量等级监测布点方法. 农业工程学报, 29(4): 245-254, 302.

汪景宽. 2015. 东北地区主要农田土壤有机碳动态变化及固碳潜力. 北京: 中国农业出版社.

汪景宽, 徐香茹, 裴久渤, 等. 2021. 东北黑土地区耕地质量现状与面临的机遇和挑战. 土壤通报, 52(3): 695-701.

王飞, 潘剑君, 余泓. 2017. 基于农作物长势信息的三种主要土壤属性预测: 以江苏北部平原区为例. 土壤通报, 48(4): 769-777.

王莉, 寻知锋, 郑美丽, 等. 2022. 空天地网一体化智慧监测体系在耕地保护执法监管平台中的应用. 山东国土资源, 38(9): 63-68.

王玉玺, 解运杰, 王萍. 2002. 东北黑土区水土流失成因分析. 水土保持应用技术, (3): 27-29.

魏丹, 匡恩俊, 迟凤琴, 等. 2016. 东北黑土资源现状与保护策略. 黑龙江农业科学, 16(1): 158-161.

吴克宁, 焦雪瑾, 梁思源, 等. 2008. 基于标准样地国家级汇总的耕地质量动态监测点构架研究. 农业工程学报, 24(10): 74-79, 316.

辛景树, 汪景宽, 薛彦东. 2017. 东北黑土区耕地质量评价. 北京: 中国农业出版社.

徐明岗, 卢昌艾, 张文菊, 等. 2016. 我国耕地质量状况与提升对策. 中国农业资源与区划, 37(7): 8-14.

徐英德, 裴久渤, 李双异, 等. 2023. 东北黑土地不同类型区主要特征及保护利用对策. 土壤通报, 54(2): 495-504.

阎百兴, 杨育红, 刘兴土, 等. 2008. 东北黑土区土壤侵蚀现状与演变趋势. 中国水土保持, (12): 26-30.

颜国强. 2005. 县域耕作制度演变规律及其驱动力研究. 中国农业大学硕士学位论文.

姚东恒, 党昱譞, 孔祥斌. 2021. 我国黑土地调查监测现状思考. 中国土地, (4): 28-31.

于东升, 史学正, 孙维侠, 等. 2005. 基于1:100万土壤数据库的中国土壤有机碳密度及储量研究. 应用生态学报, 16(12): 2279-2283.

张飞扬, 胡月明, 谢英凯, 等. 2021. 天空地一体耕地质量监测移动实验室集成设计. 农业资源与环境学报, 38(6): 1029-1038.

张琪, 张光辉, 张岩, 等. 2022. 基于不同分辨率遥感影像自动提取切沟的精度分析和转换模型. 遥感技术与应用, 37(5): 1217-1226.

张玉臻, 孔祥斌, 刘炎, 等. 2016. 基于标准样地的省级耕地质量监测样地布设方法: 以内蒙古自治区为例. 资源科学, 38(11): 2037-2048.

张玉臻, 刘树明, 孔祥斌, 等. 2017. 基于监测单元划分方法的耕地质量监测效率研究: 以内蒙古自治区开鲁县为例. 中国农业大学学报, 22(9): 154-163.

张之一, 翟瑞长, 蔡德利. 2006. 黑龙江土系概论. 哈尔滨: 哈尔滨地图出版社.

赵成, 梁盈盈, 冯浩, 等. 2023. 基于Sentinel-2遥感影像的黄土高原覆膜农田识别. 农业机械学报, 54(8): 180-192.

赵永. 2022. 区域土壤属性空间变异规律及墒情监测点优化布设方法. 山西农业大学硕士学位论文.

郑梦蕾, 丁世伟, 李子杰, 等. 2021. 耕地质量监测与评价研究进展. 环境监测管理与技术, 33(3): 9-14.

钟骁勇, 李洪义, 郭冬艳, 等. 2023. 基于多源环境变量和随机森林模型的江西省耕地土壤 pH 值空间预测. 自然资源遥感, 35(4): 178-185.

周尚意, 朱阿兴, 邱维理, 等. 2008. 基于 GIS 的农用地连片性分析及其在基本农田保护规划中的应用. 农业工程学报, 24(7): 72-77.

周文涛, 刘琪, 黄元仿. 2022. 深化黑土耕地质量认知加强耕地质量评价监测. 中国农业综合开发, (11): 15-18.

庄雅婷, 陈训争, 范胜龙, 等. 2013. 基于 Kriging 插值的高效耕地质量监测点布设方式研究: 以建瓯市为例. 亚热带水土保持, 25(2): 17-22.

邹文秀, 韩晓增, 陆欣春, 等. 2020. 肥沃耕层构建对东北黑土区旱地土壤肥力和玉米产量的影响. 应用生态学报, 31(12): 4134-4146.

Li Z, Zhang Z, Zhang J, et al. 2021a. A new framework to quantify maize production risk from chilling injury in Northeast China. Clim Risk Manag, 32: 100299.

Li Z, Zhang Z, Zhang L. 2021b. Improving regional wheat drought risk assessment for insurance application by integrating scenario-driven crop model, machine learning, and satellite data. Agr Syst, 191: 103141.

Li Y, Rahardjo H, Satyanaga A, et al. 2022. Soil database development with the application of machine learning methods in soil properties prediction. Eng Geol, 306: 106769.

Liu Y, Yu Q, Zhou Q, et al. 2022. Mapping the complex crop rotation systems in southern China considering cropping intensity, crop diversity, and their seasonal dynamics. IEEE J-Stars, 15: 9584-9598.

Ma S, He B, Ge X, et al. 2023. Spatial prediction of soil salinity based on the Google Earth Engine platform with multitemporal synthetic remote sensing images. Ecol Inform, 75: 102111.

Meng X, Bao Y, Luo C, et al. 2024. SOC content of global mollisols at a 30 m spatial resolution from 1984 to 2021 generated by the novel ML-CNN prediction model. Remote Sens Environ, 300: 113911.

Pouladi N, Gholizadeh A, Khosravi V, et al. 2023. Digital mapping of soil organic carbon using remote sensing data: a systematic review. Catena, 232: 107409.

Siqueira R G, Moquedace C M, Fernandes-Filho E I, et al. 2024. Modelling and prediction of major soil chemical properties with random forest: machine learning as tool to understand soil-environment relationships in Antarctica. Catena, 235: 107677.

Wen Y, Kasielke T, Li H, et al. 2021a. A case-study on history and rates of gully erosion in Northeast China. Land Degrad Dev, 32: 4254-4266.

Wen Y, Kasielke T, Li H, et al. 2021b. May agricultural terraces induce gully erosion? A case study from the black soil region of northeast China. Sci Total Environ, 750: 141715.

Wen Y, Liu B, Jiang H, et al. 2024a. Initial soil moisture prewinter affects the freeze–thaw profile dynamics of a Mollisol in Northeast China. Catena, 234: 107648.

Wen Y, Liu B, Yu Q, et al. 2024b. Response of soil moisture to prewinter conditions and rainfall events at different distances to gully banks in the mollisol region of China. Earth Surf Proc Land, 49: 1858-1868.

Yang J, Wang T, Liang Y, et al. 2023. Image segmentation and dominant region feature extraction for original soil: Towards soil property prediction based on images acquired from smartphones. Catena, 233: 107508.

第3章　黑土地侵蚀退化与阻控

摘要： 东北地区土地大规模开垦有百余年历史，但强开发少保护导致的土壤侵蚀已造成黑土地明显退化，表现为面蚀使黑土层变薄甚至丧失，切沟侵蚀使黑土地破碎化，风蚀使黑土层变薄的同时也导致沙化。自 21 世纪以来开始加强黑土地侵蚀退化与阻控研究，在基础研究方面，明确了重点阻控区域和土壤侵蚀防治标准，在坡耕地面蚀机理和土地生产力影响评价，沟蚀分类及区域分异规律和影响因素，水、风、融复合侵蚀营力时间接续和空间上叠加的季节变化与影响过程等方面取得了明显进展。但以流域为单元的多种水土保持措施理水保土机理依然不够明确，与面蚀相比，风力侵蚀和沟蚀定量研究缺乏，水、风、融复合侵蚀机理不清。在共性关键技术方面，形成了以等高耕作、苗期垄沟深松、垄向区田、大垄种植、秸秆覆盖免耕、秸秆覆盖条带耕作、地埂植物带等保护性耕作措施为主的坡耕地理水保土综合防治技术，以沟蚀阻控与填埋结合、截水与排水结合、工程措施和生物措施结合的沟头、沟坡和沟底兼治的侵蚀沟治理技术。但侵蚀沟降本增效节地防治技术体系尚未构建、风蚀防治技术体系尚不完善、坡沟–截排–田路尚未实现系统治理且与现代农业匹配的侵蚀退化阻控技术体系尚未建立、侵蚀阻控涉及多部门的协调机制有待完善。为了实现土壤侵蚀退化阻控的新发展，需要重点开展黑土地复合侵蚀风险评估与土地退化预警、黑土地风力侵蚀危害预测与阻控对策、黑土地土壤侵蚀尺度效应及其主控因素和防控对策、黑土地水土保持措施质量提升与分区体系构建等方向的研究。本章最后提供了"漫岗丘陵区小流域综合治理"和"侵蚀沟秸秆填埋复垦技术"两个侵蚀退化阻控的案例。

自然条件下的土壤侵蚀速率每年小于 $100t/km^2$，一旦开发为耕地，侵蚀速率大幅增加，如美国开垦后的耕地侵蚀速率每年在 $600t/km^2$ 以上，美国东北地区开垦百余年后的耕地侵蚀速率在 $1500t/km^2$ 以上（Nearing et al.，2017）。俄罗斯中央黑钙土区黑土层（A+B）的厚度自 1877 年至 1991～1992 年，由 73.5cm 下降为

65.3cm，大约下降 10%（龚子同等，2009）。东北地区耕地开发主要始于 1668 年以后的清中叶，因大范围饥荒允许向东北移民，从辽宁省开始逐步北上，以沈阳、长春和哈尔滨为中心向外扩展（Ye and Fang，2011；方修琦等，2021）。至 19 世纪末和 20 世纪初，小兴安岭西麓的黑土漫岗丘陵区大部分被开垦为耕地。20 世纪 50～60 年代和 80 年代，又经历了小幅增加（方修琦等，2021）。熊毅和李庆逵（1990）将黑土厚度分为＜30cm 的薄层、30～60cm 的中层、＞60cm 的厚层黑土。北京师范大学于 2004～2005 年在东北黑土漫岗丘陵区（黑土集中分布区）按均匀网格布点，调查了 924 个样点的黑土层厚度（以暗沃表层厚度为准）（刘宝元等，2008），发现薄层、中层和厚层黑土样点比例分别为 25.1%、24.3% 和 50.6%。薄层黑土样点中，黑土层完全丧失、0～20cm 的"破皮黄"和 20～30cm 厚的样点各占 1/3，土壤侵蚀导致耕地黑土厚度变薄。本章将讨论黑土土壤侵蚀现状，阻控黑土层变薄面临的关键问题、主要研究进展及发展趋势与对策。

3.1 黑土地侵蚀退化现状

我国东北地区主要位于温带和寒温带的湿润、半湿润到半干旱季风气候区，地貌三面环山，中部为冲积平原，具有山地、丘陵、台地和漫岗等多种地貌类型。全区 5cm 地温大于 0℃天数从沈阳以南的 230 天以上，到哈尔滨以南的 210 天以上，直至黑河—齐齐哈尔一线以南的 190 天以上。年降水量从东南 800mm 以上向西降至 400mm 以下，冬季降雪量占年降水量比例变化在 10%～25%，春季积雪融化形成融雪径流，伴有昼融夜冻的土壤冻融交替过程。4 月大于 5m/s 的起沙风速的累积时数在呼伦贝尔—齐齐哈尔—大庆—哈尔滨—长春—沈阳一线以南和以西地区可达 150h 以上，即平均每天 5h 以上，是风力侵蚀的主要发生季节。5～9 月降雨占年降水量比例变化于 70%～90%，是水力侵蚀的集中季节。气候差异导致显著的风力、水力、冻融多营力复合作用，风水冻融侵蚀时空分异明显，不同区域的主控驱动力变化导致黑土地侵蚀退化特征和机理存在显著的区域差异。长春以北至大兴安岭东麓，包括松嫩平原向大小兴安岭过渡的漫岗丘陵区是以水蚀为主的区域，且随着坡度的增大侵蚀愈发严重，同时随着纬度的增加冬季越寒冷，哈尔滨以北的水蚀区域春季冻融作用明显；长春以南受到水蚀和风蚀的共同作用；松嫩平原西部至大兴安岭西麓，特别是内蒙古东北地区主要受风蚀影响。水蚀区的面蚀过程和风蚀区的风蚀过程不断剥蚀黑土层，使其不断变薄。面蚀加强会逐渐发展成为浅沟和切沟，造成农地破碎化，且随地貌类型不同差异较大。风蚀在让黑土变薄的同时，还会造成沙化。以下分别从黑土地"变薄"、"变碎"和"沙化"三个方面阐述侵蚀导致的黑土地退化。

3.1.1 坡耕地面蚀与黑土地"变薄"

在 2010～2012 年的第一次全国水利普查中开展了水力侵蚀普查,普查对象是土壤面蚀强度,结果表明:东北地区水力侵蚀面积(轻度及以上)为 21.7 万 km²,占土地总面积的 14.9%,其中,辽宁省、吉林省、黑龙江省和内蒙古东部 5 市(盟)(赤峰市、通辽市、呼伦贝尔市、兴安盟、锡林郭勒盟)所占比例分别为 20.3%、16.0%、33.8%和 29.8%。

东北水土保持区划三级区共有 13 个分区,侵蚀面积变化于 0.2 万～4.8 万 km²,东北漫川漫岗土壤保持区水蚀面积最大。各区水蚀面积占本区土地面积比例变化于 2.7%～39.3%,其中比例超过 25%的依次是辽宁西部丘陵保土拦沙区、辽东半岛人居环境维护减灾区、长白山山地丘陵水质维护保土区、东北漫川漫岗土壤保持区、辽西山地丘陵保土蓄水区。各区水蚀面积占整个东北地区水蚀面积比例变化于 1.1%～22.9%,超过 20%的只有东北漫川漫岗土壤保持区(表 3-1,图 3-1)。

表 3-1 东北水土保持区划三级区土壤水蚀状况

东北水土保持区划三级区	土地面积 (万 km²)	水蚀面积 (万 km²)	水蚀面积比例 (%)	水蚀面积占东北水 蚀面积比例(%)
大兴安岭山地水源涵养生态维护区	19.6	1.0	5.1	4.7
小兴安岭山地丘陵生态维护保土区	8.9	0.9	10.3	4.4
三江平原-兴凯湖生态维护农田防护区	6.4	0.6	10.1	3.1
长白山山地水源涵养减灾区	13.8	2.4	17.5	11.5
长白山山地丘陵水质维护保土区	10.2	2.9	28.7	14.0
东北漫川漫岗土壤保持区	17.8	4.8	26.9	22.9
松辽平原防沙农田防护区	8.1	0.5	5.7	2.2
大兴安岭东南低山丘陵土壤保持区	15.5	3.1	20.2	15.0
呼伦贝尔丘陵平原防沙生态维护区	8.3	0.2	2.7	1.1
辽河平原人居环境维护农田防护区	2.4	0.4	14.6	1.7
辽宁西部丘陵保土拦沙区	2.8	0.8	30.6	4.1
辽东半岛人居环境维护减灾区	1.9	0.8	39.3	3.6
辽西山地丘陵保土蓄水区	9.3	2.4	26.2	11.7

除降雨侵蚀外,融雪侵蚀也是东北地区的典型侵蚀类型。全年降雪量占降水总量的比例多在 7%～25%,分布规律与降雨量相同,山区年降雪占 15%以上,部分海拔较高的山区可达 30%以上,平原地区则在 15%以下;融雪期径流量占全年径流量的比例达 13.3%～24.9%,融雪期输沙模数占全年输沙模数比例达 5.8%～27.7%(焦剑等,2009)。

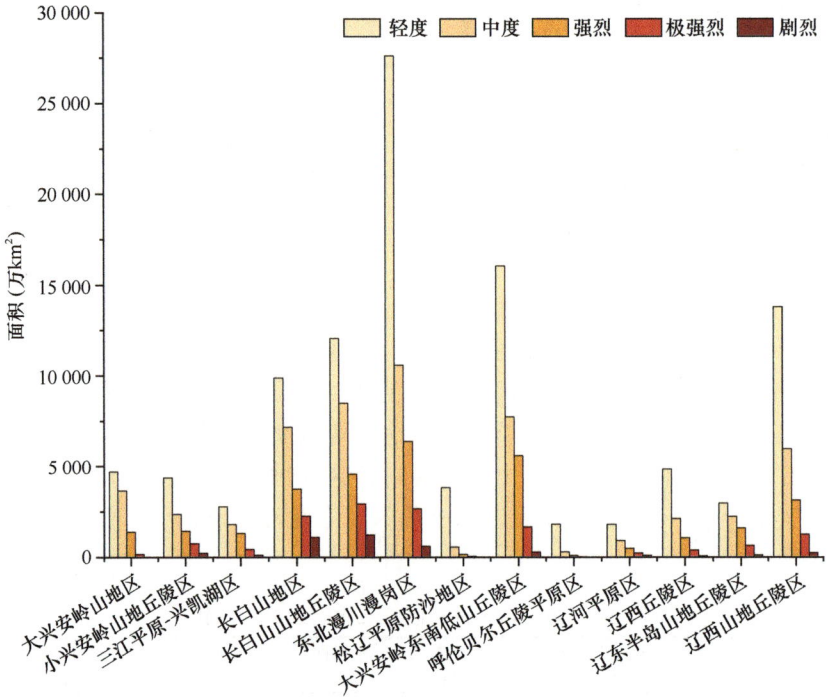

图3-1　东北水土保持区划三级区各水蚀强度的面积（万 km²）

东北地区土壤侵蚀主要来自耕地，其土壤侵蚀速率与坡度关系密切。九三水土保持试验站坡耕地土壤侵蚀的长期监测，以及黑土漫岗丘陵区均匀布点采集 ^{137}Cs 样品的估算结果均表明：土壤侵蚀速率随着坡度增大而增加（图 3-2）。刘宝元

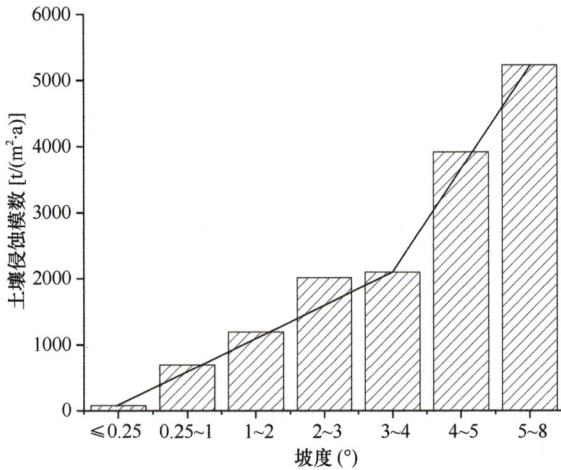

图3-2　不同坡度的土壤侵蚀模数

等（2008）基于径流小区观测和 ^{137}Cs 采样分析结果，建立了耕地土壤流失速率与坡度的关系式：$A=0.7379\theta$，式中，A 为土壤流失速率（mm/a）；θ 为坡度（°）。根据东北地区耕地坡度主体变化在 1°～5°，土壤流失速率变化在 0.7～3.7mm/a，平均 1.25mm/a。东北地区四省份中，内蒙古坡耕地平均土壤流失速率为 1.79mm/a，黑龙江省为 0.85mm/a，吉林省与辽宁省平均分别为 1.20mm/a 和 1.75mm/a。黑龙江省九三水土保持试验站多年径流小区观测结果表明，1.2°顺坡耕作平均土壤流失速率 0.80mm/a，免耕和等高耕作区平均土壤流失速率分别为 0.03mm/a 和 0.15mm/a，耕作措施的水土保持效益十分显著。

在黑土漫岗丘陵区采样的 ^{137}Cs 测量结果显示（图 3-3），耕地平均土壤侵蚀模数为 705.8t/(km^2·a)，大约在吉林省松原市以北（45°N）、吉林省长春市以南（44°N）的区域以侵蚀为主，与这些区域的地形起伏较大有关。尤其在西北部大兴安岭东麓山前低山丘陵区，坡度大多超过 5°，导致土壤侵蚀模数在该区最大。

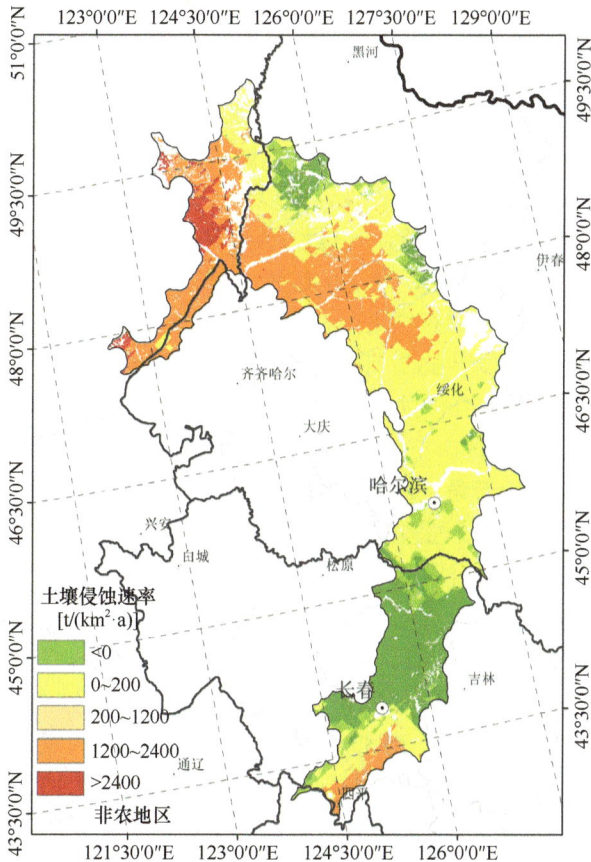

图 3-3　基于 ^{137}Cs 估算的黑土漫岗丘陵区土壤侵蚀模数空间分布

而长春—松原的区域以沉积为主，与该区域的风蚀和地形比较平坦有关。该区域以西紧邻大兴安岭南缘沙地，风沙易在此处沉积。

3.1.2 沟道侵蚀与黑土地"破碎化"

黑土地侵蚀沟是指长度>50m、深度>0.5m 的"水打沟"。侵蚀沟的出现是土壤侵蚀发展到最为严重的阶段，也是侵蚀导致土地退化最为严重的表现形式。东北黑土地侵蚀沟发展迅速，损毁耕地和道路，破坏生态环境，阻碍现代农业发展，且呈加剧态势，是新时代黑土地农业高质量发展和生态环境建设亟须优先解决的现实问题。

1. 2022 年水利部普查结果

黑土地承担着保障国家粮食安全的重任，2020 年国家实施了黑土地保护工程，其中侵蚀沟治理被纳为黑土地保护的重要内容之一，2013 年水利部专项普查结果难以支撑黑土地保护，尤其是治沟工程。2021 年水利部水土保持司启动了应急项目"东北黑土区侵蚀沟调查"，实现黑土地 108.75 万 km² 全覆盖，共涉及 246个县级行政区。以沟长大于等于 50m、汇水面积不大于 50km² 的侵蚀沟为调查对象，采用 2020 年 2m 分辨率遥感影像，辅以亚米级遥感影像，以侵蚀沟提取、抽样验证、典型区实测等技术路线，开展侵蚀沟调查，并将侵蚀沟矢量化，绘制侵蚀沟空间分布图。据多方检测，准确率达到 80%以上，可满足侵蚀沟治理要求。2023 年 8 月水利部将专项调查结果向社会发布。

东北黑土区侵蚀沟数量 66.7 万条，其中发展沟数量 59.0 万条，占侵蚀沟总数量的 88.4%，表明绝大部分侵蚀沟在发展，黑土地沟道侵蚀呈危害加剧的发展态势，沟道面积占调查总面积的 0.91%。在占土地总面积 31.3%的 34.1 万 km² 的耕地中，共有侵蚀沟 49.5 万条，占侵蚀沟总数量的 74.2%，表明黑土地的侵蚀沟主要发育于耕地上；耕地中侵蚀沟面积 2784.4km²，即 417.7 万亩，加上沟道两侧的抹牛地，沟毁耕地 500 万亩以上，相当于一个产粮大县的耕地面积，仅沟毁耕地就造成年损失粮食 25 亿 kg。

黑龙江省、吉林省、辽宁省、内蒙古自治区东四盟，侵蚀沟数量分别为 20.75万条、14.26 万条、5.46 万条、26.20 万条，其中耕地中侵蚀沟数量分别为 18.18万条、11.80 万条、4.07 万条、15.43 万条（图 3-4），虽然内蒙古自治区东四盟侵蚀沟数量最多，但对农田危害最重的却是黑龙江省，从黑土地保护角度来看，黑龙江省侵蚀沟治理应成为重中之重。

根据航片解译和调查分析，黑土地侵蚀沟发生主要起始于 20 世纪 60 年代，均为近代新成沟，具有"新""小""活跃"等特征。黑土地侵蚀沟的显著特征是

图 3-4 黑土地侵蚀沟分布（水利部松辽水利委员会松辽流域水土保持监测中心站提供）

平均长度 348.6m，平均沟道面积 0.60hm²，耕地中侵蚀沟平均长度 332.3m，平均沟道面积 0.56hm²，表明侵蚀沟小而易于治理。

2. 黑土地侵蚀沟实测结果

东北黑土区耕地主要集中分布在漫川漫岗黑土区和低山丘陵黑土区，该区域是核心粮食产区，也是水土流失尤其是沟道侵蚀最严重的两个区域。水利部组织的黑土地侵蚀沟调查，采用遥感解译为主，辅以实测样本验证的方法，准确率较高，但对林下和伴随道路的侵蚀沟及人工水渠等判读还存在难度。为了进一步揭示黑土地侵蚀沟特征和区域差异，2021 年中国科学院东北地理与农业生态研究所通过选取以黑龙江省海伦市为代表的漫川漫岗黑土区和以黑龙江省穆棱市为代表的低山丘陵黑土区进行了侵蚀沟实测调查，调查面积分别为 123.4km² 和 103.4km²。

穆棱市、海伦市典型实测区侵蚀沟数量分别为 2320 条、365 条（图 3-5），沟道长度分别为 513.70km、172.22km，沟道面积分别为 2.80km²、1.25km²（表 3-2）。从发育形态来看，穆棱市典型区沟道平均长度、平均宽度、平均深度、沟道比降分别为 221.42m、2.83m、1.85m、18.82%，海伦市典型区沟道平均长度、平均宽度、平均深度、沟道比降分别为 471.84m、6.18m、2.39m、3.93%（表 3-2）。整体

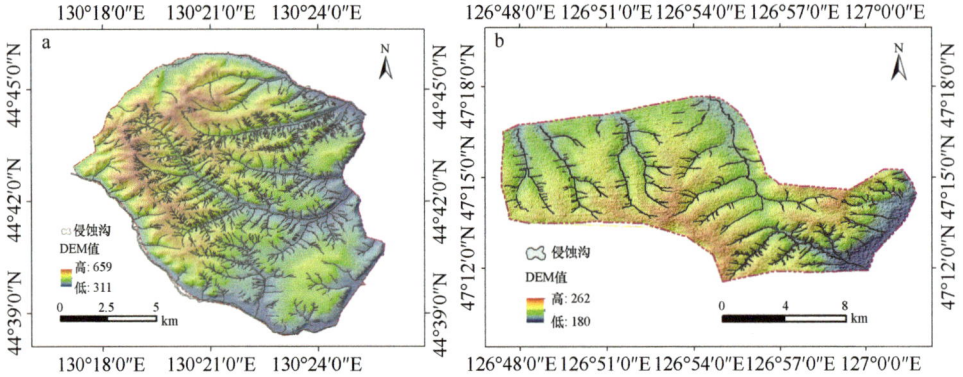

图 3-5 穆棱市（a）和海伦市（b）典型实测区侵蚀沟分布图

表 3-2 侵蚀沟数量与形态特征

典型区	实测区面积（km²）	数量（条）	沟道长度（km）	沟道面积（km²）	平均长度（m）	平均宽度（m）	平均深度（m）	沟道比降（%）
穆棱市	103.39	2320	513.7	2.80	221.42	2.83	1.85	18.82
海伦市	123.87	365	172.22	1.25	471.84	6.18	2.39	3.93

上，以海伦为代表的漫川漫岗黑土区侵蚀沟发育长度最长，以穆棱市为代表的低山丘陵黑土区侵蚀沟比降大，穆棱典型区侵蚀沟最为密集，沟毁土地面积大。

穆棱市典型区主要以 50m≤L<100m、100m≤L<200m、200m≤L<500m 发展沟为主（表 3-3），分别为 615 条、747 条、491 条，占发展沟总数量的 92.93%，占发展沟总长度的 66.00%，占发展沟总面积的 33.33%；500m≤L<1000m、1000m≤L<2500m、2500≤L<5000m、L≥5000m 发展沟数量为 141 条，仅占发展沟总数量的 7.07%，但其累计沟道长度和面积分别达到 151.53km 和 1.70km²，分别占发展沟总长度和总面积的 34.00% 和 66.67%。

表 3-3 穆棱市典型区侵蚀沟（长度）调查汇总表

侵蚀沟类型		沟道数量（条）	沟道面积（km²）	沟道长度(km)
发展沟	50m≤L<100m	615	0.1	45.3
	100m≤L<200m	747	0.27	107.51
	200m≤L<500m	491	0.48	141.34
	500m≤L<1000m	104	0.45	71.95
	1000m≤L<2500m	29	0.31	40.62
	2500m≤L<5000m	5	0.19	16.16
	L≥5000m	3	0.75	22.80
稳定沟		326	0.25	68.02
合计		2320	2.80	513.71

注：L 表示侵蚀沟长度

穆棱市典型区侵蚀沟占坡面面积比达到 2.70%，沟道面积 $S<0.3hm^2$（小型沟）、$0.3hm^2 \leqslant S \leqslant 1.4hm^2$（中型沟）、$S>1.4hm^2$（大型沟）的侵蚀沟数量分别为 1876 条、102 条、16 条，分别占发展沟总数量的 94.08%、5.12%、0.80%（表 3-4），小型沟累计发育长度达 314.79km，占发展沟总长度的 70.63%；尽管大型沟数量少，但累计发育面积达到 1.10 km^2，占发展沟总面积的 43.14%。

表 3-4 穆棱市典型区侵蚀沟（面积）调查汇总表

侵蚀沟类型		沟道数量（条）	沟道面积（km²）	沟道长度（km）
发展沟	$S<0.3hm^2$	1876	0.84	314.79
	$0.3hm^2 \leqslant S \leqslant 1.4hm^2$	102	0.61	79.3
	$S>1.4hm^2$	16	1.1	51.6
稳定沟		326	0.25	68.02
合计		2320	2.80	513.71

海伦市典型区平均沟壑密度为 1.39km/km^2，主要以 $50m \leqslant L<100m$、$100m \leqslant L<200m$、$200m \leqslant L<500m$、$500m \leqslant L<1000m$ 发展沟为主（表 3-5），分别为 57 条、84 条、130 条、46 条，占发展沟总数量的 91.09%，占发展沟总长度的 53.14%，占发展沟总面积的 44.63%；$1000m \leqslant L<2500m$、$2500m \leqslant L<5000m$、$L \geqslant 5000m$ 发展沟数量为 31 条，仅占发展沟总数量的 8.91%，但其累计沟道长度和面积分别达到 79.15km 和 0.67km^2，分别占发展沟总长度和总面积的 46.86%和 55.37%。

表 3-5 海伦市典型区侵蚀沟（长度）调查汇总表

侵蚀沟类型		沟道数量（条）	沟道面积（km²）	沟道长度（km）
发展沟	$50m \leqslant L<100m$	57	0.02	4.44
	$100m \leqslant L<200m$	84	0.07	12.83
	$200m \leqslant L<500m$	130	0.24	43.37
	$500m \leqslant L<1000m$	46	0.21	29.1
	$1000m \leqslant L<2500m$	19	0.28	31.9
	$2500m \leqslant L<5000m$	10	0.29	34.81
	$L \geqslant 5000m$	2	0.1	12.44
稳定沟		17	0.04	3.32
合计		365	1.25	172.21

海伦市典型区侵蚀沟占坡面面积比达到 1.01%，$S<0.3hm^2$（小型沟）、$0.3hm^2 \leqslant S \leqslant 1.4hm^2$（中型沟）、$S>1.4hm^2$（大型沟），分别为 268 条、60 条、20 条，分别占发展沟总数量的 77.01%、17.24%、5.75%（表 3-6），小、中、

大型发展沟累计发育长度分别为 67.1km、44.47km、57.32km，分别占发展沟总长度的 39.73%、26.33%、33.94%。尽管大型沟数量少，但累计发育面积达到 0.61km^2，占发展沟总面积的 50.41%；小型沟数量多，损毁耕地面积少，占发展沟总面积的 19.01%，有向中大型沟发展的趋势，对漫川漫岗典型黑土区的耕地威胁较大。

表 3-6   海伦市典型区侵蚀沟（面积）调查汇总表

	侵蚀沟类型	沟道数量（条）	沟道面积（km^2）	沟道长度（km）
发展沟	$S<0.3hm^2$	268	0.23	67.1
	$0.3hm^2{\leq}S{\leq}1.4hm^2$	60	0.37	44.47
	$S>1.4hm^2$	20	0.61	57.32
稳定沟		17	0.04	3.32
合计		365	1.25	172.21

嫩江市鹤山农场切沟的观测结果显示，沟头每年溯源十余米，面积扩展 170～400m^2，切沟净侵蚀量为 220～320m^3，切沟侵蚀模数达到了 2200～4800t/(km^2·a)，仅切沟造成的侵蚀级别就达到中度到强度。切沟发育存在明显的季节差异，冬春季主要是以切沟面积、切沟宽度的扩大为主，切沟净侵蚀量变化并不显著，而雨季则主要是沟头扩大及切沟净侵蚀量的变化，切沟沟头的溯源侵蚀在两者间差别不大。冻融侵蚀对切沟发育作用明显，冬春季的沟壁在冻融作用下平均扩大 0.45m，沟头最大溯源距离达 6.4m。冻融对切沟的作用主要表现在沟壁冻融坍塌，沟头溯源后退，对切沟净侵蚀量的作用相对较小，冻融侵蚀物质大部分堆积在沟内。切沟在冬春季主要是内部物质能量的转移交换过程，而雨季则主要是切沟与其外部物质能量的交换过程。冬春季冻融侵蚀产生沟内堆积—雨季径流产生侵蚀的过程，可能是高纬或高海拔区切沟发育的一种重要模式（胡刚等，2007）。

黑土地发生了严重的沟道侵蚀，侵蚀沟数量已与黄土高原相近。主要发育形成于耕地中，具有"新""小""活跃"等特征，均为近代新成沟，起始于 20 世纪 60 年代。平均长度 348.6m，平均沟道面积 0.60hm^2，88% 为发展沟。沟道侵蚀呈加剧的发展态势，损毁土地面积约 1%，损毁耕地 500 万亩以上，年损失粮食 25 亿 kg 以上，亟须治理。但侵蚀沟发育时间短，且以中小为主，易于治理。

3.1.3   风力侵蚀与黑土地"变薄"及"沙化"

据 2022 年水土流失动态监测结果，东北黑土区风力侵蚀面积 7.66 万 km^2，占水土流失总面积的 36.23%，其中轻度、中度、强度及以上侵蚀面积分别占风力侵蚀总面积的 35.60%、41.76%、22.64%。不同土地利用类型中,耕地和草地侵蚀面积分别占风力侵蚀总面积的 43.70% 和 35.25%,旱地和天然牧草地是风力侵蚀发生的主要地类。东北黑土区旱地和天然牧草地在松嫩平原典型黑土区和内蒙古东部黑钙土区分布最为集中,该区可观测到风力侵蚀及其导致的土地"变薄"及"沙化"现象(图 3-6);内蒙古通辽和兴安盟、吉林白城和通榆等地沙尘暴、扬尘等沙尘天气时有发生,风蚀现象显著。受侵蚀类型判定方法影响,动态监测统计的风力侵蚀面积远小于实际发生面积,其发布结果低估了风力作用及危害;实际上,东北黑土区大部分地区都有风蚀发生,且主要集中在春季。

图 3-6　农田风蚀(左)和沉积(右)(2022 年摄于内蒙古通辽)

对东北黑土区风力侵蚀定量的研究相对较少,一直以来风蚀监测的指标都是断面输沙量,无法量化风蚀量或风积量,风蚀导致耕地变薄,风积导致耕地沙化。风蚀圈的发明解决了耕地风蚀量或风积量无法观测的难题。在吉林省公主岭市、通榆县和黑龙江省齐齐哈尔市布设的风蚀圈,2022~2023 年初步监测结果显示,风沙垂直高度可达 1m,风沙量从地表随高度呈幂/指数降低,0~30cm高度范围内的输沙量占总沙量的 75%。风蚀主要发生在春季,占年风蚀量的 85%左右,免耕可显著降低风蚀量。三个监测点中,吉林省通榆县风蚀量最大,约为240t/(km²·a),其中春季风蚀量占比 85%,向东依次减弱。风蚀量主要以西风和西北风方向侵蚀为主(图 3-7)。

在东北黑土区布设 140 个 ¹³⁷Cs 风蚀样点,初步估算结果显示(图 3-8):1/3调查点的风蚀模数超过容许流失量 200t/(km²·a),西部风力侵蚀明显大于东部,西南部和松嫩平原黑土区西部风蚀模数甚至超过 5000t/(km²·a),漫岗丘陵区北部多为 2500t/(km²·a)。

对风力侵蚀驱动因子分析发现,松嫩平原西部和内蒙古东北地区的地形、土壤、气候条件共同作用使该区域成为东北地区典型的风蚀环境。大兴安岭以西的蒙东黑土区土壤类型以栗钙土、黑钙土为主,分别占该区面积的48.44%和17.71%,主要分布在呼伦贝尔平原西部和锡林郭勒盟。它们的发生学分类均为草原土壤,

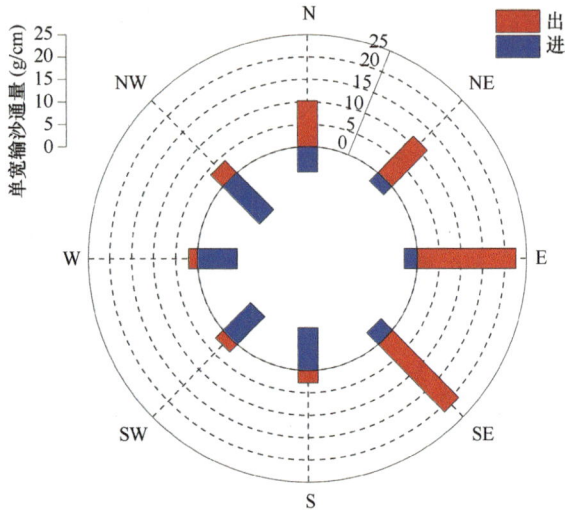

图 3-7 吉林省通榆县 2023 年春季不同风向单宽输沙通量

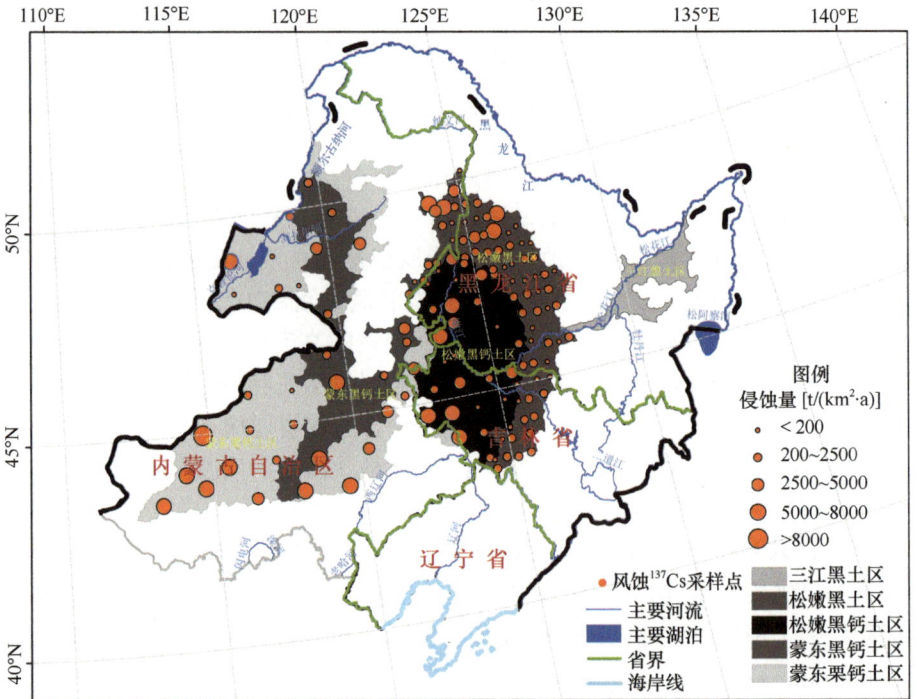

图 3-8 基于 ^{137}Cs 估算的东北黑土区土壤侵蚀模数空间分布

构成了土壤沙化的物质基础。东北黑土集中分布区的地貌以平原、台地为主，起伏度小，利于空气流动形成侵蚀性大风，区域风蚀动力强劲。东北地区大于 5m/s

侵蚀性大风日数由西南向东北逐渐减小，且存在两个高值区，西部呼伦贝尔平原和锡林郭勒盟是侵蚀性大风日数高值区（74～114d/a），其中 8 级（风速 17.2～20.7m/s）以上极端大风区集中分布在锡林郭勒西部及呼伦贝尔平原西部；中部松原、长春及四平一带为另外一个侵蚀性大风日数高值区（32～48d/a）。锡林浩特、新巴尔虎右旗、通榆、嫩江四地 2005～2020 年极端大风日数平均为 19d/a，由极端大风导致的风蚀量超过年风蚀总量的 30%。3～5 月是风蚀发生的主要时段，风速大于 8m/s 的天数占该时段总天数的 62%～82%。而 3～5 月恰值春耕春播季节，天然植被亦尚未全面返青，地表植被覆盖度极低。解冻期频繁的昼融夜冻破坏土壤结构，加之春季干旱，表层土壤疏松干燥，为春季风蚀提供了丰富的物质来源。东北地区解冻期近地表土壤冻融频次西部地区明显高于同纬度东部地区，西南部区域海拔高于 1000m，昼夜温差大，解冻期土壤解冻频次明显高于其他区域，冻融频次最高的区域分布在锡林郭勒。翻耕期呼伦贝尔平原和锡林郭勒地区多年平均降水量不足 10mm，0～10cm 土壤含水率小于 10%。在黑龙江省嫩江市和吉林省公主岭市监测显示，翻耕期耕地表层 1～3cm 为无结构的干土层，其含水率仅为 0～10cm 土壤含水率的 1/3～1/2，风蚀现象明显（图 3-9）。

图 3-9　春季翻耕期风力侵蚀（2017 年张兴义摄于嫩江县）

　　为减弱风力侵蚀的影响，该地建设了很多防风林带。通过对 140 个 ^{137}Cs 风蚀样点周围防风林带进行实地调查及遥感影像解译发现：东北黑土区防风林带以杨树和松树为主，杨树树种占 88.3%。平均树高为 11.2m，防风林带宽度平均约为 12.4m，大部分为窄林带（2～4m），行距约为 2.1m，株距约为 2.3m，胸径约为 13.2cm，防风林带内林下盖度较好，平均约为 80%。东北黑土区防风林带密度在空间分布上存在明显差异（图 3-10），在松嫩黑土区和松嫩黑钙土区交界的平原区林带密度较大，从交界处向两边密度逐渐减小，平均林带密度松嫩黑钙土区（1.28km/km²）>松嫩黑土区（1.00km/km²）>蒙东黑钙土区（0.13km/km²）>蒙东栗钙土区（0.04km/km²）。其中，松嫩黑土区风力侵蚀相对较轻，个别地区可能存在林带冗余现象，蒙东黑钙土区和蒙东栗钙土区风力侵蚀强烈，但林带密度小，该地可能需要加强防风林带建设。

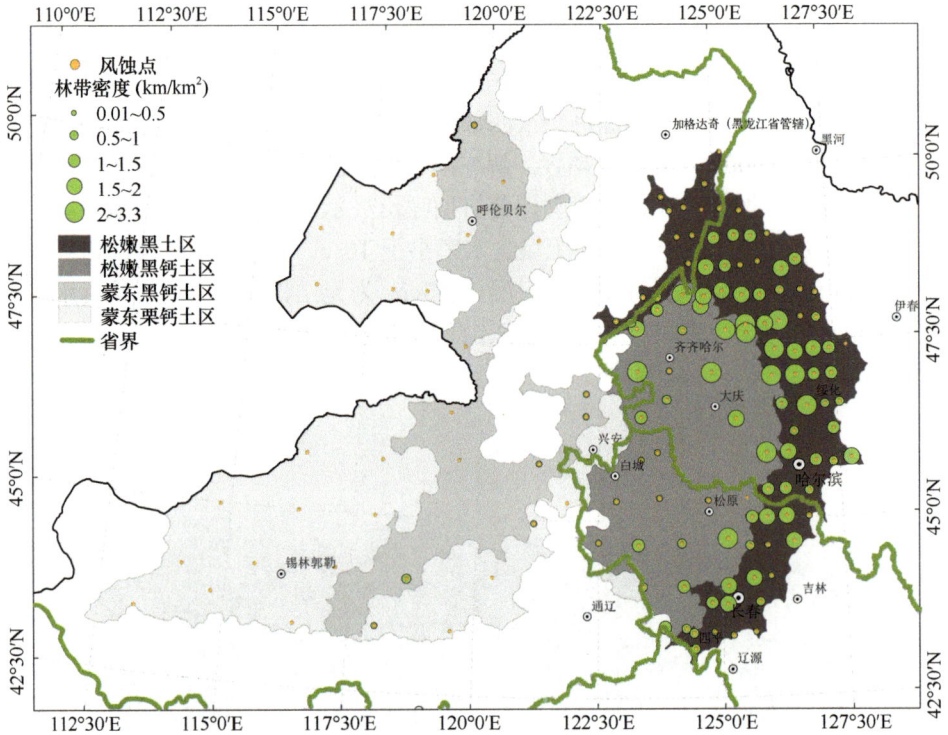

图 3-10   东北黑土区林带密度空间分布

3.2   黑土地侵蚀退化与阻控科技创新主要研究进展

黑土地侵蚀退化基础与技术研究可分为三个阶段：一是 20 世纪 50~80 年代开展的多次黑土地资源调查，确定了"黑土"土类及其分布；二是 21 世纪初人们认识到黑土地土壤侵蚀的严重性，开始了以水蚀为主的侵蚀速率与强度、侵蚀影响因子、侵蚀导致的黑土退化及以坡耕地水土流失防治为主的阻控技术研究；三是 2022 年《中华人民共和国黑土地保护法》的颁布，加强了黑土地保护研究的深度和广度，开启了以水蚀为主，同时考虑风蚀和融蚀的复合侵蚀研究，水土流失阻控技术由坡面转向沟道。本节主要对 21 世纪以来的黑土地土壤侵蚀退化理论基础和阻控技术研究进展加以总结。

3.2.1 基础研究方面

1. 黑土侵蚀退化与阻控范围及防治标准基本明确

根据土壤类型不同,黑土区可划分为广义黑土区和狭义黑土区,广义黑土区是有黑色表土层分布的区域,总面积约 109 万 km²(刘兴土和阎百兴,2009),狭义黑土又被称为典型黑土,包括中国土壤发生学分类中的黑土和黑钙土。针对普遍采用的广义黑土区范围包括大面积林地、狭义黑土区范围没有明确界线等给水土保持管理带来不便的问题,提出"中心引力集聚法"的客观空间划界方法,采用黑土保护核心"黑土层"的定量指标"暗沃表层",确定了以旱地和草地分布为主的东北黑土区范围 55.6 万 km²,划分了以旱地为主的典型黑土区 33.3 万 km²(刘宝元等,2020)。

《土壤侵蚀分类分级标准》(SL190—2007)规定土壤侵蚀模数大于 200t/(km²·a)或大于 5°的耕地视为水土流失面积,而坡面径流小区观测和 ¹³⁷Cs 核素示踪法结果均表明,东北黑土区坡度大于 0.25° 时侵蚀强度已超过 200t/(km²·a),导致黑土层变薄。通过建立坡耕地土壤流失速率与坡度之间的函数关系(刘宝元等,2008),提出了适宜黑土区长缓坡条件下的土壤侵蚀强度标准,将坡耕地水土流失防治标准降至 0.25°,扭转了将农地水蚀标准定为 5° 导致的黑土坡耕地水土流失被低估的状况。在此基础上,对黑土区坡耕地进行统计,东北黑土区和典型黑土区内 0.25° 以上坡耕地面积分别为 8.9 万 km² 和 7.8 万 km²,是水土流失的优先治理对象(刘宝元等,2020)。

2. 坡耕地水蚀机制及其阻控方面取得重要研究进展

黑土区坡耕地水蚀是自然和人类活动共同作用的结果。春季和夏季水蚀驱动力存在差异,融雪径流与降雨产流在年土壤水蚀中的贡献差异悬殊(焦剑等,2009)。东北黑土地最常见的垄作耕作方式改变了径流路径和汇流面积,顺坡垄作促进了径流侵蚀的发生,斜垄对侵蚀的影响与垄向角有关,横坡垄作是抑制还是加剧侵蚀则与垄沟的蓄水能力有关。机械作业是黑土地耕作的另一显著特点,机械压实降低了土壤孔隙度,入渗减少,产流增加,田块侵蚀风险增大;农田径流沿土质机耕路汇集流动,易形成侵蚀沟(Tang et al.,2023;温艳茹等,2021;徐艳燕等,2023)。东北农田防护林与盛行风方向垂直布设,风蚀防治效果明显,但忽略了其对水蚀过程的影响,农田防护林决定了垄作方向进而加剧或减缓侵蚀(王文娟等,2017;方海燕和吴丹瑞,2018;Tang et al.,2021)。开垦年限、耕作方式等对水蚀均有显著影响（翟国庆等，2019；阎百兴和汤洁，2005；刘宝元等，2008）。

土壤侵蚀导致黑土生产力退化，与侵蚀导致黑土层变薄、有机质和氮磷等营养物流失、土壤机械组成和持水能力改变等有关（翟俊瑞等，2016；Xin et al.，2016，2019；Li et al.，2020，2022）。针对黑土有机质以黏粒吸附为主和有机质含量主要影响生产力的实际情况，修订了利用土壤全剖面性质指标量化侵蚀影响的生产力指数模型，强调了黏粒和有机质含量的重要性（Duan et al.，2011）。提出了基于侵蚀和耕作混合的土壤剖面生产力下降的模拟方法，量化了每侵蚀 10cm 厚度的黑土层，生产力相对下降 4%（Gao et al.，2014），20cm 厚的黑土层对维持作物产量至关重要，随着黑土层变薄，作物产量快速下降，黑土层消失作物减产 30%以上（Sui et al.，2009）。筛选和建立了退化黑土诊断的指标体系和评价方法（张守昊等，2022），对黑土区坡耕地土壤侵蚀危险程度进行了区域范围的评价（Gu et al.，2018；谢云等，2020；陈晓宁等，2021；Xie et al.，2023）。阐明了梯田、区田、地埂植物带、果树坑等工程措施，作物轮作、等高耕作、秸秆覆盖和免耕少耕等保护性耕作措施的保水保土效益，及其对土壤生产力恢复、固碳等方面的影响（Liu et al.，2019；Xin et al.，2019；盖浩等，2022；王小康等，2022；张兴义等，2022）。

3. 沟蚀发生发展机制方面已有很大进步

目前取得的成果有：提出了针对黑土区沟蚀特征的侵蚀沟分类系统，通过典型沟蚀的动态监测及区域沟蚀调查，基本理清了沟蚀特征的区域分异规律和影响因素（Tang et al.，2022；Zhang et al.，2023；温艳茹等，2021）。反演了典型黑土区坡面侵蚀与沟蚀发育历史与长期发育速率，松嫩平原典型黑土区土壤加速侵蚀过程不超过 100 年，初期表现为剧烈面蚀，大规模切沟侵蚀主要形成于 20 世纪 50～60 年代；切沟沟头前进速率为 1.5～2.5m/a，流域尺度上切沟年均侵蚀土量达 25.7～44.7t/hm² （Wen et al.，2021a）。阐明了春季积雪融化和土壤冻融循环、夏季降雨产流在沟蚀特征和形成机制方面的差异（Zhou et al.，2024），揭示了冻前土壤含水量驱动切沟剖面冻融动态过程，以及沟壁裂隙发育特征和土体崩塌机制（Wen et al.，2023，2024a），量化了冻前水分和降雨事件对沟壁水分响应的贡献（Wen et al.，2024b），明晰了土壤抗侵蚀能力在不同类型侵蚀沟沟头溯源侵蚀中的作用（Qi et al.，2023），以及不同季节沟蚀对年沟蚀总量的贡献，春季冻融侵蚀为夏季沟道径流泥沙搬运提供物源的季节间联系（Hu et al.，2009；宋爽等，2022）。揭示了地形、作物类型和耕作方式、道路/林带、土地利用变化等对沟蚀形成和发展的影响，特别是发现了林带积雪产生的融雪径流易导致浅沟形成，进而在夏季受降雨产流影响发展为切沟的内在联系（张永光等，2006，2007；Tang et al.，2021；

Liu et al.，2023），提出了黑土区林下切沟活跃的原因为农业梯田废置后缺乏维护，导致田埂缺失或坡面倾斜（Wen et al.，2021b），以及机耕路由于压实减少入渗增大产流，道路与田块交会处往往缺少有效排水通道，使农田径流沿道路汇集极易形成沟蚀（Tang et al.，2023）。

4. 风–水–冻融复合侵蚀研究不断推进

东北黑土区以水蚀为主，但中西部地区春季风速较大，地势较平，地表物质以湖积物形成的风沙土为主，解冻期频繁的昼融夜冻破坏了土壤结构，加之春季干旱，表层土壤疏松干燥，春耕春播时节旱地多处于裸露状态，形成严重风蚀。风速 6～8m/s（4～5 级风）即可造成风蚀起沙（郭世武，1990；王宇等，2007），而 8 级（风速 17.2～20.7m/s）以上大风导致的风蚀量超过年风蚀总量的 30%（李方昊等，2023）。农田防护林起到了降低风速、拦截吹起风沙的防风固沙的作用（范志平等，2002）。保护性耕作减少对表层土壤的破坏，增加秋春季地表覆盖，提高土壤蓄水量，增大地表粗糙度，防治风蚀作用效果显著。

季节性冻融作用普遍存在，但冻融作用并非土壤侵蚀类型，而是春季冻融循环过程引起土壤水分和体积发生改变，进而破坏土壤结构和力学性质，降低土壤容重和土壤黏结力，导致土壤可蚀性增加，在降雨打击、径流冲刷、大风吹扬或重力作用下加速土壤侵蚀的发生（张科利和刘宏远，2018；张光辉等，2022）。

东北地区特殊的气候、地形差异，导致区域土壤侵蚀具有风力、水力、冻融多营力复合作用的特点，形成了多营力作用下的复合侵蚀（郑粉莉等，2019）。由于不同类型侵蚀营力导致的黑土退化过程不同，阻控措施也各异。复合侵蚀研究机理和防治不断推进，初步阐明了东北黑土地水、风、融复合侵蚀营力在时间上的接续和在空间上的叠加特征，刻画了侵蚀营力的季节变化特征及其过程；提出了在量化不同营力侵蚀贡献率的基础上，优化当前措施配置，进行复合侵蚀防治的思路（贾燕锋等，2022）。

3.2.2 共性关键技术方面

在黑土区坡缓，我国其他山地丘陵区应用很广的梯田措施不适用，同时以粮食生产为核心的黑土保护目标限制了生物措施的应用，因此该区经过多年积累，形成了独具特色的坡耕地水土流失综合防治措施，以保护性耕作为主，兼顾工程和生物措施，实现一劳长效。受黑土黏重和下伏母质冻结或不透水层的影响，以及春季冻融作用、大面积起垄种植增加汇流、机械耕作压实等的共同作用，易形成以长深型为特点且发展速度很快的侵蚀沟，在沟蚀治理过程中，总结出沟蚀阻控与填埋结合，截水与排水结合，工程措施和生物措施结合，沟头、沟坡和沟底兼治的侵蚀沟治理技术（张兴义和刘晓冰，2021）。

1. 坡耕地理水保土综合防治技术

坡耕地水土流失防治优先采用包括等高耕作、苗期垄沟深松、垄向区田、大垄种植、秸秆覆盖免耕、秸秆覆盖条带耕作等措施（图 3-11），依据措施特点，明确了适用条件和主要技术参数。

图 3-11 黑土地水土保持耕作措施（张兴义拍摄）

等高垄作是按近似与等高线平行的方向起垄种植，能有效减缓或拦截沿坡面向下的地表径流，增加入渗，减少土壤侵蚀。适用于坡度 1°～5° 的坡耕地，且平行等高线方向，有明确的地块边界，方便机械耕作，垄向坡度不超过 0.1°。每隔 15～30m 设置平行等高线的等高起垄参考线，如果地块坡面较长，可每隔 200～250m 平行等高线方向种植林、灌、草带，作为永久参考线。在土壤黏重入渗较差、易积水、农作物对渍水敏感的区域，可使垄向坡度大于 0.2°，利于垄沟排水。

苗期垄沟深松是针对黑土黏重和机械碾压增加垄沟土壤容重、降低水分渗透能力从而增加径流的问题，在苗期最后一次中耕完成后，利用深松犁对垄沟实施的深凿开沟。沟宽不超 20cm，且不扰动周围土壤。适用于坡度小于 5° 的坡耕地，深松深度不少于 20cm，以打破犁底层，增加土壤入渗速率，减少径流，降低水土流失。

垄向区田是在最后一次中耕后，用区田犁在垄沟间隔修筑横向土挡，形成连续的小蓄水池，增加入渗，减少地表径流，遏制水土流失。适用于 7° 以下的坡耕地，土挡高度不超过 20cm，间距随坡度增加而变短，1°、3°、5° 坡度对应的横挡间距分别为 1.5m、1.2m、0.8m。

大垄种植是用大垄犁将传统垄宽 60～70cm 变为 110～130cm，通过增加垄台面积增大种植密度，降低约 1/3 垄沟面积，在减少水土流失的同时，增加作物产量。适用于 5°以下的顺坡或斜坡垄作。

秸秆覆盖免耕是在秸秆覆盖基础上不进行秋整地和中耕作业，而是在播种时用免耕机一次性完成开沟、施肥、播种、覆土和镇压。由于不扰动土壤，大大抑制了水土流失。优先在因土壤侵蚀导致黑土层变薄或丧失、有机质下降、土壤质地变粗等的退化田块考虑实施免耕，并与等高耕作结合。低洼易涝、易积水和土壤入渗率低的田块不适合。作物秸秆或残茬覆盖度至少 30%以上，播种深度控制在 3～5cm，底肥施于种子侧下方 6～10cm。需要用除草剂控制杂草。

秸秆覆盖条带耕作是在播种前用条耕犁将秸秆归行露出疏松表土，形成宽和深为 20cm 的条带种床后播种。适宜于气候冷凉地区确保出苗率和作物正常生长。在 5°以下坡耕地秋收后实施为佳。

当单纯采用耕作措施无法满足防治需求时，宜采用包括地埂植物带、坡面截排水沟、可耕作地埂等生物、工程措施，设计和实施中需明确适用条件和主要技术参数。

地埂植物带是在等高垄作的基础上，沿等高线方向等距离培修顶宽为 30～50cm、高为 50～60cm、内外坡比均为 1：（0.5～1）的土埂，埂上种植灌木或多年生草本植物，起到截短坡耕地的坡长、拦截径流和泥沙、增加入渗、减少土壤流失的作用。地埂植物带是东北地区独具特色、行之有效且已广泛应用的措施（图 3-12）。适用于坡度在 3°～5°、已实施或可实施等高垄作的坡耕地。

图 3-12　地埂植物带（黑龙江省拜泉通双小流域，2005 年 6 月，张兴义拍摄）

坡面截排水沟分为截水沟和排水渠。当坡面较长时，在林灌草地与耕地间或耕地周边的交界处设置截水沟，修筑的主体沿等高线方向、比降不小于 1%的径流排泄通道，当比降超过 2%时，需在沟中每隔 5～10m 修高 20～30cm 的小土垱，减缓径流拦截泥沙，其排水末端应与排水沟相接，截水沟需辅助植被或工程措施防止冲刷。排水沟是沿田块、道路、灌草林带边缘或流水线区域有一定比降的径流排泄通道，其上端连接截水沟，下端连接天然排水道。如果比降较大，需配合工程措施或分段设置跌水。

可耕作地埂是在大于 3°的坡耕地沿等高线方向间隔修筑可耕作地埂，拦截地表径流，减小冲刷，并通过前端导水渠沿埂向缓慢导流、增加地表入渗的坡面径流拦导技术体系，破解了传统地埂植物带由于占地实施难度大的瓶颈问题（图 3-13），配套研发了用于清理可耕作地埂埂前淤土的筑埂清淤机。

图 3-13　可耕作地埂（张兴义拍摄）

2. 侵蚀沟生态修复与填埋结合技术

经过几十年的侵蚀沟综合防治，针对大中型侵蚀沟，形成了沟头、沟底和沟坡兼治的侵蚀沟系统防治技术体系，包括沟头跌水、沟底谷坊和沟坡护岸等工程措施，并辅以生态植被恢复措施；针对坡耕地上发展的中小型侵蚀沟，研发了基于秸秆填埋和排水设施的侵蚀沟治理技术。

（1）侵蚀沟系统防治技术

沟头跌水是修筑于主沟头和支沟头针对侵蚀沟溯源侵蚀明显而采用的稳定沟头的导水工程，分直落式和阶梯式两种。以往漫川漫岗黑土区多采用柳跌水，是由横向柳条带组成的连续式跌水；低山丘陵区多采用浆砌石跌水，但易受冻胀损毁，保存率不足 50%。针对这一问题，在沟头稳固技术上实现了创新式发展，防治效果显著提升。根据建设材料差异分为钢筋混凝土跌水和宾格石笼跌水。前者是在沟头修筑挡土墙，将沟头四周来水导至入水口，在入水口修筑钢筋混凝土 U 形槽，将沟头汇流导入沟底，稳固沟头，适用于大中型上游来水较大的沟头（图 3-14）。后者用宾格石笼进行沟头及其四周的沟岸防护，包括锥形结构和阶梯式两种（图 3-15）。通过石间的缝隙增加水分入渗和石笼柔性，不仅有效解决了冻胀损毁问题，还具有护坡和排导径流的双重作用。

图 3-14　钢筋混凝土沟头跌水

图 3-15　沟头石笼跌水

　　沟岸防护是指沟坡整形或修筑护体的工程措施，将沟坡削整为坡度小于 35°的坡面或阶梯状，修筑柳桩或石笼护墙体，适用于沟道来水量大、位于村屯或道路旁沟岸扩张严重的侵蚀沟。

　　谷坊是在侵蚀沟底部间隔性修筑的横向拦沙阻流工程，通过淤积泥沙抬升侵蚀基准面，减少沟底比降，减缓径流，阻止沟底下切和沟岸坍塌。针对上游汇水面积较大的大中型侵蚀沟，采取防护墙镶嵌式阶梯石笼谷坊固沟技术，弥补了以往浆砌石或干砌石谷坊冻胀易毁的不足，显著提升了治沟措施的稳固性和防控效果，实现了一劳长效的水土流失阻控效果，成为当前主要固沟工程措施（图 3-16）。针对漫川漫岗黑土区沟底比降小于 10% 的小型侵蚀沟，适宜采取柳编谷坊和土柳谷坊。

　　生态植被恢复措施是指固沟稳沟的工程措施实施后，在侵蚀沟区域内因地制宜栽植林草、恢复生态的措施，适用于所有的侵蚀沟。

图 3-16   阶梯石笼谷坊（张兴义拍摄）

（2）侵蚀沟填埋治理技术

侵蚀沟填埋治理技术是针对耕地中的中小型侵蚀沟，在已有侵蚀沟秸秆填沟技术的基础上，增设地表股流渗井垂直入渗和暗管地下导排水系统，削减或消除地表径流冲刷力，基于石笼护岸技术原理增加沟尾防护，所形成的由沟道整形、暗管布设、秸秆打捆、填埋、上层覆土、渗井布设和沟尾防护等组成的沟毁耕地修复技术体系（图 3-17），实现了沟毁耕地的修复。

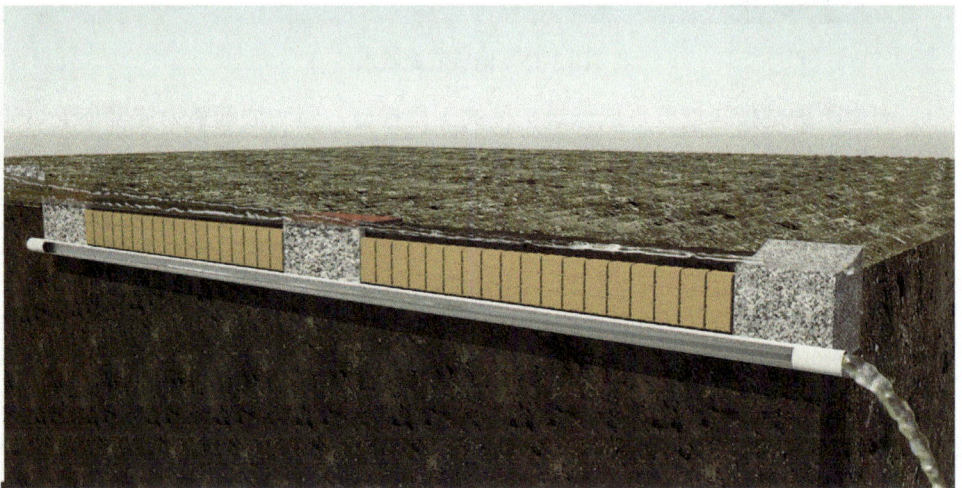

图 3-17   沟毁耕地修复技术示意

3.3　黑土地侵蚀退化与阻控科技创新面临的关键问题

21 世纪初我国加强了黑土地土壤侵蚀研究和侵蚀退化阻控技术研发,取得了很大成效,但目前的土地利用与水土保持实践中仍然存在传统耕作多水土保持耕作少、地块划分不利于实施水土保持措施、被动治理多预防战略少、侵蚀沟治理围堵多疏导少、田边和生产路无防护、水土保持综合措施不协调等问题。这些问题的存在,与基础理论和技术研究依然存在瓶颈有关,需要从退化机理和阻控技术两方面研究以下关键问题。

3.3.1　侵蚀退化机理与过程科技创新存在的关键问题

1. 以流域为单元多种水土保持措施的理水保土机理不明确

黑土地地形较为平缓导致流域汇水特征不明显,耕地为主难以实施生物措施,地块面积大且为垄作加剧径流的集中汇集,大规模机械耕作占路压实等特点决定了以往小流域综合治理在黑土地难以奏效。长期以来,由于缺乏水土保持意识和追求农田耕作效益最大化,农田景观上缺少整体规划,导致地块划分、措施布设、配套设施修建等都未考虑自然环境的影响。主要体现在:实施的水土保持措施只针对地块,坡面与沟道治理脱节,造成水文连通性差,农田土壤侵蚀与坡面水文连通性的关系尚不明确;缺乏长缓坡垄作和不同耕作措施下的产流与汇流过程、坡面侵蚀和泥沙输移及沉积过程的持续性研究,不能系统地反映坡面侵蚀与流域产沙的耦合机制;针对不同地形条件、耕作措施及重现期降水导致的融雪径流、降雨产流和径流量计算模型缺乏系统性研究;面向由大面积地块汇水而成的坡面截排水渠道和田块、林带、机耕路旁排水渠道的产汇流缺乏实质性研究,尚无明确的计算方法,对不同水土保持措施调水保土的协调机制研究不明确。

2. 风力侵蚀缺少定量研究

土壤风蚀是黑土区的主要侵蚀形式之一。目前的风蚀观测针对的是断面输沙通量,难以有效反映风蚀导致的农地土壤流失或风积导致的土地沙化,成为风蚀定量研究的瓶颈。黑土区风蚀研究多集中在西部,以草原退化地为主,对农地风蚀缺乏长期且系统性的监测与研究,缺乏充分的野外实验数据验证,阻碍黑土区风蚀模型的构建与推广;对于气候变化、地形地貌、人类活动等对风蚀影响缺乏定量化的表征指标,针对农地风蚀防治措施机理、定量研究和效益评价极少,难以支撑黑土地风蚀农田退化阻控对策的研究。

3. 复合侵蚀机理与阻控协调关系尚未解析

复合侵蚀是土壤侵蚀研究面临的世界性难题。黑土地土壤侵蚀具有水、风、融多种外营力时间接续和空间叠加的复合特征，目前虽然对单一侵蚀因子有了深入研究，但对复合侵蚀关键驱动因子的叠加作用过程和空间分布规律的研究仍不够完善，对复合侵蚀过程中各因子的相互作用机制认识仍不透彻，复合侵蚀机理尚未完全解析，复合侵蚀过程模型尚未构建。因此，针对多营力复合作用下水保措施防治机理及防蚀效果的时空变化规律仍不清楚，限制了黑土地侵蚀防控措施体系的设计和实施。

4. 侵蚀沟发生发展预测模型尚未建立

沟蚀在发生发展过程中，因兼具了水蚀和重力侵蚀特征，使得预报模型成为土壤侵蚀模型研究的难点，限制了对不同尺度侵蚀的精准预测预报。沟蚀往往经历了由浅沟到切沟的过程，浅沟侵蚀是沟蚀发展的初期，在同一位置会反复出现、缓慢发展，但因每次耕作前被填埋、不影响播种而被忽视，逐步发展到切沟后难以治理，因此研究浅沟侵蚀机理和建立预报模型能起到事半功倍的效果。但目前对黑土区不同下垫面、气候及人类活动条件下浅沟和切沟发生发展缺少长期的监测，对沟蚀发展与影响因素间的关系尚缺乏定量解析，缺乏多源多尺度数据与侵蚀沟发生发展之间的定量关系模型。

3.3.2 侵蚀退化阻控技术科技创新存在的关键问题

1. 侵蚀沟降本增效节地防治技术体系尚未构建

当前黑土地侵蚀沟治理均以工程类措施为主，主要采用宾格石笼跌水、石笼谷坊、宾格石笼沟岸护砌，虽较以往的浆砌石显著降低了冻胀损毁率，但是施工所用石头多远途运输购置，加之措施设计和建设标准低，在极端气候条件下损毁严重，导致治沟成本高、投资大。自然形成的侵蚀沟多为 V 形，侵蚀沟治理在沟底修筑谷坊外，还需将沟坡削坡至 35°以下，势必要占用沟道两侧耕地，生产经营者接受度低，成为当前侵蚀沟治理的难点。目前针对特殊自然、社会条件的侵蚀沟治理理论、技术和政策仍不完善，缺乏原始创新。对坡面、田间作业路和林旁配套措施重视不够，难以有效切断和排导坡面径流，尚未建立侵蚀沟精准防治技术体系。

2. 坡沟-截排-田路未实现系统治理

现有水土保持措施多针对田块或侵蚀沟单独实施为主，以小流域或坡面-沟道整体为单元系统布设防治措施还不普遍。目前在实施坡耕地水土保持耕作措施时，地表径流的疏导仍显不足，截水、排水措施落实不到位，且较少考虑侵蚀沟形成因素，更没有深刻理解侵蚀沟的自然排水功能，因此很难实现坡面–沟道的整体治理，限制水土保持措施发挥整体效益，可持续性大大降低。田块、坡沟和流域尺度的水土保持措施布设均需考虑生产作业路，然而生产实践中发现很多作业路成为径流通道，进而发展成为侵蚀沟，这是规划不合理造成的直接后果。因此，合理规划生产路、加强导排水设施建设是确保整个单元的水流连通性、实现生产路畅通且不破坏耕地的重要内容。

3. 风蚀防治技术体系尚不完善

黑土区冬春季大风频发，风力强劲，历时漫长，尤其是春季，地表覆盖率低，土壤干燥，土质疏松、抗蚀能力弱，致使春季农田土壤风蚀问题严重，影响范围大，黑土地"变薄"及"沙化"问题趋于严重。目前除农田防护林外，黑土地几乎没有其他风蚀预防和治理措施。尽管黑土地部分地区实施保护性耕作措施，增加了地表覆盖度和地表粗糙度，但针对不同地区和自然条件下的技术标准仍不完善；配合农田防护林在调控风水土功能和防蚀效果方面仍缺乏技术基础理论支撑；在生物措施、耕作措施、种植结构和耕作制度等合理优化配置方面，还未建立起与风蚀的定量关系。整体上黑土地风蚀防治技术体系尚不完善。

4. 未建立与现代农业匹配的侵蚀退化阻控技术体系

依据国家规划，黑土地要率先实现农业现代化，大地块、大农机作业、集约化经营成为发展的必然，现有的侵蚀退化阻控技术虽然考虑了上述因素，但仍没有建立明确的适用于农业现代化规模经营的水土保持技术和模式。亟须深入总结和提升，在侵蚀退化防治技术和地力培育技术等方面开展技术改造与创新研究，强化以小流域为单元的防治理念，重视坡沟系统复合侵蚀预防措施的有效布设，构建适宜于大机械作业、集约化经营的水土保持技术体系，保障黑土地农业可持续发展。

5. 管理体制和机制有待完善

当前制约黑土地阻控侵蚀和退化的一个原因是管理体制和机制有待完善，导致实施受限，实施效果有待提高。主要体现在：一是现行的坡耕地水土保持措施占地受国家农田家庭联产承包责任制限制难以实施；二是整体预防性战略不足，管理上重治理、轻预防，缺乏系统性、针对性、规范性的预防技术体系和对策，增大了治理难度和成本；三是多方参与、多部门协调机制不足，坡面实施等高耕作变更地块边界需要协调自然资源部门，田边和生产路旁、坡面浅洼地排水、侵蚀沟削坡至合理范围等占用少量耕地需要协调农业部门和农民，农田防护林改造与建设由林草部门负责，以小流域为单元统一规划和防治由水利部门负责，然而各部门间协调机制和政策仍未完善，限制了水土流失防治措施的统筹规划和合理实施。

3.4 黑土地侵蚀退化与阻控科技创新未来重点研究方向

黑土地水土流失防治已成为当前黑土地保护核心内容，黑土侵蚀退化阻控的核心目标是既要遏制水土流失的危害，又要提升粮食可持续产能。依据黑土地保护和粮食稳产保供技术需求，重点开展科技创新研发的内容。

3.4.1 黑土地复合侵蚀风险评估与土地退化预警

研究内容： 针对黑土地复合侵蚀退化监测指标不健全、体系不完善、风险评估和预警系统缺失等问题，提出多要素、多结构的黑土地复合侵蚀退化监测理论，构建基于"天空地"一体化的监测网络，制定复合侵蚀退化动态监测技术体系和评价标准；通过定量化表达侵蚀关键驱动因子时间接续和空间叠加特征，实现复合侵蚀强度的定量评价与空间格局的深入解析，完成复合侵蚀分区；在调查分析黑土厚度现状与变薄趋势、土地退化区域特征的基础上，明确黑土退化形式和表征参数，筛选复合侵蚀评价体系，建立风险评估方法，分区域进行风险评估；通过调查耕作制度、开垦年限、水土保持措施实施效果等，揭示自然与人为因素对侵蚀退化的影响，进而模拟气候变化极端事件和不同水土保持措施情景下的土地变化，进行土地退化预警，提出面向未来的黑土地复合侵蚀预防和治理策略。

2030 年目标： 建立监测网络，定量评价复合侵蚀强度，阐明黑土退化区域特征，划分复合侵蚀黑土退化分区，绘制分区图，完成复合侵蚀风险评估，绘制复合侵蚀风险图。

2035 年目标： 揭示复合侵蚀退化的自然与人为因素影响，完成气候变化背景下土地退化特征，预警土地退化，提出分区防治策略。

3.4.2 黑土地风力侵蚀危害预测与阻控对策

研究内容： 针对黑土地风蚀退化、缺乏单位面积风力侵蚀强度定量监测等问题，研发智能化观测设备，构建黑土地风蚀监测网络，量化区域风蚀强度；解析风沙物质来源及其与养分迁移的定量关系，量化风蚀导致黑土地变薄、变瘦程度，揭示其作用机理；阐明气候变化、地形地貌、人类活动等区域宏观特征对侵蚀动力和风蚀路径的影响，厘清植被、耕地、防治措施等局部下垫面特征对风蚀过程的影响，识别风蚀主控因子，构建"源头减沙—路径阻控—措施增汇"的风蚀防控措施体系；结合风力侵蚀过程及其影响因素监测，建立风蚀过程预测模型，搭建"四预"平台，实现黑土地风力侵蚀及其影响因子全域实时监测、智能预警，提出黑土地风蚀退化阻控对策。

2030 年目标：实现风蚀观测智能化，建成区域风蚀监测网络，明确黑土地风力侵蚀强度，建立风蚀危害评价体系，量化黑土地风蚀退化的程度，揭示风力侵蚀导致黑土地变薄、变瘦的作用机理。阐明区域宏观特征对侵蚀动力和风蚀路径的影响，揭示局部下垫面状况对风蚀过程的影响，识别风蚀主控因子，构建基于源头减沙、路径阻控的风蚀防控措施体系。

2035 年目标：形成黑土地"源头减沙—路径阻控—措施增汇"的风蚀防控措施体系，阐明林草植被与农田协同的风蚀防治作用机理。结合风力侵蚀过程及其影响因素监测，建立风蚀过程模型。融合多源数据，构建区域风蚀预报模型，实现黑土地风力侵蚀全域实时监测和智能预警，提出黑土地风蚀退化阻控的可持续对策。

3.4.3　黑土地土壤侵蚀尺度效应及其主控因素和防控对策

研究内容：黑土地特殊的气候、地形、土壤等条件导致了更加复杂的土壤侵蚀尺度效应，限制了区域侵蚀防控措施的有效布设。针对侵蚀尺度效应问题，结合"天空地"一体化监测网络，建立具有多尺度嵌套特征的黑土地侵蚀大数据平台，在跨尺度监测与调查的基础上，融合多尺度监测成果，识别主控因素，揭示其对不同尺度侵蚀与产输沙过程的影响机理；明确土壤侵蚀尺度上推和下推的关键因素，构建跨尺度土壤侵蚀预测模型，创建多尺度侵蚀预报系统，实现土壤侵蚀全域动态监测和智能预警；解析土壤侵蚀尺度效应的时空分异特征，揭示分区域跨尺度的土壤侵蚀阻控原理，提出基于尺度效应的土壤侵蚀全域防控对策。

2030 年目标：建成具有多尺度嵌套特征的黑土地侵蚀大数据平台，完善跨尺度监测与调查，识别多尺度土壤侵蚀主控因素，揭示不同尺度侵蚀过程。筛选跨尺度作用的侵蚀主控因素，明确土壤侵蚀效应尺度及其时空分异特征，提出基于尺度效应的侵蚀防控措施体系。

2035 年目标：构建跨尺度土壤侵蚀预测模型。以黑土地侵蚀大数据平台为基础，创建多尺度侵蚀预报系统，实现黑土地全域土壤侵蚀的动态监测和智能预警。解析分区域跨尺度的土壤侵蚀阻控原理，提出基于尺度效应的黑土地土壤侵蚀全域防控对策。

3.4.4 黑土区水土保持措施质量提升与分区体系构建

研究内容：针对现有水土保持措施被动治理多预防战略少、坡面措施多沟坡防治少、传统措施多面向未来少等问题，揭示黑土区现有水土保持措施存在的技术瓶颈，解析原因，创新防治技术，完善技术方法和标准；面向农作物生产全程机械化，研发适宜于大地块、大农机、集约化经营的风蚀水蚀融蚀防治技术和地力培育技术；面向坡沟系统和小流域，研发适宜于多类型下垫面条件的坡沟理水系统、侵蚀沟长效防控技术和山水林田湖草沙一体化防治的流域措施体系；面向生态文明建设，提出全域预防措施，研发以增强生态系统水土保持功能为核心的系统预防和治理措施体系，阐明其复合侵蚀防治机制及效果，明确技术适用性和技术参数，强化美感设计，实现复杂的生态系统修复与重构；以上述技术方法为基础，结合区域自然和人文特点，构建面向未来的分区防治措施体系，建设水土保持技术数据库，构建措施设计平台。

2030 年目标：厘清水土保持现状，研发面向农作物生产全程机械化、坡沟系统、小流域的水土保持新技术，构建面向未来的复合侵蚀分区防治措施体系。

2035 年目标：研发面向生态文明的水土保持新技术，系统总结水土保持措施质量提升效果，建设水土保持技术数据库，构建措施设计平台。

3.5 典 型 案 例

案例一 漫岗丘陵区小流域综合治理模式

1. 小流域概况

鹤北 8 号小流域位于黑龙江省黑河市嫩江市鹤山农场内，流域面积 2.3km²，属于小兴安岭向松嫩平原过渡的漫川漫岗地带，地形起伏不大，有坡长坡缓的特征。流域内耕地占总面积的 79.5%，坡度范围在 2°～3°的坡耕地面积最大，占小流域面积的 52.8%；其次是坡度为 3°～5°的坡耕地，占小流域面积的 21.8%；大于 5°的面积仅占小流域面积的 0.11%。流域内采用大机械起垄耕作，起垄方向与最大坡长方向平行。坡耕地主要分为南面坡（S）、北面坡（N）和东面坡（E1 和 E2）共 4 块，其中，南面坡和北面坡都属于斜坡耕作区，东面坡属于顺坡耕作区（图 3-18）。

小流域面临的主要侵蚀问题有以下三个方面：①沟蚀问题严重。流域内永久性切沟共 7 条，长度密度为 857.5m/km²；浅沟数量随降雨年发生变化，在过去 10 年间，强降雨年浅沟数量最多可达到 52 条，长度密度达到 2268.4m/km²。②坡耕地退化，局部区域开始出现"破皮黄"。流域东面的坡耕地因林带方向限制农业机

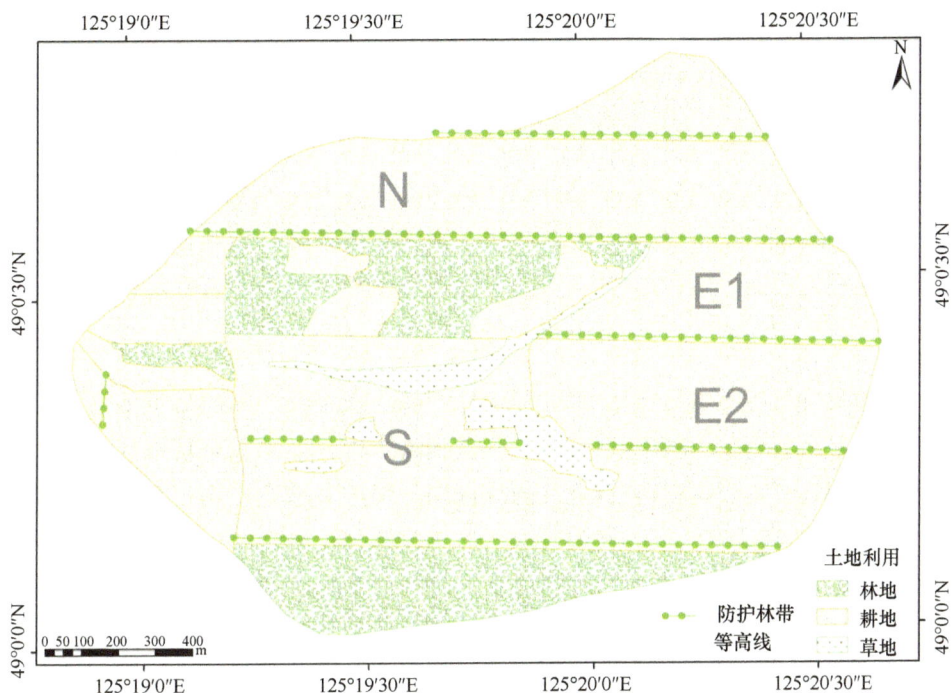

图 3-18 鹤北 8 号小流域治理前土地利用图

械只能顺坡垄作，又因其坡面长度超过 1km，陡坡区域超过 5°，春季融雪侵蚀和夏秋暴雨侵蚀严重，黑土厚度 30cm 以下的面积已超过流域面积的 50%，坡底位置因径流累积出现"破皮黄"，面积由 2005 年的 5.9%（占该坡面农地面积）扩大到 2015 年的 16.7%。③坡面排水不畅，出现大面积涝渍地。在南面坡的坡中位置因常年积水出现大面积涝渍地，面积为 82 948.9m²，其中，52.2%因完全无法耕作而变成草地，45.8%则因为积水问题导致减产。

2. 小流域治理方案

以小流域为基本规划单元，安全蓄、排水为主要指导思想，以产汇流、土壤侵蚀空间分异和侵蚀沟发生发展规律为依据，融合已有和项目新研发的水土保持措施，对小流域进行综合治理，主要包括以下内容。

侵蚀退化严重坡面实施保护性耕作。东面的耕地由于长缓坡地形特征及顺坡耕作方式导致坡面侵蚀退化严重，坡面浅洼地每年会形成浅沟，坡中下位置开始出现"破皮黄"，通过改变坡面耕作方式，在坡面顶部和中部的侵蚀区域实施等高耕作，在坡底的堆积区域实施免耕耕作，通过增加坡面入渗、减少径流，进而减少坡面的土壤侵蚀。具体步骤如下：①申请伐林许可，通过皆伐更新调整保护林，重新规划农机作业地块;②在实施等高耕作的坡面,沿等高线平行方向重新种植防护林带,使其既能满足林地异地补种要求,又能作为起垄耕作的参考线,同时还可以截断坡长、拦截径流和泥沙。林带数量根据坡长而定,在规划时应通过林带将坡面划分为主坡长不超过 200m 的地块。8 号流域东面坡的坡长较长,因此在等高耕作区共种植了 3 条林带,将坡面划分成 3 个等高耕作地块。③坡底位置实施免耕耕作,播种时用免耕机一次性完成开沟、施肥、播种、覆土和镇压外,其他时间不扰动土壤;④在等高耕作区和免耕区的交界处种植蓝莓、黑加仑等灌木林带,既能分割田块,又能拦截上方的径流泥沙,同时还具有一定的经济价值。

建设排水设施,增加流域水文连通性。修建排水渠:南面坡由于排水不畅形成大面积涝渍地,涝渍地因湿度大导致机械难以作业,大量耕地荒废长草,即使能勉强播种,也因土壤水分含量过高而导致粮食减产。为了有效排泄坡面径流,使涝渍地复耕增产,分别修建了两条排水渠,其中,西面排水渠出口连接主沟道,径流通过排水渠和沟道排至流域出口处;东面排水渠在坡底修建水塘,使径流存蓄在水塘中,既能解决坡面排蓄水问题,又能丰富流域景观。修建草水路:东面坡实施等高耕作后,在坡面洼地处由于垄沟坡度大,仍容易形成浅沟侵蚀。为了防止浅沟发展成为永久性切沟,在坡面浅洼地处修建草水路,坡面径流通过草水路汇入主沟道,最终汇至流域出口。侵蚀沟治理:治理处于活跃期的切沟,阻止其发展的同时,将其改造为坡面径流的自然排水通道。治理方法包括修建石笼固定沟头、沟坡削坡种草增加其稳定性、沟底修建谷坊拦截泥沙。

修建道路,增加流域内机械通达性。机耕路作为流域重要构成部分,其修建不仅能影响流域水文连通性,同时也能影响农场作业效率,优化配置机耕路是小流域综合治理的重要环节。鹤北 8 号流域治理过程中,首先将已有损坏的机耕路进行维护;然后重新修建了部分道路,使机耕路能够贯通流域内的不同耕作坡面;最后沿道路修建排水渠或草水路,以排走耕地汇入道路的径流,防止道路侵蚀和路边沟蚀。

3. 小流域治理成果

保护性耕作实施效果。将流域东侧的顺坡耕作区(E1 和 E2)进行改造,实施免耕和等高耕作水土保持措施(图 3-19):在 125 亩退化严重地实施免耕;在 1030 亩顺坡耕作地实施等高耕作;将原坡面三条顺坡林带改为横坡林带,以此作为机械化等高耕作的标准线。

排水渠修建效果。为了解决南坡面(S)积水造成"尿炕地"无法耕作的问题,沿坡面修建排水渠,坡面西侧排水渠排泄的径流引入自然排水沟道,并在

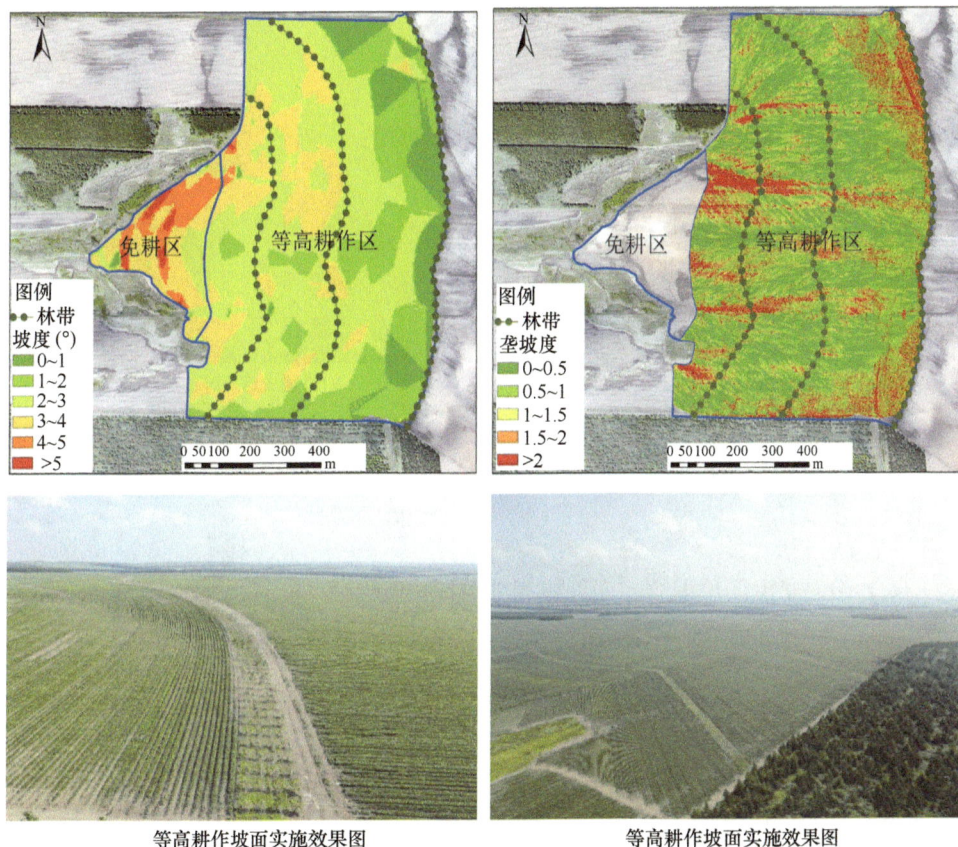

等高耕作坡面实施效果图　　　　　　等高耕作坡面实施效果图

图 3-19　鹤北 8 号流域改造后效果图

坡底修建水塘；坡面东侧排水渠出口连接治理后的切沟，径流经切沟汇至流域出口处（图 3-20）。2020 年施工完成后南坡尿炕地面积逐年减少，截至 2022 年已有大片土地复耕。

机耕路修建。合理的道路规划既可方便机械操作，又能减少后续道路引发的切沟侵蚀问题。因此在排水沟与道路交界处修建涵洞与过水路面，同时在田块边缘修缮道路（图 3-21）。

案例二　侵蚀沟秸秆填埋复垦技术

1. 实施对象概况

该技术实施地点为黑龙江省海伦市前进镇光荣村政府屯北和李大牛圈屯东，实施时间为 2022 年初冬。

(a) 开挖时: 涝渍地排水沟

(b) 建成后: 涝渍地排水沟

(c) 水塘

(d) 埋涵管

(e) 切沟治理

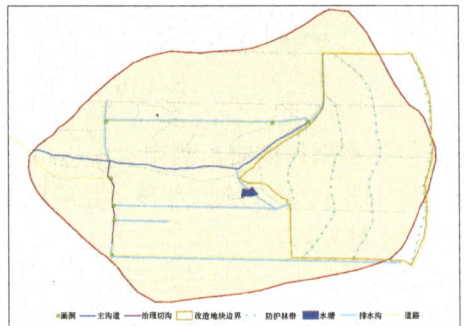

图 3-20　排水设施效果图

实施对象是耕地中的中型沟（图 3-22），是一条发育于地块中心的侵蚀沟，汇水于本地块的凹形集水区，沟长 238m，平均沟宽 3.95m，平均沟深 1.32m，且仍呈发展加剧的态势，切沟沟头与近 200m 的浅沟相连接，浅沟有发育成切沟的风险，沟道将地块割裂为两块，涉及 16 个农户，严重影响农机作业，村集体和农户治理迫切。

(a) 旧路维护　　　　　　　　　　　(b) 新修道路和排水渠

图 3-21　小流域道路改造施工图

图 3-22　治理前耕地中的中型沟现状

2. 实施内容与工艺

挖掘土方 756m³,填埋秸秆 1296m³,共 11 660 包,铺设暗管 380m,覆土 800m³,布设渗井 4 道,沟尾石笼防护一处,狗头石 67.5m³,土工布 500m²,石笼网 560m²,修复沟毁耕地 4.5 亩。具体工艺过程如下。

a. 导水渠布设

该地块汇水面积 35.3hm²,东、南、西由水泥路隔断,北由农田土作业路相连。为了避免外水进地,首先在东、南、西路边开挖导水渠,阻断进地外源水。导水渠下底宽 0.5m,上宽不少于 1m,渠深 0.7～1.2m。

b. 沟道整形

利用挖掘机将侵蚀沟修整为矩形体，以利于秸秆捆得紧实码放，挖掘出的土量应满足上层 70 cm 覆土量，堆放在沟道的一侧。

c. 暗管铺设

在整形后的沟道底部中央铺设带孔并用土工布包裹的暗管（采用市场上带孔螺纹直径 20cm 的井管），暗管比降不少于 3%，依据汇水量设置暗管数量（图 3-23）。

图 3-23 沟道整形及暗管铺设

d. 渗井措施布设

在阻断外源来水后，该沟道所有来水为地块自身地表径流，在计算坡面来水量的基础上，依据来水量和汇水线比降，设计布设渗井 4 个，分别位于切沟沟头下切处及向下间隔约 50m。渗井的规格依据所在沟道位置具体情况而定，宽均设为 1.5m，长等于开挖整形后的沟宽，深设定为开挖整形后的沟深，上留 0.3m 厚碎石层，石块外包土工布和石笼网，渗水但阻挡土进入。采纳当地农户建议，渗井上覆的 0.3m 厚碎石改为 0.3m 厚的红砖碎粒（图 3-24），可有效减小对犁刀的破坏。

渗井是技术升级的关键环节，主要包含：①采用暗石笼谷坊作为渗井，外包土工布，阻挡土进入石缝，再用石笼网紧固，具有增加渗透能力，同时增强稳固能力；②增设垂直带孔管，外包土工布，增强向下导水能力；③碎石层改为碎砖层，减少对农田的破坏，减小对农机的损伤。

图 3-24 渗井布设

e. 沟尾防护设计

该侵蚀沟出口与西侧水泥道路经排水渠的涵管相连，由于上游来水量较大，沟尾下切超过 1m，填埋后沟线汇流冲刷，极易成为沟道侵蚀的源头，发生溯源侵蚀，再次成沟。防护的思路是借鉴侵蚀沟护岸和沟头宾格石笼的措施，在沟尾石头堆砌，石笼固定（图 3-25），暴雨时地表汇水从宾格石笼上和内部流过，由于石笼固定，不发生损坏，不再发生溯源侵蚀，达到稳固沟尾的作用。

f. 秸秆填埋

将打捆压实的 40cm×50cm×60cm 玉米秸包紧实码放于整形的沟道中，至两侧沟岸线 50cm 止。

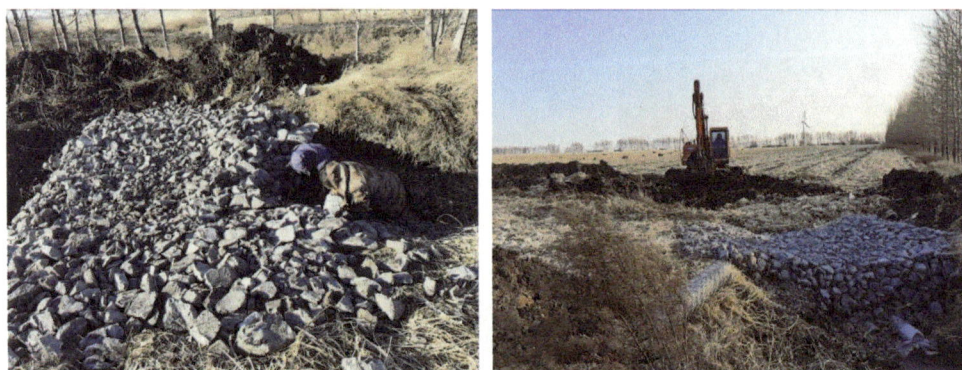

图 3-25 沟尾防护

g. 表层覆土

利用钩机将堆放一侧的挖掘土还填于秸秆层上，压实（图 3-26）。最后高出地面 20cm，预留出沉积量。

图 3-26 表层覆土

填埋后侵蚀沟在耕地中消失，恢复地块完整和作物种植，机械自由行走，是农民最受欢迎的侵蚀沟治理措施，地方政府高度认可，被农业农村部列入高标准农田建设实施方案中，被水利部列入侵蚀沟治理实施方案及技术指南中。

作 者 信 息

刘宝元，北京师范大学

张兴义，中国科学院东北地理与农业生态研究所

谢　云，北京师范大学

陈祥伟，东北林业大学

郭明明，中国科学院东北地理与农业生态研究所

范昊明，沈阳农业大学

周丽丽，沈阳农业大学

唐　杰，北京师范大学

王恩姮，东北林业大学

贾燕锋，沈阳农业大学

马仁明，沈阳农业大学

黄东浩，沈阳农业大学

温艳茹，中国农业科学院农业资源与农业区划研究所

参 考 文 献

陈晓宁, 蒋好忱, 雷宝佳. 2021. 黑土典型区土壤侵蚀危险度空间特征分析. 地理空间信息, 19(9): 79-82, 7.

范志平, 曾德慧, 朱教君, 等. 2002. 农田防护林生态作用特征研究. 水土保持学报, 4: 130-133, 140.

方海燕, 吴丹瑞. 2018. 黑土区农田防护林带对小流域土壤侵蚀和泥沙沉积的影响. 陕西师范大学学报(自然科学版), 46(1): 104-110.

方修琦, 何凡能, 吴致蕾, 等. 2021. 过去 2000 年中国农耕区拓展与垦殖率变化基本特征. 地理学报, 76(7): 1732-1746.

盖浩, 刘平奇, 张梦璇, 等. 2022. 黑土坡耕地横坡垄作对减少径流及土壤有机碳流失的作用. 水土保持学报, 36(2): 300-304, 311.

龚子同, 张之一, 张甘霖. 2009. 草原土壤: 分布、分类与演化. 土壤, 41(4): 505-511.

郭世武. 1990. 嫩江沙地土壤风蚀与土地沙漠化的基本特征. 中国沙漠, 10(4): 56-64.

胡刚, 伍永秋, 刘宝元, 等. 2007. 东北漫岗黑土区切沟侵蚀发育特征. 地理学报, 62(11): 1165-1173.

贾燕锋, 王佳楠, 范昊明, 等. 2022. 东北黑土区水土保持措施防治多营力侵蚀的作用与优化配置. 中国水土保持科学(中英文), 20(5): 124-132.

焦剑, 谢云, 林燕, 等. 2009. 东北地区融雪期径流及产沙特征分析. 地理研究, 28(2): 333-344.

李方昊, 范昊明, 石昊, 等. 2023. 东北地区极端大风时空分布特征及其对风蚀量的影响. 应用生态学报, 35(1): 87-94.

刘宝元, 阎百兴, 沈波, 等. 2008. 东北黑土区农地水土流失现状与综合治理对策. 中国水土保
　　持科学, 6(4): 1-8.

刘宝元, 张甘霖, 谢云, 等. 2020. 东北黑土区和东北典型黑土区的范围与划界. 科学通报, 66(1):
　　96-106.

刘兴土, 阎百兴. 2009. 东北黑土区水土流失与粮食安全. 中国水土保持, (1): 17-19.

宋爽, 范昊明, 牛天一. 2022. 东北黑土区不同季节侵蚀沟形态发育比较分析. 水土保持学报,
　　36(1): 18-23.

王文娟, 邓荣鑫, 郝丽君. 2017. 东北黑土区农田防护林与沟谷侵蚀关系. 中国水土保持科学,
　　15(6): 44-51.

王小康, 谷举, 刘刚, 等. 2022. 横、顺坡垄作对黑土坡面侵蚀-沉积周期规律的影响. 土壤学报,
　　59(2): 430-439.

王宇, 毕广有, 曹志伟. 2007. 嫩江沙地不同土壤质地类型起沙风速的研究. 防护林科技, 2: 5-6, 11.

温艳茹, 余强毅, 杨扬, 等. 2021. 黑土小流域沟道分布遥感监测及主控因素研究. 农业资源与
　　环境学报, 38(6): 1074-1083.

谢云, 高燕, 顾治家, 等. 2020. 东北黑土区坡耕地水土流失危险程度评价. 中国水土保持科学
　　(中英文), 18(6): 105-114.

熊毅, 李庆逵. 1990. 中国土壤. 北京: 科学出版社: 112-123.

徐艳燕, 刘宝, 高睿璐, 等. 2023. 典型黑土区地形与垄作特征对切沟发育的影响. 中国农业信
　　息, 35(4): 26-38.

阎百兴, 汤洁. 2005. 黑土侵蚀速率及其对土壤质量的影响. 地理研究, 24(4): 499-506.

翟国庆, 李永江, 韩明钊, 等. 2019. 不同开垦年限坡地黑土耕层土壤有机碳库分配特征. 应用
　　生态学报, 30(12): 4127-4134.

翟俊瑞, 谢云, 李晶, 等. 2016. 不同侵蚀强度黑土的土壤水分特征曲线模拟. 水土保持学报,
　　30(4): 116-122.

张光辉, 杨扬, 刘瑛, 等. 2022. 东北黑土区土壤侵蚀研究进展与展望. 水土保持学报, 36(2):
　　1-12.

张科利, 刘宏远. 2018. 东北黑土区冻融侵蚀研究进展与展望. 中国水土保持科学, 16(1): 17-24.

张守昊, 孙蕾, Jamshidi A H, 等. 2022. 典型黑土区坡耕地退化程度诊断与评价. 水土保持研究,
　　29(2): 1-6.

张兴义, 李健宇, 郭孟洁, 等. 2022. 连续14年黑土坡耕地秸秆覆盖免耕水土保持效应. 水土保
　　持学报, 36(3): 44-50.

张兴义, 刘晓冰. 2021. 东北黑土区沟道侵蚀现状及其防治对策. 农业工程学报, 37(3): 320-326.

张永光, 伍永秋, 刘宝元. 2006. 东北漫岗黑土区春季冻融期浅沟侵蚀. 山地学报, 24(3):
　　306-311.

张永光, 伍永秋, 刘洪鹄, 等. 2007. 东北漫岗黑土区地形因子对浅沟侵蚀的影响分析. 水土保
　　持学报, 21(1): 35-49.

郑粉莉, 张加琼, 刘刚, 等. 2019. 东北黑土区坡耕地土壤侵蚀特征与多营力复合侵蚀的研究重
　　点. 水土保持通报, 39(4): 314-319.

Duan X W, Xie Y, Ou T H, et al. 2011. Effects of soil erosion on long-term soil productivity in the
　　black soil region of northeastern China. Catena, 87(2): 268-275.

Gao X F, Xie Y, Liu G, et al. 2014. Effects of soil erosion on soybean yield as estimated by
　　simulating gradually eroded soil profiles. Soil Till Res, 145: 126-134.

Gu Z J, Xie Y, Ren X Y, et al. 2018. Quantitative assessment of soil productivity and predicted impacts of water erosion in the black soil region of northeastern China. Sci Total Environ, 637-638: 706-716.

Hu G, Wu Y Q, Liu B Y, et al. 2009. The characteristics of gully erosion over rolling hilly black soil areas of northeast China. J Geogr Sci, 19: 309-320.

Li H Q, Zhu H S, Liang C L, et al. 2022. Soil erosion significantly decreases aggregate-associated OC and N in agricultural soils of northeast China. Agr Ecosyst Environ, 323: 107677.

Li H Q, Zhu H S, Qiu L P, et al. 2020. Response of soil OC, N and P to land-use change and erosion in the black soil region of the northeast China. Agr Ecosyst Environ, 302: 107081.

Liu X, Guo M M, Zhang X Y, et al. 2023. Morphological characteristics and volume estimation model of permanent gullies and topographic threshold of gullying in the rolling hilly mollisols region of northeast China. Catena, 231: 107323.

Liu Y X, Xin Y, Xie Y. 2019. Effects of slope and rainfall intensity effects on furrow diking's runoff and soil erosion under simulated rainfall experiments. Catena, 177: 92-100.

Nearing M A, Xie Y, Liu B Y, et al. 2017. Natural and anthropogenic rates of soil erosion. Int Soil Water Conse, 5: 77-84.

Qi J R, Guo M M, Zhou P C, et al. 2023. Soil erosion resistance factors in different types of gully heads developed in four main land-uses in the mollisols region of northeast China. Soil Till Res, 230: 105697.

Sui Y Y, Liu X B, Jim J, et al. 2009. Differentiating the early impacts of topsoil removal and soil amendments on crop performance/productivity of corn and soybean in eroded farmland of Chinese Mollisols. Field Crops Res, 111: 276-283.

Tang J, Liu G, Xie Y, et al. 2021. Ephemeral gullies caused by snowmelt: a ten-year study in northeastern China. Soil Till Res, 212: 105048.

Tang J, Liu G, Xie Y, et al. 2022. Effect of topographic variations and tillage methods on gully erosion in the black soil region: a case-study from Northeast China. Land Degrad Dev, 38(18): 3786-3800.

Tang J, Xie Y, Wu YQ, et al. 2023. Influence of precipitation change and topography characteristics on the development of farmland gully in the black soil region of northeast China. Catena, 224: 106999.

Wen Y, Jiang H, Kasielke T, et al. 2023. Prewinter soil water regime affects the post-winter cracking position on gully sidewall and slumping soil dynamics in northeast China. Geoderma, 435: 116508.

Wen Y, Kasielke T, Li H, et al. 2021a. A case-study on history and rates of gully erosion in northeast China. Land Degrad Dev, 32: 4254-4266.

Wen Y, Kasielke T, Li H, et al. 2021b. May agricultural terraces induce gully erosion? A case study from the black soil region of northeast China. Sci Total Environ, 750: 141715.

Wen Y, Liu B, Jiang H, et al. 2024a. Initial soil moisture prewinter affects the freeze–thaw profile dynamics of a mollisol in northeast China. Catena, 234: 107648.

Wen Y, Liu B, Yu Q, et al. 2024b. Response of soil moisture to prewinter conditions and rainfall events at different distances to gully banks in the mollisol region of China. Earth Surf Proc Land, 49(6): 1858-1868.

Xie Y, Tang J, Gao Y, et al. 2023. Spatial distribution of soil erosion and its impacts on soil productivity in Songnen typical black soil region. Int Soil Water Conse, 11: 649-659.

Xin Y, Liu G, Xie Y, et al. 2019. Effects of soil conservation practices on soil losses from slope farmland in northeastern China using runoff plot data. Catena, 174: 417-424.

Xin Y, Xie Y, Liu Y X, et al. 2016. Residue cover effects on soil erosion and the infiltration in black soil under simulated rainfall experiments. J Hydrol, 543: 651-658.

Ye Y, Fang X Q. 2011. Spatial pattern of land cover changes across northeast China over the past 300 years. J Hist Geogr, 37: 408-417.

Zhang S M, Guo M M, Liu X, et al. 2023. Historical evolution of gully erosion and its response to land use change during 1968—2018 in the mollisol region of northeast China. Int Soil Water Conse, 12(2): 388-402.

Zhou P C, Guo M M, Chen Z X, et al. 2024. Seasonal change of tensile crack morphology and its spatial distribution along gully bank and gully slope in the mollisols region of northeast China. Geoderma, 441: 116748.

第4章 黑土地有机质退化阻控与固碳培肥

摘要：有机质是土壤肥力和健康水平的核心要素，但是东北黑土地土壤有机质处于"量减质降"的持续衰减中，提高黑土地土壤有机质才能为粮食安全提供保障。本章解析了东北黑土地有机质衰减的关键驱动因素，即外源有机物质输入量减少、土壤侵蚀和长期翻耕等，明确了土壤有机质衰减的内在机制；揭示了东北黑土地土壤有机质从北向南、自东向西递减的时空分布特征；剖析了土壤有机质衰减阻控与固碳培肥的理论研究进展，评估了现有土壤固碳培肥核心技术如有机肥施用、秸秆还田、保护性耕作等优点和不足；提出了黑土区土壤有机质退化阻控与固碳培肥面临的瓶颈难题和未来研究方向：理论层面上，当前面临的关键科学问题是如何利用外源有机物质提高固碳效率，因此需要深入研究有机质的稳定性机制及外源有机物质高效转化和累积机制，实现理论上的重点突破；技术层面上，当前面临有机肥精准施用技术缺乏、冬季低温制约秸秆腐解、保护性耕作区域应用难及多样化种植结合挑战大等技术难点，因此高效固碳培肥的有机肥创新性施用技术、秸秆低温腐解有机质化技术、保护性耕作固碳关键技术创新将成为未来重点研究方向。最后，列举了保护性耕作的碳氮双效调控型生物耕作作物与玉米间作技术及贫瘠黑土地有机质活性库容快速扩展的液体肥高效施用技术两个典型案例，以展示黑土地有机质衰减阻控与固碳培肥的有效技术措施。

有机质是农田土壤肥力的核心要素，但东北黑土地自20世纪50年代大规模开垦以来，长期高强度利用和土壤强烈侵蚀等导致土壤有机质持续衰减，肥力逐步降低。东北黑土地土壤有机质含量与作物产量间存在显著的耦联关系，因此，揭示东北黑土地土壤有机质的时空分布与演变规律，明确土壤有机质退化阻控与固碳培肥的瓶颈难题和技术途径，将为黑土地地力提升与土壤健康培育提供重要的理论支撑。

4.1 黑土地有机质退化现状

4.1.1 黑土地有机质的空间分布特征

东北黑土地主要包括黑土、黑钙土、白浆土、草甸土、棕壤、暗棕壤等土壤类型，分布在三江平原、松嫩平原、辽河平原、大小兴安岭地区和长白山地区。茂密的原始植被提供了充足的有机物质来源，寒冷漫长的冬季抑制了微生物活性，有利于腐殖质积累，形成了富含有机质的肥沃黑土层（韩晓增和李娜，2018）。东北地区陆生系统表层土壤碳储量为34.32Pg C，是全国平均水平的1.7倍（Xu et al.，2018），农田表层土壤碳密度则是全国均值的1.3倍（Zhao et al.，2018）。据估算，我国农田0～30cm土壤碳储量为53亿t，东北地区储量为14亿t，是华北和华南地区的4倍（杨元合等，2022）。

东北地区土壤有机质含量呈现出明显的区域分异特征，表现为北部地区含量高，中南部地区最低，东部地区高于西部地区，这与土壤地带性分布、植被类型分布和气候梯度变化规律相一致（王绍强等，2001）。《东北黑土地保护与利用报告（2021年）》显示，黑土地耕层土壤有机质平均含量为39.0g/kg，不同省份为黑龙江省>吉林省>内蒙古自治区东四盟>辽宁省（图4-1）。2007～2012年东北三省耕地质量调查结果显示，典型黑土区耕地土壤有机质平均含量为26.6g/kg，黑龙江省、吉林省、辽宁省分别为38.8g/kg、24.4g/kg和17.1g/kg，三个省份内部土壤有机质含量变化均呈现出北高南低、东高西低的趋势（刘忆莹等，2019；Li et al.，2016）。

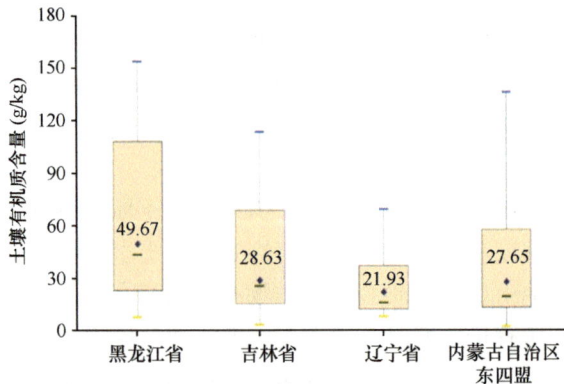

图 4-1 不同省份黑土地耕层土壤有机质含量
依据《东北黑土地保护与利用报告（2021年）》数据绘制

土壤有机质功能的发挥取决于含量和性质的双重作用，黑土地土壤有机质性质也具有显著的空间变化规律。Liu 等（2023a）对东北典型黑土带调查研究发现，随着纬度增加土壤有机碳的生物降解性呈下降趋势，活性变差（图 4-2）。对吉林省黑土带的研究发现，随着土壤有机质含量从南向北逐渐增加，脂肪族碳的相对丰度升高，芳香族碳则不断降低，表明化学惰性的脂肪族化合物富集是导致土壤有机质活性下降的重要因素（Lei et al.，2023）。

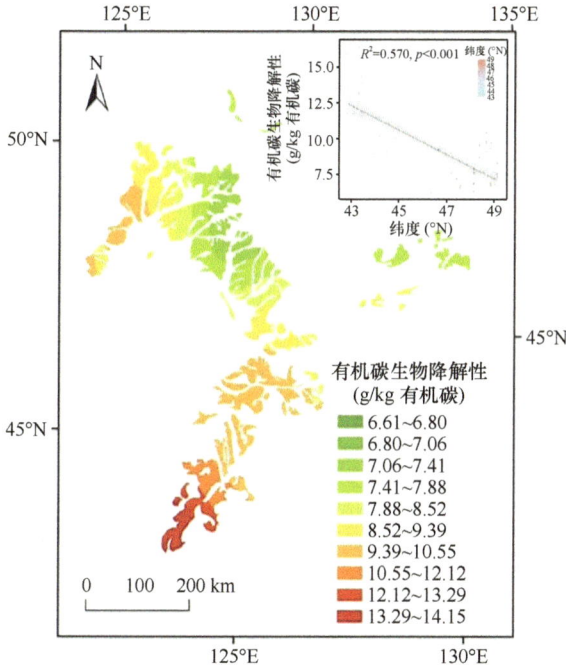

图 4-2　东北典型黑土有机碳生物降解性的纬度分布特征

图片修改自 Liu 等（2023a）

4.1.2　黑土地有机质的时间演变规律

黑土一般具有黑色或暗黑色腐殖质表土层，素以有机质含量高著称；然而，过去几十年黑土地土壤有机质含量和品质等持续衰减。Xie 等（2007）基于第二次全国土壤普查与文献数据对比研究发现，与 1980 年相比，2000 年黑土地表层（0~20cm）土壤有机碳储量平均下降 20%，黑龙江省、吉林省、辽宁省和内蒙古自治区表层土壤碳储量分别下降了 0.1Tg C、7.9Tg C、34.6Tg C 和 7.7Tg C；Yan 等（2011）利用大尺度样品测定发现，与 1980 年相比，2008 年我国黑土表层有机碳含量下降 22%。1980~2011 年数据显示，东北黑土地是我国旱地土壤有机碳含量唯一下降的地区（Zhao et al.，2018），与 1980 年相比，2011 年黑龙江省林甸县和海伦市农田表层土壤有机碳储量分别下降 11.3% 和 19.1%（Li et al.，2016）。基于遥感监测研究结果，1985~2020 年东北地区 64% 的耕层土壤有机质含量呈负增长，碳储量损失 3.2 亿 t，表明黑土地有机质退化的严重性和持续性（Wang et al.，2023）。

张兴义等（2013）对黑龙江省 20 多个县（市）土壤有机碳含量的时间变化特征研究发现，与 1980 年第二次全国土壤普查相比，除个别县（市）略有增加外，主要县域黑土地表层土壤有机碳含量均呈下降，平均减少 4.3g/kg；黑土有机碳含量黑龙江省北部高于南部，但是衰减速度更快；有机碳起始含量越高的黑土，衰减幅度越大，表明越肥沃的黑土面临的衰退风险越大（图 4-3）。

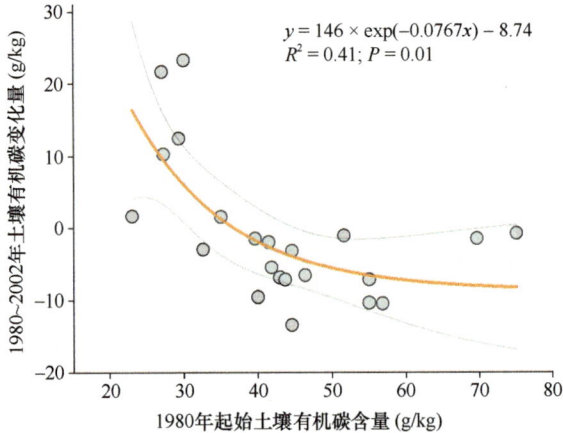

图 4-3　黑龙江省主要县（市）1980～2002 年农田土壤有机碳变化量与起始含量的关系

依据张兴义等（2013）数据绘制

与我国其他地区不同，黑土地经历了快速且剧烈的开垦过程，在较短时间内由自然植被土壤转为高强度利用农田土壤（韩晓增和李娜，2018）。黑土地土壤有机质含量开垦最初 20 年大约下降 30%，40 年下降 50%，70～80 年下降 65%，然后进入相对稳定期，年下降速度低于 0.2%，每 10 年下降量为 0.6～1.4g/kg（魏丹等，2016）。土壤有机质含量下降的同时，生产能力同步下降（图 4-4），表明土壤有机质下降是造成黑土地生产功能退化的重要原因。

与含量下降相伴，黑土有机质活性也随着高强度的开垦利用而降低。辛刚等（2002）研究发现，开垦 20 年后表层黑土有机碳稳定性呈上升趋势，之后相对稳定，亚表层稳定性也呈现增加的趋势，并且相对活跃的游离态和松结合态有机碳含量比例也随着开垦年限延长不断减少（图 4-5）。因此，随着耕种年限增长，黑土有机质趋于老化、活性下降。此外，开垦后微生物残留物对黑土有机质来源的贡献下降；开垦 5 年、15 年、25 年的黑土中真菌和细菌残留物对土壤有机质的贡献分别为 71%、59%、55% 和 17%、16%、15%（Ding et al.，2019）。因此，优化土壤微生物功能并强化其对有机质形成的贡献是黑土固碳培肥的突破口。

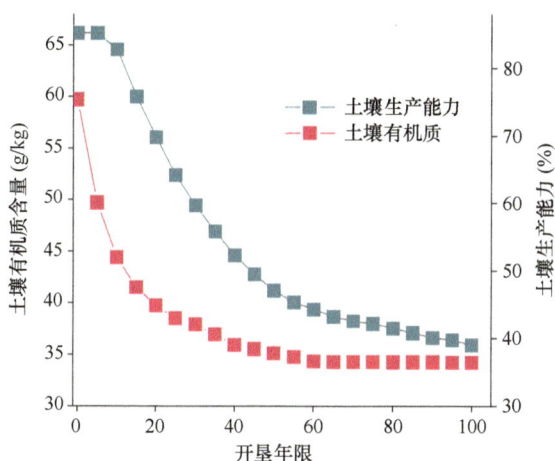

图 4-4　黑土地土壤有机质含量和生产能力随开垦年限的变化模式

依据韩晓增和李娜（2018）数据绘制

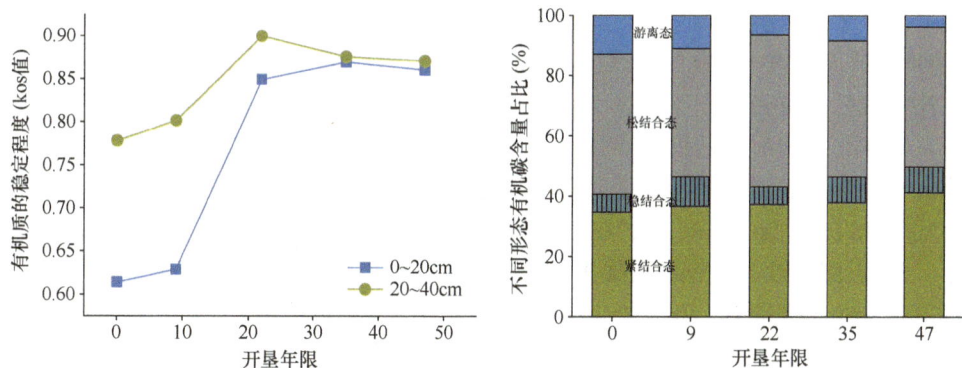

图 4-5　黑土有机碳稳定性（kos 值）以及不同结合态有机碳含量随开垦年限的变化

根据辛刚等（2002）数据绘制

4.2　黑土地有机质退化阻控与固碳培肥科技创新主要研究进展

针对当前东北黑土地农田土壤普遍存在的有机质量减质降问题，明确土壤有机质衰减阻控与固碳培肥的机制原理、技术途径和瓶颈难题，总结归纳当今国内外最新理论技术研究进展，实现土壤有机质退化阻控，通过固碳培肥措施提升黑土地有机质含量和粮食产量。

4.2.1 黑土地有机质退化阻控与固碳培肥理论研究进展

1. 东北黑土地有机质退化机制研究进展

东北黑土地从自然植被转变为农田生态系统后普遍经历了土壤有机质的量减质降问题，其中表层土壤有机碳储量在 20 年间降幅超过 20%（Yan et al.，2011）。这与全球尺度上自然生态系统向农田转化导致土壤有机质衰减的趋势相一致（West et al.，2010）。黑土区土壤有机质量减质降主要是由于外源有机物质输入减少打破了原有的碳平衡，同时耕作活动破坏了土壤结构、降低了团聚体对颗粒态有机质的保护作用（Lehmann et al.，2020b；Zhao et al.，2018）。

1）有机物质输入减少导致有机质退化。外源有机物质输入是抵消土壤有机质分解损失、维持碳平衡的先决条件（Lehmann et al.，2020a）。黑土地开垦前自然植被凋落物归还土壤，但是开垦后作物秸秆被移除，根系分泌物和根茬等进入土壤的有机物质量少于土壤有机质的分解损失量。众多研究发现，有机物质还田少是导致黑土有机质衰减的重要原因（Xie et al.，2007；Yan et al.，2011；Zhao et al.，2018）。长期以来，农业生产过度依赖化肥投入，有机肥在黑土地大田作物种植中使用率较低。过去几十年，黑土地作物秸秆被焚烧或用作家庭燃料，还田量非常低。近年来在政府有效倡导和管控下，尽管秸秆还田率有所增加，但是比例还是比较低。农业农村部统计数据显示，秸秆直接还田率在黑龙江省、吉林省和辽宁省仅为 45.6%、26.7%和 14.2%（宫秀杰等，2021）。

2）土壤侵蚀加快有机质损失。土壤侵蚀是导致黑土地地力下降、有机质衰退的其中一个主要因素。黑土地主要为坡面缓长的漫川和漫岗，上坡的黑土容易被侵蚀，下坡则通常是堆积大于侵蚀。水土流失导致黑土层变薄。对 5°坡裸地连续十年的观测发现，黑土变薄速率为 2cm/a，比黄土抗蚀能力弱（张兴义等，2018）。土壤侵蚀导致黑土层消失而"破皮黄"，作物产量随之下降（张兴义等，2013）。土壤侵蚀也破坏了团聚体，加速了受保护有机碳的矿化，而通过径流迁移的有机碳主要是活性组分，在沉积区可能会快速地被分解损失。

3）长期翻耕加速有机质衰减。翻耕会提高土壤通气性，加快微生物的好氧分解，破坏团聚体并降低其对有机质的物理保护（窦森等，2011）。Li 等（2022）对不同开垦年限黑土中最活跃的功能碳库——溶解性有机质的含量、组成及生物可利用性的变化规律与驱动机制进行了研究（图 4-6），发现溶解性有机质与有机质总量呈同步下降，但其生物可利用性指数上升，主要是复杂大分子化合物减少、小分子芳香物质和类蛋白质组分增加所致。虽然土壤有机质是溶解性有机质的主要来源，但是二者在组分构成上是解耦的。土壤氧气有效性驱动着溶解性有机质的组成和可利用性发生变化。土壤氧气有效性提高诱发三类反应：一是氧化酶活性增强催化高分子腐殖物质分解为小分子芳香类组分；二是碳氮水解酶计量比降低促进类蛋白质组分的生成；三是二价铁氧化为三价铁促使溶解性有机质中的复杂聚合物沉淀析出。由此可见，黑土地土壤有机质含量随耕种年限增加不断降低，与此相伴的氧气有效性增加提高了溶解性有机质的生物有效性，加快活性有机质的转化与损失。

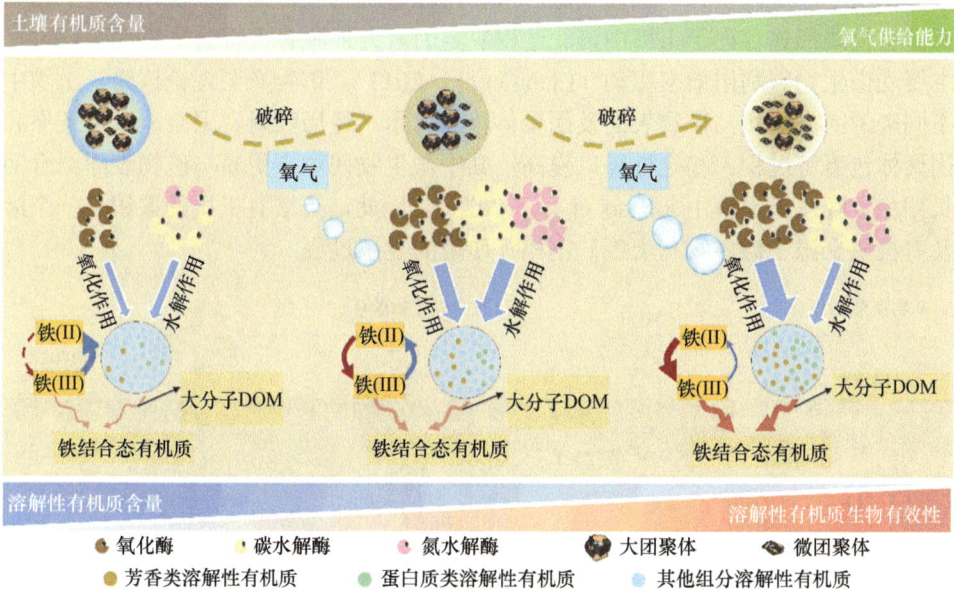

图 4-6　黑土开垦过程中溶解性有机质的演变规律与驱动机制

根据 Li 等（2022）修改绘制

4）不合理的农业措施加剧有机质量减质降。高强度耕作、单一作物连作、过量施用化肥等是造成黑土有机质量减质降的重要诱因。在东北地区，长期单一作物种植导致土壤养分降低、有机质活性组分减少和趋向老化（韩晓增和李娜，2018）。长期大量化肥投入不仅刺激土壤有机质分解损失，也使其结构更加复杂、生物有效性降低（Chen et al.，2017）。因此，黑土地有机质提升不仅依赖于有机物料的精准投入，也需要科学的种植技术和耕作管理措施。

2. 国内外土壤固碳培肥理论研究进展

1）有机质稳定性机制。近几十年来，土壤有机质稳定性理论从由大分子结构决定其稳定性逐渐发展为有机质与土壤基质相互作用而提高稳定性的共识性理论（Lehmann et al.，2020a；Lehmann and Kleber，2015）。土壤有机质分子与矿物表面的吸附作用及被团聚体包裹可以保护有机质，降低微生物的分解，从而提高有机质的稳定性（Lützow et al.，2006）。根据碳饱和理论，土壤矿物对有机质的吸附存在饱和效应,而团聚体包裹及自由态有机质含量理论上不存在上限(Stewart et al.,2007)。矿物结合态有机质的作用主导长期的固碳效应,而团聚体对有机质保护主要涉及中短期固碳效应(Schrumpf et al.,2013;Six et al.,2000)。新提出的微生物碳泵和矿物碳泵理论模型(图4-7)有效地解释了土壤有机质分解、转化和固定的过程(Liang,2020;Xiao et al.,2023)。微生物碳泵理论认为:外源有机质在土壤中经过微生物的胞外和胞内代谢途径分解转化,最终以植物和微生物来源的有机质形式存在于土壤中,此过程决定因素为外源有机质的质量(如C/N),主要受微生物碳利用效率驱动(Liang et al.,2017)。矿物碳泵理论认为,土壤中不同来源的有机质与矿物表面及团聚体相互作用,经历吸附、聚合、氧化还原和团聚体包裹等过程,稳定性得以提高,其中微生物残留碳更易与矿物表面结合而长期稳定存在于土壤中(Xiao et al.,2023)。因此,土壤有机质的累积是一个涉及有机质来源、微生物和土壤矿物相互作用的复杂过程。

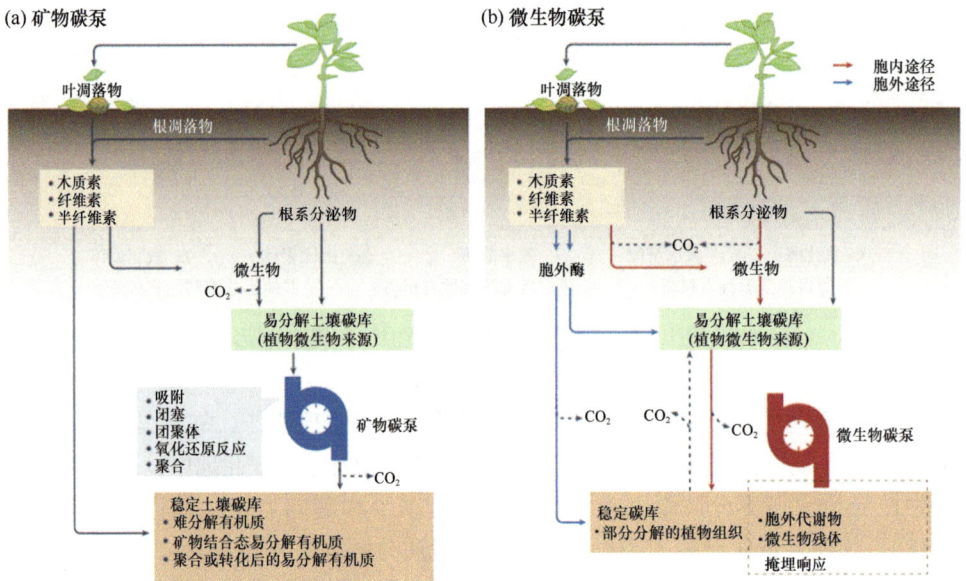

图4-7 土壤矿物碳泵(a)和微生物碳泵(b)——土壤有机质分解、转化和累积理论模型(Xiao et al.,2023)

2)外源有机质性质核心作用。外源有机质性质是影响土壤有机质累积的重要因素已逐渐成为共识。高品质的外源有机质(低C/N)会被土壤微生物高效利用,形成大量微生物残体与矿物表面结合而稳定存在土壤中;低品质的外源有机质(高C/N)则会导致微生物的低效利用,导致大量植物来源的有机质以颗粒态存在于土壤中,这些颗粒态有机质可以通过被团聚体包裹而提高稳定性(Cotrufo et al.,2013)。由于矿物结合态有机质具有较高的稳定性,所以可以通过添加高品质的外源有机质及提高微生物对外源有机质的分解效率来增加土壤有机质的累积（Córdova et al.，2018）。然而，土壤有机质的分解转化和累积受到诸如温度、水分、氧化还原程度和土壤酸碱性等环境和成土因子的影响（Wiesmeier et al.，2019），因此固碳培肥过程和机制会随上述因子的变化而改变。

3）因地制宜固碳策略。根据碳饱和理论，不同碳饱和程度的土壤应采取不同的管理策略来实现有机质累积（Stewart et al.，2007）。Angst 等（2023）提出的差异性固碳策略显示：针对未达到碳饱和的土壤，如果土壤环境适宜于微生物的转化，可以通过高品质秸秆还田及促进微生物对秸秆转化来实现矿物结合有机质的累积；如土壤接近或达到碳饱和，或者条件不适宜微生物的转化，可以通过合理的秸秆还田与有机肥的添加来促进土壤团聚体的形成，促进颗粒态有机质的累积；也可以通过不易分解、低品质的秸秆还田实现颗粒态有机质的累积（图 4-8）。

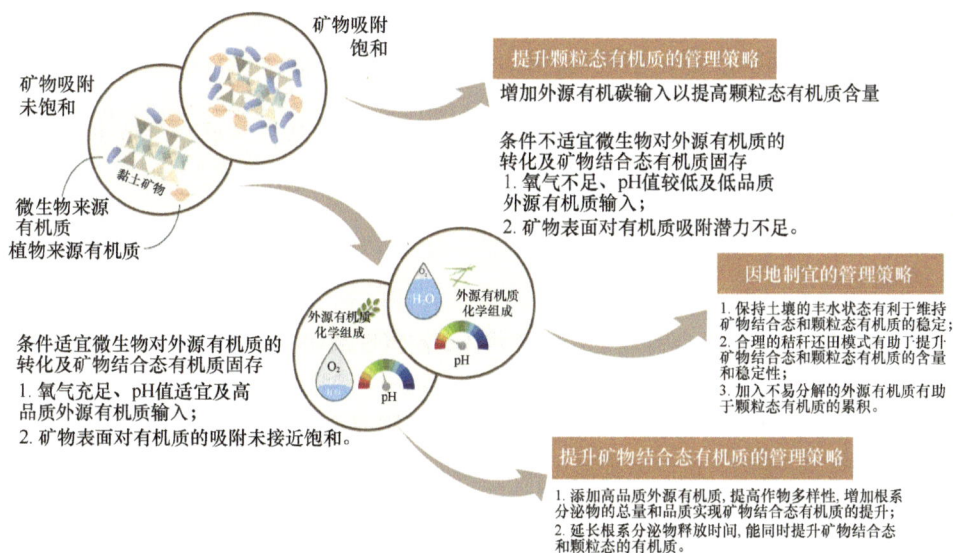

图 4-8 基于土壤碳饱和程度及环境条件的有机质提升策略

图片根据 Angst 等（2023）修改绘制

4）固碳培肥提高粮食产量。研究显示土壤有机质含量与作物产量存在耦联关系：当土壤有机质含量较低时，作物产量随有机质含量增加而增加；当土壤有机质含量超过临界阈值，作物产量不再随有机质含量增加而增加（Lal，2020；图4-9）。东北黑土地作物产量与农田土壤有机质含量之间也存在极显著的相关性（查燕等，2015），因此，实现黑土有机质衰减阻控和固碳增肥是提高作物产量并维持农业可持续发展的重要途径。

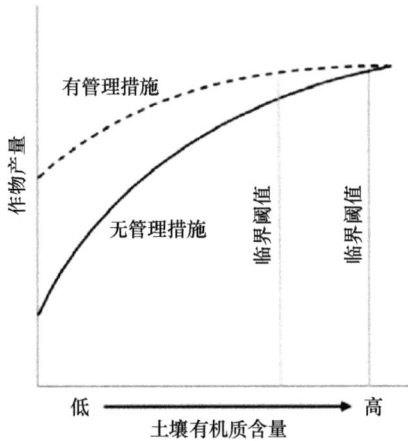

图 4-9 作物产量与土壤有机质含量间的耦联关系
根据 Lal（2020）修改绘制

4.2.2 黑土地有机质退化阻控与固碳培肥技术研究进展

针对当前黑土地土壤有机质存在量减质降的问题，固碳培肥是维持土壤地力和提升土壤健康水平的重要措施。当前黑土地固碳培肥技术主要包括有机肥施用、秸秆还田和保护性耕作等方面。

1. 有机肥施用

有机肥施用是指将畜禽粪便、植物残体、沼气底渣等在内的有机物质经过适当的混合、发酵和堆肥，通过微生物分解转化后形成富含有机质的肥料，并施加到农田中的技术。具体施用过程中可将有机肥作为基肥或底肥进行施加，施加方式包括表施和深施等。施用有机肥是提高土壤有机质的有效措施，同时起到降低土壤容重，改变土壤孔隙度，提高土壤养分供应的均衡性和潜力，增强微生物活性和多样性，从而提升土壤肥力和健康水平（徐明岗等，2015；韩晓增和邹文秀，2018）。大量田间试验肯定了有机肥施用对黑土地土壤有机质提升和培肥增产的效果。

1）有机肥用量调控技术。 有机肥用量调控是指通过调整有机肥施用量来达到固碳培肥效果最大化的技术。有机肥用量调控在促进土壤有机质累积的同时，还起到改变土壤有机质组成及改善微生物群落功能的作用。首先，有机肥增施促进土壤固碳。东北黑土区长期施用有机肥试验表明，随着有机肥投入量增加，土壤有机质的提升速率不断增大（图 4-10）。当有机肥年投入量大于 3.8t/hm² 时，才能有效阻控黑土地土壤有机质衰减。韩晓增和邹文秀（2018）研究发现，有机碳含量大于 45% 的有机肥连续施用 3 年、年用量不低于 6t/hm² 才能有效提高黑土地土壤有机质含量 0.9～1.8g/kg；而 2.7t/hm² 的有机肥添加仅能显著提高低肥力土壤的有机质含量。Chen 等（2018）研究发现，随着有机肥用量增加，土壤固碳量增加，而有机肥的分解率则会下降（图 4-11）。其次，有机肥用量调控改变着有机质的性质和组成。基于土壤有机质分组和固态 ^{13}C 核磁共振等技术，研究发现长期高量施用有机肥提高黑土团聚体有机碳含量、闭蓄态轻组和重组有机碳含量，相反降低了烷氧碳的相对丰度，表明有机肥促进黑土有机质的腐殖质化和累积（Ding et al.，2012）。此外，大量施用有机肥改变土壤微生物功能和组成。高量施用有机肥显著提高真菌来源氨基葡萄糖（GluN）与细菌来源氨基半乳糖（GalN）的比值（Ding et al.，2013）；长期施用有机肥有助于提高黑土地土壤酶活性、碳氮磷代谢基因表达、微生物多样性，强化群落组装的确定性并增强网络结构的复杂性（高威等，2021；

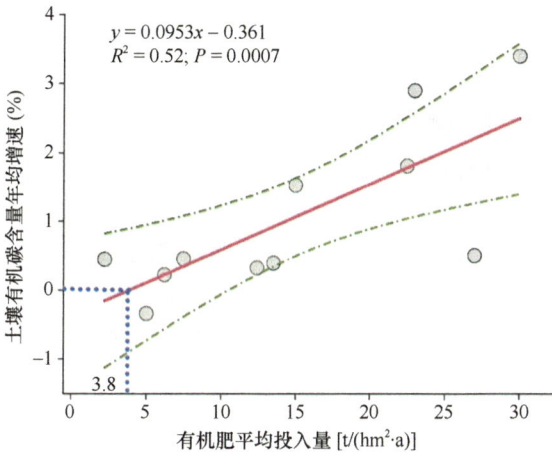

图 4-10　有机肥替代化肥对黑土有机碳平衡的影响

根据表 4-1 数据绘制

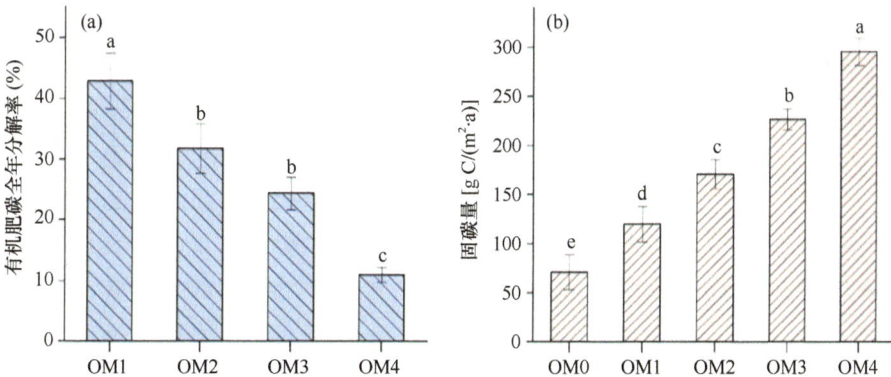

图 4-11　不同用量有机肥碳全年分解率（a）和对土壤有机碳的提升量（b）

尿素氮与鸡粪氮配比为 100∶0-OM0、75∶25-OM1、50∶50-OM2、25∶75-OM3、0∶100-OM4；

根据 Chen 等（2018）修改绘制

Hu et al., 2022；Zhang et al., 2023）。因此，施用有机肥后土壤微生物结构更稳定、功能更强。但是基于有机肥高效施用的土壤微生物群落定向调控和生物健康培育的原理与技术有待深入研究。

2）有机配施无机肥技术。 有机配施无机肥是指在施用有机肥的同时搭配施用无机肥的技术，通过结合二者优势，起到促进土壤有机质累积、改善土壤养分状况和微生物功能的作用。首先，有机配施无机肥提高土壤有机质含量。海伦、哈尔滨、公主岭和沈阳长期定位试验均显示，不施肥或单施化肥土壤有机质含量下降（徐明岗等，2015），有机肥配施化肥则显著提高土壤有机质含量，且增幅随有机肥用量增加而增加（表4-1）。黑河长期试验结果显示，不施肥和单施化肥土壤有机质含量逐年下降，2012年比1979年分别降低16%和20%，有机肥无机肥配施能够显著削减这一下降趋势。因此，有机肥配施化肥是阻控土壤有机质衰减的有效手段（关松等，2017）。其次，有机肥配施无机肥能改善土壤养分状况。邵兴芳等（2014）发现，有机肥配施氮肥能显著降低土壤微生物量氮占总氮的比例，促进土壤氮固持，改善土壤营养状况。此外，有机肥配施无机肥可改善土壤微生物群落结构和功能。黑土区农田35年的施肥试验表明，有机肥配施氮磷钾肥提高了土壤微生物的丰度，同时对微生物α多样性和群落结构造成了影响（丁建莉等，2016）。黑龙江省农业科学院长期定位试验显示：与单施有机肥或无机肥相比，长期有机无机肥配施处理能显著提高土壤脲酶、磷酸酶和脱氢酶的活性（焦晓光和魏丹，2009）。

表4-1　长期施用有机肥对黑土地典型土壤有机质（SOM）含量的影响

试验地点	土壤类型	起始SOM（g/kg）	试验年限	有机肥种类	有机肥用量[t/(hm²·a)]	比起始增量（g/kg）	比起始增速（%/a）	比对照处理增幅(%)		文献来源
								比不施肥	比常规化肥	
黑河市	暗棕壤	42.2	1979～2011	马粪	5.0	-4.6	-0.33	8.6	12	关松等，2017
海伦市	中厚层黑土	48.3	1990～2012	猪粪	2.25	4.3	0.45	35.1	9.2	Qiao et al., 2014
海伦市	中厚层黑土	48.3	2001～2014	猪粪	7.5	3.1	0.46	13.7	7.6	Jiang et al., 2018
					15.0	10.3	1.53	29.8	22.7	
					22.5	12.2	1.81	34.0	26.7	
哈尔滨市	中厚层黑土	26.7	1979～2014	马粪	6.2	2.2	0.23	30.2	22.6	郝小雨等，2016
					12.4	3.1	0.33	34.1	26.3	
公主岭	薄层黑土	23.3	1990～2013	猪粪	23	15.5	2.9	61.5	49.1	何翠翠等，2015
					30	18.1	3.4	72.3	59.1	
沈阳	棕壤	15.9	1979～2012	猪粪	13.5	2.1	0.40	20.0	26.2	徐明岗等，2015
					27	2.7	0.51	30.5	30.5	

注：有机肥处理为有机肥配施化肥

3）有机肥施用组分配伍技术。有机肥组分配伍技术是指在有机肥施用过程中，选择合适的有机物料，通过搭配不同配比的有机物料，以达到最佳的养分供应和固碳培肥的效果。有机肥内在性质是控制其可分解性和有机质化效率的重要因素。碳氮比（C/N）长期被用于表征有机物的性质，通常认为 C/N 越高，性质越差，越容易累积。但 Chen 等（2019a）发现，黑土中有机肥的分解速率随 C/N 增加而增加。有机肥内在组分构成是微生物利用和转化有机物质的关键因素，Chen 等（2019b）的研究表明，不同组分配伍的有机肥在黑土中的分解存在着阶段性分解速率差异（图 4-12）；其中木质素并非难降解的组分，可以通过微生物的共代谢途径与其他有机物共同被降解，而脂肪族化合物（烷基碳）是最难分解的组分。李欣伦等（2017）的 1 年野外试验表明，猪粪对中厚层黑土培肥和增产的效果高于牛粪、鸡粪和秸秆。武志杰等（2002）连续 3 年研究发现，不同有机物料对棕壤有机质的提升效果表现为秸秆>农家肥>牛粪。然而，目前尚缺乏不同组分配伍有机肥对土壤固碳培肥效应的长期试验。因此，亟须针对不同类型土壤的肥力特征和有机质提升目标，开展有机肥种类优选理论和技术的长期研究，以期为黑土地高效固碳培肥提供针对性、系统性的解决方案。

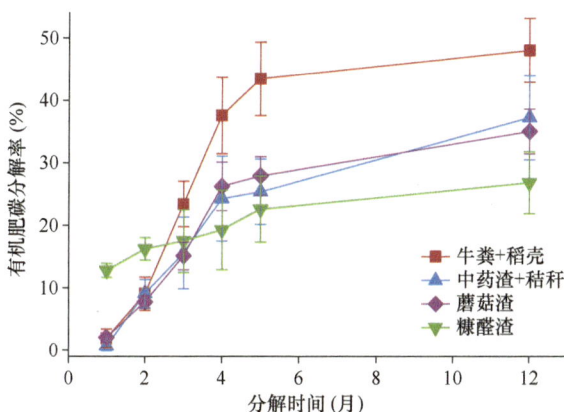

图 4-12 不同种类有机肥在海伦黑土中的分解率
根据 Chen 等（2019a）修改绘制

4）有机肥精准施用技术。有机肥精准施用技术是指针对环境、作物和土壤的具体情况，利用科学管理和精细调控的手段，提高有机肥利用效率，最大限度提高固碳培肥和作物增产效果的农业实践技术。有机肥精准施用涉及有机肥临界用量、有机肥种类及区域差异性等问题。首先，有机肥临界用量是精准施用的重要因素。在海伦试验研究发现，土壤有机质含量随着有机肥用量增加而增加，这是因为有机肥用量增加后，在土壤中更容易形成大的"肥料堆体"，使肥料与土壤接触减少，氧气通透性下降，不利于微生物定植和生长，促进有机肥来源碳的累积。

因此，研发有机肥碳输入量与有机肥碳年分解率和土壤有机碳提升量的关系模型能为有机肥施用技术提供依据（Chen et al., 2018）。其次，有机肥的种类对精准施用有较大的影响。李欣伦等（2017）和武志杰等（2002）研究发现，不同种类有机肥对同一土壤和同一有机肥对不同类型土壤的固碳培肥效果存在着一定的差异。Meta 分析显示，牛粪有机肥对土壤固碳培肥的作用大于猪粪和鸡粪有机肥（Maillard and Angers, 2014）。因此，亟须针对不同类型土壤的肥力特征和有机质提升目标，开展有机肥种类优选理论和技术的长期研究以提供针对性、系统性的解决方案。此外，区域差异性是影响有机肥精准施用的关键因素。"全国农田土壤肥力长期试验网络"东北地区站点数据显示：有机肥对土壤固碳的效果存在较大的地区性差异（表 4-1）。黑河暗棕壤长期施肥试验表明，有机无机肥配施下土壤有机质仍呈净损失，与其他地区试验结果存在明显不同。这可能是由于北部黑土区气候湿冷导致有机肥的腐殖质化效率低，或较低的有机肥用量导致黑河土壤培肥效果较差（关松等，2017）。因此需要根据上述地区气候特点和土壤性质，开发对应的有机肥精准施用技术。

2. 秸秆还田

秸秆还田是指作物收获后，将作物秸秆归还田地中代替清理或焚烧，是土壤固碳培肥的重要措施。东北黑土区秸秆还田技术主要包括秸秆覆盖还田、秸秆粉碎深翻还田及秸秆还田配施化肥有机肥等。秸秆还田可促进土壤有机质的累积，达到固碳培肥的目标；同时也可以减缓土壤 pH 值降低，改善土壤结构，促进大团聚体形成，提高团聚体稳定性，增强团聚体对有机质的保护作用（Li et al., 2013a；Liu et al., 2023b；Qin et al., 2023，朱兴娟等，2018）。秸秆还田还会通过改变土壤酶活性、土壤微生物的组成和功能性状等方式来影响有机质的分解与累积（赵伟等，2012；武俊男等，2018；刘鹏飞等，2019；王文东等，2019）。秸秆还田的效果与秸秆的化学性质、还田量和还田方式有着密切关系（Lessmann et al., 2022）。对黑土地进行的多年实践表明，秸秆还田配施化肥、有机肥或叠加保护性耕作等已经成为黑土区有机质退化阻控和固碳培肥的有效手段（图 4-13）。

1）秸秆覆盖还田技术。 秸秆覆盖还田技术是在农田表面保留上一季作物秸秆或残留物的技术，取代传统实践中将秸秆清除或焚烧的处理方式。秸秆覆盖还田常常作为保护性耕作的一部分，以实现促进土壤有机质累积、阻控土壤侵蚀和维持土壤含水量的目的（杨学明等，2004）。首先，秸秆覆盖还田有助于促进土壤有机质的累积。研究显示，连续的秸秆覆盖还田能显著地促进表层土壤有机质的累积，其中全量还田的提升幅度最大（Zhang et al., 2018；敖曼等，2021）。其次，秸秆覆盖还田有助于土壤保水，减少水分流失，为微生物分解者提供适宜的环境，分解秸秆并释放养分。同时，秸秆覆盖还田还可以改良土壤物理性质，提高土壤

图 4-13　沈阳示范区玉米秸秆还田示意图
图片来源于《东北黑土地保护与利用报告（2021 年）》

饱和持水量和田间持水量（江恒等，2013；赵伟等，2012）。此外，秸秆覆盖还田能对土壤表面起到有效保护作用，减缓风蚀和水蚀引起的土壤退化。汪可欣等（2016）研究发现，秸秆覆盖及压实处理可改善土壤理化结构，降低土壤容重，提高土壤有机质及速效养分含量。

2）秸秆深翻还田技术。秸秆深翻还田是指利用旋耕机等农业机械设备将粉碎后的秸秆翻入一定深度的土层中的技术。过程主要包括收集上一季作物秸秆进行粉碎后，使用深翻机械将秸秆翻入一定深度的土中，并将秸秆与土壤充分混合以加快秸秆腐解。首先，秸秆深翻还田对土壤有机质的累积起着重要作用。矫丽娜等（2015）和董珊珊等（2017）发现，深层秸秆还田相对于表面秸秆还田更能促进有机质的累积，而且秸秆还田对土壤有机碳累积的贡献随土壤深度增加而增加。其次，秸秆深翻还田改变有机质的化学组成，增加了脂肪族和芳香族化合物占有机质的比例，但有机碳含量和芳香族占比的增加仅持续到秸秆还田后的第三年（董珊珊等，2017）。另外，秸秆深翻还田有助于降低秸秆覆盖带来的病虫害对作物的危害。此外，邹文秀等（2016）研究发现，秸秆深翻还田对提高作物产量也存在促进作用。然而，不合理的深翻还田可能加剧风蚀和水蚀引起的土壤退化，特别是在气候相对干旱的地区。因此，如何针对不同区域特征开发合适的秸秆还田技术是当前研究关注的重点。

3）秸秆还田配施化肥技术。单独的秸秆还田措施对土壤固碳培肥的效果具有一定的不确定性，因此实践中秸秆还田往往配施化肥或有机肥，以更有效地实现固碳培肥的目标。首先，秸秆还田配施肥料能促进土壤有机质的累积。海伦站长期秸秆还田试验显示，长期秸秆还田配施化肥使土壤有机碳含量增加 14.2%，活性有机碳组分所占比例显著提高（郝翔翔等，2013；Hao et al.，2022；中国科学院，2023，图 4-14）；查燕等（2015）发现，长期秸秆还田配合施用化肥使土壤有机碳含量及储量分别增加 26.0%和 25.2%。秸秆还田配施肥料还会改变有机质化学组成。Ding 等（2014）发现，秸秆还田配施化肥相比于单施化肥增加了活性有机碳的占比，同时提高颗粒态有机质占土壤有机质的比例，提高土壤有机碳和微生物生物量碳含量，也增强了土壤养分转化效率（李艳等，2019；王光华等，2007）。另外，秸秆还田配施化肥使吉林公主岭春玉米增产 69.4%，土壤有机碳含量和玉米产量的增幅呈极显著正相关关系，即土壤有机碳含量每增加 1g/kg，农田基础地力产能提高 220kg/hm^2（查燕等，2015）。此外，秸秆还田配合施用化肥可改善土壤结构，促进大团聚体形成，使不同粒径团聚体中有机碳含量增加 2.5%～10.5%，尤其提高了大团聚体中有机质对土壤有机质的贡献，从而提高有机碳的稳定性（郝翔翔等，2013；李艳等，2019）。刘思佳等（2019）报道，秸秆配施化肥使得颗粒态有机碳含量增加 80.2%，其中大部分包裹在团聚体内而得到保护，促进颗粒态有机碳在黑土中的累积。

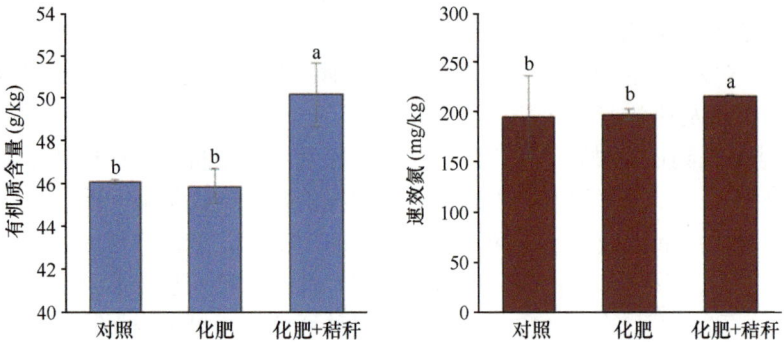

图 4-14 海伦站连续 8 年秸秆还田配合施用化肥对土壤有机质和速效氮含量的影响
根据郝翔翔等（2013）数据绘制；a 和 b 代表显著性差异（$P<0.05$）

3. 保护性耕作

保护性耕作是指一类保证在播种后地表作物残留物覆盖率不低于 30%的耕作管理措施，主要包括免耕、垄作、条耕、幂作、少耕等，其要点是通过降低耕作强度并把残茬留在土壤让其自然分解，以达到控制土壤侵蚀、增加土壤有机质含量、改善土壤耕性、保持土壤水分等目的（杨学明等，2004）。保护性耕作技术对耕地可持续利用、生态系统服务功能维持具有重要意义，是我国目前大力推广的耕地管理措施之一（图 4-15）。经过几十年的探索与实践，已针对不同自然条件和退化类型区形成了差异性的保护性耕作技术，如针对干旱及风蚀严重区域的秸秆覆盖免耕技术、针对低温湿润地区的条耕技术与覆盖耕作技术，以及针对高寒及低洼地区的垄作少耕技术等，其对黑土地有机质退化阻控与固碳培肥的效果主要表现在减少水土流失、促进土壤有机质积累、增加土壤养分库容和养分供应能力、改善土壤生物多样性等方面。

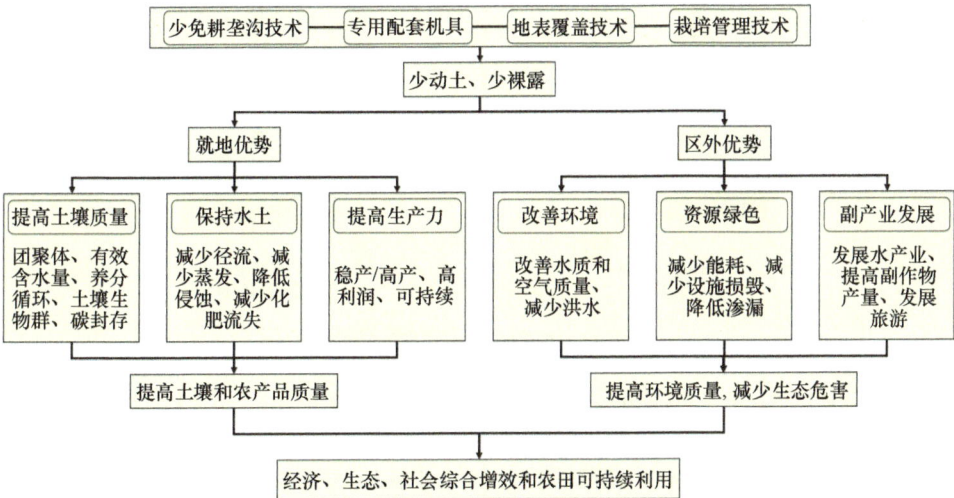

图 4-15　保护性耕作技术原理及综合效益图
根据张海林等（2005）资料绘制

1）秸秆覆盖免耕技术。 秸秆覆盖免耕技术是在农田表面保留秸秆或其他植物残余物，形成有机覆盖层，而无须进行传统的耕地操作（如翻耕或深耕）。该技术减少了土壤的翻动，地表覆盖秸秆或作物残茬增加了地表的粗糙度，阻挡了雨水在地表的流动，增加了雨水向土体的入渗，可以有效控制土壤侵蚀，减少水土流失。因此广泛应用于东北黑土区半干旱风沙土区，在蓄水保墒、培肥增温、节本增效等方面表现出了明显的优势。从我国北方多点试验示范结果看，保护性耕作可以减少地表径流 50%～60%，减少土壤流失 80%，减少田间大风扬尘 50%～60%。中国科学院海伦黑土水土保持监测研究站多年监测结果显示，免耕覆盖下每年土壤流失厚度不足 1mm，低于裸露土壤和传统耕作方式下的土壤流失厚度（分别为 24.02mm 和 2.42mm）（中国科学院，2021）。另外，与传统耕作相比，秸秆覆盖免耕可以通过微生物残留物和植物残体间的功能互补来维持土壤有机碳库的较长期积累与稳定（Li et al.，2013a；图 4-16）。10 年的秸秆覆盖免耕可以使表层 20cm 土壤有机质提升约 6.67%（敖曼等，2021）；15 年的全量秸秆覆盖还田对表层 5cm

土壤有机质的提升甚至可以达到 30%（Zhang et al.，2018；Li et al.，2021b）。此外，免耕是各种耕作技术中最为绿色环保的，具有最少的温室气体排放量。与传统耕作方式相比，免耕可以减少 30% 的 CO_2 排放量和 50% 的 N_2O 排放量（Li et al.，2013b；表 4-2）。

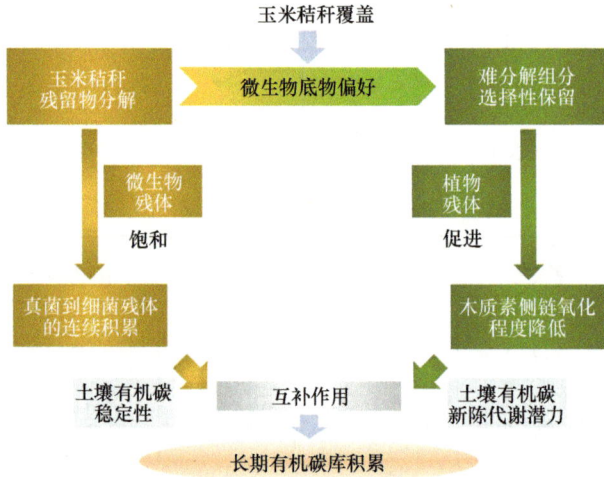

图 4-16　保护性耕作下土壤植物源与微生物源有机碳对土壤碳积累的"双源调控"机制示意图

图片根据 Li 等（2013a）修改绘制

表 4-2　不同耕作方式对全球增温潜势的影响

全球增温潜势	传统耕作方式	免耕	P
CO_2 GWP（g CO_2 /m²）	1075±70	757±49	0.020
N_2O GWP（g CO_2 /m²）	94±16	47±6	0.047
总 GWP（g CO_2 /m²）	1170±84	804±54	0.022

资料来源：Li 等（2013b）

注：GWP. 全球增温潜能值

2）**秸秆覆盖条耕技术**。秸秆覆盖条耕技术是通过特殊的农具或机械在秸秆覆盖基础上形成种植条，即在春耕时开展秸秆归行作业，保留秸秆覆盖，同时形成一个疏松平整无秸秆覆盖的苗带，为作物生长提供了所需的空间。该技术解决了秸秆覆盖地温低、播种质量和出苗差、产量不稳定的问题。同时，种植条可以帮助农民进行作业和管理，使农田管理更加便捷和高效。根据中国科学院"黑土粮仓"科技会战多个千亩辐射基地的实施成效来看，苗带地温与秸秆覆盖条耕技术应用前相比增加 1~2℃，出苗率增加 5%，苗带土壤硬度降低 5%~15%（中国科学院，2022）。

3）**秸秆覆盖垄作技术**。秸秆覆盖垄作技术结合了秸秆覆盖和垄作的优势，通过农田表面形成的秸秆覆盖层，减少水分蒸发、防止土壤侵蚀，并提供有机质。同时，通过形成垄，集中和保持水分，控制杂草生长，并改善土壤结构。因此广泛应用于东北黑土区中低温冷凉区域及低洼易涝区，可以解决水分管理、土壤侵蚀、杂草控制和土壤质量等问题，尤其是在改善土壤养分状态、增加作物产量方面表现优异。应用该技术一方面可以提高氮、磷、钾养分的有效性，另一方面又增加了氮、磷、钾养分在耕层中的积累。长期秸秆覆盖垄作不仅能够提高氮的利用率，还可以通过提高铵、硝的固定速率来增强无机氮的保留能力，增加作物对养分的吸收利用（Liu et al.，2018）。梨树 12 年秸秆覆盖还田结果表明，从 2007～2018 年，在全量秸秆覆盖条件下，耕层土壤全氮、全磷和全钾含量在 11 年间的年均增幅达 1.1%～1.8%（敖曼等，2021）。

4.3　黑土地有机质退化阻控与固碳培肥科技创新面临的关键问题

近几十年来，以腐殖质理论为代表的复杂分子结构决定土壤有机质稳定性的理论逐渐被微生物、土壤矿物和团聚体共同作用提高有机质稳定性的理论取代（Lehmann et al.，2020a；Schmidt et al.，2011）。面对上述固碳培肥理论的创新，过去基于腐殖质化及复杂大分子稳定性的固碳培肥理论技术需要一定程度的更新和改进。针对东北黑土区空间异质性明显的特征，因地制宜地采取高效固碳策略，是将来理论研究需要把握的关键问题。因此，土壤固碳培肥不仅对维持和提升土壤生产力至关重要，也对缓解全球气候变化具有重要意义，是应对气候变化和保障粮食安全的"双赢措施"。长期以来，各国研究者对土壤有机质提升技术开展了大量研究。Lal（2004）总结了不同措施对农业生态系统的固碳速率和潜力，其中有机肥施用、秸秆还田、保护性耕种和多样化种植是农田土壤有机质提升的主要途径（图 4-17）。这些措施也是当前黑土地土壤有机质退化阻控与固碳培肥采取的主要策略，但是亟待进一步创新和突破升级。

4.3.1　如何利用外源有机物质特性提高固碳效率

如何利用外源有机物质特性提高黑土固碳培肥效率是当今理论研究需要突破的重点。过去基于形成大量复杂结构分子的固碳培肥理论虽然能够提高土壤有机质含量，但忽略了分子结构仅决定短期内有机质的稳定性；过去理论认为应尽可能避免微生物对有机质的分解，而当今理论认为微生物对外源有机物质的转化才是形成稳定性有机质的关键（Liang et al.，2017）。外源有机物质的分子多样性和化学计量比（C/N）会直接影响微生物对其分解和转化，从而进一步实现稳定性有机质的累积（Cotrufo et al., 2013；Lehmann et al., 2020a）。

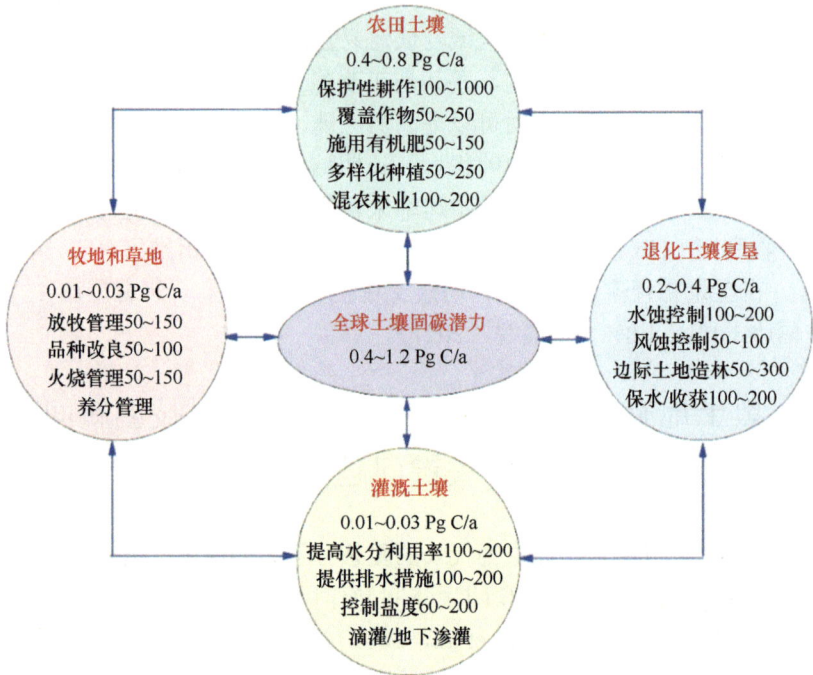

图 4-17　全球农业系统土壤固碳潜力和不同措施的固碳速率[单位为 kg C /(hm²·a)]

根据 Lal（2004）修改绘制

针对分子多样性，一般认为较高的有机质分子多样性意味着微生物将花费更高的代谢成本将其分解及同化，不利于形成稳定的有机质组分；而较低的外源有机物质多样性则有利于更快的微生物降解，形成更多的微生物残体而在土壤中累积（Lehmann et al., 2020a）。然而，相关研究领域起步不久，对应的研究非常匮乏（Yang et al., 2022；Jones et al., 2023）。例如，不同类型土壤、不同有机质组分与分子多样性的对应关系尚不清晰；外源有机物质的分子多样性如何影响微生物对有机质的分解转化研究不足。因此，如何利用推进上述理论研究达到固碳培肥的目的，是目前研究可以关注的重点。

对于化学计量比，高 C/N 的外源有机物质对应较低的微生物碳利用效率，造成大量有机质以二氧化碳的形式损失从而大大降低固碳效率；低 C/N 的外源有机物质或充足的氮供应使得微生物拥有较高的碳利用效率，转化大量外源有机质成为微生物残体，并形成稳定性有机质，从而提高固碳效率（Chen et al., 2014；Cotrufo et al., 2021）。单独采用秸秆还田对土壤有机质累积及作物增产的促进作用具有不确定性（Liu et al., 2014），可能是由于秸秆与微生物需求的化学计量比之间的差异。与单独的秸秆还田相比，秸秆还田配施氮肥能更好地提升固碳培肥效果（郝翔翔等，2013；查燕等，2015），很可能是由于氮肥为微生物分解转化外源有机质提供了充足的氮源，从而提高了固碳效率。因此，如何利用化学计量比原理，采取适当的措施提高土壤微生物转化效率以实现固碳培肥，也是当今理论研究需要突破的方面（图 4-18）。

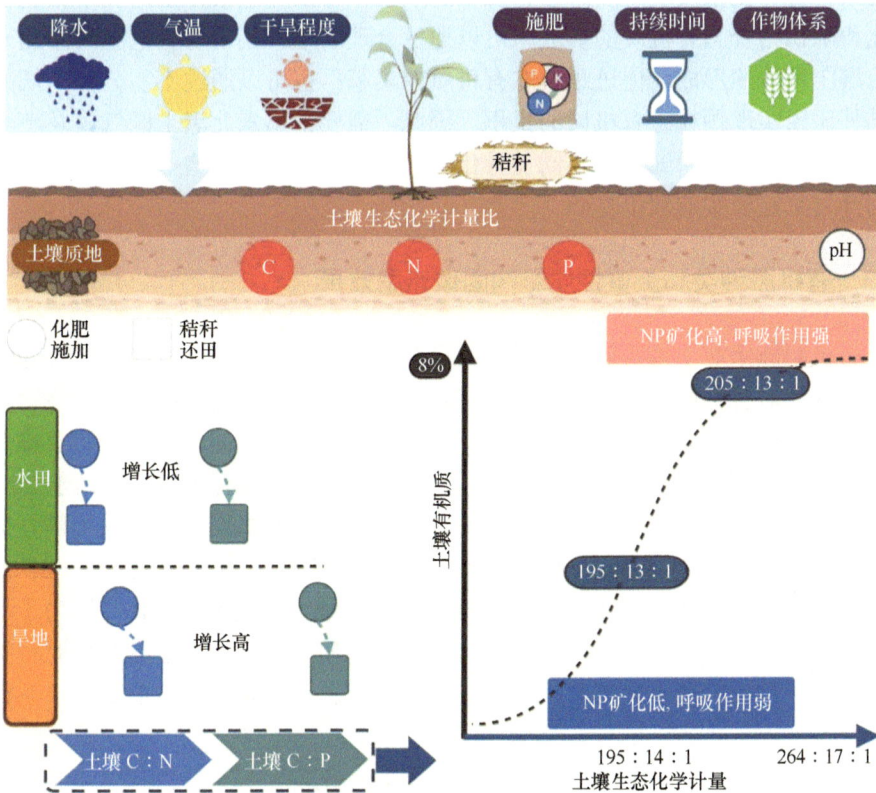

图 4-18　秸秆还田与化肥施加对土壤生态化学计量的维持作用
图片根据 Liu 等（2023b）修改绘制

4.3.2　缺乏因地制宜的固碳培肥策略

东北黑土有机质分布具有很大的空间异质性，与之对应的气候、植被、成土母质和土壤类型也各不相同。中厚层与薄层黑土、冲积平原与丘陵地带黑土在环境和成土因子上存在差别，在耕作管理模式上也不尽相同，所以在有机质累积机制上也呈现出各自的特点（Liu et al.，2023a；中国科学院，2022）。此外，非平原地区农业活动加剧了土壤侵蚀，导致上坡处黑土有机碳流失、土壤团聚体被破坏及有机质分解加快（张兴义等，2018）；不同的作物、轮作与连作会造成秸秆及根系输入的有机物质在数量和质量上存在差异，并进一步影响微生物对其转化及最后稳定性有机质的形成（Cotrufo et al.，2021）。因此，需要提出对应特定土壤的具体方案，以谋求固碳培肥效果的最大化，这将成为黑土地固碳培肥理论研究的难点。根据 Angst 等（2023）提出的差异性有机质提升理论，如果土壤环境适宜于微生物的转化和矿物结合态有机质的形成，可以通过高品质秸秆还田及促进微生物对秸秆转化来实现矿物结合有机质的累积；如果土壤条件不适宜于微生物的转化和矿物结合态有机质的形成，可以通过合理的秸秆还田与有机肥的添加来促进土壤团聚体的形成，促进颗粒态有机质的累积；也可以通过不易分解、低品质的秸秆还田实现颗粒态有机质的累积。因此，需要根据东北黑土区气候及土壤条件的差异性，深入研究针对不同差异化特征的秸秆还田提碳增产的机制，为新技术的开发奠定坚实的理论基础。

4.3.3　有机肥种类和土壤性质影响固碳培肥效果

有机肥施用对土壤有机质的提升效果存在很大不确定性。存在的关键问题有：①土壤性质对有机肥固碳培肥的效果有着强烈的影响。研究表明，尽管施用有机肥能有效阻控土壤有机质衰减（Chen et al.，2017；图 4-19），但随初始土壤有机质含量增加，有机肥的固碳效果不断减弱，特别是当土壤有机质含量高于 25g/kg 时提升效果明显减弱（Li et al.，2021a）。因此，施用有机肥对黑土地土壤固碳培肥的挑战大、难度高（Jiang et al.，2014）。对开垦初期的白浆土研究表明，$2.7t/hm^2$ 有机肥连续施用 3 年提高了低肥力土壤有机质含量，但是未能阻止高肥力土壤有机质衰减（韩晓增和邹文秀，2021）。②土壤有机质的提升效果也受有机肥种类和用量影响。性质特征不同的有机肥在土壤中的分解过程不同，主要是由于有机质

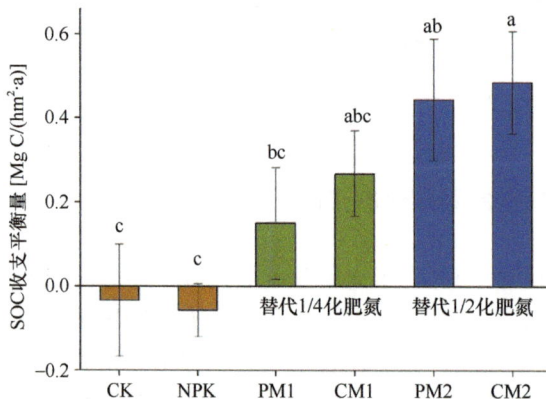

图 4-19　有机肥替代化肥对黑土有机碳平衡的影响

按照农民常规操作秸秆不还田；CK. 不施氮肥，NPK. 常规施化肥，PM1、CM1. 猪粪、鸡粪替代 1/4 化肥氮，PM2、CM2. 猪粪、鸡粪替代 1/2 化肥氮。根据 Chen 等（2017）修改绘制

的转化效果存在差异。全球 Meta 分析表明，牛粪对土壤有机质的提升作用大于猪粪和鸡粪（Maillard and Angers，2014）。通常情况下，土壤有机质的提升效果随有机肥投入量增加而增加，但是单位用量有机肥的固碳效果却有所降低（Aguilera et al.，2013）。③黑土地幅员辽阔，气候条件、土壤属性特别是有机质含量和质量差异大，有机肥用量和性质对土壤有机质提升效果的影响目前缺乏系统研究。如何针对不同区域及土壤，科学匹配最佳种类、精准投入最优用量的有机肥是构建黑土地高效有机培肥技术亟待破解的瓶颈。

4.3.4　冬季低温及秸秆还田方式制约秸秆腐解及固碳培肥效果

在实际应用中，秸秆还田的土壤固碳培肥效果存在较大不确定性，主要决定因素是秸秆化学组成、还田量及还田方式，同时还受气候和土壤条件的制约（Liu et al.，2014）。秸秆还田技术主要存在以下问题：①东北地区冬季低温导致秸秆分解缓慢，残留秸秆在翌年春季容易影响发芽率并带来病虫害等问题。将秸秆深埋深还可加速秸秆分解并促进有机质累积，但会增加经济成本（矫丽娜等，2015）；在风蚀问题明显的区域，地表缺乏秸秆覆盖会加剧风蚀导致的土壤退化。此外，研制低温腐解剂、纳米酶等新型催化剂也可减轻低温秸秆分解难带来的问题，但仍需要考虑增加的成本。②选择合适的秸秆还田方式是实际操作中面临的挑战。还田于土壤表面的秸秆使有机质难以到达下层土壤，同时可能影响出苗，因此需要结合深耕操作。研究表明，秸秆深埋可以有效提高下层土壤有机质含量及整体土壤肥力，同时可提高玉米和大豆产量（谭岑等，2018）。然而，深耕可能会导致团聚体被破坏，减弱团聚体对颗粒态有机质的保护，不利于有机质的累积。秸秆还田量也影响有机质的累积，内蒙古兴安盟 2 年的玉米颗粒状秸秆还田试验表明，90%的秸秆还田量较为适宜，促进土壤微生物生态向着健康稳定的状态发展（徐忠山等，2019）。③秸秆化学分子组成对固碳培肥效果存在不确定性。秸秆化学组成是影响其分解转换的重要因素，是维持土壤生态化学计量比的重要手段，其固碳培肥效果主要取决于气温、降水等环境因素和作物组成，但目前对此了解还不够充分（Liu et al.，2023b）。实际操作中，如何在综合考虑秸秆化学品质和土壤碳饱和程度的情况下，实现有机质累积的最大化和高效化具有一定的挑战性。

4.3.5　保护性耕作区域应用及多样化种植结合的挑战

东北黑土区是否及如何采用保护性耕作措施存在着争议，主要存在以下关键问题：①免耕在较温暖和排水好的地方效果好，而在东北黑土寒冷、地温低、排水不好、土壤黏重的条件下产量提升效果较差，保护性耕作方式局限在"三深法"（深翻、深松、加深活土层）。因此如何针对不同地区气候及黑土土壤条件精准选择适宜的保护性耕作方式，是加强保护性耕作推广要解决的第一个技术难题。②寒冷地区秋天还田的地表残茬不能快速分解导致翌年春季出苗率低，同时引起的"植化相克效应"和病虫害等问题均较难解决。③保护性耕作需要建立在机械化基础上，目前缺少适配的先进农机具，需大力加强智能化适配农机具的研发和投入。④保护性耕作需要大量除草剂，会提高生产成本，同时污染环境（高焕文等，2003；贾洪雷等，2010），如何通过种间互作或生态可持续的方式替换除草剂，也是保护性耕作推广应用需要解决的重要技术课题。

为避免上述问题，保护性耕作需要与作物多样性种植相结合，形成保护性农业模式（图4-20）。在田块尺度上，作物多样性包括时间多样性（作物轮作）和空间多样性（如间作、农林复合系统、混作和覆盖作物）。通过农作物遗传多样性、物种多样性的优化布局，增加农田物种的多样性和生态系统的稳定性，有效减轻作物病虫草害，提高粮食产量，增加农业生态系统服务价值（巴晓博等，2023）。

图4-20 保护性耕作与作物多样化种植相结合的秸秆覆盖轮作技术实施效果图
图片来自《东北黑土地保护与利用报告（2021年）》

4.4 黑土地有机质退化阻控与固碳培肥科技创新未来重点研究方向

我国通过制定《中华人民共和国黑土地保护法》、出台《东北黑土地保护规划纲要（2017—2030年）》及《国家黑土地保护工程实施方案（2021—2025年）》等途径在法律和政策的层面上加大对黑土地的保护，规划黑土地保护的未来重点研究方向。上述关于土壤有机质保育和培肥的政策指导，为黑土地有机质退化阻控和固碳培肥科技创新提供了可以遵循和发展的路径，也为相关领域的理论研究和技术攻关指明了突破方向。

4.4.1　黑土地有机肥固碳培肥机制与创新性技术

研究内容：针对黑土地不同区域土壤有机质的现状特点及不同种类畜禽粪便性质、产量区域分布差异，开展不同原料配伍堆制而成的具有不同组分特征的有机肥对土壤有机质量质提升效应的长期研究；结合土壤特征和培肥目标，开发差异化、针对性的有机肥生产和施用技术链；开展无害化堆腐以安全施用有机肥，以解决粪肥施加带来的病原菌、病虫和污染问题；研发土壤有机质量质协同提升的有机肥施用技术，探究针对不同土壤的有机肥精准施用方法，匹配特定的培肥目标提供针对性的解决方案；大力发展畜禽养殖–农作物种植的牧场+农场的种养结合模式，研发粪污收集—处置—还田全链条式系统化综合利用技术，实现养殖业畜禽粪便无害化处理和农田土壤固碳培肥的"双赢"。

2030 年目标：建立覆盖黑土地全域的匹配土壤有机质提升目标的有机肥精准施用技术。实现基础研究理论突破，揭示土壤有机质含量和质量对土壤健康和农田生产力的驱动机制，明确不同区域、不同类型土壤有机质的储量提升潜力、质量改善需求；重点破解有机肥组施用量和组成特征与土壤有机质量质提升目标的匹配效应，进而构建契合土壤有机质量质提升和作物产能扩增双重需求的有机肥靶向施用技术，并进行黑土地全域拓展和技术应用，为国家黑土地保护工程高质量实施提供有效支撑。

2035 年目标：深化有机肥产业发展，实现黑土地种养一体化的土壤固碳培肥生态模式。重点解决畜禽养殖业废弃物处理难度大、有机肥生产运输成本高等制约区域农业发展的瓶颈难题，创制畜禽养殖业废弃物有机肥化"零污染"处置与种植业农田靶向固碳培肥的农业生产模式，促进黑土地农业可持续发展和产业升级增效。

4.4.2　黑土地秸秆腐熟机制与还田培肥关键技术创新

研究内容：针对秸秆还田固碳培肥机制原理研究不足、冬季低温抑制秸秆分解、残茬影响出苗率导致病虫害等问题，深入研究秸秆还田固碳培肥的机制原理，结合最新研究中关于差异性土壤固碳策略的理论突破，探究针对不同区域及不同耕作模式下基于秸秆还田的差异性固碳培肥理论及策略；开发适应低温的秸秆腐解剂、纳米酶等新型产品，加快秸秆腐解和转化为土壤有机质的效率；创新改进秸秆还田方式，结合耕作模式大力研制对应的农机具，以显著提升秸秆还田对固碳培肥的效用，提高全耕层有机质含量并提高作物产量；研究不同区域、不同耕作模式下适用的秸秆还田配施化肥或有机肥技术，以达到较好的固碳培肥效果；结合有机肥施用、秸秆还田和保护性耕作等技术，充分利用上述组合带来的效益，以现有优秀模式（如龙江模式）为基础，继续探索适宜黑土区不同气候和土壤条件下的创新型模式。

2030 年目标：厘清不同气候和土壤条件下的固碳潜能和固碳培肥增产机制，重点突破秸秆腐解难的瓶颈。开发低温秸秆腐解剂、纳米酶等产品，加快冬季秸秆腐解速率；研发秸秆高效有机质化的方法与产品，提高秸秆土壤有机质化的效率。在实现上述目标的基础上，明确秸秆粉碎程度、还田深度等对秸秆腐解的作用，针对不同气候土壤条件，开发适宜的机械化秸秆还田模式。

2035 年目标：重点破解秸秆转变成土壤有机质效率低的难题，进一步研发优化秸秆还田技术，研制秸秆分解产生有机组分的高效固定纳米矿物等新型产品，进一步提高秸秆有机质化的效率。针对不同气候土壤特征，重点开发秸秆还田与有机肥和化肥联用等创新性模式，形成针对东北黑土区薄层黑土、中厚层黑土、棕褐壤等土壤类型的有效固碳培肥增产模式，实现黑土地可持续、高效利用。

4.4.3 黑土地保护性耕作固碳关键技术创新

研究内容：针对东北黑土地保护性耕作系统复杂化、秸秆残茬管理困难、农机具适配性不足等问题，开发针对不同自然条件和退化类型区的差异化保护性农业体系，结合多种技术方式以形成综合智慧型耕作体系；研发与保护性耕作技术相适配的农机具，突破农机具生产环节的关键技术，结合人工智能和信息工程等技术发展智能农机装备，解决种植作物品种不同、种植方式不统一及收获时间差异等突出问题；关注保护性耕作中免耕少耕、秸秆覆盖会导致杂草生长和病虫害等问题，从植保角度寻求解决方案；结合东北黑土地区域特性，大力开发针对干旱及风蚀严重区域的秸秆覆盖免耕技术、低温湿润地区的条耕技术与覆盖耕作技术及高寒及低洼地区的垄作少耕技术等。

2030 年目标：构建覆盖黑土地全域的标准化保护性耕作系统，完成配套机具的研发、生产和应用，提高农机的适配性和作业效率；提高农机装备的智能化，最终完成精准高效作业，形成"种植前地块等级精准体检—针对性定制保护性耕作体系种植中全程数字化信息采集—专家系统实时处方分析—机械化智能化精准执行"的现代农业新范式，并在示范区进行推广示范。

2035 年目标：根据黑土地全域的整体规划和布局，综合集成现有技术，制定系统解决方案，加强工程措施和耕作管理的相互配合，在黑土地全域拓展和技术应用，优化布局，完成智能化农机关键技术集成的产业化应用和推广，为国家黑土地保护工程高质量实施提供有效支撑。

4.5 典型案例

案例一　保护性耕作的碳氮双效调控型生物耕作作物与玉米间作技术

　　以深根、丰根覆盖作物为核心的生物耕作是改善土壤结构、提高黑土有机质、实现固碳节能减排的重要举措。生物耕作作物与玉米进行间作种植可以实现固氮增碳、用养结合双效共赢，是我国农业技术的重要发展方向。然而，由于缺乏配套的田间作业机具，该技术难以大面积推广应用。2023 年，中国科学院沈阳应用生态研究所研发成功了"玉米与丰根系生物耕作作物间作播种—施肥—施药一体化"作业机具，并得到应用（图 4-21）。一方面，该机具可以实现播种—施肥—施药的一体化作业，极大地降低了农事活动与机械投入，解决了生物耕作作物与玉米间作种植技术落地难的问题；另一方面，可以通过玉米和生物耕作作物之间行株距的调节、肥料分层深施、按照作物类型分类喷洒除草剂等，解决豆科作物与禾本科作物间作时杂草防治难的问题。目前利用该机具在辽宁昌图试验示范区布设了以玉米种植模式为主处理、生物耕作作物播量为辅处理的不同类型作物间作模式的对比试验，实现了两种类型作物间作、施肥、喷药一体化作业，以及玉米行株距、生物耕作作物播量、施肥量等参数的多级调控，以建立阻控土壤有机质衰减的生物耕作作物与玉米间作的优化种植模式。

图 4-21　生物耕作作物–玉米间作播种—施肥—施药一体化作用机具

图片来自中国科学院沈阳应用生态研究所何红波课题组

案例二 贫瘠黑土地有机质活性库容快速扩展的液体肥高效施用技术

在辽宁省西部奶牛养殖和玉米种植基地开展研究，通过对奶牛粪污固液分离、好氧发酵和无害化处理后制成高效液体有机肥，并开展田间试验评估液体有机肥用量和施用方式对土壤活性碳库扩展和培肥效果。根据液体有机肥不同施用量和施用频次，并研究配施氮素转化调控剂和土壤黏合剂的效果。结果发现，相同施氮量情况下（250kg N/hm^2），液体有机肥+氮素调控剂处理的青贮玉米产量较常规化肥处理（NPK）增加 16.0%。液体有机肥施用量增加，青贮玉米产量也不断增加，400kg N/hm^2 液体有机肥处理青贮玉米产量最高，比 NPK 处理增加 27.0%。液体有机肥施用显著增加土壤溶解有机碳（DOC）含量，250kg N/hm^2 液体有机肥处理较 NPK 处理增加 27%～44%，随液体有机肥用量增加而提高。与此同时，液体有机肥+氮素调控剂处理与 NPK 处理相比降低氨挥发 18.5%，显著提高肥料氮利用率（图 4-22）。因此推荐 250kg N/hm^2 液体有机肥+氮素调控剂为适宜的土壤活性碳库快速扩增技术，实现了土壤有机质、氮肥利用率和作物产量的协同提

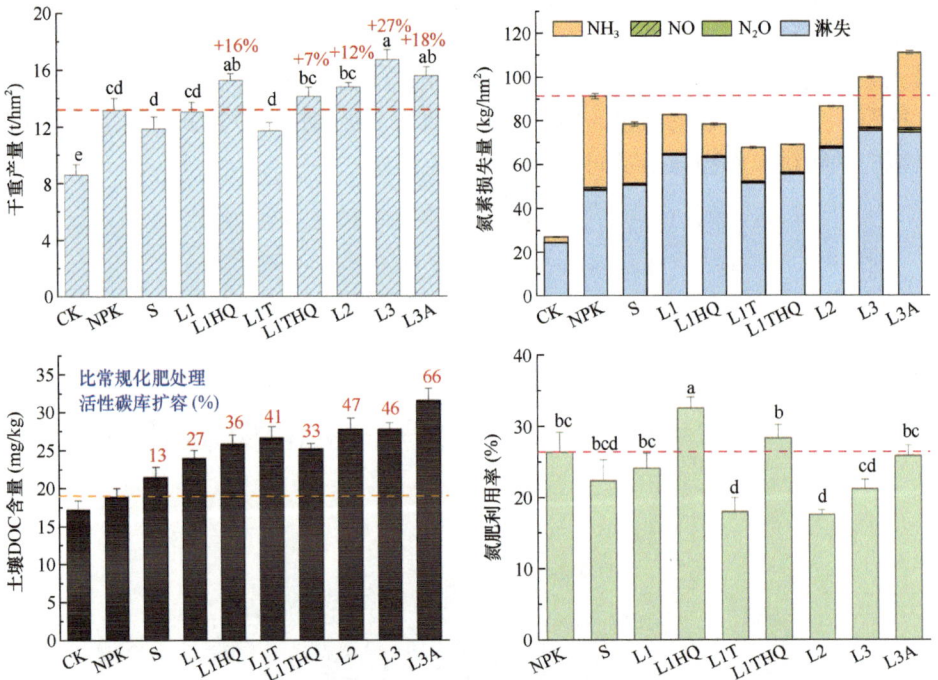

图 4-22 液体有机肥对青贮玉米产量、氮素损失量、土壤溶解性有机碳和氮肥利用率的影响

CK. 不施肥，NPK. 常规化肥，S. 固体有机肥，L1. 低量液体有机肥，L1HQ. 低量液体有机肥+氮素调控剂，L1T. 低量液体有机肥增加施用次数，L1THQ. 低量液体有机肥增加施用次数+氮素调控剂，L2. 中量液体有机肥，L3. 高量液体有机肥，L3A. 高量液体有机肥+水分调控剂。不同字母表示显著性差异（$P<0.05$）。数据来源：中国科学院南京土壤研究所丁维新课题组

升。在上述研究成果基础上，制定发布了地方标准《奶牛养殖场污水原位消纳技术规程》（DB15/T 3042—2023），为黑土地有机质培育技术研发提供了范例。

作 者 信 息

丁维新，中国科学院南京土壤研究所

陈增明，中国科学院南京土壤研究所

杨颂宇，中国科学院南京土壤研究所

许士麒，中国科学院南京土壤研究所

黎　烨，中国科学院南京土壤研究所

李禄军，中国科学院东北地理与农业生态研究所

参 考 文 献

敖曼, 张旭东, 关义新. 2021. 东北黑土保护性耕作技术的研究与实践. 中国科学院院刊, 36(10): 1203-1215.

巴晓博, 隋鑫, 刘鸣达, 等. 2023. 东北黑土区覆盖作物-玉米间作保护性耕作的生态系统服务价值. 应用生态学报, 34(7): 1883-1891.

丁建莉, 姜昕, 关大伟, 等. 2016. 东北黑土微生物群落对长期施肥及作物的响应. 中国农业科学, 49(22): 4408-4418.

董珊珊, 窦森, 邵满娇, 等. 2017. 秸秆深还不同年限对黑土腐殖质组成和胡敏酸结构特征的影响. 土壤学报, (1): 150-159.

窦森, 李凯, 关松. 2011. 土壤团聚体中有机质研究进展. 土壤学报, 48(2): 412-418.

高焕文, 李问盈, 李洪文. 2003. 中国特色保护性耕作技术. 农业工程学报, 19(3): 1-4.

高威, 王连峰, 贾仲君. 2021. 长期不同施肥模式对农田黑土微生物群落构建的影响. 生态与农村环境学报, 37(11): 1437-1448.

宫秀杰, 钱春荣, 石祖梁, 等. 2021. 东北区玉米秸秆资源量、利用现状及存在的问题. 农业科技通讯, 3: 4-6, 9.

关松, 窦森, 马丽娜, 等. 2017. 长施马粪对暗棕壤团聚体腐殖质数量和质量的影响. 土壤学报, 54(5): 1195-1205.

韩晓增, 李娜. 2018. 中国东北黑土地研究进展与展望. 地理科学, 38(7): 1032-1041.

韩晓增, 邹文秀. 2018. 我国东北黑土地保护与肥力提升的成效与建议. 中国科学院院刊, 33(2): 206-212.

韩晓增, 邹文秀. 2021. 东北黑土地保护利用研究足迹与科技研发展望. 土壤学报, 58(6): 1341-1358.

郝翔翔, 杨春葆, 苑亚茹, 等. 2013. 连续秸秆还田对黑土团聚体中有机碳含量及土壤肥力的影响. 中国农学通报, 29(35): 263-269.

郝小雨, 马星竹, 周宝库, 等. 2016. 长期不同施肥措施下黑土有机碳的固存效应. 水土保持学报, 30(5): 316-321.

何翠翠, 王立刚, 王迎春, 等. 2015. 长期施肥下黑土活性有机质和碳库管理指数研究. 土壤学报, 52(1): 194-202.

贾洪雷, 马成林, 李慧珍, 等. 2010. 基于美国保护性耕作分析的东北黑土区耕地保护. 农业机械学报, 41(10): 28-34.

江恒, 邹文秀, 韩晓增, 等. 2013. 土地利用方式和施肥管理对黑土物理性质的影响. 生态与农村环境学报, 29(5): 599-604.

矫丽娜, 李志洪, 殷程程, 等. 2015. 高量秸秆不同深度还田对黑土有机质组成和酶活性的影响. 土壤学报, 52(3): 665-672.

焦晓光, 魏丹. 2009. 长期培肥对农田黑土土壤酶活性动态变化的影响. 中国土壤与肥料, (5): 23-27.

李欣伦, 屈晓泽, 李伟彤, 等. 2017. 有机肥与化肥配施对黑土理化性质及玉米产量的影响. 国土与自然资源研究, 4: 45-48.

李艳, 李玉梅, 刘峥宇, 等. 2019. 秸秆还田对连作玉米黑土团聚体稳定性及有机碳含量的影响. 土壤与作物, 8(5): 129-138.

刘鹏飞, 红梅, 美丽, 等. 2019. 玉米秸秆还田量对黑土区农田地面节肢动物群落的影响. 生态学报, 39(1): 235-243.

刘思佳, 关松, 张晋京, 等. 2019. 秸秆还田对黑土团聚体有机碳含量的影响. 吉林农业大学学报, 41(1): 61-70.

刘忆莹, 裴久渤, 汪景宽. 2019. 东北典型黑土区耕地有机质与 pH 的空间分布规律及其相互关系. 农业资源与环境学报, 36(6): 738-743.

邵兴芳, 徐明岗, 张文菊, 等. 2014. 长期有机培肥模式下黑土碳与氮变化及氮素矿化特征. 植物营养与肥料学报, 20(2): 326-335.

谭岑, 窦森, 靳亚双, 等. 2018. 秸秆深还对黑土耕层根区养分空间分布的影响. 吉林农业大学学报, 40(5): 603-609.

王光华, 齐晓宁, 金剑, 等. 2007. 施肥对黑土农田土壤全碳、微生物量碳及土壤酶活性的影响. 土壤通报, 38(4): 661-666.

王绍强, 周成虎, 刘纪远, 等. 2001. 东北地区陆地碳循环平衡模拟分析. 地理学报, 56(4): 390-400.

王文东, 红梅, 赵巴音那木拉, 等. 2019. 不同培肥措施对黑土区农田中小型土壤动物群落的影响. 应用与环境生物学报, 25(6): 1344-1351.

汪可欣, 付强, 张中昊, 等. 2016. 秸秆覆盖与表土耕作对东北黑土根区土壤环境的影响. 农业机械学报, 47(3): 131-137.

魏丹, 匡恩俊, 迟凤琴, 等. 2016. 东北黑土资源现状与保护策略. 黑龙江农业科学, 16(1): 158-161.

武俊男, 刘昱辛, 周雪, 等. 2018. 基于 Illumina MiSeq 测序平台分析长期不同施肥处理对黑土真菌群落的影响. 微生物学报, 58(9): 1658-1671.

武志杰, 张海军, 许广山, 等. 2002. 玉米秸秆还田培肥土壤的效果. 应用生态学报, 13(5): 539-542.

辛刚, 颜丽, 汪景宽, 等. 2002. 不同开垦年限黑土有机质变化的研究. 土壤通报, 33(5): 332-335.

徐明岗, 张文菊, 黄邵敏. 2015. 中国土壤肥力演变. 2 版. 北京: 中国农业科学技术出版社:

11-190.

徐忠山, 刘景辉, 逯晓萍, 等. 2019. 秸秆颗粒还田对黑土土壤酶活性及细菌群落的影响. 生态学报, 39(12): 4347-4355.

杨学明, 张晓平, 方华军, 等. 2004. 北美保护性耕作及对中国的意义. 应用生态学报, 15(2): 335-340.

杨元合, 石岳, 孙文娟, 等. 2022. 中国及全球陆地生态系统碳源汇特征及其对碳中和的贡献. 中国科学: 生命科学, 52(4): 534-574.

查燕, 武雪萍, 张会民, 等. 2015. 长期有机无机配施黑土土壤有机碳对农田基础地力提升的影响. 中国农业科学, 48(23): 4649-4659.

张海林, 高旺盛, 陈阜, 等. 2005. 保护性耕作研究现状、发展趋势及对策. 中国农业大学学报, 10(1): 16-20.

张兴义, 刘晓冰, 赵军. 2018. 黑土利用与保护. 北京: 科学出版社: 110-118.

张兴义, 隋跃宇, 宋春雨. 2013. 农田黑土退化过程. 土壤与作物, 2(1): 1-6.

赵伟, 陈雅君, 王宏燕, 等. 2012. 不同秸秆还田方式对黑土土壤氮素和物理性状的影响. 玉米科学, 20(6): 98-102.

中国科学院. 2021. 东北黑土地白皮书 (2020). https://igsnrr.cas.cn/publish/dbhtd/202307/P02023072273890185020.pdf [2023-7-22]

中国科学院. 2022. 东北黑土地保护与利用报告(2021 年). https://www.cas.cn/zt/kjzt/htlc/yxdt/202210/W020221002625709353750.pdf[2022-10-22]

中国科学院. 2023. 东北黑土地保护与利用报告(2022 年). http://cms.cern.ac.cn/eWebEditor/file/20231127/20231127140823_398.pdf[2023-11-27]

朱兴娟, 李桂花, 涂书新, 等. 2018. 秸秆和秸秆炭对黑土肥力及氮素矿化过程的影响. 农业环境科学学报, 37(12): 2785-2792.

邹文秀, 陆欣春, 韩晓增, 等. 2016. 耕作深度及秸秆还田对农田黑土土壤供水能力及作物产量的影响. 土壤与作物, 5(3): 141-149.

Aguilera E, Lassaletta L, Gattinger A, et al. 2013. Managing soil carbon for climate change mitigation and adaptation in Mediterranean cropping systems: a meta-analysis. Agr Ecosyst Environ, 168: 25-36.

Angst G, Mueller K E, Castellano M J, et al. 2023. Unlocking complex soil systems as carbon sinks: multi-pool management as the key. Nat Commun, 14(1): 2967.

Chen Z M, Xu Y H, Cusack D F, et al. 2019a. Molecular insights into the inhibitory effect of nitrogen fertilization on manure decomposition. Geoderma, 353: 104-115.

Chen Z M, Xu Y H, Castellano M J, et al. 2019b. Soil respiration components and their temperature sensitivity under chemical fertilizer and compost application: the role of nitrogen supply and compost substrate quality. J Geophys Res-Biogeo, 124(3): 556-571.

Chen Z M, Xu Y H, Fan J L, et al. 2017. Soil autotrophic and heterotrophic respiration in response to different N fertilization and environmental conditions from a cropland in Northeast China. Soil Biol Biochem, 110: 103-115.

Chen Z M, Xu Y H, He Y J, et al. 2018. Nitrogen fertilization stimulated soil heterotrophic but not autotrophic respiration in cropland soils: a greater role of organic over inorganic fertilizer. Soil Biol Biochem, 116: 253-264.

Chen R, Senbayram M, Blagodatsky S, et al. 2014. Soil C and N availability determine the priming effect: Microbial N mining and stoichiometric decomposition theories. Global Change Biol, 20:

2356-2367.

Córdova S C, Olk D C, Dietzel R N, et al. 2018. Plant litter quality affects the accumulation rate, composition, and stability of mineral-associated soil organic matter. Soil Biol Biochem, 125: 115-124.

Cotrufo M F, Lavallee J M, Zhang Y, et al. 2021. In-N-Out: A hierarchical framework to understand and predict soil carbon storage and nitrogen recycling. Global Change Biol, 27(19): 4465-4468.

Cotrufo M F, Wallenstein M D, Boot C M, et al. 2013. The microbial efficiency-matrix stabilization (MEMS) framework integrates plant litter decomposition with soil organic matter stabilization: do labile plant inputs form stable soil organic matter? Global Change Biol, 19(4): 988-995.

Ding X, Yuan Y, Liang Y, et al. 2014. Impact of long-term application of manure, crop residue, and mineral fertilizer on organic carbon pools and crop yields in a Mollisol. J Soil Sediment, 14(5): 854-859.

Ding X L, Han X Z, Liang Y, et al. 2012. Changes in soil organic carbon pools after 10 years of continuous manuring combined with chemical fertilizer in a Mollisol in China. Soil Till Res, 122: 36-41.

Ding X L, Han X Z, Zhang X D, et al. 2013. Continuous manuring combined with chemical fertilizer affects soil microbial residues in a Mollisol. Biol Fert Soils, 49: 387-393.

Ding X L, Zhang B, Filley T R, et al. 2019. Changes of microbial residues after wetland cultivation and restoration. Biol Fert Soils, 55(4): 405-409.

Hao X, Han X, Wang S, et al. 2022. Dynamics and composition of soil organic carbon in response to 15 years of straw return in a Mollisol. Soil Till Res, 215: 105221.

Hu X J, Gu H D, Liu J J, et al. 2022. Metagenomics reveals divergent functional profiles of soil carbon and nitrogen cycling under long-term addition of chemical and organic fertilizers in the black soil region. Geoderma, 418: 115846.

Jiang G Y, Xu M G, He X H, et al. 2014. Soil organic carbon sequestration in upland soils of northern China under variable fertilizer management and climate change scenarios. Global Biogeochem Cy, 28(3): 319-333.

Jiang H, Han X Z, Zou W X, et al. 2018. Seasonal and long-term changes in soil physical properties and organic carbon fractions as affected by manure application rates in the Mollisol region of Northeast China. Agr Ecosyst Environ, 268: 133-143.

Jones A R, Dalal R C, Gupta V, et al. 2023. Molecular complexity and diversity of persistent soil organic matter. Soil Biol Biochem, 184: 109061.

Lal R. 2004. Soil carbon sequestration impacts on global climate change and food security. Science, 304(5677): 1623-1627.

Lal R. 2020. Soil organic matter content and crop yield. J Soil Water Conserv, 75(2): 27A-32A.

Lehmann J, Hansel C M, Kaiser C, et al. 2020a. Persistence of soil organic carbon caused by functional complexity. Nat Geosci, 13(8): 529-534.

Lehmann J, Bossio D A, Kögel-Knabner I, et al. 2020b. The concept and future prospects of soil health. Nat Rev Earth Env, 1: 544-553.

Lehmann J, Kleber M. 2015. The contentious nature of soil organic matter. Nature, 528(7580): 60-68.

Lei W Y, Pan Q, Teng P J, et al. 2023. How does soil organic matter stabilize with soil and environmental variables along a black soil belt in Northeast China? An explanation using FTIR spectroscopy data. Catena, 228: 107152.

Lessmann M, Ros G H, Young M D, et al. 2022. Global variation in soil carbon sequestration potential through improved cropland management. Global Change Biol, 28(3): 1162-1177.

Li B Z, Song H, Cao W C, et al. 2021a. Responses of soil organic carbon stock to animal manure application: A new global synthesis integrating the impacts of agricultural managements and environmental conditions. Global Change Biol, 27(20): 5356-5367.

Li L J, Burger M, Du S L, et al. 2016. Change in soil organic carbon between 1981 and 2011 in croplands of Heilongjiang Province, northeast China. J Sci Food Agr, 96(4): 1275-1283.

Li L J, Han X Z, You M Y, et al. 2013a. Carbon and nitrogen mineralization patterns of two contrasting crop residues in a Mollisol: effects of residue type and placement in soils. Eur J Soil Biol, 54: 1-6.

Li L J, You M Y, Shi H A, et al. 2013b. Tillage effects on SOC and CO_2 emissions of Mollisols. J Food Agric Environ, 11(1): 340-345.

Li M, He P, Guo X, et al. 2021b. Fifteen-year no tillage of a Mollisol with residue retention indirectly affects topsoil bacterial community by altering soil properties. Soil Till Res, 205: 104804.

Li Y, Chen Z M, Chen J, et al. 2022. Oxygen availability regulates the quality of soil dissolved organic matter by mediating microbial metabolism and iron oxidation. Global Change Biol, 28(24): 7410-7427.

Liang C. 2020. Soil microbial carbon pump: Mechanism and appraisal. Soil Ecol Lett, 2(4): 241-254.

Liang C, Schimel J P, Jastrow J D. 2017. The importance of anabolism in microbial control over soil carbon storage. Nat Microbiol, 2: 17105.

Liu C, Lu M, Cui J, et al. 2014. Effects of straw carbon input on carbon dynamics in agricultural soils: a meta-analysis. Global Change Biol, 20(5): 1366-1381.

Liu H W, Wang J J, Sun X, et al. 2023a. The driving mechanism of soil organic carbon biodegradability in the black soil region of Northeast China. Sci Total Environ, 884: 163835.

Liu J, Qiu T, Penuelas J, et al. 2023b. Crop residue return sustains global soil ecological stoichiometry balance. Global Change Biol, 29(8): 2203-2226.

Liu S, Zhang X, Liang A, et al. 2018. Ridge tillage is likely better than no tillage for 14-year field experiment in black soils: Insights from a ^{15}N-tracing study. Soil Till Res, 179: 38-46.

Lützow M V, Kögel-Knabner I, Ekschmitt K, et al. 2006. Stabilization of organic matter in temperate soils: mechanisms and their relevance under different soil conditions-a review. Eur J Soil Sci, 57(4): 426-445.

Maillard E, Angers D A. 2014. Animal manure application and soil organic carbon stocks: a meta-analysis. Global Change Biol, 20(2): 666-679.

Qiao Y F, Miao S J, Han X Z, et al. 2014. The effect of fertilizer practices on N balance and global warming potential of maize-soybean-wheat rotations in Northeastern China. Field Crop Res, 161: 98-106.

Qin Z, Guan K, Zhou W, et al. 2023. Assessing long-term impacts of cover crops on soil organic carbon in the central US Midwestern agroecosystems. Global Change Biol, 29(9): 2572-2590.

Schrumpf M, Kaiser K, Guggenberger G, et al. 2013. Storage and stability of organic carbon in soils as related to depth, occlusion within aggregates, and attachment to minerals. Biogeosciences, 10(3): 1675-1691.

Schmidt M W I, Torn M S, Abiven S D, et al. 2011. Persistence of soil organic matter as an ecosystem property. Nature, 478: 49-56.

Six J, Elliott E T, Paustian K. 2000. Soil macroaggregate turnover and microaggregate formation: a mechanism for C sequestration under no-tillage agriculture. Soil Biol Biochem, 32: 2099-2103.

Stewart C E, Paustian K, Conant R T, et al. 2007. Soil carbon saturation: concept, evidence and evaluation. Biogeochemistry, 86(1): 19-31.

Wang X, Li S J, Wang L P, et al. 2023. Effects of cropland reclamation on soil organic carbon in China's black soil region over the past 35 years. Global Change Biol, 29(18): 5460-5477.

West P C, Gibbs H K, Monfreda C, et al. 2010. Trading carbon for food: global comparison of carbon stocks vs. crop yields on agricultural land. Proc Natl Acad Sci, 107(46): 19645-19648.

Wiesmeier M, Urbanski L, Hobley E, et al. 2019. Soil organic carbon storage as a key function of soils - A review of drivers and indicators at various scales. Geoderma, 333: 149-162.

Xiao K Q, Zhao Y, Liang C, et al. 2023. Introducing the soil mineral carbon pump. Nat Rev Earth Environ, 4(3): 135-136.

Xie Z B, Zhu J G, Liu G, et al. 2007. Soil organic carbon stocks in China and changes from 1980s to 2000s. Global Change Biol, 13(9): 1989-2007.

Xu L, Yu G, He N, et al. 2018. Carbon storage in China's terrestrial ecosystems: a synthesis. Sci Rep, 8(1): 2806.

Yan X Y, Cai Z C, Wang S W, et al. 2011. Direct measurement of soil organic carbon content change in the croplands of China. Global Change Biol, 17(3): 1487-1496.

Yang S, Jansen B, Absalah S, et al. 2022. Soil organic carbon content and mineralization controlled by the composition, origin and molecular diversity of organic matter: a study in tropical alpine grasslands. Soil Till Res, 215: 105203.

Zhang Y, Li X, Gregorich E G, et al. 2018. No-tillage with continuous maize cropping enhances soil aggregation and organic carbon storage in Northeast China. Geoderma, 330: 204-211.

Zhang Z M, He P, Hao X X, et al. 2023. Long-term mineral combined with organic fertilizer supports crop production by increasing microbial community complexity. Appl Soil Ecol, 188: 104930.

Zhao Y C, Wang M Y, Hu S J, et al. 2018. Economics- and policy-driven organic carbon input enhancement dominates soil organic carbon accumulation in Chinese croplands. Proc Natl Acad Sci, 115(16): 4045-4050.

第5章　黑土地压实板结退化阻控与恢复

摘要： 东北黑土地压实"变硬"问题日益突出，导致黑土地生产力降低及作物减产，影响我国粮食安全。加强科技投入研究黑土压实"变硬"的过程机理及消减关键技术是阻控和缓解黑土压实"变硬"的前提，然而，国内关于黑土地压实板结的科学研究力量十分薄弱。因此，总结当前黑土地压实板结现状、研究进展、科技创新面临的关键问题和未来研究方向，对于推动黑土压实"变硬"的科技创新是十分必要的。总体而言，黑土地开垦后，容重呈增加的趋势，平均每 10 年增加 0.06g/cm^3，侵蚀加剧了黑土地"变硬"。据统计，内蒙古自治区东四盟耕地土壤容重值最大，其次为辽宁省和吉林省，黑龙江省土壤容重值最小。在黑龙江省西南部、吉林西部、辽宁中部等区域土壤硬度较大，犁底层压实板结问题突出。土壤容重、穿透阻力、大孔隙特征、力学性质等指标都可以在一定程度上表征土壤压实，但也都存在不足之处；目前仍缺乏全面评价黑土地压实"变硬"的诊断指标和评价体系。土壤压缩特性（土壤预压应力和压缩指数等）是影响土壤压实过程的关键参数，与土壤容重、质地、有机质和含水量等土壤性质密切相关。农机的荷载和胎压及应力在土壤中的传递过程显著影响土壤压实过程。土壤压实会导致根系生长与代谢受到抑制，农田土壤侵蚀风险增加，温室气体排放增加，土壤生物生存环境和丰富度被破坏。黑土地压实阻控技术有：农机具选型适配技术、保护性耕作技术和有机质提升技术等；压实恢复技术有：冻融调控技术、深耕技术和生物耕作技术等。黑土地压实板结退化阻控与恢复科技创新面临的关键问题是：黑土地压实板结诊断指标与评价体系缺失；黑土地保护与利用之间的适宜性耕作方式仍需改进优化；黑土地压实板结的物理改良与生态恢复协同的技术与原理不明；黑土变薄变瘦与变硬同步退化的过程与机理不明。黑土地压实板结退化阻控与恢复的科技创新未来重点研究方向是：建立黑土地压实板结诊断指标与风险评价体系；研发黑土地压实板结与变薄、变瘦协同阻控与生态恢复原理与技术；系统性缓解黑土地压实板结的智能农机装备创新设计。

随着农业机械程度的不断提高及不合理的开垦利用加剧,我国东北黑土地出现日益严重的压实板结"变硬"问题,造成黑土地通气透水能力降低、作物根系生长受限和产量下降,威胁我国粮食安全。相对而言,黑土地侵蚀导致的土层"变薄"及有机质下降引起的土壤"变瘦"(颜色变浅)都是清晰可见的,黑土地压实板结导致的"变硬"问题,尤其是亚表层土壤的压实板结问题往往难以察觉,成为黑土区现代化农业面临的土壤退化难题。另外,国内关于黑土地压实板结的科学研究力量十分薄弱,难以为黑土地压实板结阻控与恢复技术提供充足的科学理论。因此,总结当前黑土地压实板结现状、研究进展和科技创新面临的关键问题和未来研究方向,对于引导决策者、公众和科研人员关注并重视黑土地压实板结问题,开展针对黑土地压实板结问题的政策制定、田间管理和科学研究等,都具有重要的理论和现实意义。

5.1 黑土地压实板结现状

由于长期过度的开垦利用及农业机械化程度的不断提高,我国东北黑土区土壤压实板结问题日益突出。根据第二次全国土壤普查资料分析,与自然状态下的黑土相比,开垦 20 年、40 年和 80 年后耕地土壤 0~30cm 土层的容重分别增加了 7.59%、34.18% 和 59.49%,田间持水量分别下降了 10.74%、27.38% 和 53.90%,总孔隙度分别下降了 1.91%、13.25% 和 22.68%(表 5-1)。可见,原始黑土经开垦后,由于机械作业等因素的影响,土壤容重呈增加趋势,平均每 10 年增加 0.06g/cm^3。

表 5-1 不同开垦年限黑土物理性质变化

土地利用现状	土层(cm)	土壤容重(g/cm^3)	田间持水量(%)	总孔隙度(%)
荒地	0~30	0.79	57.7	67.9
开垦 20 年	0~30	0.85	51.5	66.6
开垦 40 年	0~30	1.06	41.9	58.9
开垦 80 年	0~30	1.26	26.6	52.5

资料来源:黑龙江省土地管理局和黑龙江省土地勘测规划院,1998

刘金华等(2015)调查发现,与休闲黑土相比,吉林省梨树、德惠和榆树的农田黑土硬度分别增加了 15.54%、3.04% 和 21.62%,表明机械化种植模式加剧了土壤压实板结。段兴武等(2012)研究发现,2007 年典型黑土耕层以下土壤容重最高可达 1.69g/cm^3,耕层容重较 20 世纪 80 年代增加了 8.5%。Liu 等(2010)发现,侵蚀导致黑土容重增加了 70.8%,持水能力和渗透速率显著降低(表 5-2),土壤物理性质恶化,土壤质量下降。

根据中国科学院《东北黑土地保护和利用报告(2021 年)》,东北黑土区耕地土壤容重平均值为 1.23g/cm^3,最大值为 1.52g/cm^3,空间上呈现从东北到西南递

表 5-2　不同侵蚀程度表层土壤（0～20cm）的物理性质

侵蚀类型	土壤容重（g/cm³）	田间持水量（%）	渗透速率（mm/min）
无侵蚀	0.79	57.7	10.55
轻微	0.93	52.6	8.74
中度	1.04	49.6	5.34
重度	1.09	46.2	4.45
极端	1.35	28.0	1.63

增的分布特征。内蒙古省、辽宁省、吉林省的交界处土壤容重较高，说明这些区域黑土的压实程度较为严重；黑龙江省东北部土壤容重较低，表明压实程度相对较低（图 5-1）。按行政区统计，内蒙古自治区东四盟耕地土壤容重值最大，其次为辽宁省和吉林省，黑龙江省土壤容重值最小（表 5-3）。

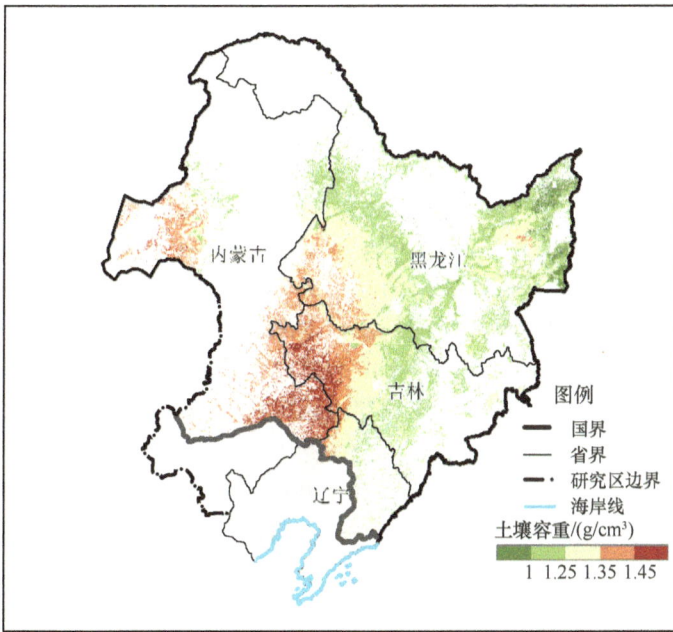

图 5-1　东北黑土区耕地容重空间分布图（中国科学院，2022）

表 5-3　东北黑土区耕地土壤容重分区统计结果　　　　（单位：g/cm³）

区域	最小值	最大值	平均值	中位数	标准差
黑龙江省	0.82	1.46	1.21	1.24	0.11
吉林省	0.98	1.52	1.31	1.30	0.10
辽宁省	1.00	1.51	1.32	1.32	0.06
内蒙古自治区东四盟	0.93	1.53	1.37	1.40	0.11

资料来源：中国科学院，2022

中国农业大学黄元仿教授团队调查了辽宁省、吉林省和黑龙江省主要旱地0～45cm 土层紧实度，并识别了犁底层的厚度（Zhuo et al.，2020）。结果发现，黑土的耕作层较薄，在 22.5cm 以下，最薄的只有 7.5cm；犁底层厚度在 5.00～12.50cm，厚度最大的区域主要分布在黑龙江省东北部，吉林省西部和中部。黑龙江省西南部、吉林省西部及辽宁省中南部，耕作层的紧实度在 1000kPa，高于其他区域，存在一定程度的压实问题；犁底层的紧实度都在 2000kPa 以上，存在较为严重的土壤压实板结问题。

综上所述，我国东北黑土区存在较为严重的土壤压实板结问题，出现耕作层浅薄、犁底层硬度较大的现象。从区域分布看，黑龙江省西南部、吉林省西部、辽宁省中部和内蒙古自治区东四盟土壤压实板结的情况最为严重。

5.2 黑土地压实板结退化阻控与恢复科技创新主要研究进展

5.2.1 黑土地压实板结退化阻控与恢复基础理论研究

1. 黑土地压实板结诊断指标

土壤压实是孔隙度降低、容重增加的过程。黑土疏松多孔、黏粒含量高、机械化发达，发生土壤压实的风险更高。表征土壤压实的指标众多，其中，土壤容重和穿透阻力由于易测定成为目前最为常用的衡量指标。但是这两个指标也都存在各自的缺点，土壤容重反映的是土壤的总体孔隙状况，而只占总孔隙 10%左右的大孔隙对土壤压实更为敏感。土壤穿透阻力能反映根系在土壤中生长的难易程度，但与土壤水分关系密切，导致不同条件下测定结果差异巨大，很难进行空间和时间上的比较。有些研究者采用 X 射线断层扫描（X-ray CT）技术测定的土壤大孔隙度，以及与大孔隙息息相关的土壤饱和导水率和导气性等指标反映土壤压实情况。这些指标虽然对土壤压实的响应更为敏感，但是也带来空间异质性强、测试时间长和分析成本高等问题。此外，土壤的抗压、抗剪、抗拉等力学指标也常用来反映土壤压实情况。土壤力学性质综合了土壤容重、水分和质地等属性，综合反映了抗压实能力。总体来看，能反映土壤压实的指标很多，都有各自的优点，也存在不同程度的不足。作为目前最常用也最实用的指标，土壤容重广泛应用还有历史原因：截至目前，黑土区有三期土壤容重数据集，第一期是 20 世纪80 年代的第二次全国土壤普查数据集，第二期是 21 世纪初的土系数据集，最新的第三期是目前正在开展的黑土地保护与利用专项积累的大量土壤容重数据，另外还有即将完成的第三次全国土壤普查数据集。这些不同历史时期的数据，是评价黑土区土壤压实演变和驱动因素的宝贵资源。

虽然反映土壤硬度的指标众多，但是均无法直接诊断土壤的压实水平。这是因为，这些指标的大小不仅受到土壤压实的影响，还与土壤自身的性质有关。以土壤容重为例，压实后容重会增加，但是容重大的土壤并不一定比容重小的土壤压实严重，比如砂粒含量高的风沙土容重一般高于有机质含量高质地黏重的黑土。利用这些指标不同时间的数据可以反映土壤压实水平的动态，但无法获取土壤压实程度的信息。对土壤压实进行诊断的前提是获得比较基准。目前，比较常用的诊断方法有三种，第一种诊断方法是将自然土壤的指标作为比较基准，将农田土壤的测定数据与该基准比较，得到土壤的压实状况。虽然自然土壤没有受到机械压实，但一般位于不便于开垦的山区或者沟谷，其形成过程与农田土壤的初始状况可能就存在差异。从特征上看，自然土壤通常土层薄、碎石含量高，都会影响土壤压实的指标。另外，自然土壤和农田土壤的土地利用方式不同也会导致土壤性质发生改变，也就是说，两者的差异并不完全由压实导致。因此，在选择自然土壤作为基准时要特别谨慎。第二种诊断方法是利用参考容重的方法，也就是200kPa 压强作用于饱和土壤，直至其稳定，此时的容重为参考容重（Keller and Håkansson，2010）。将测定容重和参考容重比较，一般认为实际容重和参考值比值大于 87%时，土壤存在压实，也有学者将这个比例定为 90%（Wang et al.，2022）。值得注意的是，参考容重不是固定不变的，对于不同的土壤样品，参考容重也有所差异，这就要求对每个土壤样品进行诊断时，都要测定对应的参考容重，无疑大大增加了工作量。针对这个问题，有研究者拟合了参考容重的传递函数，用土壤有机碳和黏粒含量反演参考容重（Naderi-Boldaji and Keller，2016）。但是，土壤参考容重传递函数在黑土区目前还没有进行验证，其适用性需要进行评估。三是土壤预压应力（Horn et al.，2005），也称为土壤抗压强度，综合了土壤容重、土壤水分、土壤质地、土壤有机质等土壤属性的影响，是评价土壤抗压实能力的一个有效指标。但该指标受土壤水分影响非常大，如疏松但含水量低的土壤预压应力可能远高于紧实且含水量高的土壤。因此，需要设定一个标准含水量（如田间持水量）下的土壤预压应力作为参照物进行比较。总之，迫切需要建立黑土地压实的诊断指标与评价体系，为黑土地压实预测预警提供科学依据。

2. 黑土地压实板结的过程与机理

在作业过程中，农业机械的轮胎作用于土壤，机械压力在土壤中传递，导致土壤产生压缩变形。当机械压力小于土壤自身支撑能力时，产生的形变为弹性形变，在外力撤去后形变可以自动恢复；当机械压力大于土壤自身支撑能力时则发生不可逆的塑性形变。土壤自身的力学性质，主要是压缩特性，是影响土壤压实的关键因素。评价土壤压实特性的指标主要有土壤预压应力和土壤压缩指数等。预压应力是土壤弹性变形和塑性变形的分界点，其数值越大，土壤抗压能力越强

（Schjønning and Lamandé，2018）。压缩指数是土壤塑性变形阶段体积随压力增加的变化速率，其数值越大，土壤的压缩性越高，对施加的压力越敏感（肖质秋等，2019）。土壤预压应力和压缩指数可以通过测定土壤压实曲线获得，常用的方法是单轴压缩测试和三轴压缩测试。土壤压缩性质与其容重、质地、有机质含量和含水量等性质密切相关。Reichert 等（2018）研究发现，土壤质地对压实性质的影响与含水量、容重和有机质含量有关；土壤预压应力总体上随容重的增加而增大，随有机质含量、黏粒含量和含水量的增加而降低。也有研究认为，土壤有机质在团聚体的形成过程及稳定性方面起着重要作用，有助于提升土壤的抗压实能力和回弹能力，降低土壤压实风险（Abiven et al.，2009；Défossez et al.，2014）。土壤含水量对压实性质的影响比较复杂，部分原因在于土壤的饱和度和水势在压缩测试过程中会发现变化（Keller et al.，2022）。研究发现，一定范围内土壤含水量的增加会导致其抗压能力下降，此时水分充斥孔隙空间，土壤颗粒间的内聚力增强，在水分的润滑作用下颗粒容易发生滑移，导致压缩变形（任利东等，2023）。建立土壤压实性质传递函数，可以通过基础土壤性质预测土壤压缩性质。目前土壤压缩性质的测试和数据处理方法都存在较大差异，阻碍了大尺度和大数据的通用土壤压缩性质传递函数构建（Keller et al.，2022）。我国东北黑土区土壤压缩性质的研究较少，目前也未见适用于东北黑土区土壤压实性质传递函数的报道。因此，建立我国东北黑土区土壤压实性质传递函数，对于预测黑土地土壤压实风险是十分迫切的。

　　明确机械压力在土壤中的状态和传递过程对于理解土壤压实过程至关重要。然而，原位测定土壤应力分布十分困难，原因在于安装传感器容易破坏土壤结构，且传感器的形状、材质及与土壤的接触情况等都影响测量结果的准确性（Keller et al.，2022）。因此，研究者提出了多种模型，模拟轮胎与土壤作用过程中应力传递和形变过程，从而评估土壤压实风险。模拟土壤应力传递过程主要有三种方法，包括分析模型、有限元模型和离散单元模型。分析模型是基于 Boussinesq（1885）、Fröhlich（1934）和 Söhne（1953）等的工作发展而来，因其参数少且已获取而被广泛应用，目前常用的分析模型有 Compsoil、SOCOMO、SoilFlex 和 Terranimo等（任利东等，2023）。分析模型的问题在于假定土壤是均质的、各向同性的、理想的弹性介质，难以准确模拟真实的土壤形变（Nawaz et al.，2013）。有限元模型将土壤看作细小的单元，建立单元方程再整合为描述土壤特性的近似方程；离散单元模型将土壤看作由离散颗粒、液体和气体组成的复杂颗粒团聚体，从土壤内部颗粒的微观形态出发研究其形变（高晨，2023）。有限元模型和离散单元模型由于参数较多且难以获取，因而限制了其广泛应用。在我国东北黑土区，关于土壤压实过程的模型模拟研究非常少，最近高晨（2023）利用 SoilFlex 模型模拟了黑土轮胎–土壤接触区域应力传递与分布情况，并结合实测的黑土预压应力，评估了黑土的压实风险。模型模拟土壤应力传递过程的难点是：在轮胎与土壤的接触面上，应力的分布是不均匀的且难以被准确测定，导致模拟过程中的上边界条件不清楚；另外，模型经常假定土壤是均质的，土壤异质性、各向异性和层次性等难以在模型中被模拟（Keller et al.，2022）。总体而言，土壤水分、强度和结构等性质对土壤应力传递过程的影响尚有待深入研究。

农机荷载和胎压等是影响土壤应力传递过程和压实过程的重要原因（Hamza and Anderson，2005）。东北黑土区机械化水平高于全国平均水平，农用拖拉机的功率和载重越来越大。随着农机轴载的增大，轮胎-土壤接触面积增加，形状由类椭圆形变化为矩形，应力分布由平均分布到集中两端分布，应力也逐渐增大（王宪良等，2016）。轴载增大，对心土层的压实也增加，心土层受压发生形变的深度随轴载增大而增大，农田土壤受压实影响深度可达 0.7 m（张兴义和隋跃宇，2005a）。轮胎内压决定表层土壤（0~0.3m）的压实程度，在低气压时接地压力分布呈现出双峰型分布，在高气压时呈现出单峰型分布（任利东等，2023）。姜春霞等（2019）报道，轮胎的垂直应力与胎压呈线性关系，随着胎压增加而增加；当胎压为 69kPa 时，轮胎/土壤表层垂直应力分布曲线相对平坦并且峰值出现在距离轮胎边缘 1/4 处，而当胎压增加至 138kPa 和 207kPa 时，垂直应力出现在轮胎中心处。因此，轮胎内压决定表层土壤压实的程度，轴载决定心土层被压实的程度，并且二者受土壤含水量的影响显著，随含水量的增加压实加重。付娟等（2022）认为，目前国内关于农机作业对土壤施加应力的研究局限有：主要集中在轮式拖拉机对土壤施加应力的研究，对履带式拖拉机研究较少；对农机作用于土壤的垂直应力研究较多，较少研究农机对土壤施加的水平方向上的应力；对农机作用于土壤的应力研究主要以定性为主，定量研究较少；不同条件下各种农机作用于土壤产生弹性和塑性应变的临界应力值不明确。

3. 黑土地压实板结对作物生长与生态环境的影响

黑土地压实板结加剧致使土壤容重、孔隙度、水力特性等基本理化性质发生显著变化，打破了土壤原有的物理-生物-化学平衡，进而影响到土壤的粮食生产、有机物分解、养分循环和水分调蓄等生态功能（李汝莘等，2002；张兴义和隋跃宇，2005b）。土壤的压实板结退化影响根系的生长与代谢，导致作物减产。在压实情况下，土壤的机械阻力增加，决定根系性状的脱落酸（ABA）等信号物质的含量也随之改变（刘晚苟等，2006）。以玉米为例，随着土壤容重增加，玉米茎秆中的 ABA 含量升高，更多的光合产物被分配到根毛和根际分泌物中，导致作物冠层与根系的比例大幅下降，主根长度减小，根系由纵向转为横向生长（Grzesiak et al.，2016；Cambi et al.，2017）。在豆科作物中，压实导致的水分缺乏显著降低了根瘤的数量与重量，固氮能力被削弱（Buttery et al.，1998）。此外，高机械阻抗也使根系难以到达压实的底土层，表层土壤的生物孔隙大幅减少，限制了根系对底土中养分和水分的利用；一旦表层土壤的养分和水分耗尽，作物的生长也会受到严重阻碍（Xiong et al.，2022）。土壤压实显著影响作物产量，但其后果可能随作物种类和外界条件的不同而不同。Obour 和 Ugarte（2021）利用数据整合分析发现，压实导致玉米、小麦、大豆和大麦的产量在中等质地下分别降低 34%、6%、34% 和 16%，黏质质地下分别降低 15%、10%、9% 和 7%，可见压实对不同质地下不同作物产量的影响存在差异。张兴义等（2002）在黑龙江省海伦市开展的田间试验结果也发现，农机碾压 3 次、5 次和 7 次导致大豆分别减产 3.8%、3.8% 和 13.4%，玉米分别减产 14.4%、14.4% 和 16.2%，小麦分别减产 4.0%、8.0% 和 20.0%。不同型号的农机对土壤压实的程度不同，因而对作物产量的影响也不一致，乔金友等（2019）在松嫩平原南部的田间试验发现，大型（CASE-210）、中型（JD-904）和小型（JD-280）拖拉机压实 12 次后，大豆产量分别降低 21.24%、18.15% 和 12.38%。压实对作物产量的影响还与气候条件有关，一般在湿润条件下压实对作物产量的负效应大于干燥条件下，因为干燥条件下压实可以增加土壤的保水性，从而降低压实对产量的负效应（Liu et al.，2022；Zhang et al.，2022）。

土壤压实板结退化降低了土壤的渗透性，增大了农田土壤的侵蚀风险。孔隙能够为土壤基质提供一定的缓冲能力，影响地表水与地下水的迁移转化（Kulli et al.，2003）。当土壤产生压实板结时，大孔隙大幅减少，破坏了表层土壤与亚表层土壤之间原有的水分通道（Alaoui，2015），并且由压实形成的透水性差的亚表层土壤难以恢复（Smith et al.，2015）；当遇到强降雨时，地表水无法进行进一步下渗，极易引发地表积水并形成地表径流（Lipiec and Stępniewski，1995；Alaoui et al.，2018），引发黑土区坡耕地农田的水土流失（景国臣等，2008；赵鹏志等，2017）。

土壤压实板结退化影响养分循环过程，增加田间温室气体的排放量。随着土壤紧实度增加，其通气性能变差，氮素矿化速率减弱，促进了反硝化作用，导致 N_2O 排放量增加（Pulido-Moncada et al.，2022）。同时，压实土壤的水力传导性发生改变，加速了农田氮素淋失，增加了潜在的农业面源污染风险，也破坏了土壤中 P 与 K 的扩散方式（杨晓娟和李春俭，2008）。此外，豆科植物对压实较为敏感，在通气不畅的条件下不利于根瘤的固氮（Batey，2009）。土壤压实板结同时削弱了有机碳的矿化速率（荣慧等，2022），虽然降低了土壤 CO_2 的排放通量（Silveira et al.，2010），但增加了农机具运行中的燃料使用量，CO_2 的总体排放量增加。

土壤压实板结退化破坏土壤动物与微生物的生存环境，降低土壤生物的丰富度与酶活性。以蚯蚓、蚂蚁、线虫和弹尾虫为代表的土壤动物在农田生态系统中具有养分制造、环境改造、环境净化及生物指示等功能（王媛等，2020）。有研究报道，当土壤发生板结时，蚯蚓活动所形成的生物孔结构会被破坏，蚯蚓的存活率大幅下降（Whalley et al.，1995）；同时，在压实条件下，线虫的空间分布与未压实土壤中存在较大差异，食草类线虫数量增多，其他习性线虫的数量会略有减少（Bouwman and Arts，2000）；此外，压实也会使土壤中微小节肢动物的多样性降低 13%（Cambi et al.，2017）。压实也阻碍了土壤中的气体传输，使土壤内部形成缺氧条件，进而导致土壤细菌总量显著降低 22%～30%，硝化细菌含量降低38%～41%，反硝化细菌含量增加 49%～53%（Pupin et al.，2009），在这种条件下，土壤中的磷酸酶、脲酶、酰胺酶和脱氢酶的活性显著降低（Tan et al.，2007），微生物碳含量、微生物氮含量，以及微生物的 C/N 也显著降低（Li et al.，2004），不利于土壤有机碳的周转和累积。

5.2.2　黑土地压实板结退化阻控关键技术

土壤压实存在多方面的负面效应，亚表层土壤的压实持续时间久，恢复难度大，代价较高。因此，采取有效措施阻控土壤压实的发生极其重要。当前阻控土壤压实的主要措施有以下几个方面。

1. 以减小农机具垂直压力为主的机械选型适配技术

胎压是影响土壤压实的重要农机参数。研究表明，较低的胎压有利于增加轮胎和土壤的接触面积，降低轮胎和土壤的接触压力，同时使接触压力均匀分布（Alakukku et al.，2003），从而有利于降低农机作业过程中土壤压实的风险（Chamen et al.，2015）。相对于轮式农机，履带式农机具有更大的接地面积，能够有效减小机械对土壤的平均压力，降低土壤压实的风险。Lamandé 等（2018）发现，与轮胎相比，履带与土壤接触面积的平均垂直应力减少了 55%，最大垂直应力减少了 17%。减轻农机重量，使用轻简化农机也可降低土壤压实风险。一般而言，在通行次数一致时，轻型农机的压实效果低于重型农机；但当轻型农机通行次数较多时，对土壤的压实程度可能达到或超过重型农机（Seehusen et al.，2019）。也有研究表明，提高机械的行驶速度有利于降低轮胎或履带作用下的土壤内的垂直应力，降低压实风险。总之，降低农机具质量与胎压，增加轮胎与土壤接触面积及提高车辆行驶速度等改进机械配置或作业参数的措施可以有效阻控土壤压实。

2. 以减少农机具进地次数为主的保护性耕作技术

土壤的压实程度和深度一般随着机械压实次数的增加而增大（Botta et al.，2009）。通过实施保护性耕作技术（如少免耕），减少机械进地次数，可以有效降低土壤压实。当前，以无人机为代表的非机械地表作业在喷施农药和除草等田间管理方面已经得到广泛应用，未来有望进一步拓展至施肥和播种等环节（陈鹏飞，2018），有效降低机械进地次数，降低土壤压实风险。在我国东北地区，传统耕作方式包括秋翻地、春整地、播种、中耕、喷施除草剂、喷施农药、收获和秸秆打包离田等操作，机械需进地操作 8 次左右，而以少免耕为核心的保护性耕作只需机械进地 4 次（播种、施用除草剂、施用农药和收获），大幅度降低土壤压实风险。对于免耕的土壤，其表层容重较高，结构稳定性强，抗压实的能力也明显高于翻耕土壤（da Veiga et al.，2007）。另外，免耕土壤表层有机质含量较高，再加上地表秸秆覆盖，从而显著增加了土壤对机械压实的缓冲能力（Reichert et al.，2018）。

固定道耕作技术也是一种保护性耕作技术，通过将拖拉机行驶带和作物生长带分离，在田间建立固定的拖拉机行走道，从而消除机具作业对土壤的普遍压实（陈浩等，2008）。固定道耕作技术能够改善土壤结构、减少土壤压实和提升作物产量，但固定道耕作往往需要特定宽度的配套机械，投资较大，限制了其推广应用（Tamirat et al.，2022）。

3. 以增强土壤抗压回弹能力为主的有机质提升技术

多数研究表明，增加土壤有机质可以改善土壤结构，提高土壤抗压实能力和回弹性能，从而降低压实风险（Díaz-Zorita and Grosso，2000；Défossez et al.，2014）。有机质能够通过增加团聚体的稳定性、降低团聚体的可湿润性、影响团聚体间的机械强度，从而影响抗压实性（Hamza and Anderson，2005）。Blanco-Canqui 等（2015a）研究表明，长期施用牛粪降低了土壤最大可压缩容重，增加了最优可压缩含水量；土壤可压缩性与有机质含量呈显著负相关，表明增加有机质降低了土壤压实风险。Gregory 等（2009）报道，土壤回弹指数与有机质含量呈正相关，证明高含量有机质土壤在外界压力撤去后更容易恢复到初始状态。土壤有机质含量增加有利于改善孔隙结构和耕性，提高排水能力，扩大适耕含水量范围，延长适耕时间，因而降低压实风险（Keller et al.，2023）。Obour 等（2018）发现，土壤适耕含水量范围随着有机质含量增加而线性增大，说明有机质能够通过增加适耕含水量范围增加土壤可耕性。施用有机肥是常用的增加土壤有机质的措施，但是有机肥多施用于耕作层，难以阻控下层土壤压实（Zhou et al.，2017）。也有研究表明，施用有机肥到下层土壤更利于促进作物生长，缓解下层土壤压实风险（Gill et al.，2019）。然而向下层土壤施用有机肥需要机械开沟作业，成本较高。通过作物秸秆还田、种植绿肥或覆盖作物等措施也可能增加土壤有机质，但其效果往往随气候、土壤和田间管理等条件而变化较大，且需要较长的时间周期（Wang et al.，2021；Chaplot and Smith，2023）。

5.2.3　黑土地压实板结退化恢复关键技术

除了采取措施阻控土壤压实之外,目前消减土壤压实的主要措施有以下几项。

1. 冻融调控技术

世界黑土区主要分布在中温带地区,冬季严寒,土壤冻层较深。土壤孔隙中的水在相变过程中,体积发生膨胀,增加了土壤孔隙体积,改变了周围土壤颗粒的空间分布,进而起到疏松压实土壤的效果(Jabro et al.,2014)。Sivarajan 等(2018)报道,冬季冻融交替过程降低了 0~45cm 土层的紧实度,可以有效缓解中等程度的土壤压实。王恩姐等(2010)也发现,冻融能够不同程度地缓解并改善压实黑土容重及三相结构,但当碾压超过 8 次时冻融无法使其恢复至自然无压实状态。土壤含水量显著影响冻融的强度,因此可以通过冬前灌溉等措施调控土壤冻融,增强冻融消减土壤压实的效果。陈浩和杨亚莉(2010)研究发现,冬前灌溉降低压实土壤 0~30cm 土层的紧实度,在一定程度上减轻了压实。Wang 等(2020)也指出,冬前灌溉通过增加土壤含水量提高了孔隙水的冻胀效果,有利于增强冻融过程疏松压实土壤的效果。但也有研究报道,冻融循环并不能缓解压实。Etana和 Håkansson(1994)报道,尽管每年冻融至 40~70cm 土层,深层土壤压实 11年后,作物产量仍难以恢复。土壤吸水过程中,水分进入矿物表面或层间,会引起土壤体积膨胀,因此干湿交替过程也具有缓解土壤压实的效果。Schjønning 等(2017)发现,干湿交替过程比冻融交替过程缓解土壤压实的效果更好。干湿交替过程促进压实土壤裂隙的形成,因而改善土壤导水导气性,也可以为压实土壤中根系生长提供优先通道,进而缓解压实的负面作用(张中彬和彭新华,2015; Islam et al.,2021)。

2. 深松技术

深松是最常用的打破土壤紧实层、消减土壤压实的机械措施。深松的优势在于能够快速改善压实土壤的紧实结构,降低容重,增加水分入渗和库容,促进作物根系生长(Ning et al.,2022)。Peralta 等(2021)整合分析了世界主要黑土分布区之一的阿根廷潘帕斯地区深松对作物产量和土壤性质的影响,结果发现,深松导致土壤容重显著降低 4.3%,使入渗速率增加 5 倍,0~20cm 穿透阻力降低44%,大豆产量增加 26%(低产和黏土区域),玉米增产 6%;然而,深松缓解土壤压实的效果仅能持续 17 个月。Ren 等(2022)也发现深松可以促进极端干旱和高温天气下玉米生长,消减土壤压实的效果可以维持两年以上。Chamen 等(2015)认为深松并不是一种非常有效的消减下层土壤压实的措施,可能的原因是,深松后压实土壤物理性质快速改善，但其结构极不稳定，很容易在后续的机械作业中再次被压实；因此在深松时应尽量避免后续机械再次进地。由于机械深松效果不稳定且持续时间短，在作业过程中可以通过改进机械向下层土壤添加有机物料，改善下层土壤结构和缓冲性能，实现更持久地缓解土壤压实。Peries（2013）的研究结果表明，与机械深松相比，通过深松向下层土壤施用有机肥 $20t/hm^2$ 能够持续 4 年增加作物产量。然而，深松能耗较高，频繁深松可能会增加生产成本。

3. 生物耕作技术

生物耕作是指利用具有发达的深根系的作物，通过其根系生长，穿透紧实土壤层，然后在根系腐解后形成大量生物孔隙（根孔），进而改善压实土壤结构及导水导气性，并为后茬作物根系生长提供优先通道，达到促进作物生长的目的（Zhang and Peng，2021）。利用作物收获后土地空闲间隙，种植深根系的覆盖作物进行生物耕作是消减土壤压实的可行措施。Chen 和 Weil（2011）在美国马里兰州研究发现，在高度压实土壤中，与冬季休闲相比，冬季种植萝卜或油菜促进了后茬玉米根系向深层土壤生长；不论压实水平如何，与休闲相比，种植覆盖作物增加了玉米产量。Zhang 等（2022）在淮北平原开展研究表明，与冬季休闲相比，种植覆盖作物增加了土壤导气性，促进了压实土壤中玉米根系生长和产量提升。生物耕作形成的生物孔隙在缓解土壤压实中起到重要作用，在压实土壤中成为水分和氧气运输的优先通道，促进水分入渗和气体传输，减少压实土壤的通气胁迫；同时生物孔隙还为压实土壤中作物根系提供了优先生长的通道，作物根系利用生物孔隙生长，绕过压实土层利用下层土壤的水分和养分，缓解了压实对作物生长的胁迫（Zhang and Peng，2021）。由于根系分泌物或根系自身的分解作用，生物孔隙周围土壤的微生物活性、养分有效性、持水性等都高于非生物孔隙周围的区域，因而这一区域也是作物根系生长喜欢占领的区域，也有利于压实土壤中作物根系生长（Xiong et al.，2022）。种植覆盖作物进行生物耕作，也能够增加土壤有机质含量，促进蚯蚓等动物活动，从而改善土壤结构，间接缓解土壤压实（Roarty et al.，2017；Wooliver and Jagadamma，2023）。与深松相比，生物耕作的效果可能更为持久。Calonego 等（2017）的研究表明，深松在短期内增加大豆产量，而覆盖作物则可以在中长期获得与深松近似或更高的产量。然而，种植覆盖作物需要增加种子成本，而且覆盖作物可能消耗土壤的储水量，在干旱区土壤水分不能得到及时补充时，可能造成后茬作物减产（Blanco-Canqui et al.，2015b）。

5.3　黑土地压实板结退化阻控与恢复科技创新面临的关键问题

5.3.1　黑土地压实板结诊断指标与评价体系缺失

目前已有大量关于黑土地压实的研究，但尚未很好地解决一个基础性问题：黑土地压实板结用什么指标进行科学诊断，黑土地压实的程度如何进行评价？提出一套适用于我国东北黑土区的压实诊断与评价体系，是揭示压实板结原理、更高效研发压实阻控技术的前提，对于黑土地退化阻控具有重要的意义。

由于测定简单，容重是衡量土壤压实板结最常用的指标。一般认为，容重越大，土壤板结压实越严重。这个结论在小尺度上成立，在大尺度上并不适用。这是因为，黑土区土壤类型多样，包括黏粒含量高的黑土和黏粒含量很低的风沙土，即使在相同的压实状况下，这些土壤的容重也差异巨大，因此，不能简单地用容重大小衡量压实程度。土壤穿透阻力，即植物根系在伸长和变粗时需要克服的土粒之间的黏结力和摩擦阻力，是另外一个衡量压实程度的指标（Leiva et al.，2019）。该指标的优点在于将土壤的压实状况与作物生长联系起来，一般认为，穿透阻力超过 2MPa，土壤存在压实障碍（Bengough，2011；Wang et al.，2022）。但是穿透阻力在诊断土壤压实程度方面也存在与容重类似的问题，穿透阻力是一个与土壤水分密切相关的指标，在不同水分条件下测定结果差异巨大，增加了压实的诊断与评价的难度，而目前尚没有针对黑土区不同类型土壤穿透阻力与水分关系的稳健函数。土壤参考容重（reference bulk density）是指土壤在特定压力下能维持的容重（Keller and Håkansson，2010），将土壤的实际容重与参考容重比较，可以克服不同土壤类型之间难以直接比较的问题。该指标影响因素多，测定困难，在黑土区尚没有针对典型土壤类型参考容重的本底数据，也没有可靠且经过验证的土壤参考容重预测模型。

黑土地压实风险的评价需要明确黑土地抗压实能力的阈值，即什么压力下导致黑土地压实且难以恢复。目前国际上主要用预压应力（precompression stress）表示土壤的抗压实能力，通常采用受周向约束柱状土样的快速单轴压缩测试方法获取。土壤预压应力不仅是土壤抗压能力的基础参考，还为确定合理的作业机械轴重、开展农业机械的设计及其田间运用提供理论依据。目前，关于我国黑土地土壤预压应力的研究几乎是空白，有待深入研究。土壤预压应力受容重、质地、有机质含量和含水量等性质的影响，随时空变化剧烈。摸清黑土地土壤预压应力的空间分布和时间变化规律，对于评估黑土区土壤压实风险，指导制定田间阻控土壤压实的管理措施具有重要意义。

5.3.2 黑土地保护与利用之间的适宜性耕作方式仍需改进优化

耕作方式包括传统耕作（如翻耕）和保护性耕作（如少免耕），前者侧重利用，后者侧重保护，权衡两者可以兼顾保护与利用黑土地。传统耕作（翻耕）的优点在于其能够提供疏松多孔、土壤颗粒相对均匀的表层土壤，为播种提供良好的种床，便于种子发芽；同时传统翻耕促进耕层土壤水分蒸发、提高土壤温度，从而有利于春季作物苗期生长，其效果在冷凉湿润的黑土区表现得更为显著。但是长期翻耕导致土壤亚表层压实，形成紧实的犁底层，不利于作物根系下扎；传统翻耕加速土壤有机质矿化，若不能在翻耕的同时增加有机物料投入，则可能导致土壤有机质持续下降；同时翻耕导致耕作层土壤疏松裸露，容易造成水土流失，进一步导致黑土地"变瘦"和"变硬"。保护性耕作（少免耕）可以减少进地次数，降低土壤扰动，缓解亚表层压实，增加地表覆盖，从而降低土壤侵蚀，但是在免耕和秸秆覆盖条件下，播种质量受到影响，进而影响作物出苗。在湿润冷凉的区域，免耕导致土壤温度较低，影响作物苗期生长，可能造成作物减产。另外，保护性耕作（免耕）虽然减少了机械进地次数，但是不能避免喷药和收割过程中的机械进地，仍然存在土壤压实的风险。因此，在推广保护性耕作的同时，需要进一步改进播种、喷药和收获过程中的机械装备，如增加轮胎接触土壤面积、降低机械载重、智能化设计行走路线等。

5.3.3 黑土地压实板结的物理改良与生态恢复协同的技术与原理不明

当前黑土地压实板结消减的主要措施还是依靠机械措施，如深翻或深松等。另外，在东北黑土区，由于存在强烈的冻融交替作用，可以依靠冻融作用在一定程度上缓解土壤压实。但是这些措施只能增加压实土壤中结构不稳定的非生物孔隙，短暂地缓解土壤压实，并不能增加土壤的抗压实能力，而且深松或深翻都需要载重大的大马力拖拉机，在作业过程中增加了土壤二次压实的风险。另外，深松或深翻对土壤的扰动强度较大，增加了土壤侵蚀和退化的风险。因此必须考虑在消减土壤压实的同时，尽量保护黑土地，实现土壤有机质提升和结构改善等多目标任务，最终实现黑土地可持续利用。针对多目标任务，在东北黑土区实施保护性耕作、多样化轮作及种植覆盖作物等措施融合，减少机械进地、增加秸秆等有机物料还田和农田生物多样性，同时利用蚯蚓等土壤动物和作物根系生长等生物作用增加土壤生物孔隙，改善压实土壤的透水透气性，增加土壤抗压实能力，从而全面缓解黑土地土壤压实和生态恶化。

基础理论方面的主要问题是：多样化轮作和覆盖作物等生物措施对黑土地土壤结构、力学性质和土壤生态的影响尚不清楚。生物措施可以从多个方面影响土壤结构和力学性质，从而影响黑土地压实板结形成和恢复过程。首先能够影响土壤生物多样性，增加土壤中动物（蚯蚓）和微生物活动，从而改善土壤结构；其次可能提高土壤有机质含量，改善团聚体稳定性，增加土壤抗压实能力，降低土壤压实风险；最后可以改善土壤孔隙结构，增加连通性的生物孔隙，为压实土壤中作物根系生长提供优先通道。然而，我国黑土区关于多样化轮作和覆盖作物等生物措施的研究刚刚起步，有待进一步深入。

5.3.4 黑土变薄、变瘦与变硬同步退化的过程与机理不明

土壤高强度开垦利用及土壤侵蚀导致的黑土地"变薄"和"变瘦"等问题，也是黑土地"变硬"的重要原因。黑土层有机质含量高，疏松多孔，土壤的缓冲能力强；而下层土壤容重高，有机质含量低，被机械压实的风险较高。因此，当黑土层"变薄"时，黑土地压实的风险则随之增加。刘慧和魏永霞（2014）报道，随着土壤侵蚀程度的增加，有机质含量逐渐降低，容重则逐渐增加；鄂丽丽等（2018）也指出，表土层侵蚀剥离导致土壤容重显著增加，水稳性团聚体含量显著降低。黑土地土壤有机质含量降低导致"变瘦"，土壤团聚体稳定性也随之降低，土壤结构稳定性下降，板结压实的风险也相应增加。韩少杰等（2016）发现，黑土预压应力随着土壤有机质含量的降低而降低，即土壤承载压力的能力随着有机质含量下降而下降。黑土地"变薄"和"变瘦"导致黑土地生产力下降，作物生物量降低，导致还田的秸秆和根系生物量下降，从而加剧黑土地"变硬"。王志强等（2009）的研究结果显示，大豆的生物量和产量随着侵蚀强度的增加而呈指数下降，还田的生物量也大幅度下降。综上所述，黑土地"变薄"、"变瘦"和"变硬"是相互影响的，但目前黑土地"变薄"、"变瘦"与"变硬"同步退化的过程与机理尚不明确，有待深入揭示。

5.4 黑土地压实板结退化阻控与恢复的科技创新未来重点研究方向

5.4.1 黑土地压实板结诊断指标与风险评价

研究内容：针对黑土地压实板结严重缺乏合理的诊断指标的问题，研究压实板结对黑土理化和生物指标的影响，构建适合不同黑土类型的压实板结诊断指标体系；结合典型作物产量数据，研究农田生产力与土壤压实板结程度的关系，确定基于粮食产能的压实板结指标阈值；研究确定黑土地压实板结的比较基准，利用区域土壤信息，对黑土区土壤压实板结现状进行诊断；在明确现状的基础上，

筛选分区指标,根据压实板结程度和风险,对黑土区进行压实板结程度分区,并根据现有的板结消减技术,提出分区治理策略。

2030 年目标:构建黑土地压实板结诊断指标体系,完成典型区域验证;确定黑土区典型土壤类型压实板结的比较基准和获取方法;阐明黑土地板结压实对不同土壤类型农田生产力的消减及作用机理。

2035 年目标:绘制黑土区全域压实板结现状图件,阐明不同区域压实板结的驱动因素;通过现状与基准比较,明确黑土变硬速率及影响因素;通过构建生产力与压实板结的定量关系,完成黑土区域尺度压实板结风险评估,制作黑土区压实板结的空间分区图。

5.4.2 黑土地压实板结与变薄、变瘦协同阻控及生态恢复原理与技术

研究内容:针对黑土地变薄、变瘦与变硬退化同步进行,导致黑土地土壤质量下降及生态环境恶化等问题,结合第三次全国土壤普查数据、天地空监测技术和实地调查采样分析等手段,从变薄、变瘦和变硬 3 个方面全面评价黑土地不同区域退化状况和等级;揭示不同区域变硬与变薄、变瘦的相互作用机理,阐明不同区域黑土地退化的主要类型及其驱动因素;厘清黑土地变硬与变薄、变瘦的同步退化对土壤水肥气热传输、作物生长、土壤生态、碳排放的影响机制;研发以免耕(条耕)、秸秆覆盖、有机肥施用、多样化轮作和覆盖作物等为核心的保护性农作技术模式,揭示其阻控黑土变硬、变薄和变瘦及恢复黑土地生态的原理并开展区域适宜性评价;在生态脆弱区域,筛选阻控黑土地土壤退化和促进生态恢复的牧草品种并构建粮饲轮作—牲畜养殖—粪肥还田的生态循环农业模式。

2030 年目标:明确不同区域黑土地变硬与变薄、变瘦的同步退化的状况和等级,完成黑土地变硬、变薄与变瘦同步退化的风险评估。阐明黑土地压实板结与水土流失、有机质降低等退化的相互作用机理,揭示黑土地变硬与变薄、变瘦的同步退化对土壤关键物理、化学和生态过程的影响机理,构建过程机理模型。

2035 年目标:形成黑土地变硬与变薄、变瘦协同阻控及土壤生态恢复的保护性农作技术模式,集成免耕(条耕)、秸秆覆盖、有机肥施用、多样化轮作、覆盖作物等核心技术,完成在不同黑土区开展适宜性评价并进行配套组装;揭示保护性农作技术模式在消减黑土地压实板结、降低土壤侵蚀、增加土壤有机碳含量和恢复土壤生态等方面的综合效益和技术原理。在黑土地生态脆弱区,完成黑土地变硬与变薄、变瘦协同阻控和土壤生态恢复的牧草品种筛选及农牧结合的生态循环农业技术模式构建。

5.4.3　系统性缓解黑土地压实板结的智能农机装备创新设计

研究内容：深入研究农机装备引发土壤机械压实板结的成因，突破农机装备–土壤互作过程中农机载荷在土壤内传递规律不清的难题，明确农机行走装置结构参数、农机载荷优化布局等方面对载荷传递的影响机制，并依据规律进行农机装备系统设计；融合导航、路径规划等新技术，创新固定道技术配套农机装备，实现农机作业过程中压实区域的精准管控；研究机械化土壤压实板结层消减修复技术与装备，创新表土耕作、深松、有机肥深施、秸秆还田及多孔生物炭还田等技术装备，研制农机装备全方位缓解修复黑土地压实板结；创新土壤机械压实板结的智能感知技术，研制基于压实板结的精准耕作技术装备。

2030 年目标：构建基于农机、土壤参数及运动工况的农机载荷土壤内部传递模型，明确农机行走装置参数对土壤机械压实产生的影响机制，初步形成阻碍载荷土壤内部传递的农机装备参数优化方案；农业生产过程中构建合理的农机作业路径，实现农机作业过程中机械压实的"可预测""精管控"；创新压实板结修复及松土技术装备，实现立体全方位疏松与板结土壤修复。

2035 年目标：系统性提出基于载荷传递规律的农机多参数协同调控减压技术装备，从源头减少土壤压实板结的形成；融合农机设计减压、路径规划、压实感知及耕作修复等技术，提出"减少压实—管控压实—感知压实—精准消减修复"的系统性智能农机解决方案。

5.5　典　型　案　例

案例一　不同耕作方式对压实黑土物理性质和作物产量的影响

该案例基于 2021 年在吉林省公主岭市建立的耕作实验基地（43°36′N；124°47′E），围绕不同耕作方式对压实黑土消减的效果展开。该基地处于温带大陆性季风气候区，年平均气温 4.5℃，年平均降水量约 560mm。土壤类型为典型薄层黑土，基地建立前耕层土壤容重为 1.55g/cm³，土壤有机质 20.32g/kg，全氮1.06g/kg，全磷 0.41g/kg，全钾 20.08g/kg，碱解氮 109.79mg/kg，速效磷 19.10mg/kg，速效钾 177.25mg/kg，pH 值 5.92，阳离子交换量（CEC）23.30cmol/kg。实验基地设置压实和不压实地块，在上述两地块分别实施 4 种耕作方式：免耕、旋耕、深翻和条耕。通过对不同压实条件和耕作方式下的土壤物理性质和作物产量进行比较，筛选出消减土壤压实较适宜的耕作方式。压实消减效果从土壤容重、紧实度、土壤导气率和玉米产量等方面进行比较。

图 5-2 显示了不同压实条件和耕作下的土壤容重。总体上，压实土壤的容重要高于未压实土壤。具体来看，在 0~10cm 土层，与免耕相比，旋耕、深翻和条耕下压实/未压实土壤容重相差较小，表明上述耕作的引入，有效消减了耕层土壤的压实状况。在 20~40cm 土层，各种耕作在压实/未压实下土壤容重相差不大，表明压实对耕层以下土壤作用有限。

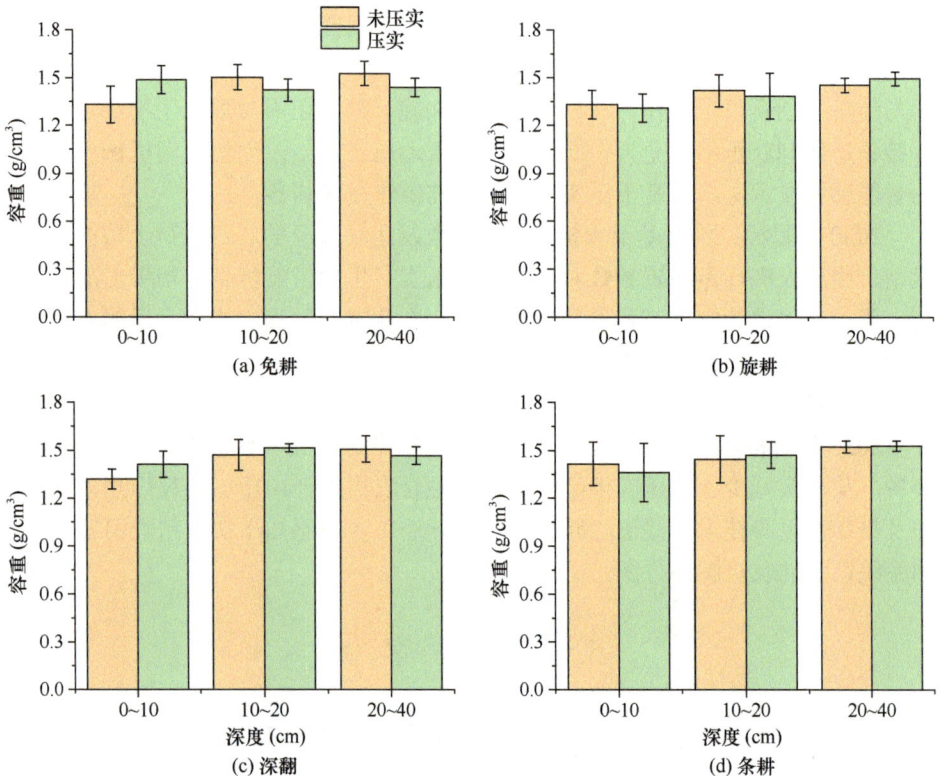

图 5-2 不同耕作和压实条件下土壤容重

图 5-3 为不同耕作方式和压实条件下的土壤穿透阻力。总体来看，压实处理的土壤穿透阻力大于未压实处理，且差异主要集中在 0~30cm 土层。具体而言，免耕压实/未压实处理土壤穿透阻力差异最为显著，最大差值约 1MPa，且免耕压实处理下土壤的最大穿透阻力达到 2.5MPa 以上，超过了限制作物根系生长的值（2MPa）；深翻压实/未压实处理间土壤穿透阻力最小，表明深翻对耕层（0~30cm）土壤的压实消减效果最佳。旋耕和条耕压实/未压实处理的土壤紧实度分布具有一致性，在 0~10cm 土层压实/未压实紧实度差值较小，在 10~20cm 土层，紧实度差值随深度逐渐增加。这表明，旋耕和条耕对压实土壤的消减作用主要集中在 0~10cm 土层，而对下层土壤压实的消减作用有限。

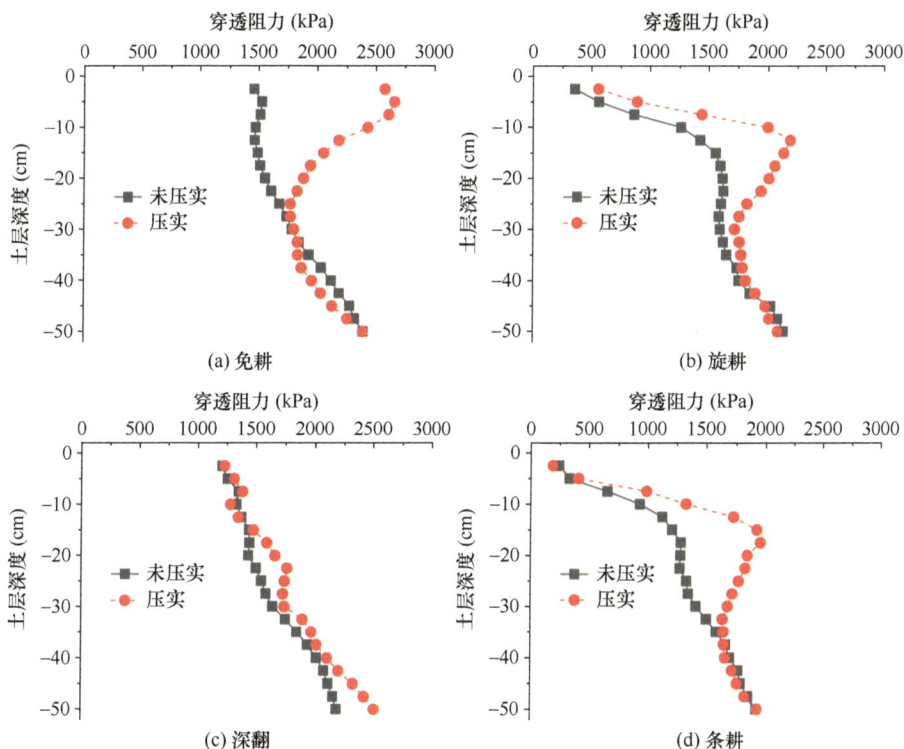

图 5-3　不同耕作和压实条件下土壤穿透阻力

图 5-4 显示了不同耕作和压实条件下土壤在−60hPa 条件下的导气率差异。总体来看，随着土层深度增加，土壤导气率逐渐降低。具体来看，相较于免耕，在 0~10cm 土层，旋耕和条耕压实/未压实处理下的导气率相差较小，表明这两种耕作方式对该土层的压实消减效果较好。对于深翻而言，压实/未压实处理导气率的差异显著，表明深翻对表层土壤导气率作用有限，但是能够有效消减 10~20cm 土层的压实。

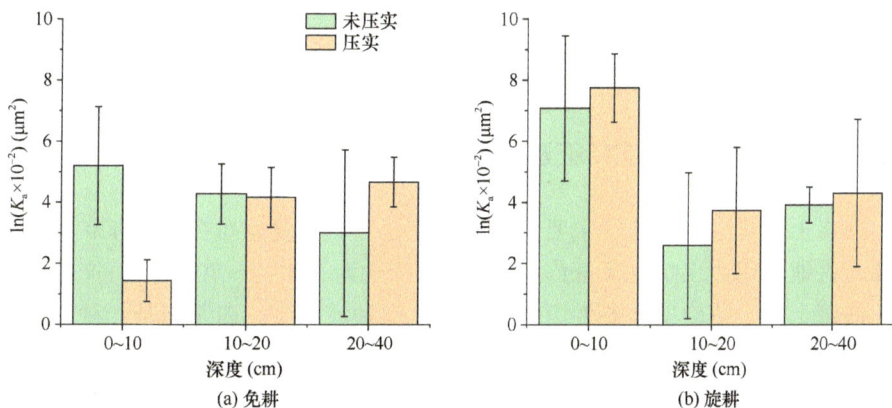

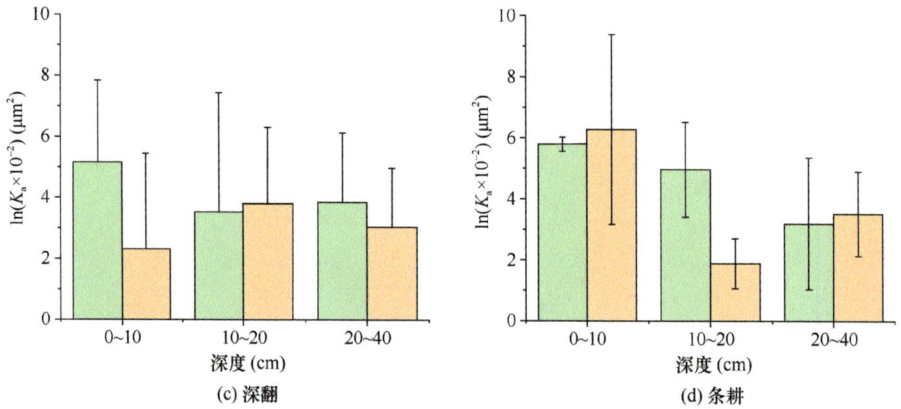

图 5-4 不同耕作和压实条件下土壤导气率

K_a 为导气率

从玉米产量来看（图 5-5），压实处理的玉米产量略低于未压实处理，但是差异不明显。特别是深翻处理，压实/未压实处理玉米产量几乎无差别，表明深翻可能有效消减了土壤压实。

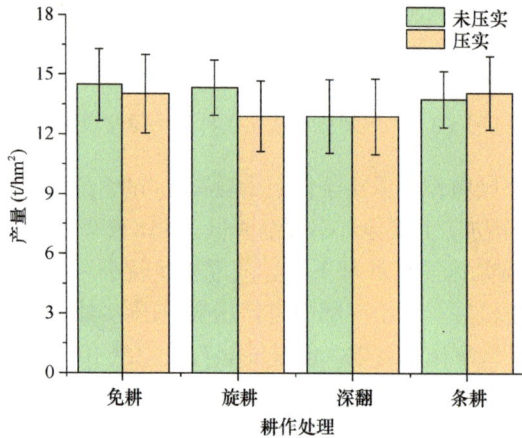

图 5-5 不同耕作和压实条件下玉米产量

案例二 白浆层板结紧实特征及其厚度和埋深空间分布规律

白浆土是我国东北地区主要的土壤类型之一，主要分布在黑龙江和吉林两省东部，占地面积达 527.2 万 hm^2，粮食年总产量为 554 万～791 万 t，产量低而不稳。白浆土的土体构型主要为黑土层、白浆层和淀积层。白浆层是一种诊断性的土壤层次，粉、砂粒组成比例达到 70%，黏粒为 30%，三者组成比例在土体内达到致密堆积状态，成为土壤中的"阻断"障碍层。该层次具有容重高、强度大、通气透水性质差等物理特性，致使白浆土僵硬板结、易旱易涝，作物根系穿插深度及生长状况与白浆层板结状况关系紧密，是量化白浆土障碍程度的关键指标。

在三江平原东南部（鸡东县、密山市、虎林市、宝清县）的田间调查发现，白浆层的平均紧实度为 3.87MPa，明显高于 2MPa 这一限制作物根系生长的阈值；黑土层和淀积层的平均紧实度分别为 1.09MPa 和 1.92MPa，都显著低于白浆层（图 5-6）。白浆层的平均容重为 1.57g/cm³，显著高于黑土层（1.29g/cm³）和淀积层（1.38g/cm³）。调查结果进一步证实了白浆层存在严重的土壤板结僵硬的问题，是白浆土障碍形成的关键土层。但是，与机械作业压实造成的土壤板结不同，白浆层的板结僵硬问题主要是自然成土过程导致的，改良的难度更大。与机械压实造成的板结相同的是，白浆层的板结僵硬同样严重影响作物根系生长和产量形成，是典型的土壤结构障碍，同样需要给予研究重视。

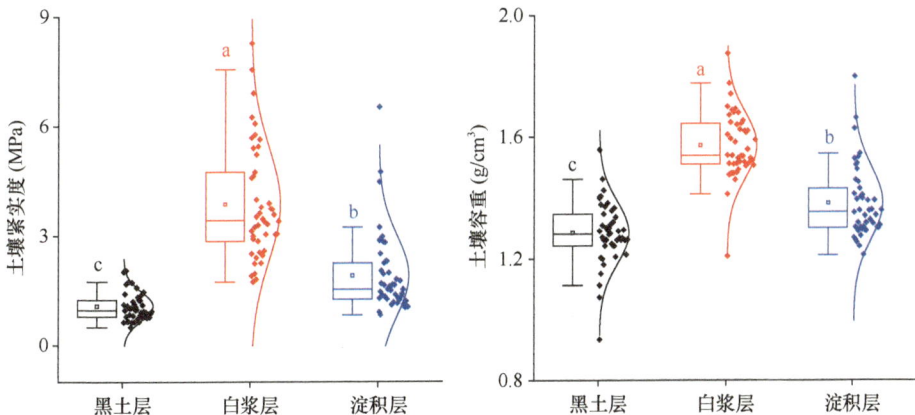

图 5-6　三江平原东南部白浆土典型土壤层土壤紧实度和容重

白浆层的埋深（黑土层厚度）与厚度是较为宏观的物理特征。白浆层埋深即黑土层厚度对判断黑土的退化程度具有重要意义，其能够反映土壤的发育程度，是鉴别土壤肥力和衡量黑土退化程度的重要指标。白浆层的厚度对白浆土的障碍程度有重要指示意义。因此分析白浆层的埋深与厚度状况对进一步摸清白浆土障碍特征，并进行白浆土改良，具有重要意义。因此，我们通过野外调查并结合文献检索获取不同区域白浆层的埋深与厚度数据，基于经典统计学与地统计学方法，研究了三江平原东南部（鸡东县、密山市、虎林市、宝清县）白浆层埋深与厚度的空间分布及驱动因素（气候因子、地形因子和人为因素等）。

表 5-4 显示不同区域白浆土白浆层埋深和厚度特征的描述性统计结果。整个采样区域，白浆层埋深的最大值为 37cm，最小值为 13cm，白浆层埋深的平均值为 23.7cm，其中宝清县白浆层埋深的平均值最大（25.7cm），而鸡东县白浆层埋

深的平均值最小（20.7cm）；然而，白浆层埋深的变异系数却是鸡东县最大，而宝清县最小。在研究区内，白浆层的平均厚度为 19.0cm，最大值为 35.0cm，最小值为 8.0cm。虎林市白浆层厚度平均值最大（23.2cm），是鸡东县白浆层厚度的 2 倍以上。不同区域白浆层的埋深与厚度变异系数不等，可以看出白浆土黑土层和白浆层的厚度空间上存在较大变异性，整体白浆层的厚度在研究区域内的变异性相较埋深更大。

表 5-4　研究区不同县（市）白浆层埋深与厚度描述性统计特征（n=57）

指标	样点分布	样点数	平均值(cm)	最小值(cm)	最大值(cm)	标准差(cm)	变异系数（%）
白浆层埋深	JD	6	20.7	14.0	31.0	6.0	29.1
	MS	15	24.5	13.0	34.8	6.7	27.4
	HL	21	22.4	14.5	37.0	4.9	21.7
	BQ	15	25.7	19.8	32.2	3.3	12.8
	总体	57	23.7	13.0	37.0	5.3	22.6
白浆层厚度	JD	6	11	8.0	20.0	2.0	18.2
	MS	15	20.3	14.0	27.0	5.0	24.5
	HL	21	23.2	9.0	35.0	6.1	26.1
	BQ	15	14.9	10.0	24.0	3.9	26.5
	总体	57	19.0	8.0	35.0	6.5	34.2

注：JD、MS、HL、BQ 分别表示鸡东县、密山市、虎林市、宝清县

研究区域内白浆层的埋深与厚度数据均符合正态分布，如图 5-7 所示。其中，埋深在 20~25cm 出现的频次最多（40%），其次为 25~30cm（28%），少有出现在 10~15cm（5%）及 35~40cm（2%）的深度。厚度在 15~20cm 出现的频次最多（32%），其次为 10~15cm（23%）和 20~25cm（23%），5~10cm（4%）和 30~40cm（7%）较少。

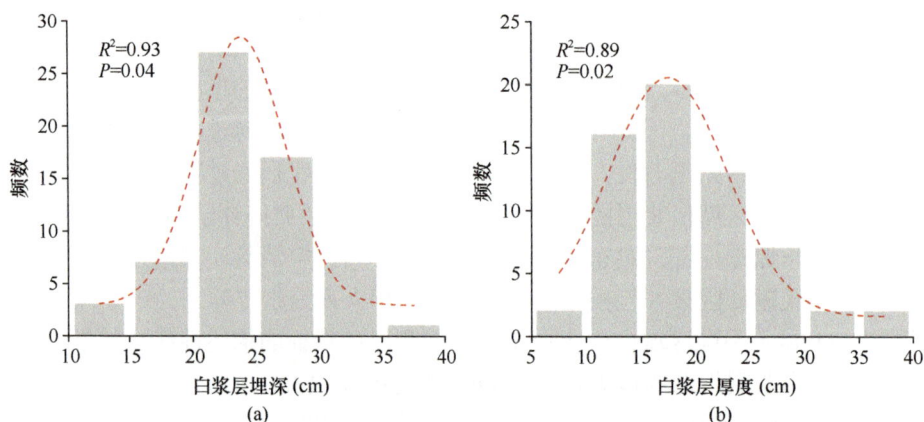

图 5-7　白浆层埋深（a）与厚度（b）的频数分布图

　　图 5-8 和图 5-9 为采用普通克里金插值法得到的白浆层埋深与厚度空间分布图。白浆层埋深与厚度在整个区域中部的空间分布规律近似，都呈现自西南向东北的方向逐渐增加的趋势。而从区域中部向西北方向存在相反的分布规律，即白

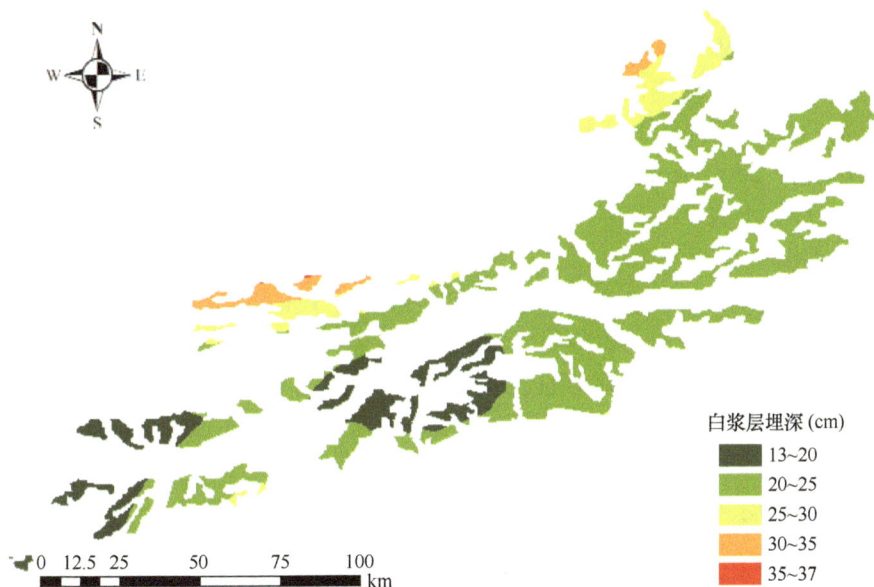

图 5-8　白浆层埋深的空间分布特征

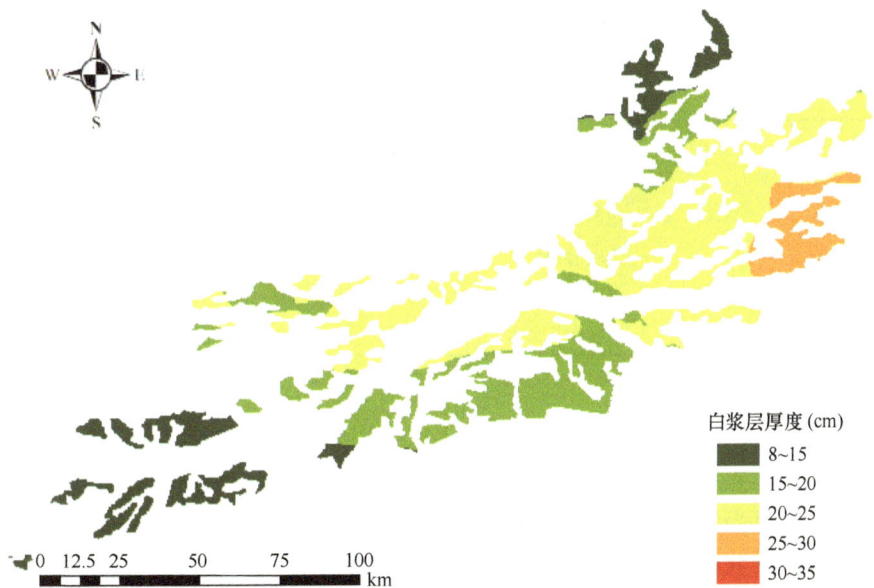

图 5-9　白浆层厚度的空间分布特征

浆层埋深中部区域较西北部浅，呈现向周围递增的趋势；白浆层厚度在中间区域较西北方向厚，呈现向周围减小的趋势。

白浆层埋深在 20～25cm 的区域分布最广，其广泛分布在密山市和虎林市境内，埋深在 13～20cm 的区域主要分布在鸡东县和密山市内。宝清县白浆层埋深在 25cm 以上，密山东南部与虎林西南部白浆层埋深相对较深，为 25cm 以上。

白浆层厚度较埋深区域变异性更大，斑块化分布的现象较为突出。白浆层厚度为 8～15cm 的区域主要分布在鸡东县和宝清县。密山市内白浆层厚度主要为 15～20cm 和 20～25cm，局部存在白浆层厚度为 25～30cm 及最浅 8～15cm 的分布区域。虎林市内存在 3 个梯度的厚度分布，从西南至东北递增，其中 20～25cm 厚度分布比例较大。

表 5-5 为利用 Pearson 相关分析得出的白浆层埋深与厚度和地形因子、气象因子之间的相关系数。由分析结果可以看出，各类影响因素对白浆层埋深与厚度的影响程度存在较大差异。地形因子包括海拔、坡度及坡向均与白浆层埋深无显著相关性。在气象因子中，埋深与年均蒸发量呈现显著正相关性（$P<0.05$）。在地形因子中，白浆层厚度与海拔呈现极显著负相关性（$P<0.01$）。气象因子中，白浆层厚度与年均降水和年均湿润指数之间具有极显著正相关性（$P<0.01$），与年均蒸发量和年均气温之间呈现极显著负相关性（$P<0.01$）。

表 5-5　白浆层埋深和厚度与地形和气象因素之间的相关性

影响因素		白浆层埋深	白浆层厚度
地形因子	海拔（m）	−0.064	−0.367**
	坡度（°）	−0.248	0.093
	坡向（°）	−0.016	0.045
气象因子	年均降水（mm）	−0.04	0.619**
	年均蒸发量（mm）	0.351*	−0.426**
	年均湿润指数（%）	−0.242	0.567**
	年均日照数（h）	0.27	0.270
	年均气温（℃）	0.044	−0.428**
	年均地表温度（℃）	−0.175	−0.332*

注：*代表在 $P<0.05$ 水平达到显著，**代表在 $P<0.01$ 水平达到显著

图 5-10 为研究区域内不同成土母质和耕作方式下白浆层埋深与厚度的分布状况。采集样点的母质主要为河积、风积及湖积母质。分析发现，白浆层埋深与厚度均表现为河积>风积>湖积，但是不同母质之间白浆层埋深与厚度的差异均不显著。研究区耕作方式不同，埋深与厚度差异显著性不同，翻耕条件下白浆层埋深显著大于旋耕条件（$P<0.05$），厚度在旋耕条件下大于深耕处理但差异不显著。

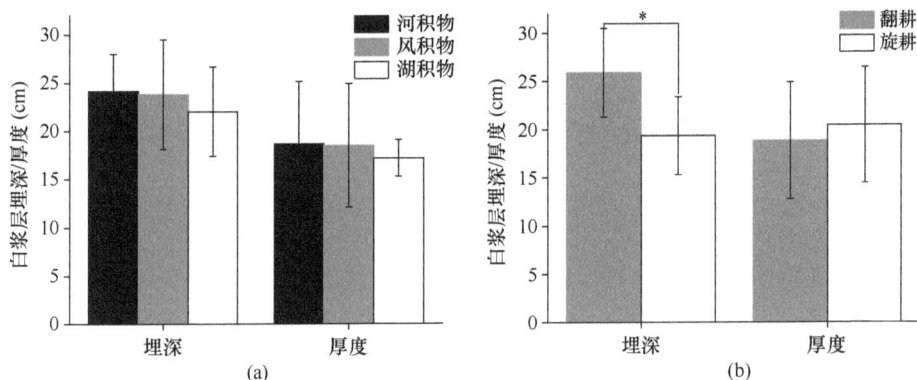

图 5-10　白浆层埋深与厚度在不同成土母质（a）及耕作方式（b）下的分布
*表示在 0.05 水平下差异显著

作 者 信 息

彭新华，中国农业科学院农业资源与农业区划研究所

张中彬，中国科学院南京土壤研究所

高　磊，中国科学院南京土壤研究所

李庆林，中国科学院南京土壤研究所

任图生，中国农业大学

何　进，中国农业大学

钱泳其，中国科学院南京土壤研究所

董芳瑾，中国科学院南京土壤研究所

参 考 文 献

陈浩, 李洪文, 高焕文, 等. 2008. 多年固定道保护性耕作对土壤结构的影响. 农业工程学报, 24(11): 122-125.

陈浩, 杨亚莉. 2010. 冬前灌溉条件下冻融作用对土壤压实的影响. 农机化研究, 32(10): 133-135.

陈鹏飞. 2018. 无人机在农业中的应用现状与展望. 浙江大学学报(农业与生命科学版), 44(4): 399-406.

段兴武, 赵振, 刘刚. 2012. 东北典型黑土区土壤理化性质的变化特征. 土壤通报, 43(3): 529-534.

鄂丽丽, 胡伟, 谷思玉, 等. 2018. 黑土农田极端侵蚀对土壤质量及作物产量的影响. 水土保持学报, 32(2): 142-149, 172.

付娟, 马仁明, 贾燕锋, 等. 2022. 机械压实对农田土壤性质及土壤侵蚀的影响研究进展. 农业工程学报, 38(Z): 27-36.

高晨. 2023. 基于拖拉机行走的黑土压实模拟. 中国科学院大学硕士学位论文.

韩少杰, 王恩姮, 罗松, 等. 2016. 植被恢复对典型黑土表层土壤压缩性和承载能力的影响. 东北林业大学学报, 44(2): 31-34.

黑龙江省土地管理局, 黑龙江省土地勘测规划院. 1998. 黑龙江土地资源. 北京: 中国农业科技出版社: 314-315

姜春霞, 鲁植雄, Upadhyaya S K, 等. 2019. 人字形花纹轮胎压实土壤垂直应力分布规律研究. 农业工程学报, 35(9): 80-87.

景国臣, 刘绪军, 任宪平. 2008. 黑土坡耕地土壤侵蚀对土壤性状的影响. 水土保持研究, 15(6): 28-31.

李汝莘, 林成厚, 高焕文, 等. 2002. 小四轮拖拉机土壤压实的研究. 农业机械学报, 33(1): 126-129.

刘慧, 魏永霞. 2014. 黑土区土壤侵蚀厚度对土地生产力的影响及其评价. 农业工程学报, 30(20): 288-296

刘金华, 王玉军, 杨靖民, 等. 2015. 吉林省典型黑土物理性状变化特性研究. 吉林农业科学, 40(6): 55-58.

刘晚苟, 陈燕, 山仑. 2006. 不同土壤水分条件下土壤容重对玉米木质部汁液中 ABA 浓度和气孔导度的影响. 植物生理学通讯, 42(5): 831-834.

乔金友, 张丹, 张宏彬, 等. 2019. 大中小型拖拉机压实对土壤坚实度和大豆产量的影响. 农业工程学报, 35 (21): 26-33.

任利东, 王丽, 林琳, 等. 2023. 农田土壤机械压实研究进展与展望. 土壤学报, 60(3): 610-626.

荣慧, 房焕, 蒋瑀霁, 等. 2022. 松散土样和填装土柱及紧实程度对土壤有机碳矿化的影响. 土壤学报, 59(6): 1551-1560.

王恩姮, 赵雨森, 陈祥伟. 2010. 季节性冻融后机械压实黑土自然恢复特征. 辽宁工程技术大学学报(自然科学版), 29(6): 1137-1140.

王宪良, 王庆杰, 张祥彩, 等. 2016. 田间土壤压实研究现状. 农机化研究, 38(9): 264-268.

王媛, 王庆贵, 孙元, 等. 2020. 土壤动物生态功能与陆地生态系统各环境因子的关系. 中国农学通报, 36(23): 54-59.

王志强, 刘宝元, 王旭艳, 等. 2009. 东北黑土区土壤侵蚀对土地生产力影响试验研究. 中国科学, 39(10): 1397-1412.

肖质秋, 虞娜, 安晶, 等. 2019. 土壤压实及有机质对其影响的研究进展. 土壤通报, 50(5): 1253-1260.

杨晓娟, 李春俭. 2008. 机械压实对土壤质量、作物生长、土壤生物及环境的影响. 中国农业科学, 41(7): 2008-2015.

张兴义, 隋跃宇. 2005a. 农田土壤机械压实研究进展. 农业机械学报, 36(6): 122-125.

张兴义, 隋跃宇. 2005b. 土壤压实对农作物影响概述. 农业机械学报, 36(10): 161-164.

张兴义, 隋跃宇, 孟凯. 2002. 农田黑土机械压实及其对作物产量的影响. 农机化研究, 4: 64-67.

张中彬, 彭新华. 2015. 土壤裂隙及其优先流研究进展. 土壤学报, 52(3): 11-22.

赵鹏志, 陈祥伟, 王恩姮. 2017. 黑土坡耕地有机碳及其组分累积-损耗格局对耕作侵蚀与水蚀的响应. 应用生态学报, 28(11): 3634-3642.

中国科学院. 2022. 东北黑土地保护与利用报告(2021 年). http://www.igsnrr.cas.cn/publish/dbhtd/index.html. [2024-1-10]

Abiven S, Menasseri S, Chenu C. 2009. The effects of organic inputs over time on soil aggregate stability – A literature analysis. Soil Biol Biochem, 41: 1-12.

Alakukku L, Weisskopf P, Chamen W C T, et al. 2003. Prevention strategies for field traffic-induced subsoil compaction: a review: Part 1. Machine/soil interactions. Soil Till Res, 73(1-2): 145-160.

Alaoui A, Rogger M, Peth S, et al. 2018. Does soil compaction increase floods? A review. J Hydrol, 557: 631-642.

Alaoui A. 2015. Modelling susceptibility of grassland soil to macropore flow. J Hydrol, 525: 536-546.

Batey T. 2009. Soil compaction and soil management – a review. Soil Use Manage, 25(4): 335-345.

Bengough A G. 2011. Root responses to soil physical limitations. Encyclopedia of Agrophysics: 709-712.

Blanco-Canqui H, Hergert G W, Nielsen R A. 2015a. Cattle manure application reduces soil compactibility and increases water retention after 71 years. Soil Sci Soc Am J, 79(1): 212-223.

Blanco-Canqui H, Shaver T M, Lindquist J L, et al. 2015b. Cover crops and ecosystem services: insights from studies in temperate soils. Agron J, 107(6): 2449-2474.

Botta G F, Becerra A T, Tourn F B. 2009. Effect of the number of tractor passes on soil rut depth and compaction in two tillage regimes. Soil Till Res, 103: 381-386.

Boussinesq J. 1885. Application des potentiels à l'étude de l'équilibre et des mouvements des solides élastiques. Paris: Gauthier-Villars: 30.

Bouwman L, Arts W. 2000. Effects of soil compaction on the relationships between nematodes, grass production and soil physical properties. Appl Soil Ecol, 14: 213-222.

Bushamuka V, Zobel R. 1998. Differential genotypic and root type penetration of compacted soil layers. Crop Sci, 38: 776-781.

Buttery B R, Tan C S, Drury C F, et al. 1998. The effects of soil compaction, soil moisture and soil type on growth and nodulation of soybean and common bean. Can J Plant Sci, 78(4): 571-576.

Calonego J C, Raphael J P A, Rigon J P G, et al. 2017. Soil compaction management and soybean yields with cover crops under no-till and occasional chiseling. Eur J Agron, 85: 31-37.

Cambi M, Hoshika Y, Mariotti B, et al. 2017. Compaction by a forest machine affects soil quality and *Quercus robur* L. seedling performance in an experimental field. Forest Ecol Manag, 384: 406-414.

Chamen W C T, Moxey A P, Towers W, et al. 2015. Mitigating arable soil compaction: a review and analysis of available cost and benefit data. Soil Till Res, 146: 10-25.

Chaplot V, Smith P. 2023. Cover crops do not increase soil organic carbon stocks as much as has been claimed: what is the way forward? Global Change Biol, 29: 6163-6169.

Chen G, Weil R R. 2011. Root growth and yield of maize as affected by soil compaction and cover crops. Soil Till Res, 117: 17-27.

da Veiga M, Horn R, Reinert D J, et al. 2007. Soil compressibility and penetrability of an Oxisol from southern Brazil, as affected by long-term tillage systems. Soil Till Res, 92: 104-113.

Défossez P, Richard G, Keller T, et al. 2014. Modelling the impact of declining soil organic carbon on soil compaction: application to a cultivated Eutric Cambisol with massive straw exportation for energy production in Northern France. Soil Till Res, 141: 44-54.

Díaz-Zorita M, Grosso G A. 2000. Effect of soil texture, organic carbon and water retention on the compactability of soils from the Argentinean pampas. Soil Till Res, 54: 121-126.

Etana A, Håkansson I. 1994. Swedish experiments on the persistence of subsoil compaction caused by vehicles with high axle load. Soil Till Res, 29(2): 167-172.

Fröhlich O K. 1934. Druckverteilung im Baugrunde. Vienna: Springer.

Gill J S, Sale P W, Peries R R, et al. 2019. Crop responses to subsoil manuring. II. Comparing surface and subsoil manuring in north-eastern Victoria from 2011 to 2012. Crop Pasture Sci, 70(4): 318-326.

Gregory A S, Watts C W, Griffiths B S, et al. 2009. The effect of long-term soil management on the physical and biological resilience of a range of arable and grassland soils in England. Geoderma, 153(1): 172-185.

Grzesiak M, Janowiak F, Szczyrek P, et al. 2016. Impact of soil compaction stress combined with drought or waterlogging on physiological and biochemical markers in two maize hybrids. Acta Physiol Plant, 38: 109.

Hamza M, Anderson W. 2005. Soil compaction in cropping systems: a review of the nature, causes and possible solutions. Soil Till Res, 82(2): 121-145.

Horn R, Fleige H, Richter F H, et al. 2005. SIDASS project: Part 5: Prediction of mechanical strength of arable soils and its effects on physical properties at various map scales. Soil Till Res, 82: 47-56.

Islam M D D, Price A H, Hallett P D. 2021. Contrasting ability of deep and shallow rooting rice genotypes to grow through plough pans containing simulated biopores and cracks. Plant Soil, 467: 515-530.

Jabro J D, Iversen W M, Evans R G, et al. 2014. Repeated freeze-thaw cycle effects on soil compaction in a clay loam in Northeastern Montana. Soil Sci Soc Am J, 78(3): 737-744.

Keller T, Håkansson I. 2010. Estimation of reference bulk density from soil particle size distribution and soil organic matter content. Geoderma,154: 398-406.

Keller T, Karlen D L, Hallett P D. 2023. Soil tilth. In: Goss M J, Oliver M. Encyclopedia of Soils in the Environment. 2nd ed. Oxford:Academic Press: 48-56.

Keller T, Lamandé M, Naderi-Boldaji M, et al. 2022. Soil compaction due to agricultural field traffic: an overview of current knowledge and techniques for compaction quantification and mapping. In: Saljnikov E, Mueller L, Lavrishchev A, et al. Advances in Understanding Soil Degradation. Cham: Springer International Publishing: 287-312.

Kulli B, Gysi M, Flühler H. 2003. Visualizing soil compaction based on flow pattern analysis. Soil Till Res, 70(1): 29-40.

Lamandé M, Greve M H, Schjønning P. 2018. Risk assessment of soil compaction in Europe – Rubber tracks or wheels on machinery. Catena, 167: 353-362.

Leiva J O R, Silva R A, Buss R N, et al. 2019. Multifractal analysis of soil penetration resistance under sugarcane cultivation. Revista Brasileira de Engenharia Agrícola e Ambiental, 23: 538-544

Li Q, Allen H, Wollum A. 2004. Microbial biomass and bacterial functional diversity in forest soils: effects of organic matter removal, compaction, and vegetation control. Soil Biol Biochem, 36(4): 571-579.

Lipiec J, Stępniewski W. 1995. Effects of soil compaction and tillage systems on uptake and losses of nutrients. Soil Till Res, 35(1): 37-52.

Liu H, Colombi T, Jäck O, et al. 2022. Effects of soil compaction on grain yield of wheat depend on weather conditions. Sci Total Environ, 807: 150763.

Liu X B, Zhang X Y, Wang Y X, et al. 2010. Soil degradation: a problem threatening the sustainable development of agriculture in Northeast China. Plant Soil Environ, 56(2): 87-97.

Naderi-Boldaji M, Keller T. 2016. Degree of soil compactness is highly correlated with the soil physical quality index S. Soil Till Res, 159: 41-46.

Nawaz M F, Bourrie G, Trolard F. 2013. Soil compaction impact and modelling. A review. Agron Sustain Dev, 33(2): 291-309.

Ning T, Liu Z, Hu H, et al. 2022. Physical, chemical and biological subsoiling for sustainable agriculture. Soil Till Res, 223: 105490.

Obour P B, Jensen J L, Lamandé M, et al. 2018. Soil organic matter widens the range of water contents for tillage. Soil Till Res, 182: 57-65.

Obour P B, Ugarte C M. 2021. A meta-analysis of the impact of traffic-induced compaction on soil physical properties and grain yield. Soil and Tillage Research, 211: 105019.

Peralta G, Alvarez C R, Taboada M Á. 2021. Soil compaction alleviation by deep non-inversion tillage and crop yield responses in no tilled soils of the Pampas region of Argentina. A meta-analysis. Soil Till Res, 211: 105022.

Peries R. 2013. Subsoil manuring: an innovative approach to addressing subsoil problems targeting higher water use efficiency in Southern Australia. St, Inverleigh VIC: Southern Farming Systems. https://www.farmtrials.com.au/trial/16189. [2024-1-10]

Pulido-Moncada M, Petersen Soren O, Munkholm Lars J. 2022. Soil compaction raises nitrous oxide emissions in managed agroecosystems. A review. Agron Sustain Dev, 42(3): 38.

Pupin B, Freddi O D, Nahas E. 2009. Microbial alterations of the soil influenced by induced compaction. Rev Bras Cienc Solo, 33(5): 1207-1213.

Reichert J M, Mentges M I, Rodrigues M F, et al. 2018. Compressibility and elasticity of subtropical no-till soils varying in granulometry organic matter, bulk density and moisture. Catena, 165: 345-357.

Ren L, Cornelis W M, Ruysschaert G, et al. 2022. Quantifying the impact of induced topsoil and historical subsoil compaction as well as the persistence of subsoiling. Geoderma, 424: 116024.

Roarty S, Hackett R A, Schmidt O. 2017. Earthworm populations in twelve cover crop and weed management combinations. Appl Soil Ecol, 114: 142-151.

Schjønning P, Lamandé M, Crétin V, et al. 2017. Upper subsoil pore characteristics and functions as affected by field traffic and freeze-thaw and dry-wet treatments. Soil Res, 55(3): 234-244.

Schjønning P, Lamandé M. 2018. Models for prediction of soil precompression stress from readily available soil properties. Geoderma, 320: 115-125.

Seehusen T, Riggert R, Fleige H, et al. 2019. Soil compaction and stress propagation after different wheeling intensities on a silt soil in South-East Norway. Acta Agric Scand B Soil Plant Sci, 69(4): 343-355.

Silveira M L, Comerford N B, Reddy K R, et al. 2010. Influence of military land uses on soil carbon dynamics in forest ecosystems of Georgia, USA. Ecol Indic, 10: 905-909.

Sivarajan S, Maharlooei M, Bajwa S G, et al. 2018. Impact of soil compaction due to wheel traffic on corn and soybean growth, development and yield. Soil Till Res, 175: 234-243.

Smith P, House J I, Bustamante M, et al. 2015. Global change pressures on soils from land use and management. Global Change Biol, 22(3): 1008-1028.

Söhne W. 1953. Druckverteilung im Boden und Bodenformung unter Schlepperreifen. Grundl Land Technik, 5: 49-63.

Tamirat T W, Pedersen S M, Farquharson R J, et al. 2022. Controlled traffic farming and field traffic management: perceptions of farmers groups from Northern and Western European countries. Soil Till Res, 217: 105288.

Tan X, Chang S X, Kabzems R. 2007. Soil compaction and forest floor removal reduced microbial biomass and enzyme activities in a boreal aspen forest soil. Biol Fert Soils, 44(3): 471-479.

Wang H, Wang L, Ren T.2022. Long-term no tillage alleviates subsoil compaction and drought-induced mechanical impedance. International Agrophysics,36: 297-307.

Wang X, Wang C, Wang X, et al. 2020. Response of soil compaction to the seasonal freezingthawing process and the key controlling factors. Catena, 184: 104247.

Wang Y, Wu P, Mei F, et al. 2021. Does continuous straw returning keep China farmland soil organic carbon continued increase? A meta-analysis. J Environ Manage, 288: 112391.

Whalley W R, Dumitru E, Dexter A R. 1995. Biological effects of soil compaction. Soil Till Res, 35: 53-68.

Wooliver R, Jagadamma S. 2023. Response of soil organic carbon fractions to cover cropping: a meta-analysis of agroecosystems. Agr Ecosys Environ, 351: 108497.

Xiong P, Zhang Z, Peng X. 2022. Root and root-derived biopore interactions in soils: a review. J Plant Nutr Soil Sci, 185(5): 643-655.

Zhang Z, Peng X. 2021. Bio-tillage: a new perspective for sustainable agriculture. Soil Till Res, 206: 104844.

Zhang Z, Yan L, Wang Y, et al. 2022. Bio-tillage improves soil physical properties and maize growth in a compacted Vertisol by cover crops. Soil Sci Soc Am J, 86(2): 324-337.

Zhou H, Fang H, Hu C, et al. 2017. Inorganic fertilization effects on the structure of a calcareous silt loam soil. Agron J, 109(6): 2871-2880.

Zhuo Z, Xing A, Cao M, et al. 2020. Identifying the position of the compacted layer by measuring soil penetration resistance in a dryland farming region in Northeast China. Soil Use Manage, 36(3): 494-506.

第6章 黑土地健康土壤培育与发展趋势

摘要: 土壤健康是土壤持续保持陆地生态系统生产力、生物多样性和环境服务功能的能力,其定义经过从土壤肥力到土壤质量的演变逐渐形成了土壤健康这一涵盖多层次的新概念,强调的是土壤的生命力、生态属性、社会属性等。"健康土壤培育"作为一种综合性的土壤管理方法,旨在通过科学的农业和环境实践,以支持土壤生产力可持续性、生物多样性保护及环境服务优化,从而实现可持续农业和生态系统的目标。东北黑土地作为国家粮食生产的重要基地,其过度开垦、不合理耕作方式及化肥、农药的过度使用,导致黑土地土壤"变薄、变瘦、变硬"。针对以上突出问题,国家启动了一系列的黑土地健康土壤培育项目,意在提高黑土地的肥力、植物、环境与生态的健康水平。目前黑土地健康培育主要集中在以下3个方面:一是生产力可持续性,地力提升、作物促生和抗逆;二是生物多样性保护,维持生物互作网络及功能调控;三是环境服务功能优化,除草剂、地膜等污染修复,增汇减排。尽管对黑土地健康土壤培育的研究取得了一定的进展,但仍面临一系列长期问题,如生产力的可持续性下降,生物多样性结构进一步失衡,除草剂及地膜污染问题仍然存在,土壤有机质衰减还在继续等。针对这些难题,我国黑土地健康土壤培育科技创新未来的研究方向仍应聚焦在生产力可持续性的提升,解析黑土地生物多样性的时空演变规律,黑土地污染修复与风险管控及增汇减排等方面。综上,黑土地健康土壤培育不仅仅是解决当前土壤问题,更是为了支持我国黑土农业绿色低碳发展和乡村振兴。通过生产力提升、生物多样性保护和环境服务功能优化等关键技术的创新,构建健康耕地区域培育模式,确保土壤的永续利用,从而维护粮食安全和生态环境的可持续发展。

土壤健康是土壤持续保持陆地生态系统生产力、生物多样性和环境服务功能的能力,而健康土壤培育是农业可持续性的关键实践。通过提高土壤肥力和植物产能来提升土壤生产力,通过提高和维持土壤生物多样性来维持生物功能,通过优化环境服务功能来维持土壤可持续发展，是健康土壤培育要解决的关键问题和最终目标。本章聚焦东北黑土地，通过分析黑土健康培育的研究进展，提出黑土健康培育的科技创新问题，最终确立黑土健康培育的科技创新方向，旨在为东北黑土地健康培育提供系统全面的理论基础、技术目标和未来方向。

6.1 健康土壤培育的定义与内涵

6.1.1 土壤健康的定义

土壤是大气圈、水圈、岩石圈和生物圈的交汇之处，具有重要的社会和生态功能，是可持续发展的关键，因此土壤健康就显得尤为重要（Doran and Zeiss，2000）。早在 18 世纪，科学家们就开始在土壤形成过程中引入生物过程的概念，认识到土壤生态系统与其他生态系统一样容易受到危害，从而为土壤健康的概念奠定了基础。1979 年，盖亚概念（Gaia concept）的普及将自然界视为一个行星尺度的自我调节系统，明确地包含了土壤生态系统的概念，并超越了土壤仅为人类提供服务的观念。Doran 和 Zeiss 在 2000 年首次提出了土壤健康的概念，土壤健康是指土壤维持植物、动物和人类的重要生态系统的持续能力。土壤健康所强调的是土壤在社会、生态系统和农业中的功能及作用。土壤健康的定义最早是由植物保护学界针对影响植物健康的土壤状况提出的，而后经过从土壤肥力到土壤质量的演变过程逐渐形成了土壤健康这一涵盖多层次的新概念，其中土壤肥力侧重于对土壤化学和部分物理特性的描述（Karlen et al.，1997），而土壤质量则扩展为整个生态系统土壤对水体、动物和植物健康的影响，更侧重于以人类为基准的生态系统服务。联合国粮食及农业组织（FAO）政府间土壤技术专家小组（ITPS）将土壤健康定义为土壤持续保持陆地生态系统生产力、生物多样性和环境服务的能力；美国农业部（USDA）提出土壤健康是指土壤作为一个重要生命生态系统，能持续为植物、动物和人类提供支持的能力；欧盟委员会（EC）则倡导土壤健康是指土壤对所有形式的生命持续提供生态服务功能的能力；我国《耕地质量等级》（GB/T 33469—2016）将土壤健康定义为土壤作为一个动态生命系统具有的维持其功能的持续能力。土壤健康实际上是比土壤肥力和土壤质量包含内容更广的概念，或者说土壤健康既涵盖了土壤质量的大部分内容，同时又包括了土壤环境、土壤生物的相关内容。尽管"土壤健康"概念与"土壤质量"密切相关，但土壤健康更加强调了土壤的生命力、生态属性、社会属性等，以及其对生态环境安全、食物健康、人体健康的能力，而不仅局限于土壤的物理和化学性质，是"全球大健康"（One health）的一个重要内容（Lehmann et al.，2020）。因此，在土壤健康框架中所增加的生物学视角，不仅有助于解决植物的可持续生产问题，更有利于解决人类以外的生物多样性和地球环境健康问题。

6.1.2　健康土壤培育的定义与内涵

1. 健康土壤培育的定义

联合国粮食及农业组织（FAO）在国际土壤年（2015 年）提出了"健康土壤带来健康生活"的理念和行动，认为只有健康的土壤才能生产健康的食物，进而孕育健康的人类和健康的社会。据 FAO 统计显示，全球 1/3 的耕地发生了退化，对作物减产影响高达 50%；全球 20 亿人患有微量元素缺乏症，这与土壤中缺乏微量元素密切相关。因此，培育健康土壤非常重要（张江周等，2021）。目前我国保护性耕作土壤建设以"保数量"和"提质量"为主，全面实现党的二十大提出的保障粮食安全和绿色低碳发展战略，必须统筹管理耕地的粮食产能、环境质量、生物多样性和生态服务功能，开展健康土壤培育行动（朱永官等，2021a）。健康土壤培育作为一种综合性的土壤管理方法，旨在通过科学的农业和环境实践，维护和改善土壤的物理、化学和生物学特性，以支持土壤生产力提升、生物多样性保护及环境服务功能优化，从而实现可持续农业和生态系统的目标。

2. 健康土壤培育的内涵

（1）土壤生产力可持续性

健康土壤培育是农业发展可持续性的关键实践，通过提高土壤地力和作物产能来提升土壤生产力。土壤地力的构成包括速效性地力、限制性地力和内稳性地力，其中，速效性地力主要通过施用矿质化肥得以提升并具有不稳定性特征，限制性地力则受到光、温、水等区域环境因子的影响，而内稳性地力总体上反映了土壤有机质、养分、团聚结构及微生物的协同效应，进而决定了作物生长环境的缓冲能力与稳定性（Zhang et al.，2023）。一方面，通过增加有机质、维持土壤结构和减少土壤侵蚀来提升土壤整体肥力。有机质是内稳性地力的核心，有机质的增加，如施用有机肥料和秸秆还田，不仅提供植物所需的养分，还能改善土壤结构，增强土壤的保水保肥能力，促进土壤养分循环。采用保护性耕作方式，避免频繁的机械耕作，有助于减缓土壤结构的破坏（Kragt and Robertson，2014）。植物残体覆盖和植被覆盖可减缓水土流失，保持土壤肥力和层次，防止侵蚀带走肥沃的表层土壤。另一方面，通过均衡养分供给、多样化种植和水分管理来提高作物产能（Lehmann et al.，2020）。有机肥料释放养分缓慢，可满足整个生长周期的需求，降低过度施肥可能引发的环境问题。多样化种植方式，如轮作和免耕，有助于减少土壤中特定病虫害的发生，提高土壤养分平衡，增强农田生态系统稳定性（Kragt and Robertson，2014）。维持土壤中的有机质水平可提高土壤保水能力，减缓水分流失，增强作物抗旱和抗涝能力，确保作物产量和品质的稳定。因此，健康土壤培育通过增加有机质、改善土壤结构、减少侵蚀、养分均衡供给、多样化种植和优化水分管理等途径，为土壤肥力提升和作物产能增加创造了有利条件，这不仅有助于确保粮食生产的可持续性，还对农田生态系统的健康产生积极影响。

（2）土壤生物多样性保护

土壤生物多样性及其所提供的生态系统服务对全球生态系统至关重要，主要在土壤生物多样性、生物功能和生物多营养级这三个方面发挥其关键作用。通过采用有机农业和保护性耕作等可持续农业实践，减少化肥和农药的使用，有助于保护土壤中的微生物、动物等生物多样性，这些微生物和动物在土壤中构建了复杂的食物网，对土壤的健康和生态平衡至关重要（孙新等，2021）；土壤中的微生物参与能量流动、物质转化和信息交流等关键生态功能（Frąc et al.，2018），保护土壤生物多样性对维持生物功能至关重要。生物多样性的保护，可以维持土壤的生物学和生态学功能，促进有益微生物的活动，从而提高土壤的养分循环效率、提供植物所需的养分，增加土壤的肥力（Chaparro et al.，2012）；不同种类的微生物在土壤中形成多层次的食物链，达到生态平衡。过度施用化肥和农药可能导致一些微生物的过度增殖，打破微生物生态平衡，影响土壤的健康。通过采用有机农业、轮作和混作等措施，有助于维护土壤中各种生物的相对平衡，促进多层次食物链的形成，从而维护土壤的整体稳定性（褚海燕等，2020a）。总体而言，健康土壤培育通过减少对土壤的干扰，采用可持续农业实践，有助于保护土壤生物多样性，提高土壤的养分循环效率，维护土壤的生物学和生态学功能，促进土壤中生物多营养级的平衡。这不仅有助于提高土壤的健康状况，还对生态系统的可持续性和农业的长期发展产生积极影响。

（3）土壤环境服务功能优化

在健康土壤培育中，环境服务功能的优化涵盖了多个关键方面，其中土壤污染修复与新型污染物研究、土壤增汇减排与全球变化研究及土壤生物与人体健康研究是不可忽视的重要方向。当前土壤中存在微塑料、全氟化合物、环境激素、抗生素等新兴毒害物质，对农产品清洁生产和食品安全构成潜在威胁（骆永明，2008）。环境服务优化需要加强对这些物质的监测和治理，制定科学的修复方案，以还原土壤的健康状态，确保农产品的质量和人体的健康。当前土壤系统的稳定性下降，稻田甲烷排放等给全球气候变化带来不利影响。然而，优化环境服务需要采用可持续的农业管理方法，提高土壤的碳固定能力，减少甲烷等温室气体排放，从而增强土壤系统对气候变化的适应性（Ma et al.，2023）。当前土壤生物多样性降低,这对土壤系统的稳定性和抗逆性构成潜在威胁。环境服务优化需要更注重土壤微生物、动物等生物的多样性,采用有益微生物的定向培育,以维护土壤健康和提高农业生产效益(朱永官等,2021b)。因此,健康土壤培育中的环境服务优化不仅是解决当前土壤问题,更是为了支持我国农业绿色低碳发展和乡村振兴。土壤污染修复、增汇减排和生物多样性保护等关键技术的创新,可以构建健康耕地区域培育模式,确保土壤的永续利用,从而维护国家粮食安全和生态环境的可持续发展。

6.2 健康土壤培育的研究进展

健康土壤培育是农业可持续发展的基石,直接关系到陆地生态系统的生产力、生物多样性和环境服务功能。在农业绿色发展的进程中,降低资源环境代价,平衡"绿色"与"发展"的问题至关重要,而健康土壤培育成为实现这一目标的关键环节。当前土壤酸化、重金属污染、土壤退化等问题威胁着农业可持续发展,迫切需要采取科学有效的措施。通过明晰土壤时空演变、智能监测技术、健康评价与培育技术等科技问题,建立多尺度评价指标与监测技术,揭示土壤生物多样性及其生态服务功能。通过解析土壤障碍因子与养分效率、产能提升的关系,构建土壤障碍因子消减和资源调控技术体系,为健康土壤的培育贡献新的科学思路与实践经验。

6.2.1 健康土壤培育评价

在土壤健康评估方面,通过筛查各种物理、化学和生物学评价指标,计算出土壤健康的综合指标,通过系统整合以构建最终指标体系,从而系统直观地表征土壤健康状况,以实现土壤健康的可持续性管理(李烜桢等,2022)。土壤健康程度的判定标准,在于土壤是否充分发挥了其功能,如果发挥了功能就认为是高质量的,反之,则存在着障碍因素或者土壤质量低。现在人们认识到土壤具有多功能性,不同功能之间存在权衡和协同互作(司绍诚等,2022)。由于土壤具有多相性和多功能性,因此衡量土壤健康(质量)状况不可能使用单一的指标和方法,也无法一直通用一个标准,所以土壤健康的评价具有目标性、相对性和实效性。通常,人们从众多的土壤定性和定量指标中筛选出最小数据集(minimum data set,MDS),用来评价土壤质量。测定指标涉及物理、化学和生物指标三个方面,目前许多评价体系多采用理化指标,涉及的生物指标不多。2020 年,全球土壤健康数据库(Soil Health DB)评估了全球 354 个点位的 500 多项土壤健康的研究,汇集了 42 个土壤健康评估指标和 46 个对土壤健康有影响的背景指标(Jian et al.,

2020）。总体来看，土壤健康诊断指标体系由定性向定量方向发展，而评价指标与技术也逐渐从理论性向实用性方向转变。

随着对评价指标不断地更替，国内外相继提出了多个土壤健康的评价体系，旨在建立系统全面的土壤健康评价系统。1990 年，美国农业部最先提出了土壤管理评估框架（SMAF），奠定了后期土壤健康评价的基本框架和方法体系。2015年，美国农业部进一步在 SMAF 的基础上提出新的评价体系——康奈尔土壤健康评价体系（CASH），具体为备选指标→指标筛选→形成最小数据集→指标分类打分→形成土壤健康评估报告→制定土壤健康管理方案。目前 CASH 已应用于美国全域的土壤健康评价。同年，欧盟 LANDMARK 项目提出了"Soil Navigator"模型，这是一项基于 5 个土壤功能为单元的评价方法，并在奥地利、德国、丹麦等国家很好地实行和推广。2000 年，我国建立了耕地质量等级评价方法，其评价原则依托农业生产角度，并通过综合指数法对耕地地力、土壤健康状况和田间基础设施构成的满足农产品持续产出和质量安全的能力进行划分评价（曹野，2017）。

通过对比 1970 年至今土壤评价的体系方法发现，其评价指标不断增多，倾向于多主体参与和多学科交叉分析，评价思路也逐步向功能优先的角度发展。同时，土壤生物作为土壤生态服务功能的执行者或驱动力，与土壤、作物、动物和人体健康密切相关。因此，近年来整合土壤生物指标开展土壤健康评估成为一大研究热点。新西兰奥克兰大学团队于 2020 年尝试通过土壤细菌群落组成预测土壤理化特征和土壤质量；美国康奈尔大学团队也在 2022 年通过微生物组数据的机器学习预测土壤健康并进行评估，发现不同方法对土壤健康类别和健康等级的预测保持一致，具有可信度。这些评估体系明确了针对性的相关利益者目标群、评估目标、应用尺度、评估指标等信息。总体而言，土壤健康研究主要集中在农业耕地条件下的中、小空间尺度上，而多空间尺度、多功能维度研究仍相对缺乏。

6.2.2 土壤生产力可持续性

土壤生产力是指土壤支撑的以绿色植物为主的初级生产力，提高土壤肥力和植物产能是夯实粮食安全的根基，健康土壤培育主要从推进地力提升、促进产能提升和抑制植物病害三个方面进行。

1. 推进地力提升研究

国际上自 20 世纪 90 年代提出集约化可持续农业发展规划（Cassman，1999），以提高耕地质量稳定和水土资源利用效率，促进农业生产能力的稳步提升（Tilman et al.，2002）。21 世纪以来，国内外研究主要集中在消减土壤障碍和提升土壤功能两个层面，在打破土壤障碍对化肥养分利用的制约、揭示化肥养分高效利用的土壤生物机制、有效的地力分区管理与建立综合培肥模式等方面取得显著进展。近年来，对土壤肥力健康的发展和培育始终有较多关注（Lehmann et al.，2020），并相继出台政策法规，如美国农业部"解开土壤奥秘"行动计划、欧盟"土壤健康行动"（2020）和澳大利亚"国家土壤战略"（2021）等。同时，还建立了有效的地力分区管理与综合培肥模式。当前耕地耕层土壤变浅、库容量变小，土壤养分不均衡、有机质含量下降，土壤酸化与板结、耕地质量下降等（王连弟，2019）问题仍然制约我国农业产业结构转型与升级。自 20 世纪 80 年代以来，我国相继实施了"中低产田改良""沃土工程""高标准农田建设"等计划，建立了国家野外科学观测研究站体系，揭示了农田生态系统养分循环和土壤质量长期演变规律，发展了地力快速提升理论与技术。通过土壤少（免）耕保护性耕作（万丽，2017）、土壤深耕与秸秆还田扩库增容绿色丰产、土壤合理耕作与轮耕、土壤培肥与持续丰产增效栽培（张志毅等，2020）、土壤调理剂研发和施用（易琼等，2016）等技术的研究，可以解决土壤耕层浅、土壤保水保肥性能差等问题，减缓或解决土壤酸化、潜育化、连作障碍等系列土壤障碍因素。

2. 促进产能提升研究

土壤肥力是促进植物生长与产能的基础。利用多种技术提高植物生长效率及作物的产量和品质，目的是通过改善植物遗传性状或与环境的相互作用，增强植物与生产相关的表型，从而实现农业的可持续发展。目前国内外对植物促生研究主要涉及生物、非生物及遗传育种等技术手段，并且通过改善土壤性质，以增加植物对养分的吸收和利用，减少对植物生长不利的因子，优化植物遗传性状，进一步促进植物的生长发育和提高作物产量。生物促生技术主要包括生物肥料、植物激素等，可将具有固氮、释放矿物质、产植物激素、分解有机质、抑制病原菌、解毒活性氧、产生渗透保护剂等功能的微生物或其代谢产物制成肥料施用（Ke et al.，2021）。非生物促生技术主要通过改变植物生长所依赖的光、热、水、肥等条件，或者减少植物所受的病虫害、杂草、盐碱等压力发挥作用，包括栽培及耕作方式、纳米传感器、新型水–肥–药传递系统等（Lew et al.，2020；Kah et al.，2019）。此外，可通过良种选育、杂交作物开发、分子标记辅助育种、基因组定向编辑、基因芯片技术筛选和培养具有优良性状的种质（Bailey-Serres et al.，2019）。生物促生技术具有对环境友好等优势，但效果仍具有条件依赖性。非生物促生技术使用广泛，效果稳定，但可能会造成土壤退化、生态失衡、增加温室气体的排放等潜在问题。遗传育种可以直接提高作物性状，但依然存在基因突变、流失或转移等风险，影响农作物的稳定性和安全性。因此，多种促生技术联合使用在健康土壤培育应用中具有重要意义。

3. 抑制植物病害研究

在植物生长过程中，由于自然环境、地域差异、气候变化和人类活动等影响，对植物施加压力导致生长受阻或产量下降被称为胁迫。植物遭受的胁迫主要包括非生物胁迫和生物胁迫。非生物胁迫包括极端温度、干旱、重金属等，生物胁迫包括虫害、病原物等，当胁迫严重时，会限制作物产量和分布。而在土壤中存在着许多对植物健康有不利影响的微生物，如病原真菌、病原细菌、卵菌和线虫等，统称为病原物。这种由土壤中或随植物病株残体残留在土壤中的病原物在适宜条件时侵染植物根部或茎部引起的病害称为土传病害，在我国乃至全球范围内的暴发均非常普遍，引起包括纹枯、枯萎、立枯、猝倒、根腐、软腐、根肿和丛根等类型的病害（蔡祖聪和黄新琦，2016；Haas and Défago，2005）。土传病害不仅严重影响作物产量和品质，还对农业可持续发展、食品安全及环境安全等造成巨大威胁。常见的土传病原物有大丽轮枝菌、镰刀菌属、链格孢属和疫霉属等，在集约化种植土壤中广泛分布，并且会引起多种农作物的严重病害，如棉花黄萎病、番茄枯萎病、马铃薯晚疫病、水稻穗腐病等（Daguerre et al.，2014），因此迫切需要可持续的策略来预防植物病害。目前，国内外对土传病害防控主要包括农业、物理、化学、生物等方面：一是开展植物抗病品种的选育；二是实行间作、套作或混作，避免病害对单一栽培的危害；三是使用土壤熏蒸消毒技术防治土传病害；四是使用生物防治方法防控土传病害，利用有益生物或其产生的次生代谢产物抑制有害生物的发生、发展或减轻其危害程度（Greff et al.，2023；Niu et al.，2020；沙月霞等，2016）。生物防治因子有拮抗微生物、抗生素和植物诱导子等，主要通过拮抗病原微生物或影响土壤微生物的活动状态以控制病原菌生长繁殖，诱导寄主植物产生系统抗性进而提高植物的抗病能力（Compant et al.，2019）。总之，生物防治对病原菌的防治具有生态安全、特异性强等特点，并且具有其他防治方法无法比拟的优势，因此生物防治为健康土壤培育提供了新的管理视角。

6.2.3 土壤生物多样性保护

土壤是地球上生物多样性最丰富的生态系统。土壤生物以其丰富的多样性、多样的功能及巨大的应用潜力，已成为国际公认的重要研究热点领域，并成为健康土壤培育的热点方向之一。土壤生物作为土壤中的污染物净化器、养分转化器、生态稳定器和气候调节器，其复杂多样的代谢活动是驱动土壤中各种生源要素在土壤圈、大气圈、水圈、生物圈间迁移转化的关键动力，并且土壤功能与分类学多样性和群落组成高度相关（Sanyal et al.，2019）。因此，土壤生物多样性在生态功能调节和生态系统服务中发挥着积极作用，如推动生态系统的多重功能，调节生态系统多重功能对全球变化的抵抗力，维持生态系统的稳定性等。然而，尽管土壤生物在提供关键生态系统服务方面的作用日益得到重视，但由于各种潜在威胁的影响，土壤生物多样性丧失的风险正在上升，包括地上生物多样性丧失、物种入侵、污染、酸雨和养分超载、过度放牧、火灾、土壤侵蚀、土地退化和荒漠化、气候变化和人类活动等。因此，培育土壤生物多样性是在应对全球挑战过程中维持和保护生物多样性的重要举措，目前健康土壤生物多样性的研究主要集中在土壤生物多样性分布格局、土壤生物生态网络互作和与生态系统功能的关联及调控三个方面。

1. 土壤生物多样性分布格局研究

　　土壤生物多样性的时空分布规律及其驱动机制是土壤生物学研究的基础，是摸清家底、挖掘资源和保护繁育的前提。由于技术的发展和土壤生物多样性研究的兴起，该研究领域已取得一系列的研究进展。研究发现全球土壤中不同生物类群，如细菌、真菌、蚯蚓、病毒等呈现出不同的地理分布模式和多样性（Schulz et al.，2020）。同时，已有的研究综述了当代环境因素，如气候、土壤、植物、动物行为，以及人类活动，历史因素，如气候遗产、地理距离，以及微生物本身的特点，如体形大小、互作关系，都是驱动土壤生物多样性分布的重要因素（Chu et al.，2020）。然而，当前对于土壤生物群落分布格局的形成机制还未能形成统一认识，具体研究结果因研究尺度、生态系统类型和土壤生物类群的不同而存在较大差异。

2. 土壤生物生态网络互作研究

　　土壤中的生物并不是孤立存在的，而是通过物种间的共生、竞争和捕食等作用构成复杂的相互作用网络，共同参与土壤生态过程。自然环境中土壤生物以群落形式共存，微生物–植物的共生或寄生关系、植物根系–微生物–动物食物链等多营养级的复杂结构，在土壤有机质分解、养分循环及土壤结构和稳定维持等方面发挥重要作用，紧密调控着土壤中养分流动和物质循环过程并受到土壤理化性状、气候环境等非生物因素的影响（Sackett et al.，2010）。研究发现土壤原生动物在低温下对细菌和真菌的捕食可以增加土壤有机质的分解和 CO_2 的释放（Geisen et al.，2021）；类似的基于弃耕土地自然恢复过程的研究发现，土壤食物网复杂度的升高伴随着土壤养分的循环和碳吸收效率的提高（Morriën et al.，2017）。此外，土壤原生动物还可以通过对植物根际细菌和真菌的捕食作用广泛参与植物根际微生物群落的构建，从而影响地上植物的生长和健康。因此，食物网中各类生物群落之间"牵一发而动全身"，由于级联效应，土壤微食物网结构的变化或顶端捕食者的增加（减少）将会给土壤功能潜力带来巨大的影响（Barnes et al.，2014）。确定食物网中多种生物群落共现和潜在交互模式的主要驱动因素，以及它们与生态系统功能的关联，可以帮助我们构建以土壤生物或土壤环境为核心的土壤生物调控技术。

3. 土壤生物多样性与生态系统功能的关联及调控研究

越来越多的研究证实，土壤生物多样性与生态系统的初级生产、植物多样性、养分循环、凋落物分解、气候调节和污染物消纳等多重生态系统功能和服务密切相关，因此土壤生物多样性与生态系统多功能性之间的关系正在成为土壤生态学研究的热点。近年来，大量的室内模拟试验和生态调查均表明土壤生物多样性对于土壤的多功能性和作物的生产力至关重要。已有研究表明地下土壤生物群落是维持生态系统多功能性的关键，通过调控土壤生物群落，土壤的生物多样性、丰度和相互作用强度与生态系统多功能性呈现出显著的正相关关系（Wagg et al.，2019）。另外，研究发现初始土壤微生物群落的组成和功能决定了植物是否可以抵抗土传病害，通过人为操控如土壤移植来调控土壤微生物群落，可以介导其参与植物抗病功能的发挥。因此，通过仔细地考虑土壤生物的分布格局、影响因素、相互作用及其与功能发挥之间的关联来培育土壤生物多样性，能够更好地维持和保护土壤生物多样性。

6.2.4 土壤环境服务功能优化

1. 土壤污染修复与新型污染物研究

土壤因堆积储存、泄漏或其他方式承载了有害物质，具有潜在风险性，会对人体健康和生态环境产生危害，因此土壤的健康培育需要针对这些污染场地实施土壤修复。按照土壤污染物的种类，土壤污染类型可分为传统污染物和新型污染物。

传统污染物主要包括有机物污染、无机物污染、生物污染和放射性物质污染。国内外对土壤中传统污染的防治原则是"预防为主、防治结合；统筹规划、重点突破；因地制宜、分类指导；政府主导、公众参与"。当前重点防治的污染土壤是农田和场地土壤，修复方法主要分为物理修复–热处理技术、化学修复–土壤固化稳定化技术、淋洗技术和生物修复技术（Xuan et al.，2023）。植物吸收修复技术在国内外都得到了广泛研究，已经应用于砷[①]、镉、铜、锌、镍、铅等重金属及与多环芳烃复合污染土壤的修复，并发展出包括络合诱导强化修复、不同植物套作联合修复、修复后植物处理处置的集成技术。目前，正在发展微生物修复与现场修复工程嫁接和移植技术，以及针对性强、高效快捷、成本低廉的微生物修复设

---

① 砷为非金属，由于其化合物具有金属性质，此处归为金属。

备，以实现微生物修复技术的工程化应用（Wang et al.，2017）。

新型污染物主要是内分泌干扰物、全氟化合物、溴代阻燃剂、纳米材料、微塑料等。新型污染物的污染现状及其去除技术近年来受到学界的广泛关注。由于传统污水处理厂不能有效去除新型污染物，其随着污水处理厂出水、污泥等进入生态环境产生危害（Li et al.，2023）。目前比较成熟的新型处理技术包括活化过硫酸盐、光催化耦合微生物同步降解、臭氧微气泡法、金属−有机框架材料、固定化微生物和漆酶降解等。目前新型污染物降解技术大多处于实验室研究阶段，且多为单一工艺研究，部分工艺会造成二次污染等风险。近期，利用数学模型建立和预测工艺降解能力，评估污染物毒性及其环境风险、污染程度等方面更加简便、经济。同时应进一步筛选高效菌株，研发安全可靠的新型处理材料，通过清洁生产，从根源上消除新型污染物污染（Bast et al.，2021）。

2. 土壤增汇减排与全球变化研究

近年来，全球面临土壤有机质含量普遍不高、土壤碳储量减少的挑战，通过合理管理措施保护和重建土壤碳库成为实施健康土壤培育计划的核心。全球陆地生态系统在 2007～2017 年平均从大气中吸收碳高达（210±45）Pg C/a，相当于工业活动和土地利用变化的人为总碳排放量的 33.7%。土壤作为陆地生态系统中最大的碳库，土壤碳储量是大气的 2 倍、陆地植被的 3 倍（Piao et al.，2018；Lal，2004），因此科学管理土壤碳库是应对全球气候变化的重大战略之一。法国土壤学家提出"千分之四"计划旨在通过每年增加千分之四的有机碳储量在土壤中，以抵消全球每年化石燃料的碳排放量（Rumpel et al.，2018）。"千分之四"目标尽管存在争议，但推动了政府和公众对固碳作用的关注。陆地生态系统是地球表层生态系统的重要组成部分，具有重要的碳汇功能，深度参与着全球碳循环过程（童荣鑫等，2023）。森林和草原是陆地生态系统的两个重要组成部分，具有极其重要的生态功能和生产功能（Du et al.，2021）。森林固碳量相当于其他植被类型的 2倍，其植被碳储量占全球植被碳储量的 86% 以上，可吸收固定全球每年大约 25%的化石燃料燃烧所排放的 CO_2（Ruehr et al.，2023；Xu et al.，2023）。草地占地球陆地总面积的 40.5%（52.5 亿 hm^2），储存了全球陆地生态系统有机碳总量的 34%，其中约 90% 的碳储存在植物根系和土壤中（Bai and Francesca，2022）。近年来，由于农业高强度利用和粗放管理，土壤质量退化制约了可持续发展，加剧了土壤有机质含量下降、养分不均衡、表层浅化和土壤酸化等趋势（Fu et al.，2021）。近 30 年来我国农田表层有机碳库总体增加，但 0.87 亿 hm^2 中低产田仍存在，其土壤有机质含量低，易导致退化（徐明岗等，2017）。针对以上问题提出的 8 项土壤碳管理措施主要包括防止碳流失、促进碳吸收、科学监控等（Rumpel et al.，2018），旨在通过合理、可持续的土地利用和耕作管理实现良好的土壤碳汇效应，如退耕还林、退耕还草、退耕还湿、荒漠化逆转等形式都能够增加土壤有机碳含量（Fu et al.，2021；陈媛，2020）。综上，在"双碳"目标背景下，通过优化管理，促进耕地土壤质量和农业生态系统碳汇能力双提升，将为未来农业可持续发展和实现"双碳"目标提供关键支持。

3. 土壤生物与人体健康研究

土壤生物类群庞杂、种类繁多，是人类生存环境中必不可少的成员，在为人类生活带来巨大利益的同时，也影响着人类健康和生命。大多数土壤生物对人类健康通常不构成风险，且土壤生物多样性日益被认为对人类健康有益，通过土壤生物（直接和间接）控制土壤传播的病原体和害虫，能对人类健康产生积极影响。例如，丛枝菌根、腐生真菌和蚯蚓在稳定土壤方面起关键作用，从而减少了形成灰尘的可能性，清洁了空气；阴沟肠杆菌是一种在土壤和水中被发现的肠道细菌，可以有效修复被硒污染的农业用水，继而净化水源（褚海燕等，2020b）。此外，土壤中存在大量微生物，可以帮助人类消化吸收营养、合成维生素、参与代谢调节、调控免疫机能，甚至影响着我们的情绪和认知行为。然而，并非土壤中的所有微生物都是无害的，有许多土壤传播的病原体可能对人类健康有害。已知有300多种土壤真菌能引起人类疾病。球孢子菌病，也称为溪谷热，由球孢子菌引起，常见于美国西南部和墨西哥土壤中，2012年在美国引起了真菌性脑膜炎的暴发。一些原生生物还会导致人类发生寄生虫病，如腹泻和阿米巴痢疾；蠕虫病是由来自土壤的蠕虫幼虫穿透皮肤引起的寄生虫肠道感染（Banerjee and van der Heijden，2022）。此外，真菌感染还可以通过在作物中积累真菌毒素来降低食品质量，其中许多真菌毒素对人类具有致癌作用，并与一系列其他健康问题有关。因此，土壤中存在着的这些数量巨大、种类繁多的微生物病原体几乎能感染所有生物体，其影响远远超出了受感染宿主个体的范围，从而影响到生态系统过程和人类社会。而近年来，在全球气候变化下，随着冰川解冻进程的加剧，其中潜在未知的及新的病原生物及其释放出来的病毒等对人类健康产生的影响需要关注，最新研究表明冰川表面DNA病毒中与人类、动物和植物相关的病毒信号检出频率极低，尽管如此，仍然值得警惕（Liu et al.，2023）。

6.3 我国黑土地健康土壤培育的研究进展

中国黑土地主要分布在我国东北地区，是国家粮食生产的重要基地。然而，过去的几十年里，由于过度开垦、不合理的耕作方式及化肥、农药的过度使用，黑土地土壤"变薄、变瘦、变硬"。针对以上突出问题，国家启动了一系列的黑土地健康土壤培育项目，意在提高黑土地的肥力、植物、环境与生态的健康水平。

这些项目主要集中在以下几方面：一是土壤生产力提升，黑土地因有一个深厚且有机碳含量高的腐殖质层（黑土层）而得名，民间有"黑得流油"的说法。推广有机农业、循环农业等提升黑土地有机质，促进黑土肥力健康，是黑土地健康土壤培育的核心。东北大部分地区都已推广了不翻地、留茬养土的耕作方式，这种方式不仅有助于土壤有机质的储存，还可以减少水土流失，维持农田生物多样性，形成了"梨树模式""龙江模式"等具有代表性的土壤健康管理模式。二是土壤生物多样性保护，土壤生物是养分循环的"转化器"、环境污染的"净化器"、生态系统稳定的"调节器"，随着生物技术与生物工程的快速发展，结合生物信息分析与高通量纯培养技术研发适应于东北黑土的耐低温、促生、长效生物功能调控菌剂和菌肥产品，将为我国黑土地健康培育注入更多活力，特别是挖掘微生物功能潜力，在土壤健康培育中发挥其"四两拨千斤"的作用。三是环境服务功能优化，探究黑土中环境功能的稳定性和抗性，可以在最大限度上降低土壤退化，提升土壤综合生产力，主要表现在东北黑土地污染修复、增汇减排和促进人类健康几个大的层面。同时，再好的健康土壤培育技术、方法和模式离开了人的实践，也将毫无价值。因此，在健康土壤培育方面，国家方针政策的优化与执行是重要保障。针对东北黑土区，我国已通过出台《中华人民共和国黑土地保护法》、优惠政策等手段，激励农民参与土壤健康培育工作，通过减免缴税，鼓励企业参与黑土地健康培育技术的研发和推广，协调整合各方资源，打造多方参与、多层次运作的黑土地健康土壤培育体系。

6.3.1　黑土地生产力可持续性

目前，针对黑土地有机质含量下降、养分失衡、生物活性降低等生产力问题展开了一系列研究，主要包括地力提升、作物促生和抗逆三个方面。

黑土地肥力健康的培育和保护是一个长期的过程。针对黑土地质量退化现状，科技部、农业农村部、中国科学院等制定了《东北黑土地保护性耕作行动计划（2020—2025 年）》《国家黑土地保护工程实施方案（2021—2025 年）》，启动了"黑土粮仓"先导专项、"黑土地保护与利用科技创新" 重点专项等。一方面，对高肥力黑土实施保育措施，通过水分平衡、水保治理、作物配置、耕作调整、栽培管理等措施，使其"水、土、气、生"条件得到保护与持续（魏丹等，2016）。理论与生产实践表明，保护性耕作通过合理栽培和减少土壤扰动，优化土壤结构并促进有机质的形成与稳定，是提升黑土肥力和实现黑土资源保护性利用的重要保障。随着保护性耕作年限的增加，黑土有机质含量逐年递增，耕层（0～20cm）土壤氮、磷、钾、速效氮、速效磷、速效钾含量显著增加（增幅在 5%～30%不等）（敖曼等，2021；胡国庆等，2016）。另一方面，对肥力瘠薄的黑土进行科学培肥，通过有机培肥、碳氮平衡、水热协调、平衡施肥等措施，不断促进黑土耕地肥力的稳定与提升（贺美等，2017）。微生物在改善土壤结构、促进土壤养分循环和保障植物健康方面的能力不容小觑，针对东北黑土区旱地、水田、盐碱地分区域制定微生物区系改良技术，重点研发有机质提质增效的微生物精准调控技术，有助于提高黑土地速效养分含量及保肥储能潜力。

为了保护和恢复黑土地的生态功能，提高作物的产量和质量，需要采用多种科学技术手段，促进黑土地作物的生长和发育，实现黑土地的可持续利用。目前，保护性耕作模式、微生物肥料和育种是黑土地保护和利用的三大技术手段。保护性耕作是黑土地促生及保护性利用的重要技术手段。保护性耕作方式可以增加作物的生物量和产量，提高黑土地的土壤质量，提高黑土地的生态效益。轮作可增加作物的生物量和产量，提高土壤有机质含量和碳氮比，减少土壤侵蚀和养分流失；混合种植可提高土壤水分和养分利用率，提高作物的品质和营养价值，增加生物多样性和稳定性；秸秆还田可以增强作物的抗病和抗旱能力，增加土壤微生物数量和多样性，降低温室气体的排放和秸秆的焚烧；深耕深松能促进作物的根系发育和吸收能力，改善土壤结构和通透性，节约水资源和能源。微生物肥料的使用可以改善土壤肥力和植物营养，增强植物抗逆性，减少病虫害，促进植物的生长和提高产量。尽管这些技术手段已经取得了一定的效果，但是它们的推广和应用还面临着一些问题和挑战，如科技支持不足、传统耕作观念的束缚、缺少相应的技术培训、补贴力度不够、监管责任不明确等，从这些方面进行改进能更好地利用这些技术创新，实现黑土地的可持续利用及增粮稳产。

黑土地长期不合理利用使农田生态系统失去平衡性，有害生物种群爆发率增加。同时，长期连作导致土传病害程度加剧，农产品安全及农业可持续发展受到威胁。因此，研究作物促生的同时，提高作物的生物和非生物抗逆能力也是黑土地生产力提升的重要方面。东北地区是我国玉米、水稻和大豆的主产区，玉米病害一直是制约玉米产量和品质提升的因素，在东北三省发生广泛的玉米病害是大斑病、丝黑穗病、瘤黑粉病、纹枯病等。目前，采用高抗病的玉米品种是最为有效的防病方法。其次化学防治方法包括化学施药、种子包衣处理和土壤处理技术，以构建防病屏障。实行轮作也可以有效躲避病原菌的侵害。而在生物防治、物理防治玉米病害方面仍处于比较薄弱的状态。未来还应多推广绿色防控技术，尤其是在使用生物农药防治病害上等具有较大的发展潜力。由稻瘟病菌引起的稻瘟病和立枯丝核菌引起的水稻纹枯病是水稻最主要的病害。施用化学农药如有机磷类、三唑类、苯并咪唑类、吡唑酮类等是防治水稻病害的一种有效措施。而采用生防技术防治水稻病害包括以菌治病、以植物治病防治病害的技术措施，有利于减少环境污染，保证水稻质量安全，重建稻田生态安全，保障农业可持续发展。同时，施用植物源生物制剂如大豆异黄酮、绿茶多酚等也能够有效防治稻瘟病。近年来，大豆在长期连作中发生病害的比例增加,如大豆根腐病、大豆霜霉病及大豆灰斑病都会导致大豆减产 10%~30%。除选择抗病品种、合理轮作、加强田间管理、适期播种等方式预防外,还可在播前选用种子包衣防治。同时,转基因大豆更易获得相对传统育种品种更高的抗病性及更佳的产量和品质。

6.3.2 黑土地生物多样性保护

土壤生物多样性、生物互作网络及其功能发挥在维持和提高黑土地生命力、生产力及其生态系统稳定性和可持续性方面都发挥着重要作用。然而,随着环境变化和长期高强度农业活动,黑土地中的生物多样性正以难以估计的速度丧失,从而威胁着农业的可持续性。目前东北黑土资源大部分已被开垦为农田,开垦历史已达百年,大量的生物多样性已经或仍然持续在丧失。例如,由于集约化的农业实践导致土壤生物多样性的丢失,黑土区土壤节肢动物群落(蜘蛛、蚂蚁和甲虫等)被进一步简化,所以培育黑土健康土壤生物多样性的重点是要恢复这种失去的生物多样性,目前黑土区相关研究主要集中在以下三个方面。一是黑土地生物多样性的空间格局。黑土中的真菌群落具有高度的多样性,且其多样性和数量丰富的真菌类群分布与土壤碳含量显著相关,但是土壤 pH 值是决定黑土细菌群落组成最重要的土壤因子(Liu et al.,2015)。利用实时荧光定量聚合酶链反应和高通量测序技术发现亚硝化球菌和亚硝化螺菌分别是黑土区农田土壤中参与氨氧化过程的主要氨氧化细菌和氨氧化古菌类群。此外,东北黑土区大型土壤动物多样性和群落结构受到纬度和土壤温度的影响,但多数类群在东北黑土农田不同纬度的大环境中具有一定的适应性。土壤微食物网参数是影响生物有机碳变化最直接的因子,在决定东北黑土区不同纬度土壤有机碳分布格局中发挥着直接的重要作用(Liu et al.,2023)。二是农业管理对黑土地生物多样性的影响。目前对黑土地生物方面的研究大多集中在农业管理如秸秆还田、施肥管理、保护性耕作等对土壤生物群落的影响上。三是原位挖掘可利用的土壤生物资源。土壤微生物具有调节土壤生态系统的重要功能,调控范围包括从初级生产到养分固存、污染物降解、病害抑制等,为有效解决当前东北黑土区的主要问题、助力农业资源与环境发展提供有效途径。目前,为了更大程度地挖掘黑土地中的生物资源,比较成熟的研究方法是培养依赖和高通量测序相结合,并发现芽孢杆菌属、类芽孢杆菌属和短芽孢杆菌属丰度最高,强调了局部分离和应用有益类芽孢杆菌的策略在黑土农业发展中的重要意义(Liu et al.,2019)。四是筛选可培养的特异性功能菌株。对环境中功能菌株进行筛选并进行黑土地的模拟培育也是目前比较成熟的方法之一。

6.3.3 黑土地环境服务功能优化

1. 黑土地污染修复

据国家统计局年度数据，2019 年东北四省农药使用量为 19 万 t，占全国的 13.7%，且以除草剂为主，农田化学除草面积已占种植面积的 90% 以上。近年来，东北黑土区除草剂的高频高强度施用，导致后茬作物药害事件时有发生，成为轮作换茬、种植结构调整的关键制约因素；除草剂残留会造成土壤质量退化，对农田生态系统的稳定性、多样性产生影响，抑制土壤生态服务功能。《东北黑土地保护规划纲要（2017—2023 年）》明确指出"推进化肥农药减量增效，减少对黑土地的污染"。因此，开展黑土地农田除草剂等有机污染过程与消减关键技术研究，已成为保障黑土地农业绿色可持续发展的重要科技需求。目前，主要从 4 个方面解决和修复黑土地严重的除草剂污染：一是阐明污染过程与驱动机制。土壤中各种矿物、有机质（尤其是土壤胶体）与土壤溶液交界处形成的界面是土壤颗粒与污染物相互作用最密切的部位，对土壤中除草剂的迁移、转化/降解及其生态环境效应起决定性作用。目前对土壤颗粒界面除草剂的吸附解吸、降解转化等过程已经开展了大量研究，系统探讨了东北黑土区广泛应用的长效除草剂（如莠去津、氯嘧磺隆等磺酰脲类除草剂）在不同类型土壤及其有机无机组分（可溶性有机质、腐殖酸、胡敏酸等有机质；蒙脱石、高岭石、铁铝氧化物等黏土矿物）上的吸附解吸行为。二是生态风险评估。伴随着除草剂应用，其生态风险评估一直是环境毒理领域的研究热点。针对除草剂对土壤生物个体水平上的生态毒性，国内外已经开展了较为系统的研究，在陆生动物/植物/微生物生长发育、生理代谢、基因毒性、表观遗传毒性、生物膜和亚细胞结构毒性、氧化损伤及土壤微生物群落响应与功能酶活性变化、毒性作用机制和重要分子生物标志物筛选基础研究上取得了一定的进展。三是源头控制。研发特异性靶向高效除草剂及其精准施用技术，减少除草剂施用，已成为源头消减的重要方式。四是除草剂消减过程的研究。主要包括水解、光解、氧化还原降解和生物降解，其中生物降解是最主要的转化过程，已研发的修复技术多是基于上述消减过程调控的强化修复技术。目前相对成熟的主要为微生物修复技术和根际强化消减技术。大量研究证实了东北黑土区除草剂残留的普遍性和严重性，但多聚焦于定点取样检测或局部区域调查，检测的除草剂种类十分有限，关于黑土地区域尺度上除草剂的残留和分布特征的研究仍处于初期。同时，针对微生物修复除草剂残留的研究多聚焦单一菌株或单一除草剂。

2. 黑土地增汇减排与全球变化

黑土作为一种富碳土壤，因其高含量的有机碳而被认为是温室气体的潜在源和汇。在黑土地表层 30cm，平均有机碳含量高达 66.4t C/(hm²·a)。然而，随着黑土地由自然系统向集约化耕作系统转变，土壤质量和结构逐渐退化，土壤侵蚀不断加剧，近 100 年内土壤中有机碳损失了 20%～50%，导致大量碳排放到大气中。然而，由于长期过度开发、气候变化、水土流失、作物类型与耕作制度等多种因素的综合影响，东北黑土地出现了不同程度的退化，对土壤碳汇功能产生了负面影响。研究表明，长期施用化肥导致东北地区有机碳呈下降趋势，减少量为 0.16t C/(hm²·a)（韩晓增和邹文秀，2021）。在作物类型方面，黑土地长期单一种植系统，如玉米、大豆或小麦，导致 0～90cm 土层有机碳含量平均下降率分别为 0.91%、0.97%、0.48%（韩贵清和杨林章，2009）。通过调整农业生产结构、采取保护性耕作、推广秸秆还田等措施，可以有效增加土壤有机碳含量，提高土壤固碳能力（敖曼等，2021）。特别是通过合理的轮作、免耕制度，不仅可以改善土壤结构，提高土壤肥力，还有助于增加土壤有机碳的积累（田康等，2013）。另外，秸秆还田是保持和增加土壤有机碳含量的有效手段。秸秆还田不仅可以替代传统的秸秆焚烧，减少温室气体的排放，还能够增加土壤有机质，提高土壤肥力（Tian et al.，2015）。保护性耕作管理措施，如传统耕作+秸秆还田、免耕及免耕+秸秆还田，年固碳速率分别为 0.22g/kg、0.35g/kg 及 0.52g/kg。多样化种植和轮作改变了作物残体，显著影响土壤微生物群落结构和活性，提高了土壤有机质的含量（田康等，2013）。此外，施肥措施对土壤固碳同样发挥着关键作用。合理使用有机肥、化肥等，不仅可以提高土壤肥力，还能够促进土壤有机碳的积累（Xia et al.，2017；Tian et al.，2017）。特别是通过生物质炭的运用，可以增加土壤的肥力和保水性，提高土壤有机碳含量（Shi et al.，2023）。因此，科学制定施肥方案，根据土壤需求和作物生长特点，精准施肥，有助于在维持农业生产的同时实现土壤碳汇增加的目标（Zhang et al.，2010）。因此，黑土地的增汇减排研究是应对全球变化的迫切需求。通过科学管理和技术创新，可以最大限度地发挥黑土地的碳汇潜力，为实现全球碳中和目标提供经验和支持。

3. 黑土地生物和新型污染物与人体健康

作为我国重要的粮食安全和生产基地，黑土健康与人体健康紧密相关，表现在提供营养无害的食物、干净稳定的生态环境及安全的公共卫生等方方面面。土壤生物以其巨大的多样性和强大的功能，与粮食安全、气候变化及公共卫生都息息相关，从而直接或间接地影响到人体健康。然而，目前关于我国黑土区土壤生物可能会对人体健康产生的影响尚属空白，但我们可以通过已有关于土壤生物的研究中窥见其潜在影响的"冰山"一角。例如，近年来个别研究初步探索了我国东北黑土地中的病毒情况，阮楚晋等（2022）通过对一个东北农田黑土样品宏病毒组的初步分析丰富了土壤病毒的基因数据库。但是目前对黑土病毒多样性特征、潜在的人体病原生物及其对人类健康的威胁的认识仍十分缺乏。值得注意的是,考虑到黑土区季节性冻土特征及气候变化和人类活动的强烈干扰,在众多干扰因素下培育黑土健康的过程中可能会对未知潜在病原生物的变异、传播和"复苏"产生影响,从而引发环境生态风险,继而威胁到人类健康。

黑土地中新型污染物的出现和残留是威胁人类健康的又一大因素。黑土中存在的风险程度较高的新型污染物主要是抗生素抗性基因(ARG)和微塑料。针对ARG,目前的研究主要集中在风险评估和污染减轻两个方面:目前对黑土中耐药基因的研究较为全面地阐述了人为活动对土壤中 ARG 水平的影响,但是环境中存在固有耐药性的背景干扰,目前的研究手段主要通过比较受人类活动影响前后的环境中 ARG 水平,辨别有机肥源 ARG 与固有 ARG;但 ARG 作为一类新型污染物,其风险特征不似传统污染物明确清晰,对 ARG 环境风险和人体危害的研究仍然处于比较薄弱的阶段。同时,为了减少耐药基因对人类健康的影响和威胁,目前的研究聚焦改进畜禽养殖管理策略,减少动物粪便中 ARG 的丰度和多样性,从源头控制有机肥源 ARG 向环境和人体中传播与扩散。另外一类影响人类健康并制约经济发展的新型污染物是微塑料(直径小于 5mm 的塑料颗粒,是一种造成污染的主要载体),目前在分析黑土地微塑料污染防治所面临问题的基础上,研究人员提出我国黑土地微塑料污染防控对策建议,包括制定土壤微塑料监测方法标准、将微塑料纳入土壤环境质量标准体系、提高废弃农膜和农药包装回收率、加强活性污泥资源化利用监管和提升科技支撑能力,尤其是推动源头治理,预防土壤微塑料污染。但对黑土地土壤中微塑料的残留规律及降解机制的研究仍然处于早期,未来还需要进一步的探索。

6.4 我国黑土地健康土壤培育科技创新问题

6.4.1 黑土地生产力可持续性下降

黑土区域农业高产仍然难以摆脱对大水大肥的依赖,长期而言难以改善立地条件(包括有机质含量、养分库容、土壤结构性和生物活性)、维持土壤健康和保障作物可持续性高产。内稳性地力的提升有利于形成良好的土壤物理结构,提高土壤固碳潜力,提供适宜的微生物栖息环境,促进土壤养分循环。黑土内稳性地力研究目前仍处于起步阶段,大部分黑土区域土壤内稳性地力下降、生物功能衰减严重,加强落实黑土内稳性地力摸排调查是将理论研究推向实践的首要一步。土壤内稳性地力包含了有机质–养分–团聚结构–微生物的协同效应,其中,有机质是组成土壤内稳性地力的核心要素,黑土具有较低的土壤有机质累积速率和微生物代谢活性,通过添加外源有机物质(如秸秆还田)来提高土壤碳"平衡点"遇到了瓶颈，严重限制了土壤内稳性地力的提升。另外，黑土地健康地力培育需基于区域土壤属性与生物气候特征因地制宜，黑土地类型复杂（包括水田、旱地、退化农用地、盐碱地、酸化障碍性土壤等），形成适用于不同黑土地类型的内稳性地力提升技术和健康培育技术难度极大。为了实现黑土地的可持续农业发展，需要进一步优化促进作物生长菌剂的开发和使用，包括构建单一或复合的微生物菌剂及与有机肥、无机肥、生物炭等材料的复配菌剂，并深入研究土壤–微生物–植物三者的互作关系及促生与调控机制。同时，作物土传病害已成为集约化农业可持续发展中的瓶颈。以玉米穗腐病为例，黑土区玉米穗腐病造成了严重的产量损失，镰孢菌、曲霉菌等病原真菌导致真菌毒素污染，这对人类和动物的健康产生重要威胁。目前仍缺乏高效稳定针对黑土的抑制多种土传病害的微生物菌剂，这是限制生物因子防控土传病害的重要原因。

6.4.2　黑土地生物多样性结构失衡

黑土地作为我国最重要的优质商品粮基地，自 20 世纪 50 年代开始，大规模的开垦和长期高强度的耕作，以及过度追求农产品的高产出，已经导致黑土地土壤生物多样性的明显下降及其群落结构的失衡，严重制约我国农业可持续发展。一方面，从黑土地的自然生态系统向农业作物生态系统的过渡导致其失去了许多原始的生物多样性，且由于这些变化发生在很久以前，其程度已不可估量，所以未来的挑战之一是如何部分恢复这种失去的生物多样性。另一方面，许多以提高产量为目的而采取的现代集约化实践，特别是长期不合理的农业管理，已经导致农业系统和生物多样性组成部分的简化，并形成了生态不稳定的生产系统。例如，农作物单一种植模式导致地上植物多样性减少和轮作顺序或轮种的消失；利用高产品种和杂交品种导致传统品种和种植品种多样性的进一步丢失；大量使用化学肥料、化学品（除草剂、杀虫剂和杀真菌剂）来维持产量的同时，减少并影响了土壤中的生物多样性和群落结构；为了适应大规模农业生产和机械化生产的需求，人们对土地和生活环境的改变，如改变土地排水系统和转变湿地用途等，致使耕作景观进一步单一化，使得土壤生物多样性和生态功能的减少等。此外，黑土地土壤生物多样性也同样面临着污染、酸雨、旱涝灾害、土壤侵蚀、土地退化和荒漠化及气候变化等众多威胁。因此，在众多因素的压力下，土壤生物多样性及其功能潜力已经成为培育健康黑土的重要内容和重大挑战。目前我国黑土地存在生物多样性分布格局和影响因素不清、健康黑土生物多样性形成机制和生态功能过程不明、土壤生物多样性下降、群落单一和生物资源枯竭、土壤生物多样性培育与土壤生物功能调控理论和技术的缺乏等重大科学问题，全面认识和保护黑土地生物多样性，挖掘并利用黑土地生物功能将是未来健康黑土培育科技创新的重要且必要的研究内容。

6.4.3 黑土地除草剂残留和污染问题仍然存在

黑土地污染问题未来将继续聚焦于除草剂的消减修复技术。面对日趋复杂的除草剂种类形态与多变的陆生生境条件，除草剂生态毒性效应研究迫切需要从单一污染物高浓度急性暴露剂量–效应关系的室内模拟研究向多重污染物低剂量长期暴露复合剂量–效应关系的野外试验研究上转变，从宏观生态效应监测向宏/微观综合尺度下生物富集与生物有效性、微观毒性作用机制与预测模型研究上发展，从简单生物个体后期生态效应向细胞、亚细胞和分子水平下早期生态效应与更高水平的种群群落（如微生物群落）响应的综合效应评估上演变，从生理生化响应或能量变化到分子生物标志物筛选，以及在分析方法上从传统的生化指标分析到宏基因组/宏蛋白质组/宏转录组/宏代谢组学研究。目前，对我国黑土地已开展的除草剂污染修复研究多集中于实验室工作，田间实际修复研究相对缺乏，可大规模用于除草剂污染农田土壤的高效稳定修复菌剂极为有限。黑土区农田除草剂污染土壤修复尚存在以下问题：一是缺乏针对黑土区农田污染特征、土壤类型和种植体系等特征的修复技术工程参数；二是工程示范修复模式单一，缺乏集成修复工程技术体系和系统解决方案，导致技术工程示范效果不佳，难以规模化工程应用；三是尚未形成农田除草剂污染修复工程技术规范及评估体系。

6.4.4 黑土地土壤有机质衰减

随着黑土地由自然系统向集约化耕作系统的转变，土壤质量和结构逐渐退化，土壤侵蚀不断加剧，近 100 年内土壤中有机碳损失了 20%～50%，导致大量碳排放到大气中。然而，由于长期过度开发、气候变化、水土流失、作物类型与耕作制度等多种因素的综合影响，东北黑土地出现了不同程度的退化，对土壤碳汇功能产生了负面影响。我国黑土地的土壤健康与碳增汇减排问题涉及多个科技创新领域，首先，针对黑土地区碳循环机制，应该深入研究碳的基本特征，包括有机碳的储存、分解，以及碳的固持和释放机制。通过采集土壤样品和实验室分析，关注微生物在碳循环中的关键作用，建立精确的土壤生物地球化学模型，以全面模拟碳循环过程，确保模型反映土壤中微生物活动、有机物质转化及碳的固持释放过程。其次，面对全球气候变化对黑土地区土壤微生物的新环境压力，需要研究土壤微生物对气候变化因素的响应规律，包括气候变化和降水模式变化对微生物群落结构和功能的影响。此外，为实现土壤质量提升和固碳减排的双重目标，需要构建协同的技术体系。这包括水肥协同的有机物靶向施用技术、优化秸秆回田技术，有效利用秸秆资源、推动生物耕作和少免耕技术的应用，减少土壤翻耕对土壤结构和生态系统的破坏。最后，由于黑土地区在全球变化中具有独特的环境特征和气候条件，未来的研究应该制定区域适应性的土壤管理策略，根据不同地域的土壤特性灵活制定土壤管理方案，以及制定可行的农业碳中和计划。这些策略将有助于黑土地区更好地适应全球变化的挑战，并为其他相似地区提供经验和借鉴。

6.4.5　黑土地生物健康尚不明确

土壤可以以多种方式影响人类健康和社会，其中土壤生物多样性及其固有的复杂性不仅能够引起疾病，并且还会影响食物、空气和水的质量。因此健康黑土培育与人类健康密切相关。然而，黑土地生物在维持人类健康方面的潜在影响尚不清楚。目前的研究发现自然环境中的微生物群落对人类健康具有相对较大的影响，但是黑土地中是否存在可能导致人体对过敏原和疾病抵抗力增强的微生物仍然缺乏关注。另外，黑土地新型污染物如抗生素抗性基因与微塑料同样与黑土地健康和人类健康密切相关。目前对黑土地中新型污染物的种类和残留水平缺乏系统全面的认识，如何准确识别并追踪新型污染物在黑土地中的迁移与扩散动态，了解污染物单独作用及多种污染源协同作用是目前研究中亟待解决的问题。此外，黑土地中微塑料污染状况受关注较晚，研究相对较少，在科学防治和精准治理方面仍面临较大压力。主要表现在四个方面：一是缺少黑土地中微塑料的监测技术规范；二是缺少黑土地中微塑料的环境质量标准；三是不同管理部门之间政策不协调；四是科技支撑能力较弱。

6.5　我国黑土地健康土壤培育科技创新未来重点研究方向

6.5.1　黑土地生产力可持续性的提升

未来黑土地生产力可持续性仍应重点聚焦于黑土地地力提升、植物促生、植物病害三方面，强调通过土壤生物的作用来提高黑土地生产力。首先，提升东北黑土区地力水平未来的重点研究方向可以从以下两个方面展开。定向培育黑土地内稳性地力是保障作物稳产、高产的关键。针对黑土区土壤内稳性地力下降、生物功能衰减等问题，破译黑土地有机质、团聚体和微生物联动的内稳性地力形成机制，构建团聚体分组–碳库分配–分子鉴定–碳基团区分–同位素识别等土壤有机质积累的途径和方法，创建黑土地内稳性地力提升的生物激发新模式，形成有机质提质增量与养分库容协同提升的耐低温微生物功能调控与定向增效技术。剖析黑土区种植结构与耕作模式下总体地力及内稳性地力的变化过程及其关键驱动因子，因地制宜，形成具有区域特色的土壤固碳–作物高产–养分高效协同的多样化种植培肥技术模式和农业综合管理体系。其次，针对作物增长未来可以重点聚焦于促生功能微生物及其机制：应该继续挖掘和筛选适应黑土地的促生功能微生物，利用组学技术和模式植物等方法，分析作物内生微生物的种类、数量、分布和功能，发现能够在低温、高盐等逆境条件下生存和发挥作用的微生物，或能够与其他微生物或植物形成特殊互作关系的微生物等。

病害防治应聚焦于能够维持黑土地可持续生产的生物防治，其有助于保护黑土地生态环境、实现农业增产，具有生态和经济的双重效益。人工合成抑病菌群：拮抗微生物通过竞争、寄生和抗生作用来抑制病原菌的生长繁殖或直接杀灭病原菌以抑制土传病害。将拮抗微生物进行抗病功能筛选或者工程改造，进一步优化土壤微生物的抑病功能，实现单个菌株无法实现的复杂功能。利用合成生物学技术，人工构建促进农业可持续发展和环境友好的土壤微生物组，增强地下生物多样性，抑制植物病害以促进黑土地健康。通过影响土壤微生物的活动状态间接控制病原菌的生长。诱导寄主植物产生系统获得抗性以抑制植物病害。真菌、细菌和病毒都可诱导植物产生系统获得抗性，被称为生物诱导；非生物诱导剂如水杨酸，可调节植物与病原菌之间的互作关系，诱导植物产生系统获得抗性。

综上，建立科学规范的农业综合管理体系、全面系统地研究黑土地微生物组的结构与功能及其参与土壤过程和调控生态环境的机制、加强功能微生物菌剂的研制及应用，将为更有效地培育健康黑土地提供新思路。

6.5.2 黑土地生物多样性的时空演变规律

首先，聚焦多重干扰因子（如气候变化、土地利用、环境污染和农业活动等），从多维度、多尺度、多功能性、多营养级和整个生态系统等综合性角度，全面研究我国黑土地生物多样性的空间分布、生物网络结构、功能特征及其演变规律，解析土壤生物多样性的形成机制、食物网的级联效应及其影响机制；揭示土壤生物多样性与生态系统多功能性和稳定性的关联机制，构建多变环境下的黑土地生物多样性与土壤健康的内在关系。开展功能生物资源的挖掘筛选，结合个体行为生理、生物网络互作及其跨界级联效应，从生态系统水平上创新性地集成发展保护生物多样性、缓解气候变化和保障食物安全多目标协同的自然解决方案，基于生态系统的途径构建符合土壤生物多样性保护和利用的策略和技术体系，实现以黑土地生物多样性培育和土壤生物功能发挥为核心的土壤健康水平提升。

6.5.3　黑土地污染修复与风险管控

合成功能菌群修复是未来解决黑土地除草剂污染的绿色修复方法。根际强化消减技术是实现有机污染农田土壤原位生物修复的重要技术。针对黑土区除草剂污染农田土壤，采用农艺调控措施如水肥管理、间套作、秸秆还田、碳材料等来调控根际生态网络，从而强化土壤中除草剂消减有待进一步深入研究。农田土壤污染修复不仅需要适用性技术的创新，而且更需加强多种修复技术集成和工程应用。黑土区农田土壤有机质含量高，除草剂等有机污染物降解慢，残留期长，且有机污染分布空间异质性大，导致单一修复技术通常难以达到理想的修复效果。从黑土地除草剂污染研究现状与发展趋势而言，针对东北黑土地有机质含量高、高寒低温、冻融交替的特定生境，不同种植模式和土壤类型农田除草剂污染多介质界面过程仍不明晰，特定除草剂的生态环境风险评估工作明显滞后、生态毒性数据缺乏，特定黑土地耕作模式下农田污染消减技术体系相当匮乏。因此，亟须系统开展黑土地农田除草剂污染多介质多界面污染过程与驱动机制、生态风险效应与安全阈值、消减技术与集成示范研究，为保障我国黑土粮仓农产品质量安全和生态系统安全提供科技支撑。

6.5.4　黑土地增汇减排与全球变化

未来的研究应聚焦在黑土地区，深入研究碳循环机制、微生物作用和绿色农业技术的创新，以迎接全球变化的挑战。碳生物地球化学循环机制研究及模型建立：在黑土地区，深入研究碳循环的基本特征，包括有机碳的储存、分解，以及碳的固持和释放机制。同时，重点致力于建立精确的土壤生物地球化学模型，全面模拟碳循环过程，确保模型反映土壤中微生物活动、有机物质转化及碳的固持释放过程。土壤微生物与全球气候变化的响应规律：随着全球气温升高和降水模式的变化，黑土地区的土壤微生物面临新的环境压力。采用分子生物学技术和生态学方法追踪微生物的群落动态和代谢活性变化，有助于明确微生物对气候变化的适应机制。绿色农业技术的创新与应用：为实现碳增汇减排目标，需要在黑土地区推动绿色农业技术的创新与应用。包括开发适应黑土地区的水肥管理技术、研发生物质炭基专用肥和土壤微生物菌肥、制定适合黑土的土壤调理改良剂以提高土壤保水保肥能力，以及探索农用碳基纳米载体材料的应用。总体而言，在黑土地区进行土壤增汇减排的研究是全球变化下的紧迫任务。通过深入探索碳循环机制、研究土壤微生物响应规律、建立土壤生物驱动的模型、创新绿色农业技术、构建协同的技术体系及制定区域适应性策略，助力黑土地土壤碳汇功能提升。

6.5.5 黑土地生物健康、新型污染物与人体健康的关系

针对黑土地生物健康与人类健康的关系，未来应重点通过改进管理实践来促进黑土地生物多样性的生态复杂性和稳健性可能具有改善人类健康的重要潜能。另外，未来迫切需要明确黑土地中已知的有害生物、污染物区域分布特征和地理格局与人类活动等的关系，建立黑土有害土壤生物的人体健康风险评估模型，提出生物风险基准值，制定标准体系，构建出健康风险预警体系，评估不同尺度的区域黑土地健康培育过程中生物性人群暴露健康风险；并将提高土壤生物多样性以维持人类健康的做法和保护战略融合进区域性土地、空气和水利用政策和技术模式。

黑土地新型污染物抗生素抗性基因有必要从以下两点开展深入研究：一是寻找具有标志作用的黑土地特异性 ARG；二是发展分子生物学技术与多学科结合的研究方法。另外，为了明确有机肥源 ARG 对人体的危害，仍需要针对以下几个不足开展深入研究：一是有机肥源 ARG 通过食物链进入人体的途径；二是有机肥源 ARG 进入人体后的传播扩散规律及宿主菌的特征（特别关注病原体宿主菌）；三是有机肥源 ARG 足够对人体产生健康危害的阈值水平。此外，黑土地健康培育应加大微塑料污染防控力度，推进黑土地微塑料污染治理进程：一是科学制定土壤微塑料监测技术规范；二是通过土壤微塑料污染专项调查推动建立环境质量标准；三是尽快形成污泥资源化利用的跨部门协调；四是稳步提升土壤微塑料防治的科技支撑能力。同时，利用同位素示踪、高光谱成像等技术开展土壤微塑料溯源分析，揭示微塑料在黑土中的迁移、转化和降解过程，全面支撑土壤微塑料污染防治的科技需求。

综上，从黑土地生物、抗生素抗性基因、新型污染物微塑料研究现状与未来发展而言，亟须系统开展黑土地生物生态复杂性和风险效应研究、污染物防治技术与集成应用示范研究，为保障我国黑土地农产品质量安全和生态系统安全提供科技支撑。

作 者 信 息

褚海燕，中国科学院南京土壤研究所

张玉潇，中国科学院南京土壤研究所

吕丽慧，中国科学院南京土壤研究所

马玉颖，中国科学院南京土壤研究所

范坤坤，中国科学院南京土壤研究所

荆敏毓，中国科学院南京土壤研究所

李佳穗，中国科学院南京土壤研究所

高贵锋，中国科学院南京土壤研究所

杨　腾，中国科学院南京土壤研究所

贾仲君，中国科学院东北地理与农业生态研究所

张佳宝，中国科学院南京土壤研究所

参 考 文 献

敖曼, 张旭东, 关义新. 2021. 东北黑土保护性耕作技术的研究与实践. 中国科学院院刊, 36(10): 1203-1215.

蔡祖聪, 黄新琦. 2016. 土壤学不应忽视对作物土传病原微生物的研究. 土壤学报, 53(2): 305-310.

曹野. 2017. 东北地区耕地质量等级评价与现状分析. 沈阳农业大学硕士学位论文.

陈媛. 2020. 土地利用变化对区域碳汇的影响综述. 地矿测绘, 3(3): 2630-4732.

褚海燕, 刘满强, 韦中, 等. 2020a. 保持土壤生命力, 保护土壤生物多样性. 科学, 72(6): 38-42, 4.

褚海燕, 马玉颖, 杨腾, 等. 2020b. "十四五"土壤生物学分支学科发展战略. 土壤学报, 57(5): 1105-1116.

韩贵清, 杨林章. 2009. 东北黑土资源利用现状及发展战略. 北京: 中国大地出版社.

韩晓增, 邹文秀. 2021. 东北黑土地保护利用研究足迹与科技发展展望. 土壤学报, 58(6): 1341-1358.

韩晓增, 邹文秀, 杨帆. 2021. 东北黑土地保护利用取得的主要成绩、面临挑战与对策建议. 中国科学院院刊, 36: 1194-1202.

贺美, 王迎春, 王立刚, 等. 2017. 应用 DNDC 模型分析东北黑土有机碳演变规律及其与作物产量之间的协同关系. 植物营养与肥料学报, 23(1): 9-19.

胡国庆, 刘肖, 何红波, 等. 2016. 免耕覆盖还田下玉米秸秆氮素的去向研究. 土壤学报, 53(4): 963-971.

黄新琦, 蔡祖聪. 2017. 土壤微生物与作物土传病害控制. 中国科学院院刊, 32(6): 593-600.

李烜桢, 骆永明, 侯德义. 2022. 土壤健康评估指标、框架及程序研究进展. 土壤学报, 59(3): 617-624.

李文刚, 孙耀胜, 么强, 等. 2020. 新型有机污染物污染现状及其深度处理工艺研究进展. 环境工程, 39(8): 79-84.

骆永明. 2008. 中国主要土壤环境问题及对策. 南京: 河海大学出版社: 26-29.

邱德文. 2010. 我国植物病害生物防治的现状及发展策略. 植物保护, 36(4): 15-18, 35.

阮楚晋, 熊广州, 牛欣尧, 等. 2022. 一个东北农田黑土样品宏病毒组的初步分析. 土壤学报, 59(5): 1447-1456.

沙月霞, 王琦, 李燕. 2016. 稻瘟病生防芽胞杆菌的筛选及防治效果. 中国生物防治学报, 32(4): 474-484.

石丽红, 唐海明, 程凯凯, 等. 2020. 绿色生产健康农田土壤培育措施若干思考. 湖南农业科学, (5): 48-50.

司绍诚, 吴宇澄, 李远, 等. 2022. 耕地和草地土壤健康研究进展与展望. 土壤学报, 59(3): 625-642.

孙新, 李琪, 姚海凤, 等. 2021. 土壤动物与土壤健康. 土壤学报, 58(5): 1073-1083.

孙勇, 曲京博, 初晓冬, 等. 2018. 不同施肥处理对黑土土壤肥力和作物产量的影响. 江苏农业科学, 46(14): 45-50.

汤怀志, 程锋, 张蕾娜. 2022. 耕地土壤生物多样性保护的探索与展望. 中国土地, (2): 11-13.

田康, 赵永存, 邢喆, 等. 2013. 中国保护性耕作农田土壤有机碳变化速率研究: 基于长期试验点的 Meta 分析. 土壤学报, 50(3): 433-440.

童荣鑫, 梁迅, 关庆锋, 等. 2023. 2000—2020 年中国陆地土壤碳储量及土地管理碳汇核算. 地理学报, 78(9): 2209-2222.

万丽. 2017. 保护性耕作在培育健康土壤中的作用. 农业科技与装备, (1): 81-82.

王娇, 王鸿斌, 赵兴敏, 等. 2020. 添加秸秆对不同有机含量土壤酸度及缓冲性能的影响. 水土保持学报, 34(6): 361-368.

王连弟. 2019. 当前土壤存在的问题及改善措施. 现代农业, (3): 27.

魏丹, 匡恩俊, 迟凤琴, 等. 2016. 东北黑土资源现状与保护策略. 黑龙江农业科学, (1): 158-161.

韦中, 沈宗专, 杨天杰, 等. 2021. 从抑病土壤到根际免疫: 概念提出与发展思考. 土壤学报, 58(4): 814-824.

徐明岗, 张旭博, 孙楠, 等. 2017. 农田土壤固碳与增产协同效应研究进展. 植物营养与肥料学报, 23(6): 1441-1449.

易琼, 唐拴虎, 黄旭, 等. 2016. 碱性材料对修复与改良酸性硫酸盐土壤障碍因子的研究. 土壤, 48(6): 1277-1282.

张江周, 李奕赞, 李颖, 等. 2021. 土壤健康指标体系与评价方法研究进展. 土壤学报, 59(3): 603-616.

张俊伶, 张江周, 申建波, 等. 2020. 土壤健康与农业绿色发展: 机遇与对策. 土壤学报, 57(4): 783-796.

张志毅, 熊桂云, 吴茂前, 等. 2020. 有机培肥与耕作方式对稻麦轮作土壤团聚体和有机碳组分的影响? 中国生态农业学报(中英文), 28(3): 405-412.

朱永官, 李宝值, 吝涛. 2021a. 培育健康土壤, 助力乡村振兴. 科技导报, 39(23): 54-58.

朱永官, 彭静静, 韦中, 等. 2021b. 土壤微生物组与土壤健康. 中国科学: 生命科学, 51(1): 1-11.

Bahram M, Hildebrand F, Forslund S K, et al. 2021. Structure and function of the global topsoil microbiome. Nature, 560(7717): 233-237.

Bai Y, Francesca C M. 2022. Grassland soil carbon sequestration: current understanding, challenges, and solutions. Science, 377(6606): 603-608.

Bailey-Serres J, Parker J E, Ainsworth E A, et al. 2019. Genetic strategies for improving crop yields. Nature, 575(7781): 109-118.

Banerjee S, van der Heijden M G A. 2022. Soil microbiomes and one health. Nat Rev Microbiol, 21(1): 6-20.

Barnes A D, Jochum M, Mumme S, et al. 2014. Consequences of tropical land use for multitrophic biodiversity and ecosystem functioning. Nat Commun, 5: 5351.

Bast A, Semen K O, Drent M. 2021. Pulmonary toxicity associated with occupational and environmental exposure to pesticides and herbicides. Curr Opin Pulm Med, 27(4): 278-283.

Cassman K G. 1999. Ecological intensification of cereal production systems: yield potential, soil quality, and precision agriculture. Proc Natl Acad Sci USA, 96(11): 5952-5959.

Chaparro J M, Sheflin A M, Manter D K, et al. 2012. Manipulating the soil microbiome to increase soil health and plant fertility. Biol Fertil Soils, 48(5): 489-499.

Chu H Y, Gao G F, Ma Y Y, et al. 2020. Soil microbial biogeography in a changing world: recent advances and future perspectives. mSystems, 5(2): e00803-e00819.

Compant S, Samad A, Faist H, et al. 2019. A review on the plant microbiome: ecology, functions, and emerging trends in microbial application. J Adv Res, 19: 29-37.

Daguerre Y, Siegel K, Edel-Hermann V, et al. 2014. Fungal proteins and genes associated with biocontrol mechanisms of soil-borne pathogens: a review. Fungal Biol Rev, 28(4): 97-125.

De Vries F T, Thébault E, Liiri M, et al. 2013. Soil food web properties explain ecosystem services across European land use systems. Proc Natl Acad Sci USA, 110(35): 14296-14301.

Doran J W, Zeiss M R. 2000. Soil health and sustainability: managing the biotic component of soil quality. Appl Soil Ecol, 15(1): 3-11.

Du L T, Gong F, Zeng Y J, et al. 2021. Carbon use efficiency of terrestrial ecosystems in desert/grassland biome transition zone: a case in Ningxia Province, Northwest China. Ecol Indic, 120: 106971.

Frąc M, Hannula S E, Bełka M, et al. 2018. Fungal biodiversity and their role in soil health. Front Microbiol, 9: 707.

Fu W, Fan J, Wang S, et al. 2021. Woody peat addition increases soil organic matter but its mineralization is affected by soil clay in the four degenerated erodible soils. Agr Ecosyst Environ, 318(4): 107495.

Gao Z L, Karlsson I, Geisen S, et al. 2019. Protists: puppet masters of the rhizosphere microbiome. Trends Plant Sci, 24(2): 165-176.

Geisen S, Hu S R, dela Cruz T E E, et al. 2021. Protists as catalyzers of microbial litter breakdown and carbon cycling at different temperature regimes. ISME J, 15(2): 618-621.

Greff B, Sáhó A, Lakatos E, et al. 2023. Biocontrol activity of aromatic and medicinal plants and their bioactive components against soil-borne pathogens. Plants-Basel, 12(4): 706.

Haas D, Défago G. 2005. Biological control of soil-borne pathogens by fluorescent pseudomonads. Nat Rev Microbiol, 3(4): 307-319.

Huang X Q, Liu S Z, Liu X, et al. 2020. Plant pathological condition is associated with fungal community succession triggered by root exudates in the plant-soil system. Soil Biol Biochem, 151: 108046.

Jian J S, Du X, Stewart R D, et al. 2020. A database for global soil health assessment. Sci Data, 7(1): 16.

Jin J, Yamamoto R, Shiroguchi K, et al. 2024. High-throughput identification and quantification of bacterial cells in the microbiota based on 16S rRNA sequencing with single-base accuracy using BarBIQ. Nat Protoc, 19(1): 207-239.

Kah M, Tufenkji N, White J C. 2019. Nano-enabled strategies to enhance crop nutrition and protection. Nat Nanotechnol, 14(6): 532-540.

Kamau J W, Biber-Freudenberger L, Lamers J P, et al. 2019. Soil fertility and biodiversity on organic and conventional smallholder farms in Kenya. Appl Soil Ecol, 134: 85-97.

Karlen D L, Mausbach M J, Doran J W, et al. 1997. Soil quality: a concept, definition, and framework for evaluation. Soil Sci Soc Am J, 61(1): 4-10.

Ke J, Wang B, Yoshikuni Y. 2021. Microbiome engineering: synthetic biology of plant-associated microbiomes in sustainable agriculture. Trends Biotechnol, 39(3): 244-261.

Kragt M E, Robertson M J. 2014. Quantifying ecosystem services trade-offs from agricultural practices. Ecol Econ, 102: 147-157.

Kwak M J, Kong H G, Choi K, et al. 2018. Rhizosphere microbiome structure alters to enable wilt resistance in tomato. Nat Biotechnol, 36(11): 1100-1109.

Lal R. 2004. Soil carbon sequestration impacts on global climate change and food security. Science, 304(5677): 1623-1627.

Larkin R P. 2015. Soil health paradigms and implications for disease management. Annu Rev Phytopathol, 53: 199-221.

Lehmann J, Bossio D A, Kögel-Knabner I, et al. 2020. The concept and future prospects of soil health. Nat Rev Earth Env, 1: 544-553.

Lew T T S, Sarojam R, Jang I C, et al. 2020. Species-independent analytical tools for next-generation agriculture. Nat Plants, 6(12): 1408-1417.

Li Z L, Zhang X Y, Wang Y, et al. 2023. Improved method to characterize leaf surfaces, guide adjuvant selection, and improve glyphosate efficacy. J Agric Food Chem, 71(3): 1348-1359.

Liu H W, Wang J J, Sun X, et al. 2023. The driving mechanism of soil organic carbon biodegradability in the black soil region of Northeast China. Sci Total Environ, 884: 163835.

Liu J J, Cui X, Liu Z X, et al. 2019. The diversity and geographic distribution of cultivable bacillus-like bacteria across black soils of Northeast China. Front Microbiol, 10: 1424.

Liu J J, Sui Y Y, Yu Z H, et al. 2015. Soil carbon content drives the biogeographical distribution of fungal communities in the black soil zone of Northeast China. Soil Biol Biochem, 83: 29-39.

Liu J J, Yu Z H, Yao Q, et al. 2018. Ammonia-oxidizing Archaea show more distinct biogeographic distribution patterns than ammonia-oxidizing bacteria across the black soil zone of Northeast China. Front Microbiol, 9: 171.

Liu J J, Yu Z H, Yao Q, et al. 2019. Biogeographic distribution patterns of the archaeal communities across the black soil zone of Northeast China. Front Microbiol, 10: 23.

Liu Y Q, Jiao N Z, Zhong K X, et al. 2023. Diversity and function of mountain and polar supraglacial DNA viruses. Sci Bull, 68(20): 2418-2433.

Luo Z K, Feng W T, Luo Y Q, et al. 2017. Soil organic carbon dynamics jointly controlled by climate, carbon inputs, soil properties and soil carbon fractions. Global Change Biol, 23(10): 4430-4439.

Derek S L, Pratchaya P N A, Annett S, et al. 2021. Host-associated microbe PCR(hamPCR)enables convenient measurement of both microbial load and community composition. eLife, 10: e66186.

Ma Y, Woolf D, Fan M, et al. 2023. Global crop production increase by soil organic carbon. Nat Geosci, 16(12): 1159-1165.

Morriën E, Hannula S E, Snoek L B, et al. 2017. Soil networks become more connected and take up more carbon as nature restoration progresses. Nat Commun, 8: 14349.

Niu B, Wang W X, Yuan Z B, et al. 2020. Microbial interactions within multiple-strain biological control agents impact soil-borne plant disease. Front Microbiol, 11: 585404.

Phillips H R P. 2020. Global distribution of earthworm diversity. Science, 370(6519): 922.

Piao S, Huang M, Liu Z, et al. 2018. Lower land-use emissions responsible for increased net land carbon sink during the slow warming period. Nat Geosci, 11(10): 739-743.

Ruehr S, Keenan T F, Williams C, et al. 2023. Evidence and attribution of the enhanced land carbon sink. Nat Rev Earth Env, 4(8): 518-534.

Rumpel C, Amiraslani F, Wollenberg E, et al. 2018. Put more carbon in soils to meet paris climate pledges. Nature, 564(7734): 32-34.

Sackett T E, Classen A T, Sanders N J. 2010. Linking soil food web structure to above- and belowground ecosystem processes: a meta-analysis. Oikos, 119(12): 1984-1992.

Sanyal S K, Shuster J, Reith F. 2019. Cycling of biogenic elements drives biogeochemical gold cycling. Earth Sci Rev, 190: 131-147.

Savary S, Willocquet L, Pethybridge S J, et al. 2019. The global burden of pathogens and pests on major food crops. Nat Ecol Evol, 3(3): 430-439.

Schulz F, Roux S, Paez-Espino D, et al. 2020. Giant virus diversity and host interactions through global metagenomics. Nature, 578(7795): 432-436.

Shi G X, Hou R J, Li T X, et al. 2023. Effects of biochar and freeze-thaw cycles on the bacterial community and multifunctionality in a cold black soil area. J Environ Manage, 342: 118302.

Sohrabi R, Paasch B C, Liber J A, et al. 2023. Phyllosphere microbiome. Annu Rev Plant Biol, 74: 539-568.

Song L, Xie K. 2020. Engineering CRISPR/Cas9 to mitigate abundant host contamination for 16S rRNA gene-based amplicon sequencing. Microbiome, 8(1): 80.

Tian J, Lou Y L, Gao Y, et al. 2017. Response of soil organic matter fractions and composition of microbial community to long-term organic and mineral fertilization. Biol Fertil Soils, 53(5): 523-532.

Tian K, Zhao Y C, Xu X H, et al. 2015. Effects of long-term fertilization and residue management on soil organic carbon changes in paddy soils of China: a meta-analysis. Agr Ecosyst Environ, 204: 40-50.

Tilman D, Cassman K G, Matson P A, et al. 2002. Agricultural sustainability and intensive production practices. Nature, 418: 671-677.

Trivedi P, Leach J E, Tringe S G, et al. 2021. Plant-microbiome interactions: from community assembly to plant health. Nat Rev Microbiol, 19(1): 72-86.

Wagg C, Schlaeppi K, Banerjee S, et al. 2019. Fungal-bacterial diversity and microbiome complexity predict ecosystem functioning. Nat Commun, 10(1): 4841.

Wang G H, Yu Z H, Liu J J, et al. 2011. Molecular analysis of the major capsid genes (g23) of T4-type bacteriophages in an upland black soil in Northeast China. Biol Fertil Soils, 47(3): 273-282.

Wang Y F, Zhang X Y, Zhang X, et al. 2017. Characterization of spectral responses of dissolved organic matter (DOM) for atrazine binding during the sorption process onto black soil. Chemosphere, 180: 531-539.

Wei Z, Friman V P, Pommier T, et al. 2020. Rhizosphere immunity: targeting the underground for sustainable plant health management. Front Agric Sci Eng, 7(3): 317-328.

Wei Z, Yang T, Friman V P, et al. 2015. Trophic network architecture of root-associated bacterial communities determines pathogen invasion and plant health. Nat Commun, 6(1): 8413.

Xia L L, Lam S K, Yan X Y, et al. 2017. How does recycling of livestock manure in agroecosystems affect crop productivity, reactive nitrogen losses, and soil carbon balance? Environ Sci Technol, 51(13): 7450-7457.

Xu H, Yue C, Piao S L. 2023. Future forestation in China should aim to align the temporal service window of the forest carbon sink with the "carbon neutrality" strategy. Sci China Earth Sci, 66(12): 2971-2976.

Xuan F, Dong Y, Li J Y, et al. 2023. Mapping crop type in Northeast China during 2013—2021 using automatic sampling and tile-based image classification. Int J Appl Earth Obs Geoinf, 117: 103178.

Zhang Z M, He P, Hao X X, et al. 2023. Long-term mineral combined with organic fertilizer supports crop production by increasing microbial community complexity. Appl Soil Ecol, 188: 104930.

Zhang W J, Wang X J, Xu M G, et al. 2010. Soil organic carbon dynamics under long-term fertilizations in arable land of Northern China. Biogeosciences, 7(2): 409-425.

第7章 黑土地保护与利用及区域资源生态协同发展

摘要：黑土地保护与利用不仅是耕地系统自身问题，更是山水林田湖草沙系统协同发展的问题，在开展黑土地耕地数量保障和提升黑土地质量行动基础上，需要充分发挥森林、草地、湿地等自然生态系统的水源涵养、水土保持、防风固沙和生物多样性保护功能等，实施山水林田湖草沙一体化发展战略，加强黑土地生态屏障生态条件，阻控和修复黑土地退化，实现黑土地可持续利用目标。本章首先介绍东北黑土区区域资源现状，主要包括自然资源现状和气候资源现状，以及其对黑土地保护与利用的影响。其中自然资源现状包括区域地貌特征、自然生态条件（森林、草地和湿地）、农业水资源现状和区域环境质量特征。其次，通过基础研究和技术研究两个层面，重点叙述了黑土地保护与利用及区域资源生态协同发展科技创新的主要研究进展，总结国内外关于林草湿、水资源和生态景观配置优化方面对黑土地保护作用的研究工作，并详细描述各技术的细节。同时，提出黑土地保护与利用及区域资源生态协同发展科技创新面临的主要问题，主要包括林草湿和水资源对黑土地保护的作用机制不清、管理措施不明等。最后，针对以上存在的问题，提出了黑土地保护与利用及区域资源生态协同发展科技创新未来重点研究方向，重点包括黑土地生态屏障构建与多功能协同提升、水土资源优化、应对全球气候变化及自然灾害的黑土地保护和利用策略。此外，本章以辽河源和兴凯湖示范基地为例，利用生态屏障构建理念，制定未来合理的黑土地保护政策，为实现黑土地可持续利用目标提供新思路。

我国东北黑土地在长期高强度利用下土壤"变薄、变瘦、变硬"，且面临水资源短缺及生态失衡等问题，水土资源与生态环境的协调已经成为东北农业可持续发展的瓶颈。黑土地保护和利用不仅是耕地系统自身问题，更是山水林田湖草沙系统协同发展的问题（张佳宝等，2021），需要充分发挥森林、草地、湿地等自然生态系统具有的水源涵养、水土保持、防风固沙和生物多样性保护功能，在开展黑土地耕地数量保障和提升黑土地质量行动基础上，实施山水林田湖草沙一体化发展战略，加强黑土地生态屏障生态条件，阻控和修复黑土地退化，实现黑土地可持续利用目标。

7.1　黑土区区域资源现状

7.1.1　区域资源的内涵

区域资源是指赋存于区域上,在区域生产过程中,有利于经济物品的生产或提高其使用价值或满足人们的某种需要的所有的初始投入。传统的区域资源是指有形的物质资源,如自然资源、土地资源、劳动力资源等。现代的区域资源,还包括无形的信息资源。

区域资源是一个区域赖以生存与成长的所有优势与劣势条件的总和,包括内在、外在与潜在的所有条件,共同构成区域成长所必不可少的物质,是区域成长与发展的基础。某个区域的资源禀赋,包括自然资源、劳动力资源、基础设施、技术资源等。资源不仅会吸引企业迁移,促使企业集群形成,同时,如果某些资源要素成为集群相互关联的要素,那么这些资源要素的水平很大程度上决定了集群竞争力的大小。与城市生存发展直接相关的资源,主要包括自然资源、教育资源、科技资源和信息资源,这些资源的稀缺程度直接影响和制约着城市的建设和发展。

自然资源与自然条件这个范畴包括自然界中一切能为人类所利用的自然物质要素,包括地壳的矿物、岩石、地表形态、土壤覆盖层、地上与地下资源、海洋资源、水资源、太阳光能、热能及生物圈的动植物界等。自然资源依据其赋存条件、利用方式、使用时间的长短及按国民经济部门类别等可以进行分类。

自然条件和自然资源,作为区域经济增长的基本要素,首先影响区域经济的投入结构,进而对区域的产出结构也产生重大影响。另外自然条件作为环境因素,也间接对区域经济增长产生作用。优越的自然条件、丰富的自然资源,一般来讲,有利于区域经济的发展,对区域经济持续增长会产生积极作用;反之,则会妨碍区域经济的健康成长。

7.1.2　自然资源现状

《东北黑土地保护与利用报告(2021 年)》显示,东北黑土区总面积为 140 万 km^2,经纬度范围为 $115°05'\sim135°02'E$、$38°40'\sim53°34'N$,高程范围是 $0\sim2565m$,包括黑龙江省、吉林省、辽宁省和内蒙古自治区东部,东部与俄罗斯接壤、西部与蒙古国接壤、北部与朝鲜接壤。东北地区是一个比较完整且相对独立的自然地理区域。

1. 区域地形地貌

东北黑土区地形呈现三面环山、中间平地的大致盆地轮廓，整体地势相对低平、起伏不大，适宜规模化耕种的土地面积广大。西部大兴安岭山脉与北部小兴安岭、东部长白山脉构成了典型的周边山地、中间平地的格局，区内海拔高差约2700m。中部由松嫩平原、三江平原与辽河平原共同构成了我国面积最大的东北平原，平均海拔 50～200m，是优质黑土地的集中分布区。平原周边为山麓洪积冲积平原和台地，平均海拔 200m 以上。北部小兴安岭多为低山丘陵，平均海拔 400～600m；西部的大兴安岭平均海拔 600～1000m，东南部的长白山地丘陵区平均海拔 500m 左右。区内山地、平原、丘陵和台地主要地貌类型的面积大致相当，分别占比为 25.5%、29.1%、23.5% 和 21.9%（图 7-1）。

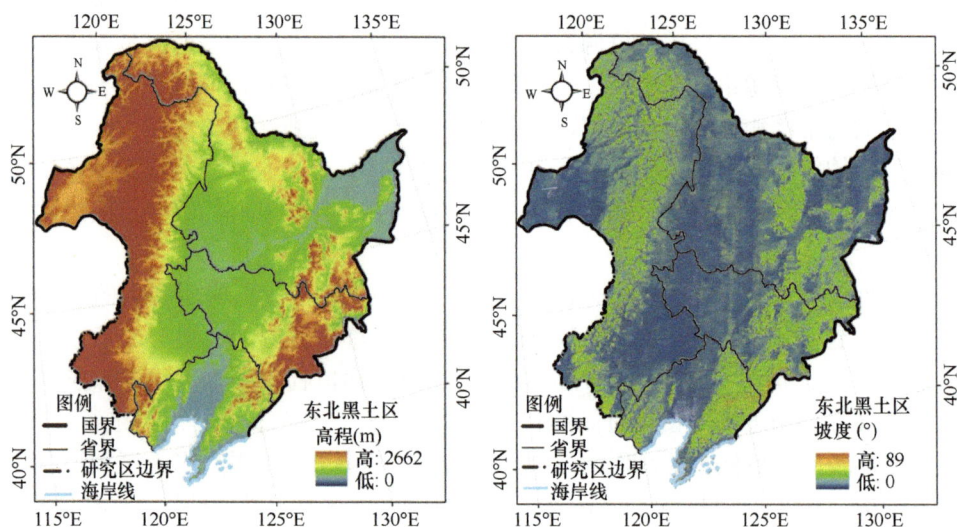

图 7-1　东北黑土区高程（左）和坡度（右）空间分布图

根据坡耕地水土保持坡度分级方案，将东北黑土区地形坡度划分为9个等级（图7-2）。低于 7° 的平原和斜坡的面积占黑土区土地总面积的 74.38%。其中，0.25°～0.5°、0.5°～1° 和 1°～2° 坡度带面积最大，分别占土地面积的 13.01%、13.16% 和12.58%；其次为 2°～3°、5°～7° 坡度带，面积占比分别为 8.29%、8.70%；低于 0.25°、3°～4° 和 4°～5° 坡度带的面积占比相对较小，分别为 7.03%、6.34% 和 5.26%。

东北黑土区耕地主要分布在坡度 7° 以下的区域。9.81% 的耕地分布在低于0.25° 的平原地区，21.16% 的耕地分布在 0.25°～0.5° 坡度带，22.13% 的耕地分布在0.5°～1° 坡度带，17.46% 的耕地分布在 1°～2° 坡度带，9.45% 的耕地分布在 2°～3°坡度带，3°～4°、4°～5° 和 5°～7° 坡度带的耕地面积分别占黑土区总耕地面积的

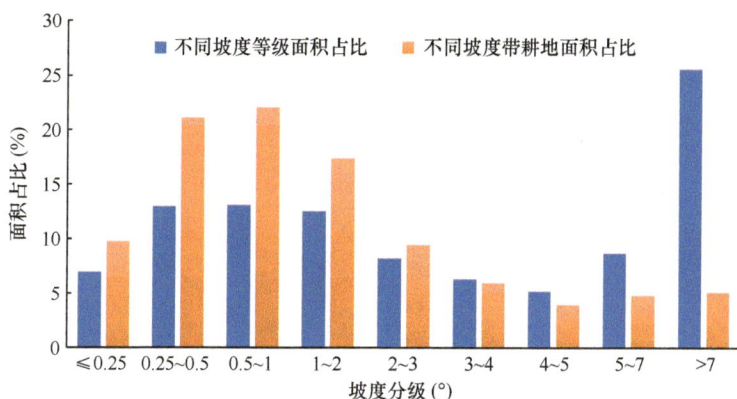

图 7-2　东北黑土区不同坡度等级面积及耕地分布情况

6%、3.99% 和 4.84%。仅有 5.16% 的耕地分布在大于 7° 的坡度带（图 7-2）。东北黑土区雨热同季、降水集中，加上黑土表层松软，坡度大于 0.5° 的耕地就存在土壤水力侵蚀风险，坡度越大侵蚀风险越高。

2. 自然生态系统特征

东北黑土区自然生态本底条件优越，拥有面积较大、功能完整的森林生态系统、草地生态系统和湿地生态系统。它们既是黑土地成土与演化的物质基础，又是黑土地可持续利用的生态本底条件。

（1）森林生态系统及其特征

森林生态系统是孕育黑土地的源泉，也是保护黑土地的天然屏障，与黑土相互依存。东北黑土区是我国最大的天然林区，森林面积广大，主要分布在大兴安岭、小兴安岭和长白山（图 7-3）。大兴安岭以落叶松为主，小兴安岭与长白山林区主要为红松林和针阔叶混交林。20 世纪 90 年代末以来，由于实施天然林保护、退耕还林、防护林建设等一系列生态工程，东北黑土区人工林面积呈增长趋势，但森林总面积呈减少趋势。中国科学院遥感监测数据显示，东北黑土区 2020 年森林面积 4526.41 万 hm²，占全国森林总面积的 20.02%，比 1990 年减少了 286.36 万 hm²。第八次全国森林资源清查数据显示，东北地区的森林以次生林为主，占比约 70%，且多数处于次生演替的初、中级阶段，其中，幼龄林占 21.9%，中龄林占 34.8%。原始森林面积占比已不足 7%。

（2）湿地生态系统及其特征

东北黑土区湿地涵盖湖泊湿地、河流湿地、沼泽湿地、滩涂湿地及人工湿地等多种类型，广泛分布于大兴安岭、小兴安岭、长白山、三江平原、松嫩平原等地区（图7-4）。湿地与农田交错分布，具有防旱排涝、净化环境、控制水土流失等重要生态功能，是黑土耕地的生态安全屏障。

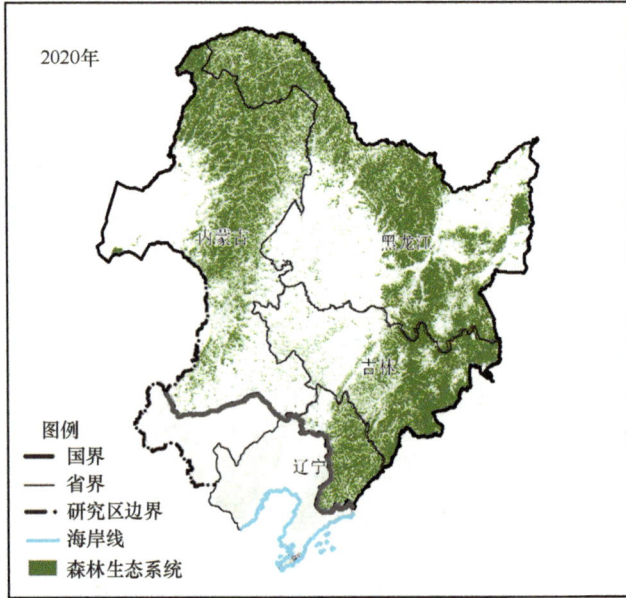

图7-3 2020年东北黑土区森林生态系统空间分布

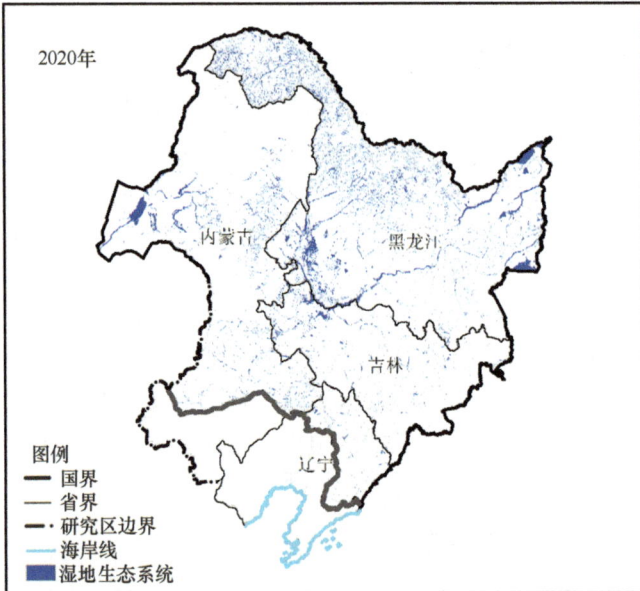

图7-4 2020年东北黑土区湿地生态系统空间分布

遥感监测数据显示，1990～2010 年东北黑土区湿地面积呈持续减少趋势，20 年共减少了 76.96 万 hm²。自 21 世纪初，国家在东北黑土区持续推进退耕还湿、退养还湿等生态工程，湿地生态系统逐渐恢复，湿地面积呈现增加趋势，生物多样性显著增加，退化趋势明显逆转。2020 年东北黑土区湿地面积达到 769.39 万 hm²，比 2010 年增加了 118.22 万 hm²。

目前，东北地区有国家级湿地自然保护区 20 余处，其中扎龙湿地、向海湿地等 18 处被列入国际湿地公约保护区名录，约占全国的 1/3。

（3）草地生态系统及其特征

东北黑土区草地主要包括科尔沁草地、呼伦贝尔草地和松嫩草地三部分，共同构成我国北方重要的防风固沙带，防止耕地土壤侵蚀与退化（图 7-5）。东北黑土区自然降水条件相对较好，草地生态系统植被生物多样性丰富、生产潜力较大。

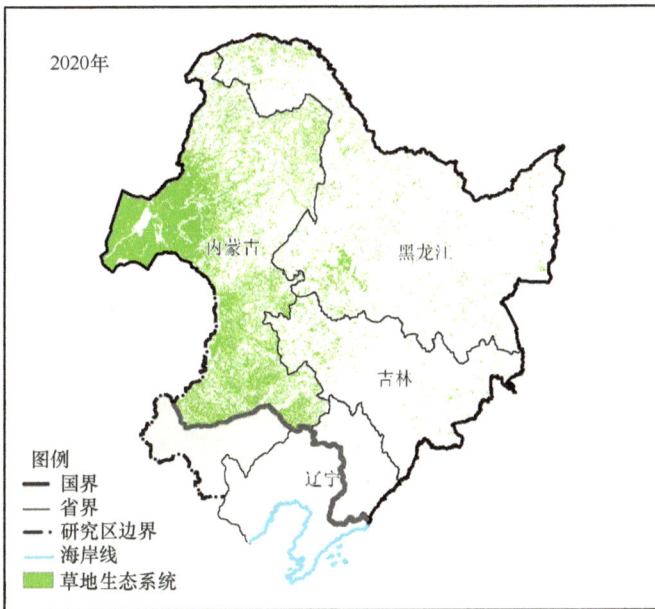

图 7-5　2020 年东北黑土区草地生态系统空间分布

遥感调查结果显示，2020 年东北黑土区草地总面积 1879.49 万 hm²，比 1990 年减少了 267.93 万 hm²，草地占土地面积的比重由 19.80% 下降至 17.35%。草地面积减少的区域主要分布在内蒙古自治区东南部、吉林省西部和黑龙江省西南部。同时，东北黑土区草地退化问题较为突出。调查数据表明，呼伦贝尔草地约 42% 出现不同程度的退化。草地生态系统退化将导致土壤侵蚀风险加剧。

（4）自然生态资源与黑土地保护协同关系

东北林区森林提供了丰富多样的生态服务功能；其中，水源涵养、固碳和土壤保持与黑土保育息息相关。东北林区通过涵养的水源，灌溉着我国重要的商品粮、畜牧业生产基地——以黑土为主要土地类型的松嫩平原、三江平原和呼伦贝尔的农田和牧场。农田防护林作为人工生态，在黑土地保护中最突出的作用有两方面：第一，农田防护林带能够降低风速，减弱乱流交换，在一定程度上提高土壤含水量，从而防止或者减轻土壤风蚀。第二，农田防护林对黑土地的改良作用。农田防护林能够改善微气候环境，形成有利于农业生产的微环境，促进土壤有机质积累及氮、磷养分库容增加，减轻土壤盐渍化。基于此，营造农田防护林保护黑土地资源是国家生态安全建设的主要目标之一，也被证实了是保护黑土地最直接、最有效的手段。

湿地具有水源涵养、生物多样性保护、洪水调蓄、局地气候调节等重要的生态功能，而大面积湿地开垦及地下水不合理开采会导致湿地萎缩或消失，生态环境失衡。湿地生态系统通常在调节水文径流、补给地下水和维持流域水平衡方面对黑土地的保护发挥着重要作用。然而，东北湿地受到气候变化和人类活动的影响而大面积减少，导致这些功能显著降低，使东北地区在干旱或洪水灾害面前缓冲能力降低。

东北地区的呼伦贝尔草地、松嫩草地、科尔沁草地构成我国北方重要的防风固沙带的主体，对保障我国东北和华北粮食主产区的农、牧业生产，以及京津冀城市群和东北老工业基地的环境安全至关重要。在长期开发或不合理利用下，东北地区草地生态系统结构和服务功能的退化加剧，草地沙化退化面积的增长速度要远高于其他草原地区。人口、资源、环境与经济发展之间产生恶性循环，导致草地退化与生态服务功能下降。因此，加强我国东北部沙化草地植被的重建与退化草地植被的恢复及生态功能提升的技术研究与推广示范，全面提升草地植被覆盖度、生产力及其稳定性，可以充分挖掘并发挥草地植被的生态屏障作用，保障东北黑土地资源安全和生态安全。

3. 农业水资源

（1）水资源总量小幅增加

根据东北地区水资源公报数据，近20年来该区域水资源总量、地表水资源量和地下水资源量年平均值分别为1910.91亿 m^3、1608.64亿 m^3 和623.95亿 m^3，水资源总量小幅增加（图7-6）。地表水资源量与水资源总量变化基本一致，地下水资源量稳定在500亿 m^3 左右。2000~2020年，黑龙江省水资源总量年均增加31.35亿 m^3，吉林省、辽宁省和内蒙古自治区东四盟增速分别仅为7.97亿 m^3/a、

1.13 亿 m³/a 和 6.39 亿 m³/a。

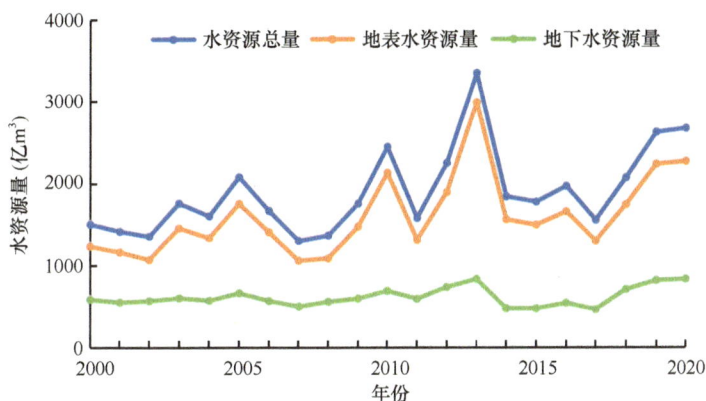

图 7-6　2000～2020 年东北地区水资源量变化

（2）农业水资源需求量大幅增长

东北黑土区水资源量相对稀缺。黑龙江、吉林和辽宁三省地均水资源量和地均灌溉量分别只有 7572.04m³/hm² 和 1405.44m³/hm²，仅为全国平均水平的 30.63% 和 26.32%。近 20 年东北地区用水总量呈大幅增加趋势，其中农业灌溉用水量增幅最大。2020 年东北地区用水总量和农业灌溉用水量分别为 648.0 亿 m³ 和 471.61 亿 m³，较 2000 年分别增加 15.28 亿 m³ 和 78.06 亿 m³。农业灌溉用水量在用水总量中的占比也由 62.20% 增至 72.78%。2020 年，黑龙江省、吉林省、辽宁省和内蒙古自治区东四盟的农业灌溉用水量分别为 271.48 亿 m³、76.89 亿 m³、71.49 亿 m³ 和 51.75 亿 m³，农业灌溉用水量在用水总量中的占比分别为 86.4%、65.30%、52.32% 和 65.08%。

（3）部分地区出现地下水位下降

随着耕地垦殖面积的扩大和灌溉用水的增加，部分地区出现地下水位下降问题。松嫩平原、三江平原、辽河平原等部分地区地下水位出现不同程度下降。以三江平原为例，20 世纪 60～70 年代以来，水稻种植面积大幅增加，过量开采地下水用于灌溉水稻，导致地下水位下降。建三江二道河农场站点监测数据表明，该区域 1990～2020 年地下水位由 46.3m 下降至 37.9m。

4. 区域环境质量

东北黑土区环境质量总体处于良好状态，近年来区内土壤、水、大气生态环境质量进一步改善，为黑土地保护与农业绿色发展奠定了坚实的环境基础。

（1）土壤环境质量

东北黑土区土壤环境质量整体状况良好，尤其是三江平原、松嫩平原土壤质量状况良好。2020 年，东北各地开展了耕地周边涉镉等重金属重点行业企业排查整治行动，治理耕地周边工矿污染源，切断镉等重金属进入农田途径。与 2013 年相比，2020 年重点行业的主要重金属排放量下降了 10%。

东北黑土区已按照《土壤污染防治行动计划》，完成农用地土壤环境质量类别划分，并根据划分结果对污染农用地进行分类分级风险管控。2020 年黑龙江省农用地优先保护类占比达 99.87%，东北三省受污染耕地安全利用率达到 92% 以上。

在农业化学物质减施方面，实施农作物病虫害绿色防控补贴政策，推广物理防治、生物防治为主的绿色防控技术模式，大幅度减少化肥和农药使用量，降低农田面源污染。

（2）水环境质量

近年来，东北黑土区水环境质量明显改善，水库和集中式生活饮用水水源地水质整体保持良好，河流水质持续改善向好，国控断面（国家地表水考核断面）水质同比显著提升。"十三五"期间，东北三省水环境质量不断提升，水质状况由"十二五"末期的轻度污染转为良好，国控断面达到或好于Ⅲ类水质断面比例呈上升趋势；劣Ⅴ类水质断面比例呈下降趋势。2020 年监测数据显示，吉林省监测断面Ⅰ～Ⅲ类水质占比达到 79.5%，辽宁省Ⅰ～Ⅲ类水质占比达到 74.4%，黑龙江省Ⅰ～Ⅲ类水质占比达到 70.1%。

（3）大气环境质量

2020 年环境公报数据显示，东北黑土区大气环境良好，城市空气环境质量持续向好。与 2015 年相比，可吸入颗粒物、二氧化硫、二氧化氮、酸雨发生率等大气环境指标均有所改善。东北地区优良天数比例为 90% 左右，高于全国平均水平，重度及以上污染天数为 1.1%～1.3%。可吸入颗粒物年均浓度为 46～64μg/m³，二氧化硫平均浓度为 11～16μg/m³，酸雨频率为 0～0.8%。其中，内蒙古呼伦贝尔地区和黑龙江省空气质量总体优于其他区域，辽宁老工业基地片区大气污染相对严重，但近年来也得到明显改善。

7.1.3 气候特征

长时间序列的观测数据显示，1960 年以来东北黑土区气候变暖趋势明显，降水量增加但时空不均衡性增强。水热条件的持续改善导致农作物生长季延长和种植适宜区北扩，但同时洪涝干旱等自然灾害发生的频率和影响程度逐渐增加，给黑土地开发利用与农业生产带来显著影响。

1. 气温持续上升，增暖趋势明显

（1）年平均气温增长显著，高于全国平均增温速度

气温观测资料显示，过去 60 年东北黑土区年平均气温增速约为 0.31℃/10a，高于全国同期年平均气温增速。2010～2020 年的 10 年平均增温趋势更加明显，气温较 20 世纪 60 年代平均气温增加了 1.23℃（图 7-7）。东北黑土区约 60%的地区气温显著增加且增速超过区域平均，增速超过 0.4℃/10a 的地区占 13.33%，主要分布在内蒙古东部地区北部及黑龙江省北部（图 7-8）。

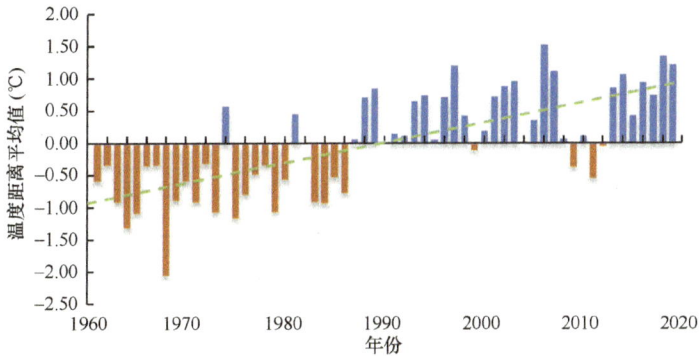

图 7-7　1961～2020 年东北黑土区年平均气温变化

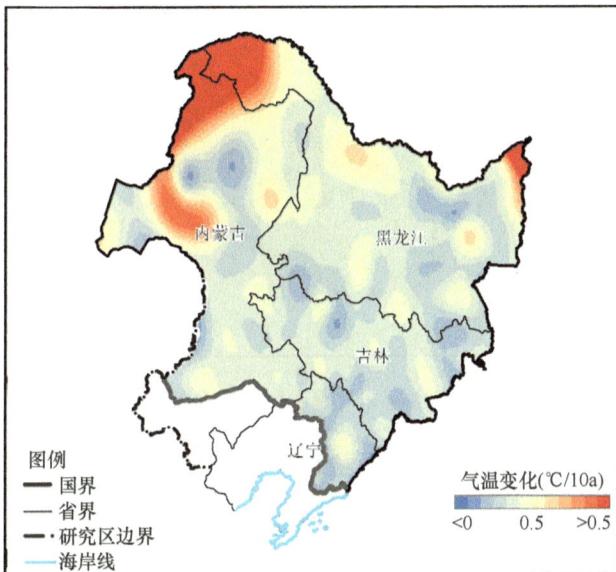

图 7-8　1961～2020 年东北黑土区年平均气温变化空间差异

（2）年均积温增幅较大，局部增加速率超过 10℃/a

研究表明，随着气候变暖，东北黑土区≥10℃积温已由 20 世纪 60 年代的 2830℃增加到 21 世纪 10 年代的 3250℃（图 7-9）。内蒙古自治区东四盟大部分地区、黑龙江省北部、吉林省西部增加幅度较大，部分地区积温增速超过 10℃/a（图 7-10）。

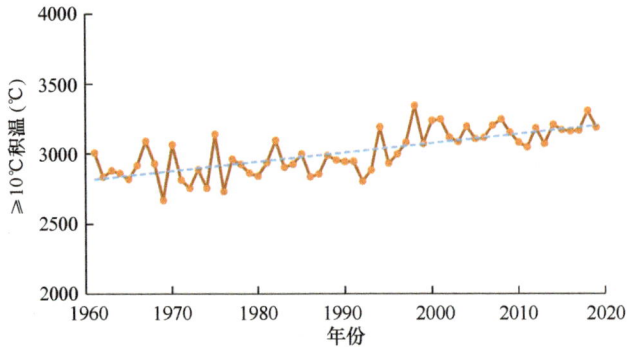

图 7-9　1961～2019 年东北黑土区≥10℃积温变化

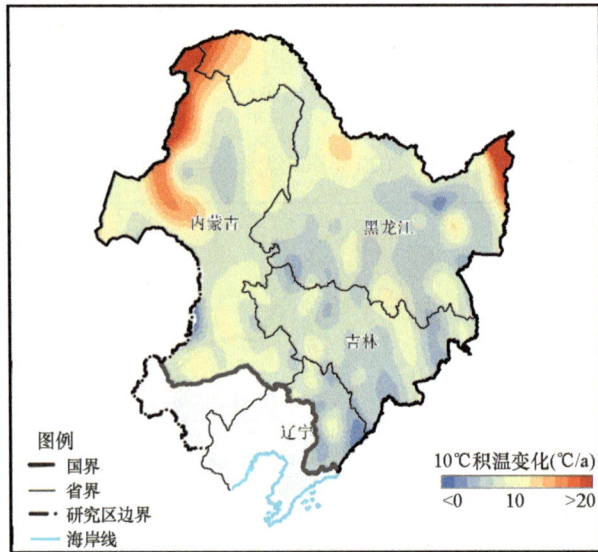

图 7-10　1961～2019 年东北黑土区≥10℃积温变化空间差异

（3）太阳总辐射强度下降，时空差异性明显

长期气象监测资料显示，过去 60 年东北黑土区年日照时数以 35.2h/10a 的速率下降，大部分地区减少速率为 40.0～79.9h/10a。其中，2000～2020 年太阳总辐射强度平均每 10 年减少 0.14MJ/m² （图 7-11）。

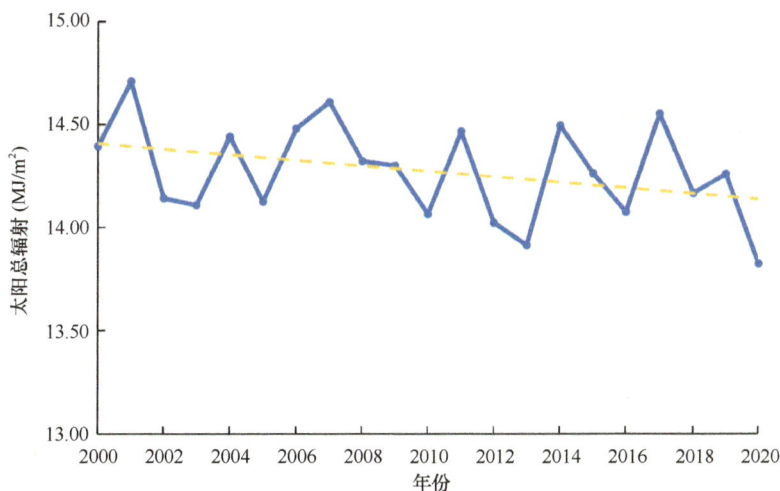

图 7-11　2000～2020 年东北黑土区太阳总辐射强度变化

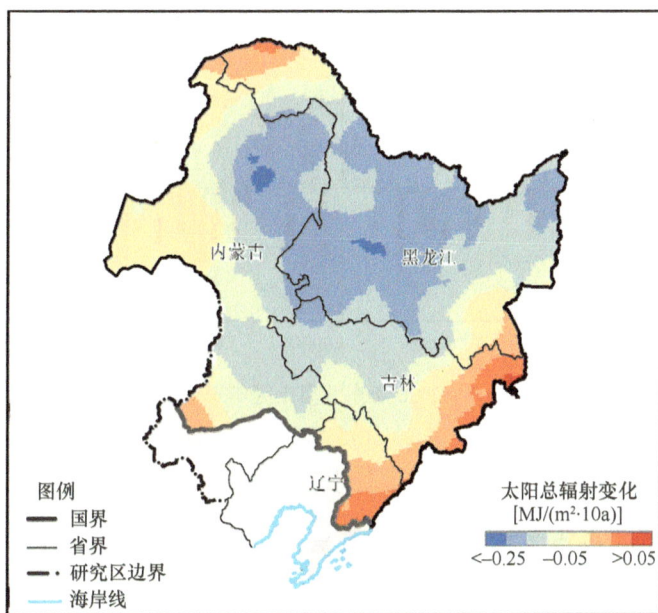

图 7-12　2000～2020 年东北黑土区日照强度变化空间差异

　　东北黑土区陆地表面太阳总辐射变化存在空间差异特征（图 7-12）。黑龙江省北部和西部、内蒙古东北部、吉林大部分地区太阳总辐射呈减少趋势，辽宁省大部分地区和黑龙江省南部地区呈现增加的趋势。光能资源的变化在不同季节也表现出时间差异性，如吉林省境内冬季太阳总辐射显著下降，夏季则显著增加。

（4）积雪期缩短趋势显著，最大冻土深度减小

据调查，1961 年以来，东北黑土区积雪初日以 1.4d/10a 的速率显著推迟，积雪终日以 2.3d/10a 的速率显著提前，积雪期以 3.7d/10a 的速率显著缩短，最大积雪深度以 0.9cm/10a 的速率增加，最大冻土深度以 5.5cm/10a 的速率减小。

2. 降水小幅增加，时空不均衡性加大

（1）年平均降水量呈上升趋势，降水强度增大

观测数据显示，1961～2020 年东北黑土区多年平均降水量为 549.7mm，变异系数为 12.67%，变化幅度大，波动中略有增长态势（图 7-13）。东北黑土区降水日数减少，但降水强度有所增加。1961～2020 年，东北黑土区年降水日数减少速率为 1.7d/10a，降水强度增加速率为 0.11mm/(d·10a)。降水时间分配不均态势加剧，导致干旱洪涝自然灾害和水土流失风险增强。

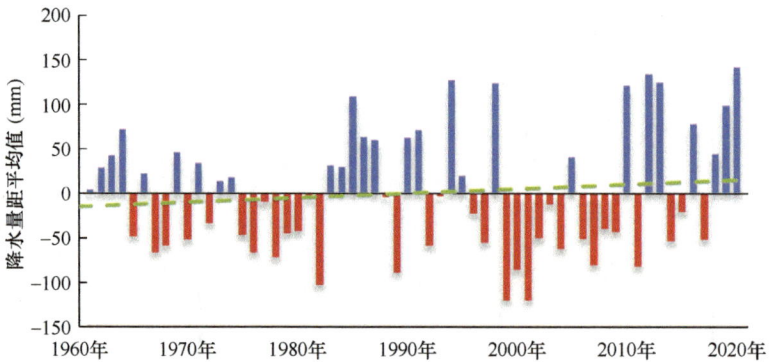

图 7-13　1961～2020 年东北黑土区年平均降水量变化

（2）东北部降水量增加，西南部降水量减少

东北黑土区多年平均降水量大致呈由东向西逐渐减少的空间分异特征（图 7-14）。吉林省东部、辽宁省东部及黑龙江省中部多年平均降水量超过 600mm，其中吉林省东南部和辽宁省东部的多年平均降水量均超过 700mm。多年平均降水量小于 500mm 的区域主要位于内蒙古自治区东四盟，其中，呼伦贝尔市大部分地区年平均降水量低于 400mm，赤峰市和通辽市大部分地区年平均降水量低至 300mm 以下。

1961～2020 年，年平均降水量最多的辽宁省东北部和吉林省东南部降水减少最快，局地速率超过 10mm/10a，其次是吉林省中西部、内蒙古自治区东部地区南部和西北部、黑龙江省北部，年平均降水量每 10 年减少约 5mm；吉林省中东部、黑龙江

省大部分地区和内蒙古东部地区北部降水量增加，年平均降水量最大增速超过
20mm/10a（图 7-15）。

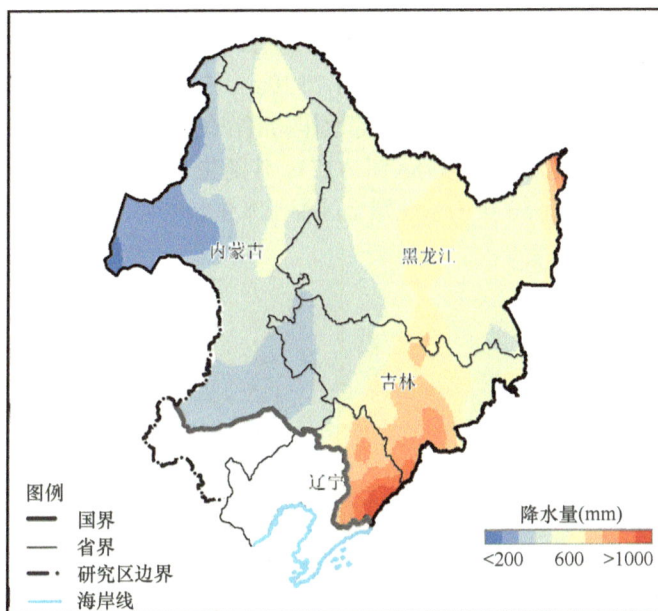

图 7-14　1981～2020 年东北黑土区年平均降水量空间分布

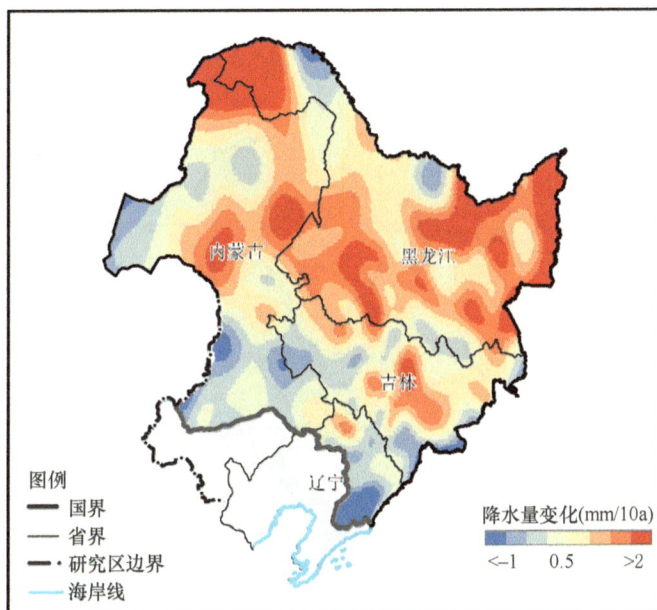

图 7-15　1961～2020 年东北黑土区年平均降水量变化空间差异

3. 气候变化影响黑土地保护与利用

（1）农作物适宜生长期延长

观测数据显示，当前东北黑土区作物潜在生长季达 230 天左右。近 60 年来，作物潜在生长季逐渐延长，平均延长速率为 1.7d/10a（图 7-16）。其中，黑龙江省、内蒙古自治区东部地区及吉林省西部和东部等地作物潜在生长季延长明显，部分地区高达 3.6d/10a，而南部地区呈现波动态势（图 7-17）。伴随生长季延长，生长季内的温度也逐渐上升。资料显示，近 50 年来东北黑土区春玉米生长季内温度平均增加约 0.93℃。

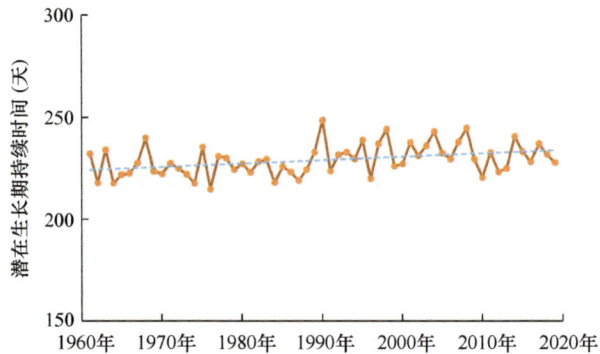

图 7-16　1961～2019 年东北黑土区作物潜在生长期长度变化

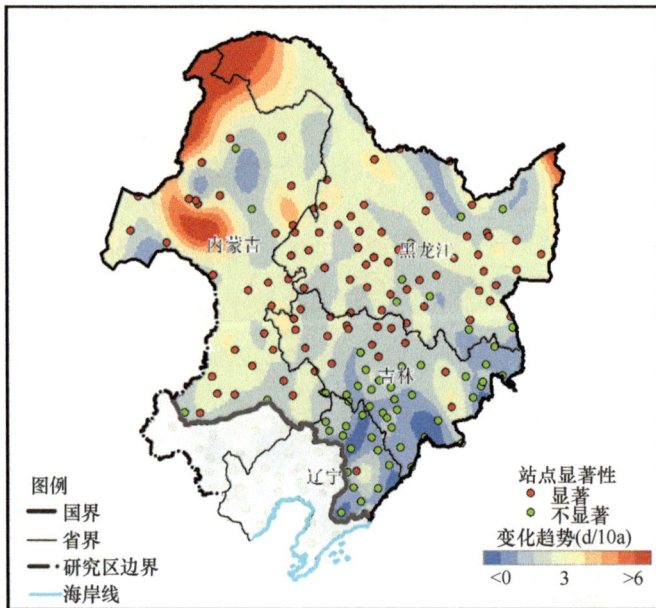

图 7-17　1961～2019 年东北黑土区作物潜在生长期长度变化空间差异

（2）作物适宜种植区向北扩展

1961~2000 年，东北黑土区 0℃等温线向北移动 270km，2001~2019 年 0℃等温线继续向北移动 190.5km。≥10℃积温带也在相应持续北移，玉米种植适宜区（2100℃）向北扩张了约 156km。玉米早熟品种种植适宜区由松嫩平原北部、三江平原北部、牡丹江北部等区域向北拓展至大兴安岭南部；中熟品种种植适宜区由松嫩平原南部、三江平原大部分地区和牡丹江南部向北扩大至松嫩平原北部、三江平原和牡丹江流域；晚熟品种种植适宜区由松嫩平原南部局地北移至松嫩平原南部、三江平原中部和牡丹江南部。大豆中熟品种种植北界北移至大兴安岭－黑河沿线。

（3）农业自然灾害风险增大

受全球气候变化影响，东北黑土区极端天气气候事件的发生频率不断增加，干旱洪涝自然灾害风险增强。统计数据显示，1982~2020 年东北地区发生干旱事件 47 次、洪涝事件 14 次，超过了黄淮海平原和长江中下游平原（表 7-1）。2020 年，黑龙江、吉林、辽宁三省作物受灾总面积约 572 万 hm²，其中，干旱受灾面积 133.7 万 hm²，洪涝受灾面积 66.8 万 hm²，台风受灾面积 344.5 万 hm²，风雹受灾面积 26.5 万 hm²。

表 7-1　1982~2020 年我国主要粮食产区干旱和洪涝事件频次

区域	干旱（次）	洪涝（次）
东北地区	47	14
黄淮海平原	25	6
长江中下游平原	7	10
全国	175	44

东北黑土区干旱灾害以春旱为主，干旱持续时长在空间上呈现自西南向东北递减的趋势，西部地区干旱持续时间长且强度高，东部地区持续时间短且强度低。随着东北黑土区气候变暖，低温干旱、高温干旱等复合型极端天气气候事件和自然灾害风险增加，给黑土地保护与粮食增产稳产带来严峻挑战。

7.2　黑土地保护与利用及区域资源生态协同发展科技创新主要研究进展

7.2.1　基础研究

1. 森林屏障带水源涵养功能提升机制

东北林区森林作为黑土耕地重要水源的来源，且农田防护林作为黑土耕地的唯一直接生态屏障在防治黑土水土流失方面（风蚀和水蚀）作用显著。然而，东北林区森林由于人类活动过度干扰造成其结构不合理，导致水源供给下降。农田防护林由于树种单一，50%面临自然死亡，且不符合现代化农业规模化发展。出现以上问题的核心是当前生态屏障建设工作缺乏森林水源涵养提升的定向经营技术、农田防护林缺乏适合现代化农业的营建（构建和经营）技术。森林生态系统水源涵养功能研究显示，自20世纪80年代起日渐兴盛，尤其是联合国千年生态系统评估成果的发布，使生态系统服务功能的研究逐步深入。当前，国内学术界对水源涵养认知具有了新的高度。随着森林水文学科的发展，森林生态系统水源涵养功能的内涵在逐渐丰富，其体现在众多层面，即对降水的调配、蓄持、释放与水质改善等层面，主要依托其自身特定群落结构来实现（段文军等，2014）。森林水源涵养功能可以概括为在特定时空尺度上实现的对降水的截留、蓄持和时空调配，因为时间和空间尺度依赖性是森林生态系统的根本属性，主要通过植被层、枯落物层和土壤层等来实现的。森林生态系统的水源涵养功能主要是指森林对降水的截留、吸收和贮存作用，可以将地表水转化为地表径流或地下水（张彪等，2009）。主要作用表现在森林可以通过树冠截留、土壤入渗等作用增加可利用的水资源，同时可以起到净化水质的作用，利用茎叶、地表枯落物等减小雨滴动能从而调节地表径流。已有研究通过对别拉洪河流域不同样点耕地–森林–湿地土壤样品采集与肥力相关指标进行分析，结果表明土壤有机质指标是影响肥力的关键性指标，耕地土壤肥力与森林相关性更强。土壤肥力指标敏感性分析结果表明耕地氨态氮为敏感性指标，也同时是森林的敏感性指标，说明森林对耕地氨态氮的影响较大。《2021中国林草生态综合监测评价报告》显示，林草湿年水源涵养量中，森林水源涵养量达6289.58亿 m^3，草地水源涵养量达927.53亿 m^3，湿地水源涵养量达821.42亿 m^3，森林的水源涵养量是草地的6.78倍、是湿地的7.66倍。可见，在林草湿生态系统中，森林的水源涵养功能较草地和湿地的水源涵养功能更为突出。

2. 草地屏障带防风固沙功能提升机制

防风固沙是草原最重要的生态功能之一，其价值体现在防风蚀、防沙尘暴和固沙等多个方面。2000年后，我国启动多项重大草原工程项目开展草原沙化治理，以提升草原生态系统整体的防风固沙功能。巨额的治沙工程投入隐含着草原在防风固沙方面创造的经济价值。对草原防风固沙的经济价值进行科学评价是改进草原沙化治理和实现草原有效保护的重要基础。但由于草原防风固沙对人类社会经济的影响途径较多，且由于数据来源有限，其价值难以直接核算。从治沙工程投入入手，采用恢复成本法，从供给端测算草原防风固沙功能的经济价值。黄季焜等（2023）选取中国北方草原地区为研究区域，首先通过对遥感数据进行分析获得了沙地转草地的规模；其次，通过政策文件收集、政府采购网站信息采集、"天眼查"数据库查询等多种方式，分析了治沙工程的实施情况及工程投入；再次，结合草原沙化数据和治沙工程数据，计算不同研究点将沙地恢复为草地的单位面积成本；最后，应用恢复成本法核算沙化治理的总成本，从而间接表征草原防风固沙的经济价值。值得注意的是，防风治沙工程不仅恢复了草地防风固沙功能，随着草地恢复，其他草原生态功能也得到了一定程度的改善。基于以上分析，我们得出如下主要结果，首先，研究区域退化草地每公顷恢复成本在 0.7 万～1.5 万元，平均为 1.1 万元，相当于荟萃分析得到的生态系统服务单位面积价值 [2.3 万元/(a·hm²)] 的 48%。其次，北方草原防风固沙的经济总价值为 $1.3×10^{12}$～$2×10^{12}$ 元，平均为 $1.63×10^{12}$ 元，相当于荟萃分析得到的生态系统服务总价值 $6.09×10^{12}$ 元的 27%。由此可见，防风固沙工程的投入隐含着草原在防风固沙方面创造的经济价值，具有很高的投资回报率。

3. 湿地屏障带面源污染防治功能提升机制

湿地被称为"地球之肾"，主要是强调湿地具有极为重要的净化水质的功能。位于水陆交界地带的湿地，可以很好地固定和沉积河流中的悬浮物、营养物质和有毒化合物，起到很好的水质净化和污染控制的作用。湿地连接了排水区和河道，将排水区排放的污水经过处理后再排放到河道中去。人们利用湿地进行水质净化已经有很长的历史（Mitsch and Jørgensen，1989）。湿地的水质净化功能通常可以分为物理净化和生物净化两个方面。物理净化过程主要是悬浮物的吸附沉降，生物净化过程主要是营养物和有毒物质的移出和固定。为了使湿地在减少污染、净化水质等方面发挥更好的作用，近年来人们开发了各种方法，特别是湿地网络。通过利用影响湿地功能的主要因素即湿地种类、湿地面积、湿地地点和湿地水文来建立和利用湿地网络实现水质净化（Fan et al.，2012；尹澄清等，2010）。人工湿地也被大量建立用于污水的水质净化，不同类型的人工湿地对水质净化的能力也不相同（Wu et al.，2018；Vymazal，2011）。研究发现在人工湿地，贻贝可以促进植物对多环芳烃的吸收，对 5 种多环芳烃的去除贡献率达到 15.2%，证明水生动物会影响湿地的污水净化功能（Kang et al.，2019）。山东省也建立了许多人工湿地用于污水净化，其中关于南四湖人工湿地的水质净化有许多的研究（Wu et al.，2011；张先军和姚辉勇，2010）。舒柳（2015）研究了垂直流、水平流、表面流和沟渠型 4 种不同类型人工湿地处理净化水质的能力，发现垂直流人工湿地水质净化能力最强，水平流和表面流人工湿地次之，沟渠型人工湿地最差。湿地具有调蓄洪水的功能，可以调节径流、补给地下水、维持区域水量平衡，此外，沼泽湿地也被证明可以作为吉林松嫩平原西部沙化的缓冲区（Yu et al.，2014）。

4. 水–粮食–生态关联机制

东北黑土地区水资源紧缺且不稳定。据统计，东北地区水资源总量为 1600 亿 m³，只占全国水资源总量的 5.8%；人均水资源量为 1599m³，为全国平均水平的 77.6%。同时，农业作为淡水资源用水大户，占总用水量的 85%，并将持续增加。在国家粮食增产战略背景下，灌溉农业的持续扩张，必将加剧农业和生态系统对水土资源的激烈竞争。因此，解析水土资源演变特征，开展面向农田和生态系统协同发展的水土资源优化配置对东北黑土区生态安全和粮食增产具有重要意义。水土资源优化配置涉及水文、生态、农业、地理、经济等多个学科领域，同时考虑水资源和土地资源之间存在相互匹配与均衡的关系，任何一种资源的短缺都会限制另一种资源的利用，从而降低水土资源的综合利用效率（刘晶等，2019）。在新时期"以水定城、以水定地、以水定人、以水定产"的水资源保护利用背景下，水土资源优化配置涉及流域"自然–社会"二元水循环理论、资源竞争理论和多目标优化控制理论（王浩和游进军，2022），也是提升水土资源匹配性、促进国土空间高质量发展的基础（张建云和金君良，2023），因此，如何实现面向农田和生态系统协同发展的水土资源优化配置是充满挑战的复杂科学问题。

5. 生态屏障景观配置优化和功能提升

近年来研究者以加强黑土地生态屏障功能为目标，开展黑土地林草湿水源涵养、水土保持、防风固沙和生物多样性维护等生态屏障功能评价。基于东北黑土区生态屏障对耕地产能的保障特征，选取水源涵养、土壤保持、生境质量、水质净化生态系统服务功能，构建了东北黑土地生态屏障功能评估方法框架。基于生态系统服务和权衡的综合评估模型（InVEST 模型）的产水量模块、沉积物输送率模块、生境质量模块、水质净化模块，对近 20 年黑土地生态屏障功能相关指标进行定量评估。东北地区的水源涵养处于中等偏低水平，一般和较低区域占总面积的 55.1%，高值区域和较高区域占总面积的 31.1%；东北地区的土壤保持处于低水平，低值区域占总面积的 51.9%，高值区域和较高区域占总面积的 20.6%；东北地区的生境质量处于高水平，高值区域和较高区域占总面积的 58.9%，低值区域占总面积的 35.1%；东北地区的水质净化处于高水平，高值区域占总面积的 65.9%，低值区域和较低值区域占总面积的 6.5%。黑土地生态屏障功能指标的空间分布存在一定的区域差异性，水源涵养的极重要区分布在长白山和小兴安岭地区；土壤保持、生境质量和水质净化的极重要区均分布在大兴安岭、小兴安岭及长白山地区。基于东北区域 2018～2022 年 MODIS 植被指数、气象数据、土壤数据、地下水矿化度和地下水埋深等数据，对东北黑土区生态环境敏感性强度进行了评估，并对敏感性强度进行了等级划分（极敏感、高度敏感、中度敏感、轻度敏感和不敏感)。东北黑土区水土流失处于中度敏感水平，极敏感和高度敏感区域占总面积的 20.05%，轻度敏感和中度敏感区域占总面积的 53.71%；东北地区土地沙化处于轻度敏感水平，不敏感区域占总面积的 26.88%，极敏感和高度敏感区域占总面积的 30.87%；东北地区盐渍化处于中度敏感水平，极敏感和高度敏感区域占总面积的 21.85%，不敏感区域占总面积的 1.16%。东北黑土地水土流失、土地沙化、盐渍化敏感性的空间分布存在一定的区域差异性，水土流失的敏感区主要分布在辽河平原和长白山；土地沙化敏感区分布在松嫩平原、辽河平原及三江平原；盐渍化敏感区分布在辽河平原和松嫩平原。

7.2.2　技术研究

1. 以黑土地保护为核心的水源涵养林生态屏障构建技术

　　水源涵养林生态屏障构建技术通过设置 5 个不同树种配置，包括红松人工林、落叶松人工林和天然硬阔叶次生林（花曲柳林、杂木林和胡桃楸林）的固定试验样地（表 7-2），样地面积为 600m²，分别设置 3 次重复。然后，对固定样地的林木胸径、高度、密度、郁闭度等进行调查，分析林分结构。进而开展了森林植被冠层-枯落物-土壤水源涵养功能特征研究试验。筛选并提出符合调水、蓄水、净水、节水等多目标要求的典型林分类型（树种组成、结构），明确影响水源涵养功能的主要因子，为水源涵养林定向经营提供技术基础。

表 7-2　不同林型试验样地基本情况

林型	林分组成	平均树高（m）	胸径（cm）	多样性指数	林分密度（N/hm²）	郁闭度	叶面积指数
胡桃楸林	4 胡 2 落 2 水	11.8	20.39	4.83	1125	0.77	1.46
杂木林	3 色 2 胡 1 椴 1 柞	7.4	16.03	6.75	1225	0.83	1.88
花曲柳林	3 花 2 胡 2 色	8.5	18.06	6.08	1125	0.79	1.63
红松林	10 红松	14.76	26.44	1	600	0.75	2.02
落叶松林	10 落叶松	18.92	24.40	1	750	0.80	1.96

注：N 代表株数

　　对于以日本落叶松形成的针叶林经营措施是低密度控制。对于近成熟林应大强度采伐林分中的日本落叶松的大中径木，降低林分密度和优化林木分布格局，一般采伐蓄积强度在 35.0% 左右，采伐后林分郁闭度不低于 0.5。对于中幼龄林进行采伐蓄积强度在 25% 左右的抚育间伐，伐除生长不良木和 4 级、5 级木，间伐时注意保护原有林下植被。在采伐空地补植水曲柳、柞树、胡桃楸、红松、云杉等乡土针叶树和阔叶树种，补造比例约为 7 阔 3 针，密度应控制在 1500～2250 株/hm²，优化现有林树种结构和林层结构，诱导林分向针阔混交林方向发展。该技术符合生态学理论和生态工程原则，遵循自然规律，充分利用森林多树种、多年龄、多层次的复杂结构，模拟自然生态系统，取得了良好的水源调控效果，提高水源涵养功能12%～16%。

根据黑土区的不同地域灾害特征（主要是风害特征）和防护目标，明确使黑土区内各区域达到防护目标时所需的林网景观连接度、林网化率和林网聚集度的合理数值范围，并计算和确定适用的长城纹网格结构参数和基本形态；依据区域内基干林带的空间分布和走向布设长城纹网格，最终形成景观结构指数在合理范围内的林网结构形态，所形成的构建方案即为基于"长城纹"的"山水田林路"新型现代农防林。该构建方案能够在达到原有防护效率水平的基础上节约35%～50%的林地占地面积，提高水土资源利用率，促进黑土地的高效保护与利用。当完整的林网形成后，提升黑土地区的年产量4%～10%。此外，北大荒集团黑龙江友谊农场有限公司对于加强农田防护林的建设全面落实"林长制"（何秀竹，2022），加强23万亩林地管护工作，划定湿地保护区4.8万亩和基本草原1.5万亩红线。2021年补植补造580亩，更新过熟林1.84万 m^3，实现林木蓄积量204万 m^3，林带4000多条，林网2000多个，沟、渠、路、河旁全部达到绿化，进一步提升涵养水源、防止水土流失和防风保粮的能力，促进友谊地区生态状况得到明显改善。

2. 以黑土地保护为核心的退化草地植被恢复与防风固沙功能提升关键技术

退化草地植被恢复与防风固沙功能提升关键技术针对草地退化引起的风蚀沙化、盐碱化和植物入侵影响耕地质量与粮食产量的问题，收集松嫩平原常见野生植物340余种，采集区域包括分布在沙丘和沙岗上的榆树疏林、沙丘及山前台地的灌丛、整个平原高处的贝加尔针茅（狼针草）草甸草原、丘顶部及坡地微高起地段的线叶菊草甸草原和黑土、黑钙土、暗栗钙土上的羊草草甸草原，并建立了种质资源圃，形成了节水抗旱固沙保土本土植物播种育苗技术并筛选出适用性植物。

依据不同退化程度采集草地（盐碱斑块区、斑块与植被过渡带、植被繁殖区）土壤样品，测定土壤理化性质，通过高通量测序技术测定细菌、真菌及固氮菌基因，分离纯化耐盐碱、耐干旱蓝藻种，已初步筛选出可用于退化草地修复的菌种。通过向羊草接种不同种类丛枝菌根真菌，初步筛选促进其快速生长发育的菌种，并将所选菌种进行扩繁制备出可用于接种的丛枝菌根真菌菌剂。结合丛枝菌根真菌和微藻生物菌肥施用技术，快速恢复退化草地植被和生态功能。

3. 以黑土地保护为核心的生态沟渠农田退水净化技术

生态沟渠农田退水净化技术综合运用实地监测数据与分布式水文模型工具，建立了以"降雨因子–坡度因子–地表径流因子–地下蓄渗/径流因子–截留因子"为主体的全过程入水体系数修正方法，改进了入河系数估算方程，有效提高输出系数模型模拟精度，解决了缺乏长序列基础数据的大尺度区域面源污染负荷评估问题。针对坡耕地水土流失和面源污染问题，构建了等高苜蓿草带和垄作区田等阻控技术。其中，植草带可实现多截沙、少截流的目标：泥沙可削减 65%，径流可削减 40%，氮磷负荷可削减 60%；垄作区田可通过优化档距、节省工时，增加径流入渗。此外，构建了植被过滤带模型，可有效评估草带设计方案的拦截效果，污染削减效率模拟误差小于 30%。针对集约化水田退水污染问题，研发的生态沟渠净化技术可实现对氮磷等多种污染物的高效净化。整体上，生态沟渠对氮素平均去除率为 39.9%～62.1%，最高净化率达到 71.5%，其中耦合挺水植物香蒲+基质坝+生物挂膜的净化技术大部分时段对水体中含氮污染物的去除能力表现最强；生态沟渠对总磷的平均去除率为 42.8%～56.8%，其中挺水植物香蒲+基质坝+生物挂膜组合技术对水体总磷的净化率达到最高；而各项技术对化学需氧量去除率差别较小，变化范围为 31.9%～48.1%，整体而言，沟渠 1（挺水植物香蒲+基质坝+生物挂膜，30m）渠段对化学需氧量的净化效果最好，最高净化率达到 71.5%，平均净化率为 48.1%。在遵守"兼顾农田排水和生态拦截功能、因地制宜、循环利用、生态降解"原则的基础上，充分利用原有排水沟渠，对其进行一定的改造提升，根据实际情况对沟渠进行清淤疏浚、对筛选出的植被进行合理配置，并集成生态基质坝、生物挂膜等多项净化技术，构建沟渠湿地净化技术体系。

4. 以黑土地保护为核心的水土资源优化配置及生态安全保障技术

水土资源优化配置及生态安全保障技术基于 2003～2019 年东北地区多源遥感、气象、水文数据实现对东北地区旱作物灌溉用水量精细化估算，构建空间分辨率为 300m 的逐月数据集。获取 2003～2019 年东北地区灌溉作物、旱作物、水田的分布范围，提取该时段内灌溉旱作物、雨养旱作物的分布范围；基于区域地表径流深度、总降水量分离地下水回灌量及其中来自降水和灌溉的部分；综合利用遥感数据获取的区域作物逐月参考蒸散发和灌溉条件下的实际蒸散发、模型模拟的无灌溉信息的实际蒸散发、作物根区土壤含水量，反演灌溉条件下作物根区土壤含水量；采用土壤水量平衡模型反演区域旱作物的实际灌溉用水量，获得该时段区域单位面积逐月灌溉用水量分布数据。基于研发的水–粮食–经济耦合水土资源优化配置模型，完成了常规灌溉和节水灌溉两种情景下东北黑土区农业水土资源配置和林草湿生态系统安全格局。总体上，优化前后东北农作物种植结构发生了较大变化。优化前东北黑土区水稻、玉米、大豆和小麦的种植面积分别为 500 万 hm^2、151 万 hm^2、586 万 hm^2 和 35 万 hm^2；优化后，常规灌溉情景下，水稻、玉米、大豆和小麦的种植面积分别为 408 万 hm^2、1659 万 hm^2、538 万 hm^2 和 32 万 hm^2；通过节水，水稻、玉米、大豆和小麦的种植面积可分别调整为 569 万 hm^2、1586 万 hm^2、451 万 hm^2 和 30 万 hm^2。优化后，常规灌溉的水资源总量为 528 亿 m³，共计可缩减 26 亿 m³；通过节水，水资源总量为 514 亿 m³，比优化前减少 40 亿 m³，比常规灌溉优化后减少 14 亿 m³。优化后常规灌溉和节水灌溉地表水资源开发量分别为 260 亿 m³ 和 254 亿 m³，相比于优化前可分别节约 40 亿 m³ 和 46 亿 m³。东北黑土区地表水仍有非常大的节约开发潜力。优化后地下水资源开发量分别为 268 亿 m³ 和 260 亿 m³，相比于优化前分别增加了 15 亿 m³ 和 6 亿 m³。主要是由于部分城市仍有地下水开发潜力，为满足灌溉农业发展而增加了地下水的开发。

5. 以黑土地保护为核心的生态屏障景观配置优化及功能提升技术

生态屏障景观配置优化及功能提升技术基于东北黑土区生态屏障功能对耕地产能的保障特征，构建了黑土地多生态系统生态屏障功能评估体系；采用模型定量评估了黑土区林地–草地–湿地等多自然生态系统具有的水源涵养、水土保持、防风固沙和生物多样性维护等生态屏障功能，厘清了生态屏障功能之间的权衡与协同关系，识别了黑土区主导功能类型及功能簇的空间格局，研发了黑土地生态屏障功能体系评估技术，为黑土地山水林田湖草沙景观配置比例和空间优化方案提供数据支持和理论支撑。将黑土地生态屏障的水源涵养、土壤保持、生境质量及水质净化功能进行归一化处理，等权叠加得到东北黑土地生态屏障功能的评估结果，并采用自然断点法将生态屏障功能划分为 5 个等级（高、较高、一般、较低、低）。东北地区黑土地生态屏障功能处于中等偏下水平，一般以下区域占总面积的 73.2%，较高以上区域占总面积的 26.8%。且黑土地生态屏障功能存在较大区域差异性，生态屏障功能的高值区域主要分布在长白山（0.52）和小兴安岭（0.48）地区；低值区域主要分布在辽河平原（0.38）和松嫩平原（0.039），这些区域植被覆盖度低，土地利用类型以耕地及建设用地为主，受人类活动干扰的影响较大，生态环境受破坏严重。过去 20 年东北整个区域尺度上黑土地生态屏障功能呈现下降趋势，功能下降主要发生在近十年，主要分布在大兴安岭、小兴安岭及长白山地区，其中大兴安岭下降幅度最大，下降趋势主要受生境质量降低的影响；而松嫩平原、三江平原、辽河平原呈现上升趋势。将水土流失、土地沙化和盐渍化进行归一化处理，等权叠加得到东北黑土地生态敏感性强度评估，再基于自然断点分类方法，将生态敏感性强度划分为极敏感、高度敏感、中度敏感、轻度敏感和不敏感 5 个等级。东北地区黑土地生态敏感性总体处于中度敏感水平，轻度敏感和中度敏感区域占总面积的 55.02%，极敏感区域占总面积的 10.19%。东北黑土地生态敏感性空间分布存在一定的区域差异性，生态敏感性低的区域主要分布在大兴安岭北部及小兴安岭地区；敏感性高的区域主要分布在科尔沁沙地及辽宁省的西南部地区。这些区域植被覆盖度低，土地利用类型以耕地及建设用地为主，受人类活动干扰的影响较大，生态环境受破坏严重。

7.3　黑土地保护与利用及区域资源生态协同发展科技创新存在的主要问题

7.3.1　农田防护林对黑土地的防护功能下降

如何提高农田防护林对黑土地的保护功能是亟待解决的问题。农田防护林可减轻自然灾害,保育土壤,改善小气候和水文条件,创造有利于农作物和牲畜生长繁育的环境,保证农牧业稳产、高产。农田防护林对黑土地的保护作用包括减缓土壤侵蚀和改善农田微环境。农田防护林带能够降低风速、减弱乱流交换,在一定程度上提高土壤含水量,从而防止或者减轻土壤风蚀。农田防护林对黑土地的改良作用主要包括增加土壤有机质、碳汇功能。农田防护林能够改善微气候环境,促进土壤有机质积累及氮、磷养分库容增加,减轻土壤盐渍化,形成有利于农业生产的微环境。随着农田防护效应程度的增加,其防护功能逐步增强。2010年,东北地区农田防护效应程度较低,到 2017 年迅速减少,其生态保护功能呈现减少趋势,亟待提升防护效应程度,实现良好的区域防护功能。

7.3.2　以黑土地保护为核心的退化草地恢复研究不足

在长期开发或不合理利用下,东北地区草地生态系统结构和服务功能的退化加剧,草地沙化退化面积的增长速度要远高于其他草原地区。当今已有研究主要揭示草地生态系统自身植被的恢复机制,然而对以黑土地保护为核心的退化草地恢复的研究不足,作用机理和恢复措施不明确。在草地面积大幅减少的同时,东北地区草地生产力呈现持续降低。根据文献资料统计,东北天然羊草草地生产力总体上呈现下降趋势。人口、资源、环境与经济发展之间产生恶性循环,导致草地退化与生态服务功能下降。因此,加强我国东北部沙化草地植被的重建与退化草地植被的恢复及生态功能提升的技术研究与推广示范,全面提升草地植被覆盖度、生产力及其稳定性,可以充分挖掘并发挥草地植被的生态屏障作用,保障东北黑土地资源安全和生态安全。

7.3.3　提高湿地生态系统对黑土地水源涵养功能管理的措施不明

受粮食生产压力和对湿地功能认识不足的影响,东北黑土地区湿地面积明显减少,吉林松嫩平原西部甚至出现沼泽湿地沙漠化的情况。由于湿地面积的变化受气候和人类活动的影响程度不同,不同时期湿地类型转化规模不同,但耕垦是当前最主要的变化模式。湿地生态系统通常在调节水文径流、补给地下水和维持流域水平衡方面发挥着重要作用。然而,东北湿地受到气候变化和人类活动的影响而大面积减少，导致这些功能显著降低，使东北地区在干旱或洪水灾害面前缓冲能力降低。因此，如何提高湿地生态系统对黑土地的水源涵养功能还不清楚。在中西部半干旱地区，水利工程建设导致地表水补给减少、地下水过度开采等加剧该地区由气候变化导致的湿地萎缩，使土地进一步沙化。与半干旱区相比，水资源丰富的三江平原沼泽湿地大面积减少而人工湿地增加，这导致沼泽湿地景观破碎化、生物多样性减少。而光、热资源丰富的辽河平原，水稻种植无序发展加剧当地水资源供需矛盾，并造成地下水污染等环境问题。因此，当前亟待制定合理的管理措施以提高湿地生态系统对黑土地的水源涵养功能。

7.3.4 黑土地水资源管理机制不协调

长期以来，由于受传统计划经济的影响，部门分割、地区分割的管理体制，使城乡供水、防治水污染和保持生态环境等工作存在许多矛盾。这种分割管理机制，严重违背水的自然规律，不利于各种水问题的有效解决，已成为水资源可持续利用的障碍。因历史原因，很多县（市、区）水源工程由水利部门管理，配水工程由城建部门管理，污水治理由环保部门管理，致使管水量的不管水质，管水源的不管供水，管供水的不管排水，管排水的不管治污，管治污的不管回用，"多龙管水""政出多门"，使水资源管理处于规划难协调、水源工程和供水设施建设难同步、水资源调度和供水调度难以统一的状态，有限的水资源不能得到充分和合理的利用，这无疑加剧了水短缺的严峻形势。

7.4 黑土地保护与利用及区域资源生态协同发展科技创新未来重点研究方向

7.4.1 黑土地生态屏障构建与多功能协同提升

研究内容：开展黑土地生态保护（屏障）模式建设，把具有生物多样性维护等生态功能极重要区域和生态极脆弱区域划入生态保护红线，实施山水林田湖草沙一体化发展战略。分析黑土区农田、湿地、草地、林地等多生态系统空间格局及演变特征，评价以农田合理开发红线为目标的黑土地生态敏感性，优化农林草湿等系统空间格局配置；研发农田防护林营造、沙化草地植被恢复、灌区–湿地水循环调控等技术，形成以服务耕地保护与产能稳定性增强为核心的林草湿水源涵养、水土保持、污染阻控、防风固沙和生物多样性功能提升技术体系；构建多系统协调的耕地产能提升技术体系，提出促进黑土地保护与耕地产能持续提升的山水林田湖草沙系统发展模式。为确保未来灌区粮食及生态安全，必须维持有利于耕地保护和地力提升的自然生态环境，以协同推进农田质量、数量、生态"三位一体"保护，构建"河沼湖田"一体化的协同发展生态体系，实现粮食和生态的协同安全。

2030 年目标：以加强黑土地生态屏障功能为目标，评估黑土区农田、湿地、草地、林地水源涵养、水土保持、防风固沙和生物多样性维护等多生态系统生态屏障功能；解析黑土地生态屏障生态系统空间格局、演变特征及其驱动机制；同时研发农田系统相应功能协同提升的技术体系，形成流域尺度农田生态屏障体系构建的应用模式。

2035 年目标：创新山水林田湖草沙协同安全保障与适应调控关键理论，集成黑土区森林、草地、湿地生态安全屏障构建及提升技术，筑牢以保护耕地为首要目标的防风防沙节水固土保墒保肥区域生态屏障体系，探明流域尺度上自然生态要素对农田的防护增产作用，确定山水林田湖草沙示范技术应用对农田防护增产的效益。

7.4.2　生态林植被恢复与新型农田林网体系重构

研究内容：黑土地保护的根本是生态屏障，特别是孕育黑土的林草系统及保护农田的农防林。应在水源地和河岸带等黑土保护关键带加大林草植被恢复力度。对于极易发生土壤侵蚀的黑土区陡坡耕地，须优先保护并恢复森林植被；对于坡度范围 8°～15°的黑土耕地，应考虑林草植被恢复。规划以生态保护为主的农田防护林带/网方案，优化"林–田"景观格局，根据不同土壤侵蚀程度，构建不同网格的防护林网，减少黑土侵蚀。建立农田防护林生态补偿机制，提高农田防护林建设的积极性。

2030 年目标：明晰黑土区林草湿生态系统生态屏障功能历史演变过程基础上，量化不同地区水源涵养林对黑土农田区的水源供给及调蓄能力；明确不同地区农田防护林多尺度跨区域结构对农田风蚀区的减少风蚀作用；集成国内外农田防护林构建和经营技术与模式，评估其在黑土中的适用性，提出针对东北全部黑土区农田防护林系列构建与经营模式，做到一县一策。

2035 年目标：东北林区森林定向经营技术，提升森林水源涵养功能进而增加黑土耕地水源供给功能；农田防护林的减缓风蚀和水蚀的营建技术，适应现代化农业，且有效降低黑土区水土流失；最终形成保障黑土生产与生态安全的高效、稳定与可持续的森林生态屏障带。

7.4.3　黑土区生态水土资源监控和优化配置

研究内容：在坚守国务院 2013 年颁布的水资源管理"三条红线"和湿地保护红线的基础上，遵循以水定地的原则，协调东北农田-湿地的水资源平衡管理；在中西部半干旱区，应控制水田比例，并适当地开展湿地生态补水；在三江平原区应合理规划水稻田的分布，保护湿地生物多样性；在辽河平原区应调整水稻布局，控制氮、磷输出，遏制生态环境恶化的趋势。

2030 年目标：明确典型流域林草湿等生态系统格局和水资源、水质时空演变特征；定量评估流域土地利用变化对生态系统服务的影响。解析黑土区水–粮食–生态纽带关系及其互馈影响机制；量化评估典型流域林–草–湿等系统的水源涵养功能大小及其对农业水安全的保障作用；构建湿地全季节水动力–水质–水生态综合模型；初步构建面向耕地产能提升和生态保护的流域水资源多目标优化配置模型。

2035 年目标：解析黑土区水–粮食–生态纽带关系及其互馈影响机制，研发基于健康水循环的陆域（林草）–灌区–湿地协同安全保障与适应性调控技术，提出典型流域/区域农业可持续发展和生态保护的水安全保障方案。阐明生态系统水源涵养功能对农业供水安全影响机制；提出典型流域/区域耕地产能提升和生态屏障功能协同发展的水安全保障方案。

7.4.4 应对全球气候变化和自然灾害的黑土地保护与利用策略

研究内容：长时间序列的观测数据显示，东北地区未来气候变化总体表现为气温持续上升，降水小幅增加，太阳总辐射强度下降，这些全球气候变化特征均对黑土地的保护和利用产生巨大影响。同时，洪涝干旱、极端气候事件等自然灾害发生的频率和对黑土地开发利用与农业生产影响程度逐渐增加。然而已有的研究仍处于机理探索阶段。如何将理论研究应用到实践中，制定针对全球气候变化背景下的黑土地保护和利用策略是未来研究的重要方向。

2030 年目标：明确全球气候变化特征对黑土地保护的影响，阐明全球气候变化特征对黑土地影响的作用机制，研究气候变化与黑土地保护利用的相互关系。进一步提高气候预测和自然灾害预测的准确性，以做出相应预防措施，有效减小自然灾害对黑土地开发利用与农业生产的损失。

2035 年目标：制定合理的管理方式以应对全球气候变化对黑土地保护和利用的影响，并进行广泛的示范应用，最终制定相应的管理政策以预防和应对自然灾害对黑土地开发利用与农业生产的影响。

7.5 典 型 案 例

案例一 辽河源示范基地生态屏障构建

针对水源涵养林和农田防护林对黑土耕地保护作用机制不清和经营技术缺乏

的问题，在辽河源示范基地构建了生态屏障的总体研究框架（图 7-18），辽河源基地生态屏障确立了针对黑土地农田外部防护与内部防护的双层防护体系；外部防护打造"河流农田防护带"和"水源涵养林防护区"的防护体系；内部防护建立"保护性耕作+坡耕地牧草化+坡耕地生态经济化"的防护体系。

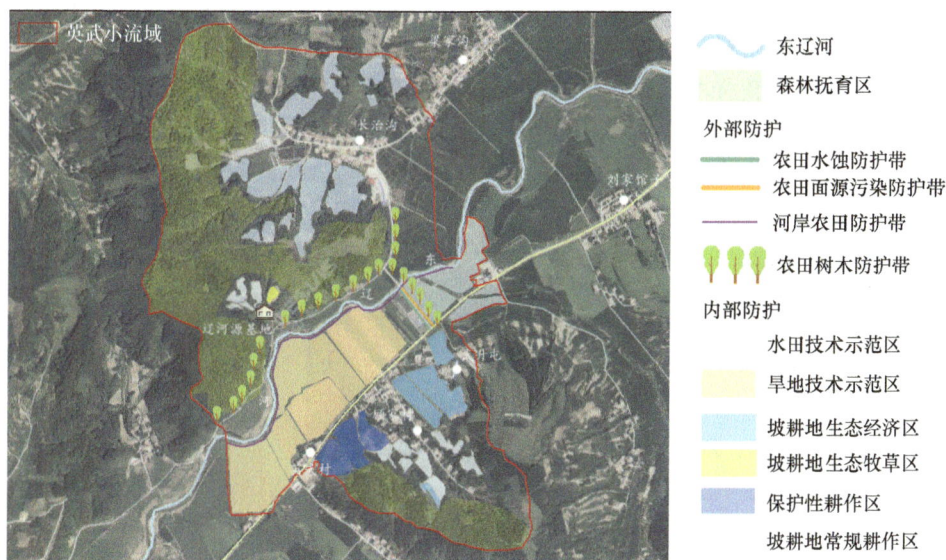

图 7-18　辽河源基地生态屏障

　　开展河岸带农田生态防护体系建设，在河流南岸构建 1.4km 的河岸带农田生态防护体系，用于防护谷底良田免遭水土侵蚀；开展陡坡耕地控蚀保土饲草作物高效生产模式，选择 6 亩的陡坡耕地，开展以紫花苜蓿栽种为主的控蚀保土饲草作物高效生产模式，已播种紫花苜蓿种子 18kg；开展陡坡耕地果农林复合生态高效模式，种植陡坡耕地 6 亩，开展蓝靛果农林复合生态高效模式，种植蓝靛果苗 2500 棵。

案例二　兴凯湖示范基地生态屏障构建

　　针对示范区内水田主要面源污染问题开展了实地调研，并结合文献资料和前期研究成果，针对兴凯湖示范区稻田排水的实际污染情况，筛选出本地区适宜的净化植物类型，并确定种植面积及种植位置等在兴凯湖农场高标准农田作业区进行技术示范，在遵守"兼顾农田排水和生态拦截功能、因地制宜、循环利用、生态降解"原则的基础上，充分利用原有排水沟渠，对其进行一定的改造提升，根据实际情况对沟渠进行清淤疏浚，对筛选出的植被进行合理配置，并集成生态基质坝、生物挂膜等多项净化技术，构建沟渠湿地净化功能技术体系。使之在原有的排水功能基础上，增加对农田排水中氮、磷、有机物等污染物的净化功能，从而达到减少流域水体污染的目的。

在兴凯湖示范点进行生态沟渠的布设，建立了涵盖 1800 亩水田面积的面源污染综合防治示范区（图 7-19）。该时段沟渠水位较低且水温适宜，有利于沟渠植物生长，到夏季暴雨径流增加、面源污染严重的时段，植物已经呈现出良好的生长状态，并能发挥较强的氮磷污染消减能力。生态沟渠地点设置在农田周围与农田区外的河道之间，渠体断面为等腰梯形，上宽 2～3m，底宽 1.5m，最低水位 0.2m，沟渠壁和渠底均为土质。

> 沟渠1 (D1)：植物香蒲-生态基质坝-生物挂膜
> 铺设长度30m

> 沟渠2 (D2)：植物香蒲-生态基质坝-生物挂膜
> 铺设长度50m

> 沟渠3、4 (D3、D4)：植物香蒲
> 两侧铺设长度各30m

> 沟渠5、6 (D5、D6)：植物香蒲-芡实混种
> 两侧铺设长度各50m

图 7-19 兴凯湖农场示范区生态沟渠布局示意图

作 者 信 息

姜　明，中国科学院东北地理与农业生态研究所
郑　晓，中国科学院沈阳应用生态研究所
邹元春，中国科学院东北地理与农业生态研究所
李广胤，中国科学院东北地理与农业生态研究所
王文娟，中国科学院东北地理与农业生态研究所
章光新，中国科学院东北地理与农业生态研究所
高传宇，中国科学院东北地理与农业生态研究所
刘艳杰，中国科学院东北地理与农业生态研究所
祝　惠，中国科学院东北地理与农业生态研究所
武海涛，中国科学院东北地理与农业生态研究所
郑海峰，中国科学院东北地理与农业生态研究所
孔令阳，中国科学院东北地理与农业生态研究所

参 考 文 献

国家林业和草原局. 2023. 2021 中国林草生态综合监测评价报告. 北京: 中国林业出版社.

中国科学院. 2022. 东北黑土地保护与利用报告(2021 年). 北京: 中国科学院地理科学与资源研究所.

段文军, 王金叶, 李海防. 2014. 华南 3 种典型生态恢复模式的生态水文效应. 中南林业科技大学学报, 34(5): 51-55.

何秀竹. 2022. 友谊农场有限公司"三强三重三提升"筑牢黑土保护安全屏障. 农场经济管理, (4): 28-29.

黄季焜, 侯玲玲, 亢楠楠, 等. 2023. 草地生态系统服务经济价值评估研究. 中国工程科学, 25(1): 198-206.

刘晶, 鲍振鑫, 刘翠善, 等. 2019. 近 20 年中国水资源及用水量变化规律与成因分析. 水利水运工程学报, (4): 31-41.

舒柳. 2015. 不同类型人工湿地净化水质季节变化分析. 江苏农业科学, 43(9): 384-388.

王浩, 游进军. 2022. 锚定国家需求, 以水资源优化配置助力高质量发展. 中国水利, (19): 20-23.

尹澄清, 苏胜利, 张荣斌, 等. 2010. 以河网作为城市水源的污染问题和湿地净化. 环境科学学报, 30(8): 1583-1586.

张彪, 李文华, 谢高地, 等. 2009. 森林生态系统的水源涵养功能及其计量方法. 生态学杂志, 28(3): 529-534.

张佳宝, 孙波, 朱教君, 等. 2021. 黑土地保护利用与山水林田湖草沙系统的协调及生态屏障建设战略. 中国科学院院刊, 36(10): 1155-1164.

张建云, 金君良. 2023. 国家水网建设几个方面问题的讨论. 水利发展研究, 23(11): 1-7.

张先军, 姚辉勇. 2010. 南水北调东线南四湖人工湿地建设与规划. 南水北调与水利科技, 8(3): 21-24.

Fan X Y, Cui B S, Zhang Z M, et al. 2012. Research for wetland network used to improve river water quality. Procedia Environ Sci, 13: 2353-2361.

Kang Y, Xie H J, Li B, et al. 2019. Performance of constructed wetlands and associated mechanisms of PAHs removal with mussels. Chem Eng J, 357: 280-287.

Mitsch W J, Jørgensen S E. 1989. Ecological Engineering: an Introduction to Ecotechnology. New York: Wiley: 5.

Vymazal J. 2011. Constructed wetlands for wastewater treatment: five decades of experience. Environ Sci Technol, 45: 61-69.

Wu H M, Zhang J, Li P Z, et al. 2011. Nutrient removal in constructed microcosm wetlands for treating polluted river water in northern China. Ecol Eng, 37: 560-568.

Wu H M, Fan J L, Zhang J, et al. 2018. Large-scale multi-stage constructed wetlands for secondary effluents treatment in northern China: carbon dynamics. Environ Pollut, 23: 933-942.

Yu X F, Grace M, Zou Y F, et al. 2014. Surface sediments in the marsh-sandy land transitional area: sandification in the Western Songnen Plain, China. PLoS One, 9(6): e99715.

第8章 未来5～10年黑土地保护与利用科技创新优先发展的考虑

摘要： 依靠科技手段保护利用好黑土地、促进黑土耕地资源持续利用，是我国农业科技创新的一项重要任务。"十四五"以来，黑土地保护与利用科技创新是保障国家粮食安全方面的一项重大部署，也有了一定的成功探索经验。本章在分析目前黑土地保护与利用方面研究方向、实践经验和存在问题的基础上，对黑土地保护与利用科技创新的优先发展方向和政策建议方面进行了阐述。本章提出了未来5～10年黑土地保护与利用科技创新的主要目标和发展方向的考虑，优先发展方向包括黑土地智慧监测、土壤健康培育、水土资源配置、黑土地保护与利用技术集成、土壤侵蚀风险评估、山水林田湖草沙景观格局及农业农村经济协调演化机制。同时，围绕科研项目管理与设计、技术落地与推广及土地规模化经营等方面提出了若干黑土地保护与利用科技创新政策建议与对策。

中国人的饭碗任何时候都要牢牢端在自己手中。黑土地是我国粮食安全的"压舱石"，保住了东北黑土地，就可以将粮食安全的主动权掌控在自己手中，就保住了我国粮食安全的底线。因此，如何保障黑土地的可持续粮食生产能力，已成为国家发展战略中的重大问题。

我国在黑土地保护方面的研究起步较晚，在目前的黑土地保护与利用实践中，科技创新与支撑引领能力不足，现有的技术模式不能满足国家对黑土地可持续利用的重大需求。面对加强黑土地保护这项关系重大而又长期艰巨的任务，需要持之以恒地加强对东北黑土地保护的政策支持，在认真总结推广国内外成熟的耕地保护技术的基础上，加强科技创新，研发我国黑土地保护与利用关键技术并形成集成模式，在黑土区大范围示范推广，努力走出一条适应我国国情的黑土地保护与利用双赢的农业可持续发展之路。综上，提出了黑土地保护与利用科技创新的优先发展方向。

8.1　我国黑土地保护与利用科技创新优先发展方向

8.1.1　主要目标

当前黑土地可持续利用中已凸显和隐含一系列问题,特别是长期高强度利用下黑土地质量退化的问题日益严重,严重危及了黑土地可持续利用和国家粮食安全。黑土地保护与利用科技创新的首要目标是保护黑土地持续稳定生产粮食、保证国家粮食安全,也就是保持黑土地可持续永续利用。具体来说,黑土地科技创新的首要目标是明确黑土地质量演变规律,提出保持和提高黑土地健康水平的技术措施并形成完善的模式体系,创立高效的黑土地保护技术推广应用体系。此外,黑土地的生态健康水平的恢复和提高也是黑土地科技创新的重要目标。

因此,我国黑土地保护与利用科技创新需要在以下几个方面发力:①在基础理论研究方面,应集中聚焦于创建黑土地“保、育、用”互作与协同的重大基础理论;②在关键技术方面,着力攻克黑土退化阻控、地力培育和作物持续丰产高效的农艺、农机与水利相配套的关键核心技术,建立“天空地”一体化的黑土地利用与保护智慧监测网络,持续创新黑土地保护性利用的集成技术体系;③在推广应用方面,建立多维度立体高效技术推广网络,将科研成果快速、高效写在大地上。

通过上述措施,以及全社会的共同努力,预期近 5 年内使黑土地粮仓的土壤退化得到有效遏制,土壤侵蚀率显著降低,土壤有机质含量适当提高。黑土区地力提升 0.5 个等级,粮食产能提高 5%～10%,经济效益提高 5%～10%。到 2030 年,黑土地粮仓的水土资源退化得到全面遏制,粮食产能比 2025 年再提高 5%以上,届时将黑土区建成“丰产、稳产、高效、生态”的“第一粮仓”,切实保障国家粮食安全和生态安全。

8.1.2　优先发展方向

1. 黑土地土壤智慧监测与信息服务技术体系

（1）研发适用于寒区低温条件下的高精度土壤和生物传感器,构建多要素连续一体化土壤健康监测技术体系,实现黑土地健康指标实时、动态、高分辨表征;利用大数据和人工智能,建立大尺度土壤和作物数据快速准确解译技术,构建“天空地”一体化的土壤与作物同步智慧监测技术与动态更新系统;利用互联网技术、物联网技术、“天空地”一体化监测技术体系获取高时空分辨率黑土地农业资源环境、农机农艺、技术模式等农业大数据,实现多源异构农业大数据的融合分析,掌握作物生长、自然灾害、土壤质量等农业生产全过程的时空变化规律；发展基于"大数据+互联网+人工智能"的土壤大数据信息决策理论与支持系统。

（2）通过农业灾害与作物胁迫的智能诊断与预警，实现种、肥、药、水和农业自然资源与社会资源的智能管控，以及多尺度农业生产管理的智能决策，在智慧农场实现"互联网+农机"协同作业，形成黑土地土壤可持续智慧管理模型。

（3）围绕黑土区耕地土壤健康和多功能的特点，筛选土壤健康的物理、化学和生物学等土壤指标及生态涵养、环境保护等多功能指标，查明土壤健康指标与生态涵养、环境保护等功能指标之间的协同关系，构建黑土区土壤健康和功能协同的综合评价指标体系和定量评价模型，建立黑土区耕层深厚–有机质丰富–结构良好–养分协调–生物功能稳定的监测预警系统。

2. 基于生物资源挖掘的黑土地土壤健康培育及地力提升关键技术

（1）全面研究我国黑土地生物多样性的空间分布、生物网络结构、功能特征及其演变规律，解析土壤生物多样性的形成机制、食物网的级联效应及其影响机制；揭示土壤生物多样性与生态系统多功能性和稳定性的关联机制，构建多变环境下的黑土地生物多样性与土壤健康的内在关系网络。

（2）开展功能生物资源的挖掘筛选，结合个体行为生理、生物网络互作及其跨界级联效应，从生态系统水平上创新性地集成发展保护生物多样性、缓解气候变化和保障食物安全多目标协同的自然解决方案，基于生态系统的途径构建符合土壤生物多样性保护和利用的策略和技术体系，实现以黑土地生物多样性培育和土壤生物功能发挥为核心的土壤健康提升。

（3）针对黑土区土壤内稳性地力下降、生物功能衰减等问题，破译黑土地有机质、团聚体和微生物联动的内稳性地力形成机制，构建团聚体分组–碳库分配–分子鉴定–碳基团区分–同位素识别等土壤有机质积累的途径和方法，创建黑土地内稳性地力提升的生物激发新模式，形成有机质提质增量与养分库容协同提升的耐低温微生物功能调控与定向增效技术。剖析黑土区种植结构与耕作模式下总体地力及内稳性地力的变化过程及其关键驱动因子，因地制宜，形成具有区域特色的土壤固碳–作物高产–养分高效协同的多样化种植培肥技术模式和农业综合管理体系。

3. 黑土区生态水土资源优化配置及适应对策

（1）分析黑土区水资源承载力和生产潜力，研究水资源的时空演变特征及与土地利用方式的匹配度，辨识气候变化和人类活动的关键影响因子，解析黑土区水–粮食–生态纽带关系及其互馈影响机制。遵循以水定地的原则，协调黑土区农业生产布局、种植结构和水资源的优化配置。研究水稻、玉米、大豆等作物耗水规律和节水农艺技术措施,研发田间生物覆盖抑蒸、旱作保水、智慧灌溉施肥等关键产品与装备,提高水资源利用效率;研究主要农业气象灾害预警防控技术及模式,提高防灾减灾能力。

(2)提出典型流域/区域农业可持续发展和生态保护的水安全及农业可持续发展的协同方案,构建黑土区耕地产能提升和生态屏障功能协同发展的水安全保障方案。明确黑土区过去和未来水土资源关键要素时空匹配程度及其演变特征,辨识水土资源要素综合变化关键区域及人类活动的关键影响因子,揭示变化环境下黑土区水土资源相互作用机制及其演替机制;实现黑土区水土资源-粮食生产的耦合模拟,定量评估其对粮食生产的影响;提出应对气候变化和粮食增产条件下的黑土区水土资源保护对策。

(3)针对黑土退化与利用时空信息不全、因地制宜的黑土保护与利用全域定制方案缺失、区域性智能管控水平亟待提升等关键科学问题,建立用好养好黑土地智能化管控系统,从而提升黑土地保护与利用数字化管理水平,为黑土区提供全域定制系统性解决方案。

4. 黑土地耕地保育与固碳培肥关键技术集成

(1)针对黑土地不同区域土壤有机质的现状特点及不同种类畜禽粪便性质、产量区域分布差异,进行有机肥对土壤有机质量质提升效应的长期研究;开发差异化、针对性的有机肥生产和施用技术链;开展无害化堆腐以安全施用有机肥;研发土壤有机质量质协同提升的有机肥施用技术,探究针对不同黑土类型的有机肥精准施用方法,匹配特定的培肥目标提供针对性的解决方案;大力发展畜禽养殖-农作物种植的牧场+农场的种养结合模式,研发粪污收集—处置—还田全链条式系统化综合利用技术。

(2)针对秸秆还田固碳培肥机制原理研究不足、冬季低温抑制秸秆分解、残茬影响出苗率导致病虫害等问题,研究秸秆还田固碳培肥的机制原理,探究不同区域及不同耕作模式下基于秸秆还田的差异性固碳培肥理论及策略;开发适应低温的秸秆腐解剂、纳米酶等新型产品,加快秸秆腐解和转化为土壤有机质的效率;研究区域-耕作适应性的秸秆还田配施化肥或有机肥技术并形成集成模式。

(3)碳生物地球化学循环机制研究及模型建立:在黑土地区,深入研究碳循环的基本特征,包括有机碳的储存、分解,以及碳的固持和释放机制;建立精确的土壤生物地球化学模型,全面模拟碳循环过程,确保模型反映土壤中微生物活动、有机物质转化及碳的固持释放过程。采用分子生物学技术和生态学方法追踪微生物的群落动态和代谢活性变化,有助于明确微生物对气候变化的适应机制。通过深入探索碳循环机制、研究土壤微生物响应规律、建立土壤生物驱动的模型、创新绿色农业技术、构建协同技术体系及制定区域适应性策略。

5. 黑土区复合侵蚀风险评估和土地退化预警体系的构建

（1）建立黑土区复合侵蚀风险评估方法，分区域进行风险评估；揭示自然与人为因素对侵蚀退化的影响，进而模拟气候变化极端事件和不同水土保持措施情景下的土地变化，进行土地退化预警，提出面向未来的黑土地复合侵蚀预防和治理策略。

（2）面向坡沟系统和小流域，研发适宜于多类型下垫面条件的坡沟理水系统、侵蚀沟长效防控技术和山水林田湖草沙一体化防治的流域措施体系；面向生态文明建设，提出全域预防措施，研发以增强生态系统水土保持功能为核心的系统预防和治理措施体系，实现复杂的生态系统修复与重构，构建面向未来的分区防治措施体系，建设水土保持技术数据库，构建措施设计平台。

6. 黑土地山水林田湖草沙景观格局构建理论与技术

根据流域尺度研究不同生态景观区地形、气候等要素特征，基于黑土保护和培肥技术实施效果的影响，优选出与不同情景相耦合的黑土地培育技术最佳组合；揭示种植制度、耕作方式、农林牧结构与水土流失、土壤退化、生物多样性保持等要素间的关联机制，构建以黑土地保护为核心的农田防护林优化格局；应用生态位和计算数学方法及相关模型识别、修复和维持黑土地功能的关键生态节点，构建面向区域生态安全和黑土地保育的景观格局。加强山水林田湖草沙系统功能协调发挥机制研究，综合评价山水林田湖草沙系统对黑土地保护的作用及贡献率，建立东北黑土区生态屏障建设的基础理论与技术。

7. 黑土地保护与利用中农业与农村经济协调演化机制

针对东北黑土地保护与利用中农业农村的突出问题，核算黑土地保护与利用中的成本收益，研究农业全要素生产率变化及要素贡献，探讨其提升空间与技术路径研究；研究耕地流转与合理经营规模关系，探讨土地、劳动力、资本、科技等土地要素与农业可持续发展的互馈机制；研究农业转型发展中的农业经营主体行为与运行机理，探讨新型农业经营主体应对粮食安全和黑土地保护技术应用的响应机制，提出黑土地保护背景下现代农业转型发展与乡村振兴路径。

8.1.3 保障措施

1. 项目组织和实施采取"黑土地保护与利用大会战"模式

现有黑土地保护与利用及区域农牧产业发展的科技创新立项缺乏顶层协同设计，国家和地方科技项目资源广泛分散到中央及地方高校科研院所，没有形成统一的整体，重复性高、力量分散，"争资源"的现象依然存在；与地方推广机构、涉农企业及新型经营主体、社会化服务组织的联合不足，缺乏共创机制，没有形成区域创新合力。

应充分利用我国的制度优势，组织跨部门、跨行业、多专业、多学科协同攻关，整合人力、物力、财力等相关资源，开展"黑土地保护与利用科技大会战"。需要完善科技创新组织体系，实现国家与地方科技工作者、不同学科之间、政产学研推密切协作，建设一个来自高等院校、科研院所、新型经营主体及推广应用、金融保险、管理监督等部门协同的科研创新联盟。需要明确有关部门、单位和相关人员的职责，强化问题导向和目标导向，建立健全责任制、目标考核制度和协调机制。在项目实施过程中，专项管理部门对科研创新联盟的活动进行监督，对于有一定规模和章程的联盟组织，可以上报科技部进行认证和授权挂牌。根据已启动项目开展情况，需要进一步强化协同联动，调动各方积极参与黑土地保护与利用。一是加强部门联动，按照"三个共同"机制（共同凝练科研需求、共同设计研发任务、共同组织实施项目），会同农业农村部凝练黑土地保护与利用主攻方向，开展应用示范。二是加强部省联动，联合三省一区科技部门、科研院校和新型经营主体，形成统筹推进黑土地保护与利用的指挥体系和技术支撑体系。三是加强专项与国家黑土地保护试点工程、黑土区侵蚀治理专项工程、黑土地保护性耕作行动计划等其他项目的有效衔接。

2. 组建国家级高质量科研平台和人才团队

建立健康的黑土地人才培养和支持体系，培养一支优秀的、稳定的黑土地保护与利用研究队伍，是黑土地保护与利用科技创新的核心。

第一，统筹国家和地方力量，建立一批高效、开放、高水平的黑土地保护与利用科研平台，是黑土地保护与利用科技创新的基础。目前，围绕黑土地利用与保护方面已开始田间试验、观测研究和示范推广等工作，在东北黑土区拥有一定量的科研平台（国家和省部级重点实验室等）、野外台站和耕地质量监测点，并已初具规模。但仍需建立运行效率高的数据共享平台，建立高质量的系统性黑土质量数据平台，为土壤质量演变和决策提供数据支撑；在专项各个层级上建立黑土数据共享平台与机制，减少重复实验和资源浪费；建立黑土长期观测规划，为五年和十年黑土质量演变提供关键数据支撑；促进多学科协同研究。

第二，建立优秀的科研人才队伍是黑土地保护与利用科技创新的核心。总体而言，我国黑土地保护与利用科研水平与国际一流科研水平相比还存在较大差距，黑土地保护及可持续利用的理论和技术体系相对较弱，在基础理论、关键技术和装备瓶颈等方面尚未取得重大突破，科技支撑能力明显不足，对黑土地的保护和利用缺少系统的、全局的认识。近年来，由于国家对黑土地保护与利用科技创新的重视及科研经费投入的迅速增长，黑土地保护与利用科学研究单位和人员迅速增加。但是必须认识到，科研经费驱动的短期快速增加的科研人员很难转化为可持续的黑土地保护与利用研究力量。随着科研项目的完成和科研经费的减少，"投机"加入黑土地保护与利用研究队伍的科研人员将会转向其他的"热点地区"。根据科学研究的规律，这部分科研人员也很难为黑土地的可持续利用提供可持续的科研支撑。

3. 加强新国际形势下黑土地保护与利用科技创新研究国际合作与交流

在新国际形势下，我们仍然需要加强国际合作交流，提升黑土地保护与利用科技的国际化水平。目前，成立了"世界黑土联合会（World Mollisols Association）"，仍需充分借鉴国外土地保护和可持续利用方面的先进理念和经验，引进、消化并吸收发达国家和地区土地保护与利用的技术和装备，组建"世界黑土地现代农业国际联合研究院"和"黑土地卓越青年科技人才国际联合创新中心"，将东北黑土区打造为世界一流的黑土地保护与利用科技创新中心。黑土地保护与利用科技创新应具有国际化视野，与东北亚黑土地区国家和"一带一路"国家开展合作，围绕粮食安全开展技术研发。

8.2 黑土地保护与利用科技创新政策建议与对策

8.2.1 长期稳定支持黑土地保护与利用科研项目与队伍

黑土地保护与利用科研项目总体资助存在总量少和重复资助共存的问题，科研成果产出效率低。"十四五"以前，黑土地保护与利用项目主要分布在"粮食丰产"和"公益性行业"等专项中，相关科技项目资源总量少，力量分散，难以形成重量级的科研成果。"十四五"以来，黑土地保护受到了前所未有的重视，国家和地方启动了多个专项支持，包括科技部的国家重点研发计划"黑土地保护与利用科技创新"重点专项、中国科学院战略性先导科技专项"黑土粮仓"、农业农村部的相关项目和黑龙江、吉林等省的资助计划等。但是由于各个专项之间缺乏衔接，导致重复资助问题突出，很多为低水平的重复，缺乏原始创新。一方面造成科研人员精力用在不断争取项目上，另一方面也造成国家科研经费重复资助个别科研人员或团队，造成科研成果产出率低。

因此，建议国家统筹各类项目，增加资助强度，稳定支持黑土地保护与利用基础研究和应用，支撑黑土地保护与利用科技原始创新能力的发展。在长期稳定的资助下，科研人员研究方向和工作重心不会随项目需求而不断转变，应避免出现追求"短、平、快"研究目标的现象，能够持之以恒开展黑土地保护与利用相关基础理论和应用技术研究。在长期稳定支持下，科研人员会勇于创新，而不是因循守旧；会在实践中发现科学问题，而不是闭门造车；会开展田间的长期实验，注重数据长期积累，通过积累发现规律，产出切实有助于黑土地保护与利用的科研成果。

因此，建议对黑土地保护与利用基础研究进行长期稳定支持，对基础研究项目的考核应突出对创新的要求，从而避免大量的低水平重复研究。强化问题导向和需求导向，全面提升科技创新支撑黑土地保护与利用的体系化能力。

8.2.2　创新中国特色黑土地保护与利用科技之路

纵观国内外关于土壤保护与利用方面的经验和教训，当下亟待科学探讨和研发黑土地的保护与可持续利用方式和技术。在保障我国粮食安全、生态安全和区域农业可持续发展的迫切需求下，我国黑土地只能走高度集约化利用的道路，不可能通过完全复制美国、乌克兰的休耕技术来保护黑土地，必须科学地协调黑土地保护与可持续利用的问题。解决在保护中科学合理利用好黑土地这个关键问题，亟须从基础理论、技术研发、示范与推广及政策支持等多方面开展系统、综合的集成研究，建立适合中国国情的黑土地保护与利用的理论与技术体系，并进行大面积示范推广。重点要在以下几个方面创新中国特色黑土地保护与利用科学技术。

第一，创新中国特色的黑土地保护关键技术和装备。我国黑土退化与功能演变等基础土壤学理论缺乏长期系统性的研究，土壤质量调控关键技术的效率有待进一步提高；适用我国黑土地环境条件的作业机械的动力性能、关键核心部件的耐用性等"卡脖子"问题需要尽快突破。

第二，创新东北黑土区不同区域技术集成模式。我国黑土区地形、土壤、气候等条件多样，区域技术集成模式还存在很多问题需要完善：一是关键技术多数依赖田间单一试验得出，多技术协同应用的技术体系集成创新不够；二是现有技术多为单点试验研究得出，对区域不同土壤条件、气候类型及产业需求等缺乏网络化系统布局研究；三是现有技术田间环节多，产后深加工科技创新对全产业链支撑不足；四是缺乏基于农艺、工程、信息、装备等多种技术为一体的黑土地保护与可持续利用整县推进的现代农业发展示范区。

根据东北地区气候、土壤、作物和障碍因子等特征，将东北黑土区划分为松嫩平原黑土黑钙土侵蚀退化区、辽河平原棕壤黑土侵蚀退化区、三江平原白浆土冷湿退化区、东北西部风沙半干旱风蚀区、长白山低山丘陵棕壤水蚀区和大小兴安岭低山麓黑土暗棕壤水蚀风蚀区 6 个典型区域。建议针对不同区域的黑土地障碍与退化问题，针对区域性共性关键问题开展科技攻关，形成一批可复制、可落地、多技术协同与集成的科技产品与技术。同时设置示范区试点，发展和完善具有区域特色的黑土地保护利用模式，建立一批集农艺、工程、信息、装备等技术为一体的、全方位黑土地保护与可持续利用整县推进示范区,辐射东北四省区,同时构建现代农业科技服务网络体系,全方位开展黑土地保护与可持续利用技术示范与推广。

第三,创新中国特色的技术支撑保障模式。目前,东北黑土区的研究基地及监测实验站比较分散,缺少统筹规划;另外,缺乏覆盖东北黑土区全部新型农业经营主体的黑土地保护性利用智能监测与预报体系;针对研究、监测、示范、科技服务网络和管理还不完善的问题,需进一步完善东北黑土区保护与可持续利用的政策支持与监督评价体系,进一步强化农艺–农机–土地管理–金融服务–保险相结合的现代农业发展保障机制。

8.2.3 将黑土地保护与利用科技创新同政府行动充分衔接

近年来,国家和地方政府出台了一系列黑土地保护行动计划,如 2020 年 2 月,农业农村部、财政部联合印发《东北黑土地保护性耕作行动计划(2020—2025年)》,2020 年 2 月农业农村部、国家发展和改革委员会、财政部、水利部、科技部、中国科学院、国家林草局印发《国家黑土地保护工程实施方案(2021—2025年)》,2021 年 6 月,农业农村部办公厅、财政部办公厅印发《东北黑土地保护性耕作行动计划实施指导意见》,黑龙江省、吉林省和辽宁省分别出台了《黑龙江省黑土地保护性耕作行动方案(2020—2025 年)》、《吉林省黑土地保护工程实施方案(2021—2025 年)》和《辽宁省黑土地保护性耕作行动实施方案(2020—2025年)》等。在这些行动计划或者规划中,虽然考虑了当时最新的科技成果,但是在上述项目执行过程中体现还不充分。此外,黑土地保护与利用科技不断创新,如果将最新的成果融入正在开展的政府项目中,还需要科研人员与政府部门的双向努力,真正把科学研究的进步和成果落实在黑土地上。

黑土地保护需要基于立法走向科学治理,并推动构建包括压实政府主导责任、实施科技工程、建立跨区域保护机制、创新经营方式、探索土地规模经营等保护治理体系。自 2022 年 8 月 1 日开始施行的《中华人民共和国黑土地保护法》,是目前全球唯一一部针对黑土区黑土地资源利用与保护的国家法律。通过立法来保护黑土地,意味着我国对黑土地的保护上升为国家意志。对黑土地的生产功能、生态安全和科学开发进行技术支撑,是《中华人民共和国黑土地保护法》实现黑土地治理的核心手段。从生产角度看,《中华人民共和国黑土地保护法》详细提出了科学耕作制度和科技手段,并将其推广和实施列为县级以上政府的责任。从生态保护角度看,《中华人民共和国黑土地保护法》要求地方政府采取科技手段,防止黑土地土壤侵蚀、土地沙化和盐渍化,改善和修复农田生态环境,提升自然生态系统涵养水源、保持水土、防风固沙、维护生物多样性等,确保黑土区生态健康。从土地开发角度看，高标准农田建设、耕作层土壤剥离、土地复垦等也在《中华人民共和国黑土地保护法》中进行了规范。坚持用养结合、因地制宜、综合施策，要求采取工程、农艺、农机、生物等措施，加强黑土地农田基础设施建设，完善黑土地质量提升措施，保护黑土地的优良生产能力。

8.2.4　推动土地适度规模化经营及黑土地保护与利用科技推广应用

当前，限制黑土地保护行动实施的主要因素之一是土地的零散经营。一家一户的土地经营模式，不仅不利于协调黑土地利用和保护技术模式的形成和推广，而且不利于粮食生产的稳定性和抗风险能力的提升，进而会影响黑土地粮仓的可持续发展。因此，建立黑土地粮食生产的长效机制、共同加快土地流转、促进土地规模化经营、发展粮食生产大农业是黑土地粮仓农业发展的必由之路。

目前，东北黑土区的土地流转已经取得了一定的成效，也涌现出一批专业合作社和其他形式的合作组织，展示了规模化经营的良好前景，但是在土地流转方面依然遇到了诸多困难。制约土地流转和规模化经营的最大因素是农户在土地流转以后的社会保障与就业机会不配套。在我国传统的农村社会体系中，土地不仅是最重要的生产资料，同时也是最基本的农村社会保障，农户对土地有很强的依赖心理。鼓励农户土地流转，就需要在政策上给予流转土地的农户一定形式的社会保障，解决农户的后顾之忧。同时，在产业布局上，须依托黑土地粮食生产的地域优势，延长农业产业链，给农户创造更多的就业机会，稳定土地流转的成效。

此外，规模化经营的合作社、家庭农场等具有掌握先进科学技术甚至改进农业技术的能力。在科技研发方面，应鼓励科研机构与专业合作社和家庭农场合作，使科研成果更接地气，形成科研创新、应用、反馈、提高、改进的良性模式，实现科技创新、技术应用和粮食安全、农民增收多赢的目标。

8.2.5　基于黑土地质量演变科学规律下的"持久战"

黑土地退化过程和保护黑土地的基本科学原理在国际上已经达成共识，通过采取科学有效的技术措施并统筹规划组织实施，能够把黑土地保护好、利用好。但是必须认识到，土壤质量演变是个缓慢的过程（虽然黑土退化可以是很快的过程），黑土地质量的恢复和提高是个长期的过程。相应地，在科研工作中也要注重长期性科学实验，打好黑土地保护科技研发的"持久战"。根据国内外长期科研实践经验，预计 15～20 年才能初步实现保护黑土地、提升地力和确保粮食丰产稳产的目标。因此，必须要杜绝科研项目中目标设置短平快的现象，杜绝相关科研人员急于求成、在黑土地上"打游击战"。在专项层面建议考虑改变激励和考核机制，可不局限于五年的研究规划，在项目任务制定和考核层面，鼓励建设稳定的研发基地，组建长期稳定的黑土地保护与利用攻关队伍，持之以恒地开展黑土地保护研究；需要启动长期的黑土地保护项目，设置切实可行的目标，并且要与国家实施的黑土地保护工程、行动计划、高标准农田建设工程项目在县域上密切融合，确保项目成果落地实施。

8.2.6 组建黑土地科技特派员服务团

根据黑土地区域性主导产业的发展需求，组建多学科技术集成的黑土地科技特派员服务团，下沉至农业生产一线，开展实地调研、关键技术攻关、产业对接和技术服务等蹲点工作，促进农业科技成果转化落地和先进技术进村入户到企，将最新技术成果落在实处并建立长效机制。

作 者 信 息

李保国，中国农业大学
周　虎，中国农业大学
卢奕丽，中国农业大学
尹昌斌，中国农业科学院农业资源与农业区划研究所

参 考 文 献

农业部, 国家发展改革委, 财政部, 等. 2017. 东北黑土地保护规划纲要(2017—2030 年). http://www.moa.gov.cn/nybgb/2017/dqq/201801/t20180103_6133926.htm.[2024-10-22]
农业农村部, 国家发展改革委, 财政部, 等. 2021. 国家黑土地保护工程实施方案(2021—2025 年). https://www.moa.gov.cn/nybgb/2021/202109/202112/t20211207_6384018.htm.[2024-10-22]
农业农村部办公厅, 财政部. 2020. 东北黑土地保护性耕作行动计划实施指导意见. http://www.moa.gov.cn/nybgb/2020/202004/202005/t20200507_6343238.htm.[2024-10-22]
全国人民代表大会常务委员会. 2022. 中华人民共和国黑土地保护法. https://flk.npc.gov.cn/detail2.html?ZmY4MDgxODE4MThlOTBlNzAxODE5NDczNzJkNjAxODQ. [2024-10-22]
黑龙江省人民政府. 2022. 黑龙江省黑土地保护工程实施方案(2021—2025 年). https://www.hlj.gov.cn/hlj/c107904/202202/c00_30634535.shtml.[2024-10-22]
吉林省人民政府. 2021. 吉林省黑土地保护工程实施方案(2021—2025 年). http://agri.jl.gov.cn/zwgk/zcfg/zc/202110/t20211010_8239980.html.[2024-10-22]
辽宁省农业农村厅, 辽宁省财政厅. 2020. 辽宁省黑土地保护性耕作行动实施方案(2020—2025 年). http://www.came.net.cn/contents/398/42804.html.[2024-10-22]

区　域　篇

第9章 松嫩平原黑土地保护与利用的关键技术及应用

摘要：松嫩平原位于大小兴安岭与长白山脉及松辽分水岭之间的松辽盆地的中部区域，由松花江和嫩江冲积而成，耕地面积约 1076.27 万 hm^2，占该区域面积的 46.65%，占全国耕地面积的 8.10%，是我国最重要的商品粮基地之一。区域内年均降水量在 400~900mm，年均气温 4.0℃，水资源储量达到 46.885km^3；黑土耕地面积占东北黑土区耕地的 63%，土壤类型以黑土、黑钙土、草甸土、暗棕壤、白浆土等为主。粮食作物以玉米、水稻和大豆为主，2021 年玉米、大豆和水稻种植面积 992 万 hm^2，总产 6115 万 t，占全国产量的 12.21%，在保障国家粮食安全中具有十分重要的战略地位。但是黑土地开垦后由于高强度利用，加之缺乏有机物料投入和水土流失，从 20 世纪 70 年代开始，黑土地耕地质量退化凸显，出现了土壤肥力下降、土壤结构恶化、微生物功能失调等问题，限制区域内耕地地力对粮食生产能力的贡献，导致化肥和农药大量投入，制约了农业可持续发展。2015 年农业部启动了"东北黑土地保护利用试点项目"，积极推进黑土地保护与利用，在松嫩平原探索农机与农艺、用地与养地相结合的综合技术模式，形成了"梨树模式""龙江模式"等黑土地保护与利用模式，在遏制松嫩平原黑土地退化等方面发挥了重要作用。但是技术模式在应用过程中还面临着区域冷凉、数字化和智能化水平不高、技术标准化不健全、抵御自然灾害能力不足等问题，限制了黑土地产能的进一步提升。未来松嫩平原黑土地保护利用以"数字化、智能化"为外源驱动力，以"微生物"为内源驱动力，围绕"现代化农业建设、耕地质量提升、土壤健康培育"开展科技创新，以期为松嫩平原黑土地保护与利用提供可持续的系统解决方案，服务于松嫩平原现代大农业基地建设和生态、绿色、高效农业发展。

松嫩平原主要由松花江、嫩江冲积而成，是东北平原的重要组成部分。松嫩平原有草原湿地、江湖泥林、林海雪原等自然美景；有著名的扎龙国家级自然保护区，栖息着国家重点保护的珍禽——天鹅、丹顶鹤等野生动物；盛产闻名全国的黑木耳、榛蘑、鸡腿蘑、猴头蘑等菌类美食。有耕地约 1076.27 万 hm²，黑土广泛分布，黑土、暗棕壤、黑钙土占 60%以上，土壤肥沃，利于农业发展，盛产大豆、玉米、水稻等，是重要的商品粮基地。由于高强度利用，加之缺乏有机物料投入和水土流失，从 20 世纪 70 年代开始，黑土地耕地质量退化凸显，出现了土壤肥力下降、土壤结构恶化、微生物功能失调等问题，2015 年农业部启动了"东北黑土地保护利用试点项目"，积极推进黑土地保护与利用，在松嫩平原探索农机与农艺、用地与养地相结合的综合技术模式，形成了"梨树模式""龙江模式"等黑土地保护与利用模式，在遏制松嫩平原黑土地退化等方面发挥了重要作用。松嫩平原在我国的农业生产、资源开发等方面都具有重要地位，对东北地区乃至全国的经济发展都有着重要贡献。

9.1 松嫩平原黑土地资源禀赋与利用现状

9.1.1 区域位置

松嫩平原位于大、小兴安岭与长白山脉及松辽分水岭之间的松辽盆地的中部区域，主要由松花江和嫩江冲积而成，位于黑龙江和吉林两省中西部。西以景星—龙江朱家坎—甘南太平湖一线与大兴安岭相接，东部及东北部以科洛河—七星泡—小兴安岭—南北河西—铁力—巴彦龙泉镇与小兴安岭为界，东南与龙凤山—五常安家—阿城亚沟—滨西以东与东部山地为界，南达松辽分水岭，平原略呈菱形。行政区域上松嫩平原上分布有黑龙江省的齐齐哈尔市、大庆市、黑河市、绥化市、哈尔滨市，以及吉林省的松原市、长春市、白城市、四平市和内蒙古自治区呼伦贝尔市等 61 个县（区、旗）（徐英德等，2023）（表 9-1）。松嫩平原盛产大豆、小麦、玉米、甜菜、亚麻、马铃薯等，是我国重要商品粮基地，粮食商品率占 30%以上；截至 2021 年底，松嫩平原中的农安、扶余、肇东和双城 4 个县跻身全国十大产粮县。

表 9-1　松嫩平原区包含的行政区域

类型区	省级行政区	市（县）级行政区
松嫩平原区	黑龙江省	齐齐哈尔市、大庆市、黑河市（五大连池、北安、嫩江）、绥化市（北林、安达、明水、望奎、海伦、肇东、青冈、兰西）、哈尔滨市（主要市区、双城、木兰、巴彦）
	吉林省	松原市、长春市（农安、德惠、公主岭）、白城市（镇赉、大安）、四平市（市区、梨树、双辽）
	内蒙古自治区	呼伦贝尔市（莫力达瓦达斡尔族自治旗）

2021 年底，松嫩平原在黑龙江地区拥有总人口 2105.9 万人，其中农业人口

1106.6 万人（图 9-1），约占总人口的 52.55%（黑龙江省统计局和国家统计局黑龙江调查总队，2022；哈尔滨市统计局和国家统计局哈尔滨调查队，2022；齐齐哈尔市统计局，2022；绥化市统计局，2022；大庆市统计局，2022；黑河市统计局，2022；五大连池市统计局，2022；北安市统计局，2022；嫩江市统计局，2022）；在吉林地区拥有人口约 684.2 万人，其中农业人口 378.0 万人（图 9-1），约占总人口的 55.25%（吉林省统计局和国家统计局吉林调查总队，2022）。

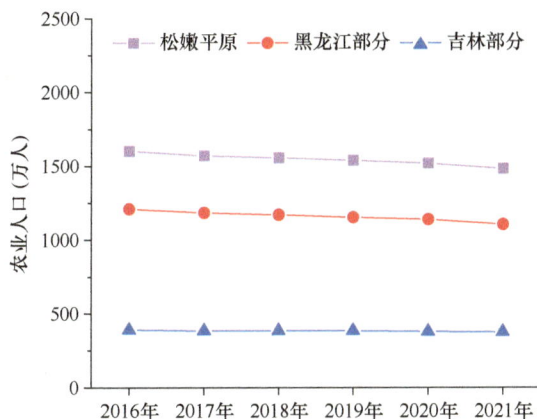

图 9-1　松嫩平原农业人口

9.1.2　自然资源

松嫩平原区域内年均降水量在 400～900mm，年均气温 4.0℃，水资源储量达到 46.885km³。在黑龙江省境内年均降水量 648mm，水资源量 34.20km³，年均气温 3.1℃；吉林省境内年均降水量 638mm，水资源量 12.68km³，年日照时间 2700h，年均气温 5.1℃。日照时间具有西部长于东部的特点，最高日照时长可高于 2900h，最低日照时长低于 2300h。松嫩平原有效积温具有南部高北部低、西部高东部低的特点，西部与南部有效积温最高超过 3300℃/d，北部最低可低于 2500℃/d。与日照时数和有效积温不同的是，年降水量具有北部高于南部、东部高于西部的特点，东部地区年降水量最高可超过 700mm，西南部地区年降水量最低可低于 350mm。

9.1.3　土壤类型与利用现状

松嫩平原地区主要涵盖耕地、林地、湿地、草原等多种土地利用类型。主要以耕地为主，林地和草地为辅，其中，耕地面积占 66.02%，林地面积占 6.88%，草地面积占 15.84%，湿地、水体、工矿用地和裸地分别占 1.90%、2.52%、4.93%

和 1.91%。松嫩平原土壤类型主要以黑土、暗棕壤、黑钙土和草甸土为主，其面积与占总面积比值如表 9-2 所示，区域内黑土耕地面积占东北黑土区耕地的 63%。

表 9-2　松嫩平原主要土壤类型及其面积

土壤类型	面积（万 hm²）	占总面积比值（%）
黑土	454.63	21.58
暗棕壤	648.25	30.77
黑钙土	205.95	9.77
草甸土	640.88	30.42
风沙土	132.47	6.29
盐碱土	24.92	1.18

9.1.4　作物种植结构

松嫩平原粮食作物中以玉米、水稻和大豆为主。统计资料显示（图 9-2），2016～2021 年，松嫩平原地区以玉米、水稻和大豆作物为主导特征的农作物种植结构呈现明显的上升趋势，至 2021 年，玉米、水稻和大豆作物占总播种面积的比例从 2016 年的 86% 上升至 88%，增长率 2.33%，其中，黑龙江区域由 90% 上升至 93%，增长率 3.33%，吉林区域由 80% 上升至 96%，增长率 20.00%（黑龙江省统计局和国家统计局黑龙江调查总队，2022；哈尔滨市统计局和国家统计局哈尔滨调查队，2022；齐齐哈尔市统计局，2022；绥化市统计局，2022；大庆市统计局，2022；黑河市统计局，2022；五大连池市统计局，2022；北安市统计局，2022；嫩江市统计局，2022；呼伦贝尔市统计局，2022）。

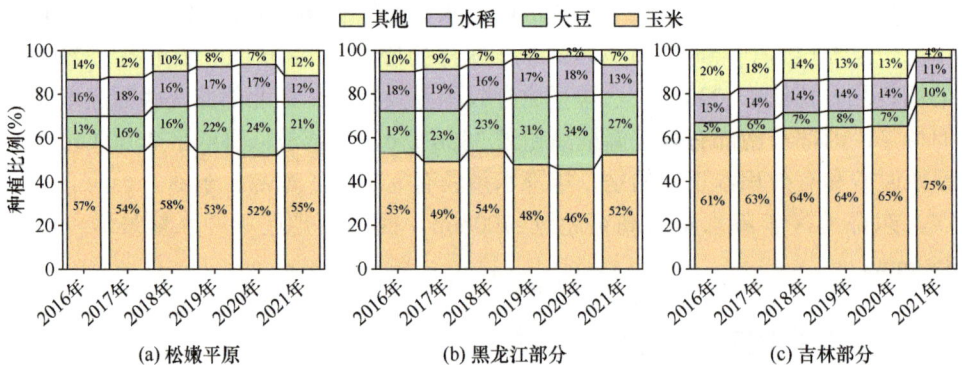

图 9-2　松嫩平原作物种植比例

2021 年松嫩平原大豆、玉米和水稻的种植面积分别为 234 万 hm²、622 万 hm²

和 135 万 hm²。松嫩平原在黑龙江境内 2021 年大豆种植面积 203 万 hm²，玉米种植面积 385 万 hm²，水稻种植面积 99 万 hm²；在吉林境内 2021 年大豆种植面积 31 万 hm²，玉米种植面积 237 万 hm²，水稻种植面积 36 万 hm²。统计数据表明（图 9-3）（黑龙江省统计局和国家统计局黑龙江调查总队，2022；吉林省统计局和国家统计局吉林调查总队，2022；哈尔滨市统计局和国家统计局哈尔滨调查队，2022；齐齐哈尔市统计局，2022；绥化市统计局，2022；大庆市统计局，2022；黑河市统计局，2022；五大连池市统计局，2022；北安市统计局，2022；嫩江市统计局，2022；呼伦贝尔市统计局，2022），2016～2021 年，松嫩平原及黑龙江区域耕地面积呈现先降低后增加的趋势，而吉林区域耕地面积变化不大。其中松嫩平原和黑龙江区域内玉米种植面积逐渐降低，水稻和大豆的种植面积逐渐增加。

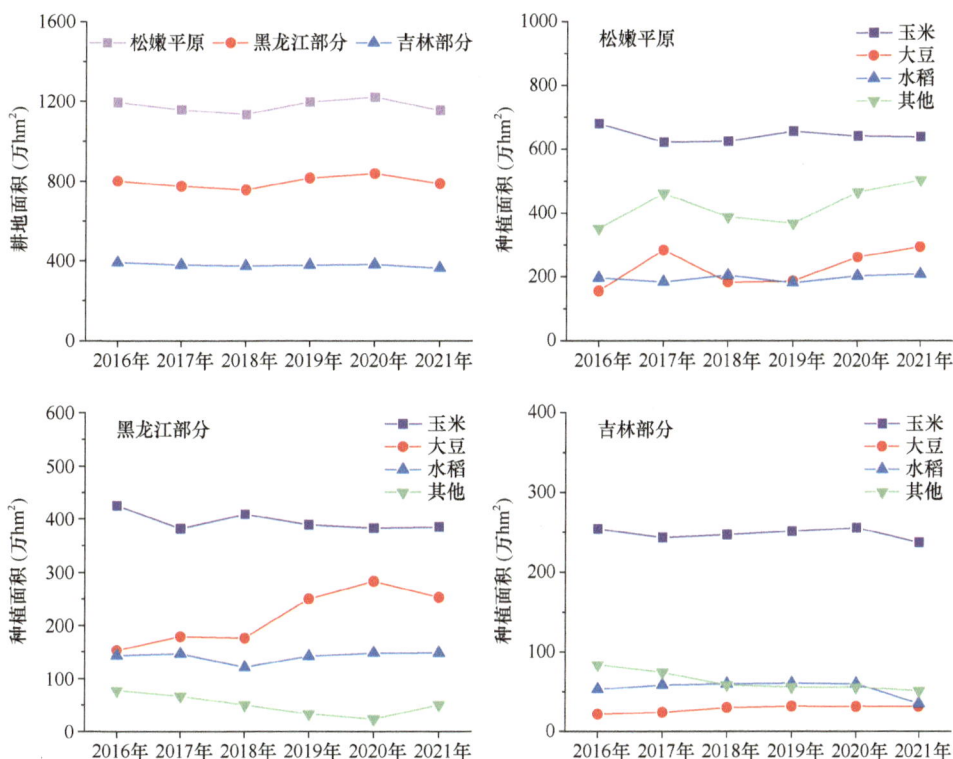

图 9-3　松嫩平原作物种植面积

9.1.5　农业生产要素投入

2021 年松嫩平原化肥、农药和有机肥的投用量分别为 383 万 t、5.96 万 t 和

665 万 t（黑龙江省统计局和国家统计局黑龙江调查总队，2022；吉林省统计局和国家统计局吉林调查总队，2022；哈尔滨市统计局和国家统计局哈尔滨调查队，2022；齐齐哈尔市统计局，2022；绥化市统计局，2022；大庆市统计局，2022；黑河市统计局，2022；五大连池市统计局，2022；北安市统计局，2022；嫩江市统计局，2022；呼伦贝尔市统计局，2022）。松嫩平原在黑龙江境内化肥用量 236.7 万 t，农药投入 4.43 万 t，有机肥投入 533 万 t。在吉林境内化肥用量 146.3 万 t，农药投入 1.53 万 t，有机肥投入 132 万 t。统计数据表明（图 9-4），2016～2021 年，松嫩平原化肥、农药和农膜用量均呈现整体下降的趋势。

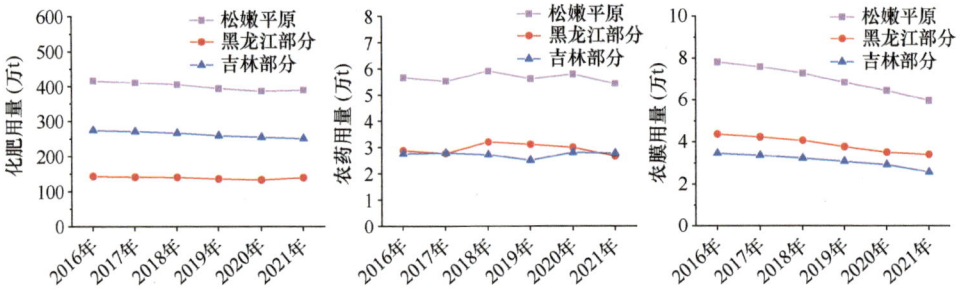

图 9-4　松嫩平原化肥、农药和农膜投入情况

9.1.6　粮食产量及构成

松嫩平原粮食产量以玉米、水稻和大豆为主体。统计资料显示（图 9-5），2016～2021 年，松嫩平原地区玉米、水稻和大豆产量为主导特征的粮食产量结构呈现明显的上升趋势，2016～2021 年，其比例从 95% 上升至 98%，增长率 3.16%，其中黑龙江区域和吉林区域都是由 95% 上升至 98%，增长率 3.16%（黑龙江省统计局和国家统计局黑龙江调查总队，2022；吉林省统计局和国家统计局吉林

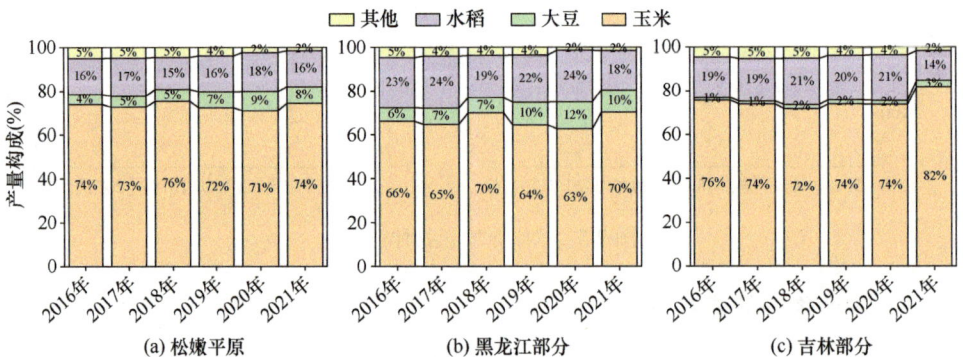

图 9-5　松嫩平原粮食产量构成

调查总队，2022；哈尔滨市统计局和国家统计局哈尔滨调查队，2022；齐齐哈尔市统计局，2022；绥化市统计局，2022；大庆市统计局，2022；黑河市统计局，2022；五大连池市统计局，2022；北安市统计局，2022；嫩江市统计局，2022；呼伦贝尔市统计局，2022）。

松嫩平原 2016～2021 年总产量由 6272 万 t 降至 6115 万 t，下降率 2.50%，而玉米产量由 4720 万 t 下降至 4547 万 t，下降率 3.67%，大豆产量由 283 万 t 上升至 465 万 t，增长率 64.31%，水稻产量由 1448 万 t 下降至 1002 万 t，下降率 30.80%（黑龙江省统计局和国家统计局黑龙江调查总队，2022；吉林省统计局和国家统计局吉林调查总队，2022；哈尔滨市统计局和国家统计局哈尔滨调查队，2022；齐齐哈尔市统计局，2022；绥化市统计局，2022；大庆市统计局，2022；黑河市统计局，2022；五大连池市统计局，2022；北安市统计局，2022；嫩江市统计局，2022；呼伦贝尔市统计局，2022）。统计数据表明（图 9-6），2016～2021 年，松嫩平原粮食总产量呈现先降低后增加的趋势，2018 年最低。松嫩平原和黑龙江区域内，整体上看，玉米产量有下降趋势，水稻和大豆有上升趋势，但吉林区域变化不明显。

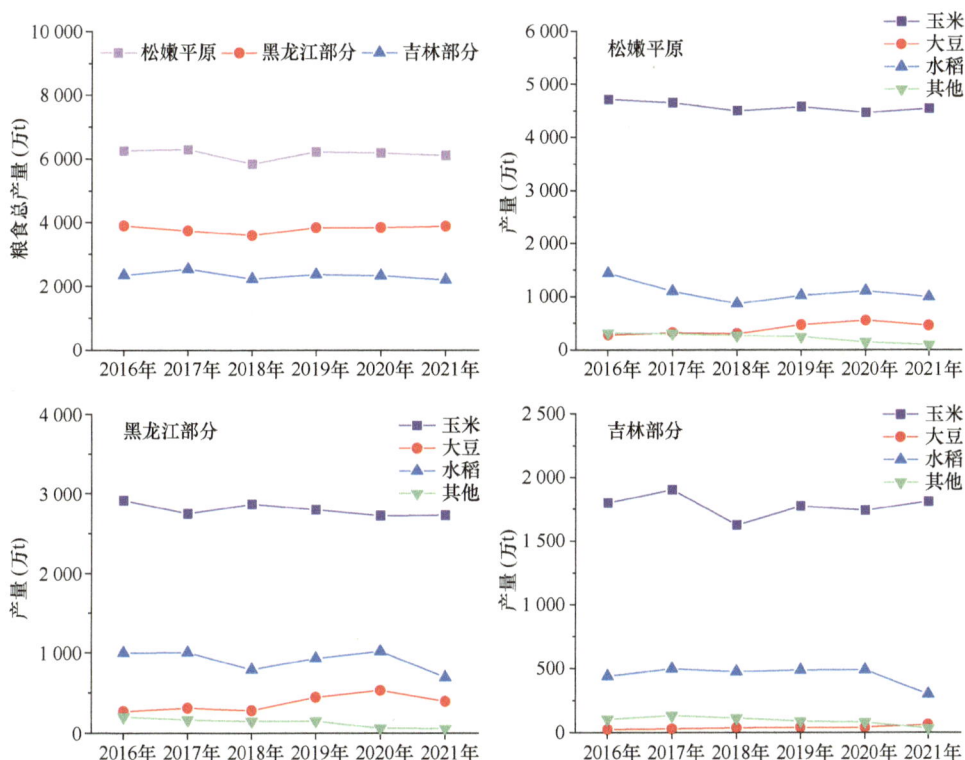

图 9-6　松嫩平原粮食产量

9.1.7 松嫩平原区域特点及面临的主要问题

松嫩平原整体开垦时间较晚，松嫩平原南部（45°N 以南）于 1860 年开始大规模解禁垦殖，至 1900 年进入了开垦的盛期；松嫩平原北部（45°N 以北）的黑土、白浆土、黑钙土和草甸土，具有一定开垦规模的时间始于 1900 年，至 1945 年形成了一定开发规模。黑土开垦后由于土地利用方式转变和高强度利用，加之缺乏有机物料投入和水土流失，从 20 世纪 70 年代开始，黑土地耕地质量退化凸显，出现了土壤肥力下降、土壤结构恶化、微生物功能失调等问题。主要表现如下。

1. 土壤有机质含量下降，土壤肥力降低

黑土地开垦后土壤中的植物残体在微生物的作用下迅速分解，有机质积累的条件被破坏，土壤有机质含量迅速下降。黑土从自然土壤到相对稳定的耕作土壤大约经过了 30 年的土地利用方式转换期，被称为垦殖初期。该时期耕作层土壤有机质含量在东北北部以每年 1.5%～2.6%、南部以每年 0.5%～0.7%的速度下降。到了稳定利用时期，土壤有机质含量平均每年下降速度为 0.1%左右，此时土壤有机质含量的下降对作物产量影响比较显著，据统计，耕层土壤有机质含量每年下降 0.5%，作物产量减少 15%。黑土地开垦 50 年后土壤有机质的下降速度趋于稳定，在 0.06%/a 左右。随着黑土中有机质含量的减少，养分贮量和保肥性能也相应下降。

2. 土壤结构恶化，蓄水能力下降

不合理的耕作方式显著加剧土壤压实，使得土壤耕作层越来越薄，犁底层较 20 世纪 80 年代初上移 5～6cm、厚度增加 8～10cm。与自然黑土相比，开垦 20 年、40 年、80 年的耕地土壤 0～3cm 土层土壤容重分别增加 7.59%、34.18%和 59.49%，总孔隙度分别下降 1.91%、13.25%和 22.68%，田间持水量分别下降 10.74%、27.38%和 53.90%。与第二次全国土壤普查时的数据相比，松嫩平原南部退化黑土中黏粒含量下降 5.04%，部分黑土质地由轻壤土变成中壤土，黑土表层细颗粒向粗颗粒转变，进一步降低土壤的蓄水和供肥能力。

3. 水土流失导致黑土层变薄

根据松嫩平原侵蚀区域水土流失监测点的观测结果，黑龙江省海伦和宾县 9°坡耕地土层流失厚度分别为 1.2mm/a 和 1.5mm/a，而克山、拜泉和甘南 5°坡耕地土层流失厚度分别为 1.6mm/a、2.2mm/a 和 2.1mm/a。RUSLE（revised universal soil loss equation）模型估算吉林省榆树市中厚层、薄层和破皮黄黑土的黑土层流失速度分别为 0.48mm/a、1.13mm/a 和 2.00mm/a，德惠市中厚层、薄层和破皮黄黑土的黑土层流失速度分别为 0.35mm/a、0.99mm/a 和 1.73mm/a。^{137}Cs 研究发现黑土坡耕地侵蚀的特点是坡面侵蚀坡脚沉积，不同坡面部位侵蚀量不同，坡面平均侵蚀 2.4mm/a，坡脚沉积 1.2mm/a。在东北黑土区南部的吉林省德惠市黑土坡面平均侵蚀速率为 1.8mm/a，坡脚沉积 2.0mm/a。

4. 部分耕地盐化、碱化和酸化

在松嫩平原西部分布着较大面积苏打盐碱化土壤，并且很多地域从轻度盐碱化向重度盐碱化转变，且面积不断扩大，这进一步加深了土壤板结和肥力下降；同时，松嫩平原因大量施用氮肥还导致土壤酸化现象加剧，有较大区域土壤 pH 值分布在 5.5～6.5。

5. 生态环境脆弱，基础设施薄弱，自然灾害频发

松嫩平原西部地处大陆性季风气候区，是典型的农牧结合地区，降水量少伴随着时空分布不均，旱灾发生频率高，受害面积广，减产幅度大。由此引起的农业生物灾害如农作物病害、农业虫害、农田杂草和农田鼠害等，直接导致农作物大面积粮食减产。因此，干旱成为制约松嫩平原西部农业发展的重要因素。

9.2　松嫩平原黑土地保护与利用技术模式及应用现状

2015 年农业部启动了"东北黑土地保护利用试点项目"，积极推进黑土地保护与利用，在松嫩平原探索农机与农艺、用地与养地相结合的综合技术模式，形成了以免耕少耕秸秆覆盖还田为关键技术的防风固土"梨树模式"，以秸秆粉碎、有机肥混合深翻还田，结合玉米—大豆轮作为关键技术的深耕培土"龙江模式"（《国家黑土地保护工程实施方案（2021—2025 年)》)。同时，松嫩平原南部为了解决耕层结构恶化问题、松嫩平原西部为了提高土壤固土保墒能力，经过系统总结，分别提出了全耕层增碳培肥技术模式和玉米秸秆粉耙还田深松技术。

9.2.1　黑土地保护与利用"梨树模式"

1. 技术概况

针对多年来掠夺式的经营方式导致黑土区水土流失严重、黑土层变薄、土壤有机质大幅度下降等问题，系统研发了适合黑土地的玉米秸秆覆盖免耕技术。以玉米秸秆覆盖为核心，建立了秸秆覆盖、免耕播种、施肥、除草、防病及收获全程机械化技术体系，解决了黑土地区域内玉米秸秆移除导致土壤质量退化的关键

科学问题。

2. 技术要点

1）秸秆覆盖免耕种植方式：在秋季机械收获后，将秸秆直接覆盖在地表，在秋季或者春季用归行机进行秸秆归行处理，春季适时用免耕机直接播种。此技术适用于土壤疏松的地块，特别是风沙区和坡岗地更适宜。它的优点是可以减少农机作业次数，保护土壤，抗风蚀和水蚀，保水抗旱效果好。

2）秸秆覆盖条带旋耕种植方式：在秸秆覆盖的前提下，避免土壤板结对播种的影响，直接对苗带进行旋耕，或在秸秆归行后进行旋耕，条耕作物幅度通常在60～70cm，深度 15～20cm。条带旋耕后必须镇压，翌年春季适时免耕播种。若春季旋耕作业，建议先进行归行处理，保证旋耕带没有或存少量秸秆，然后镇压等待播种。采用条旋能提高播种带的地温和促进水分散失，有利于幼苗的生长。它的优点是可以解决土壤板结问题，同时提高地温和加速低洼地水分的散失，缺点是对土壤进行部分扰动，增加了作业成本。

3）秸秆覆盖垄作种植方式：在起垄种植的地块，秋季收获后，将秸秆集中覆盖在垄沟，春季播种前进行垄上灭茬，然后适时用免耕机播种，6 月末进行中耕培垄，行距 60cm 左右。这种种植方式实现了垄上增温、垄下保墒，农民易接受，适用于分散种植地块。

4）留高茬苗带错行种植方式：在秋季收获后，地上留一定高度的秸秆（25cm以上），春耕时田间不进行翻地和机械灭茬，耕种时保持原垄，在原垄错行播种，减少土壤散墒。此技术适合地势低洼的山坡地。

3. 应用效果

秸秆覆盖免耕通过使土壤孔径分布均匀、连续而且稳定，提高土壤水分入渗能力；同时覆盖在地表的秸秆又可以减少土壤水分蒸发，保持土壤水分，特别是在干旱时，土壤的深层水可以通过毛细管作用而向上输送，所以秸秆覆盖免耕增强了土壤蓄水功能并提高了作物对土壤水分的利用率。连年秸秆覆盖还田，土壤有机质呈递增趋势；土壤中的氮、磷、钾含量增加。表层 0～5cm 形成有机质积累层，秸秆还田 5 年后，土壤有机质可以增加 20%左右，减少化肥使用量 20%左右。秸秆覆盖在地表，相当于给土壤盖上一层被子，起风时，可以减少风对土壤的侵蚀，"梨树模式"可以减少径流量 60%，减少土壤流失 80%左右，具有明显的防治水土流失效果。通过实地测量，秸秆覆盖还田蚯蚓数量为 60～100 条/m²，常规垄作和无堵盖的蚯蚓数量为 15～19 条/m²，秸秆覆盖田块蚯蚓数量是常规垄作的 6 倍，蚯蚓数量的增加使土壤的生物性状得到了改善（敖曼等，2021；刘亚军等，2022）。

4. 适宜区域

适宜于松嫩平原南部、西部风蚀区域及其他水蚀和风蚀发生的区域。

9.2.2　黑土地保护与利用"龙江模式"

1. 技术概况

针对黑土开垦后长期用养失调，导致土壤结构恶化，限制土壤中水、热、气传导和作物根系生长，土壤有机质下降和水养库容降低影响作物水分和养分吸收利用及产量等问题，经系统研究形成了"龙江模式"。该技术突破了有机物料深层补给的技术瓶颈，通过秸秆和有机肥等有机物料深混/深翻/深埋还田，打破犁底层，增加耕作层厚度，提高全耕作层土壤有机质及养分含量，构建肥沃耕层，提高作物产量。通过良种、良法配套提高作物产量和品质及肥料利用效率。实现了东北黑土地保护与利用的农机农艺融合，提高了有机物料资源综合利用，减少秸秆焚烧、畜禽粪随处堆放对环境造成的污染，协同实现了黑土地保育、作物产能提升和生态环境协调发展。

2. 技术要点

1）玉米秸秆全量深混还田技术。秋季玉米联合收割机收获后，采用秸秆粉碎机对散落的秸秆进行二次粉碎；采用 200 马力以上的机车牵引液压翻转犁进行深翻作业，翻耕深度 30～35cm；然后晒垡 3～5 天降低土壤湿度，采用重耙呈对角线方向耙地 2 次；最后使用旋耕机进行起垄作业，至待播种状态。

2）玉米秸秆和有机肥深混还田技术。秋季玉米联合收割机收获后，采用秸秆粉碎机对散落的秸秆进行二次粉碎，在秸秆粉碎后进行有机肥抛撒作业，施用量为 45t/hm^2；采用 200 马力以上的机车牵引液压翻转犁进行深翻作业，翻耕深度 30～35cm；然后晒垡 3～5 天降低土壤湿度，采用重耙呈对角线方向耙地 2 次；最后使用旋耕机进行起垄作业，至待播种状态。

3）玉米—大豆轮作技术。玉米—大豆—大豆种植方式：以 3 年为一个耕作和轮作周期，第一年种植玉米，秋整地采用玉米秸秆深混或者玉米秸秆和有机肥深混还田技术；第二年采用平播或者小垄或大垄种植大豆，秋季浅耕；第三年采用标准垄（66～70cm 垄宽）种植大豆，秋季免耕；待到第四年再种植玉米，以此循环种植。

3. 应用效果

"龙江模式"增加了土壤中玉米秸秆的腐质化系数，秸秆转化为土壤有机质效率提高了 33%以上，0～20cm 和 20～35cm 土层土壤有机碳含量分别显著增加了 2.08%～13.01%和 2.12%～11.26%，同时增加了土壤全氮、全磷和全钾含量，其中，0～20cm 土层全量养分显著增加了 11.36%～14.81%，20～35cm 土层全量养分增加了 7.04%～14.47%（邹文秀等，2018）。玉米秸秆深混还田后全耕作土壤容重显著降低了 7.5%～13.7%，田间持水量和饱和含水量分别增加了 9.8%～43.2%和 7.7%～22.9%（韩晓增等，2021）。秸秆和有机肥深混还田使土壤微生物量 C、N 含量及蔗糖酶、纤维素酶、脲酶和磷酸酶活性增加了 2.61%～36.15%，有效碳含量增加可缓解土壤微生物磷的限制，改善全耕作层土壤养分循环指数，创造了良好的微生物网络结构，促进作物生长发育（Chen et al.，2023）。与常规处理相比，肥沃耕层构建处理全耕作层细菌、真菌、放线菌和总磷脂脂肪酸的丰度分别显著增加了 20.32%～106.28%、92.32%～687.00%、8.53%～68.66%和 11.97%～105.04%（Gan et al.，2023）。

4. 适宜区域

适宜于松嫩平原中东部、北部的黑土、草甸土、暗棕壤和白浆土分布区。

9.2.3 全耕层增碳培肥技术模式

1. 技术概况

针对黑土地耕层结构劣化及耕层变薄、变瘦、变硬等问题，创建了"耕层深、行间松、苗带紧"的合理耕层构建技术，为根系发育创造了合理空间。在深耕 30～35cm 基础上，通过重镇压技术，构建苗带紧、行间松的松紧交替的耕层构造，土壤蓄水保墒能力显著提高，为根系发育提供良好土壤环境条件，拓展根系纵向伸展空间，降低拥挤效应。

2. 技术要点

1）全耕层培肥技术。玉米密植栽培种植条件下，全耕层培肥是通过增碳（玉米秸秆全量还田）和深耕（30～35cm）相结合的技术模式，实现耕层与亚耕层土壤肥力的同步提升，培育厚度为 30～35cm 的肥沃耕层。

2）合理耕层构建技术。通过重镇压技术（强度为 400～800g/cm²），创建"耕层深、行间松、苗带紧"的玉米合理耕层构造，苗带紧（容重为 1.2～1.3g/cm³）、行间松（容重为 1.0～1.1g/cm³）土壤蓄水保墒能力显著提高，为根系发育提供良好土壤环境条件，拓展根系纵向伸展空间，降低拥挤效应。

3）玉米秸秆全量直接还田技术。①深翻还田：玉米收获后，将全量秸秆粉碎至 10～20cm，将其翻入 20～25cm 土层中，耕层厚度增至 30～35cm。②条带覆盖还田：采用宽窄行种植方式，在播种前，采用秸秆集行处理器对播种带秸秆进行归行处理，播种行 40cm，休闲行 80～90cm，达到播种状态。拔节前，采用偏柱式深松铲对休闲行带（行）进行深松，深松作业宽度为 40～50cm，深度为 30～35cm。

4）玉米秸秆与畜禽粪便堆腐还田技术。在腐解菌的作用下，将玉米秸秆与畜禽粪便进行肥料化处理，施入土壤后培肥效果明显。堆沤技术主要包括：玉米秸秆与畜禽粪便就地就近快速堆肥技术和"微生物+纳米膜"高温好氧发酵快速堆肥技术。施用技术主要包括：堆肥深旋还田技术与堆肥深翻还田技术。常用施用量为 2m³/亩。

3. 应用效果

该技术应用后，土壤蓄水保墒能力提高 10%以上，自然降水利用效率提高 13.4%，深层根系占比增加 10 个百分点，根系干重均增 8.9%，出苗率提高 5%～10%，平均增产 8.4%。该模式通过松带与紧带的互补，提高了土壤通气性，满足了玉米生长对土壤水、气的需求，有利于增墒保苗，玉米群体发育整齐，玉米产量显著提高（王立春等，2008；蔡红光等，2022）。

4. 适宜区域

适宜于松嫩平原南部玉米连作区域。

9.2.4　玉米秸秆粉耙还田深松技术

1. 技术概况

针对松嫩平原西部春季风大干旱、土壤质地沙性较大、易风蚀、保水性能差等问题，同时面临春季蒸发量大、耕整地易加重春季干旱、秸秆覆盖还田腐解速度慢等难题，经系统研究提出了玉米秸秆粉耙还田深松技术。该技术主要采取秸秆碎混还田与深松整地配套实施，一是通过秸秆还田提升土壤有机质含量，培肥地力，有效解决土壤"瘦"的问题；二是通过深松整地打破犁底层，破除土壤板结，增加耕层厚度和土壤蓄水保水与供水能力，增强土壤抗旱性能，有效解决土壤"硬"的问题。该项技术以深松代替深翻，降低土壤耕作与翻动，降低机械作业次数和动力消耗，降低作业成本、实现节本增效。

2. 技术要点

（1）秋季秸秆粉耙还田技术：秋季深松后，采用 200 马力以上缺口重耙机械连续耙地两遍，进一步切碎秸秆后将秸秆混到 0～20cm 耕层中。为了保证作业质量，耙地方向要与耕向有一个 30°的角度，耙地后要达到土壤细碎，地面平整，每平方米耕层内≥10cm 的土块不超过 5 个，10m 内高低差不超 10cm。地头、地边要整齐一致，不漏耙，不拖堆，相邻作业幅重耙量≤15cm。也可采用液压耙、偏置耙、涡轮耙、耖耕机等设备耙地混拌秸秆、碎土平地。为保证防治侵蚀的目的，作业时要使地表的秸秆覆盖率保持在 30%以上。采用带 GPS 导航的起垄机械进行起垄作业，当土壤表面干土厚为 1～2cm 时，采用重体 V 形镇压器进行镇压。

（2）春季秸秆粉耙还田技术：对于作业时间短的区域及不能及时进行秋季秸秆碎混还田的地块，秋季秸秆粉碎深松后，翌年春播前采用三轴旋耕式联合整地机，一次作业完成秸秆碎混、起垄、镇压作业。秸秆碎混深度 20cm 左右。

3. 技术效果

通过技术示范应用，解决了半干旱区秸秆连年还田难和翻耕失墒问题；有效减少风蚀，抑制土壤水分蒸发，土壤含水量提高 15%～20%，实现防风固土、蓄水保墒、抗旱节水；秋季深松耕作层厚度增加至 30cm，改善土壤物理性状，扩大土壤蓄水能力，提升耕层质量，增加玉米产量（齐翔鲲等，2022）。

4. 适宜区域

适宜于松嫩平原西部风沙区域。

9.3 松嫩平原黑土地保护与利用技术模式存在的关键问题

9.3.1 微生物在黑土地保护与利用中的作用发挥亟待加强

松嫩平原区域冷凉，水热资源限制了微生物驱动的土壤有机质转化，特别是影响了秸秆等能够培肥土壤的有机物料还田后养分释放及碳转化过程，制约了黑土地保护与利用技术发展和黑土地质量的提升。其中最主要的原因是缺少对松嫩平原耐微生物资源，特别是耐低温微生物资源，如适配区域内作物的功能菌株等的挖掘，这进一步限制了高效微生物资源在黑土地保护与利用中的应用。

9.3.2 数字化和智能化是短板

虽然松嫩平原区域内约 1300 万亩北大荒农场的地块在管理过程中使用智能农机、建立了一些智能化系统或者平台，但是尚未实现耕作过程和作物生育期内土壤和作物等要素监测和数据采集全覆盖。特别是 90%以上的地方实施主体虽然也在积极引进智能农机，但是受成本、作业面积等制约，应用区域有限；作物和土壤要素监测智能化平台方面更是受到投入成本的影响，除了有机农业转化地块以外，基本均未建设。这就限制了技术实施过程对作物生长情况和土壤质量状况的跟踪了解，限制了技术模式参数优化。

9.3.3　技术标准化不健全

虽然目前松嫩平原黑土地保护与利用围绕"工程、农艺、农机、生物"等措施已经形成了系列黑土地保护利用技术，包括秸秆深翻、深混、碎混、松耙碎混，有机肥施用，玉米—大豆轮作等技术，但是缺少标准的、轻简化、易操作的田间技术规范，导致实际应用过程中实施主体技术操作不到位、难以最大化发挥黑土地保护与利用效果。

9.3.4　技术适宜区域边界不清晰

研究学者根据区域生态条件、土壤特点和地形地貌特征，因地制宜提出了黑土地保护与利用技术模式，包括"龙江模式""梨树模式"等，在适宜区域内均提高了黑土地质量，促进了粮食产能提升。但是，松嫩平原土壤类型多样，降水和积温跨度较大，对不同技术模式在松嫩平原内不同区域的适宜性缺乏系统研究，导致技术模式适宜区域边界不清晰，适宜性评价缺乏，技术模式跨区域应用势必会影响技术模式的效果。

9.3.5　抵御干旱能力弱

松嫩平原虽然入境水总量丰沛，但缺乏江河控制性工程，地表水截流能力不足 20%，调控能力只有 7%，灌区骨干工程和渠系建筑物老化失修，田间渠系不配套，影响了灌区效益的正常发挥，水源工程进展慢，水资源调控能力弱。同时，由于缺少大型地表水供水工程，长期以来农业灌溉用水主要依靠开采地下水，造成地下水位持续下降，配套的机电水井设施不齐全，有效灌溉面积较小，无法满足农田的灌溉需要，抵御干旱能力相对较弱。

9.4　松嫩平原黑土地保护与利用科技创新未来重点研究方向

松嫩平原是东北黑土地中规模最大、机械化水平最高的区域，是黑土地保护与利用关键区域，其土壤类型丰富、格局差异显著、区域特色明显，为黑土地保护与利用引领国际发展提供了最佳的条件。为了保障国家粮食安全、生态安全和农业高质量发展的战略需求，解决当前松嫩平原黑土地保护利用技术模式存在的问题，全力提升黑土地质量，建设现代农业大基地，加快绿色农业、生态农业和高效农业发展，着力夯实粮食安全根基，未来松嫩平原黑土地保护与利用科技创新的研究方向在于：以"黑土地保护与利用"为核心，以"数字化、智能化"为外源驱动力，以"微生物"为内源驱动力，围绕"现代化农业建设、耕地质量提升、土壤健康培育、应对全球变化"重点开展 4 个方面的研究。

9.4.1 松嫩平原黑土地保护与利用数字化和智能化体系建设

研究内容： 松嫩平原是东北黑土地中规模最大、机械化水平最高的区域，数字化和智能化体系建设是实现区域农业高质量发展必由之路。构建多要素（土壤、作物、微生物）连续一体化监测技术体系，开发基于大数据的自动控制、数据采集信息技术及基于"互联网+"的远程数据传输技术，研究基于"天空地"一体化的土壤智慧监测技术与系统，发展基于"大数据+互联网+人工智能"的土壤大数据信息决策理论与支持系统，构建黑土地智能管理模型；研发无人作业系统与智能化精准作业装备，实现"互联网+农机"协同作业与远程运维管理，构建农机、农艺融合的黑土地智能化保护利用范式。

2030 年目标： 研发土壤智慧监测技术与系统，成为黑土地质量数字化、信息化方面的先进国家，提出黑土地大数据信息决策理论与支持系统。

2035 年目标： 构建多尺度多过程的黑土地智能管理模式，打造黑土地保护与利用大数据平台，无人作业系统与智能化精准作业装备达到发达国家水平，黑土地智能化保护利用达到国际领先水平。

9.4.2 松嫩平原黑土地肥沃耕层构建关键技术研发与应用

研究内容： 针对松嫩平原土壤质地黏重和不合理耕作导致犁底层加厚上移和部分土壤存在原生障碍、酸化等限制耕地质量提升的问题，研究区域内土壤障碍层（犁底层、钙积层等）、贫瘠和酸化等典型障碍类型发生及形成机制，以及空间分布格局，研发黑土地障碍消减–肥沃耕层构建新产品，研制障碍层除障–有机物料靶向施用一体化新机械，提出土壤结构优化—有机质快速积累—养分供给能力提升的肥沃耕层构建技术体系，阐明多界面、多过程、多要素耦合对肥沃耕层形成的影响机制，集成智能农机、多样化种植等措施的松嫩平原黑土地肥沃耕层构建模式，服务于松嫩平原黑土地保护利用。

2030 年目标： 揭示松嫩平原黑土地典型障碍类型发生与形成机制及空间格局；研发系列黑土地肥沃耕层构建新产品 5～6 个，初步提出障碍性土壤靶向调控的新机型；构建黑土地肥沃耕层技术体系。

2035 年目标： 揭示黑土地肥沃耕层形成的物理、化学和生物学过程，建立完善的黑土地肥沃耕层构建理论，达到世界领先水平；集成智能农机、农艺等措施，构建松嫩平原黑土地肥沃耕层模式。

9.4.3　松嫩平原黑土地健康培育过程与原理

研究内容：针对松嫩平原水热资源限制，微生物在区域黑土地保护与利用中尚未充分发挥作用的问题，挖掘低温冷凉区黑土地微生物资源，建立寒区农业微生物数据库，建立微生物介导的黑土地健康培育技术体系，在分子水平揭示植物–微生物综合调控黑土地健康的过程与原理，解析黑土地健康食物网的生物和非生物影响及反馈机制，揭示土壤多营养级生物结构、多样性、互生关系；分析黑土地健康培育技术体系对作物疾病防控的原理；培育养分高效利用型作物品种，揭示作物高效利用养分机制；探索新质生产力对黑土地健康培育的理论基础和技术途径。

2030 年目标：揭示低温冷凉区黑土地健康的演变规律及生物和非生物驱动过程，构建寒区农业微生物数据库，培育新种质资源，阐明黑土–植物–微生物协同培育黑土地健康理论。

2035 年目标：构建完善的黑土地健康培育理论体系，在低温冷凉区黑土地健康培育原始技术创新方面达到国际领先水平。

9.4.4　松嫩平原黑土地保护与作物产能协同高效技术体系研发与应用

研究内容：针对松嫩平原土壤类型丰富、格局差异显著、生态气候区域特色明显等导致黑土地保护利用与作物产能不协同的问题，为促进黑土地资源可持续利用，集中攻关松嫩平原北部中厚层黑土保育、松嫩平原南部浅薄型黑土层耕地肥沃耕层构建、松嫩平原西部固土保墒提质等核心技术；北部重点突破秸秆低温快速腐解技术和秸秆原位高效腐解还田技术，研发土壤结构优化—水养库容增加—有机质深层补给的关键技术；南部突破畜禽粪便–秸秆联合堆沤技术和多源农业废弃物综合利用技术，研发耕作层加厚—有机质含量增加—微生物功能提升的关键技术；西部重点解决春季固土与土壤地温提升之间的矛盾，研发固土保墒的防风蚀技术，集成农田防护林、覆盖作物、带墒播种等配套技术。破解高强度利用条件下，黑土地地力提升与产能协同提升技术难题。综合考虑松嫩平原区域内气候条件、土壤类型和地形地貌特征，明确技术适宜推广条件和适宜范围，采用多源监测手段评估其对黑土地质量和作物产量的影响，优化和提升技术模式的区域适宜性，建立松嫩平原黑土地保护与可持续利用的技术体系，实现黑土地保护与作物产能协同高效。

2030 年目标：分区域提出松嫩平原北部保育、南部培育、西部增肥关键技术 4～5 个，制定行业或地方标准 3～4 项，研究区域内耕地质量提高 0.5 个等级；解决现有黑土地保护与利用关键技术见效慢、区域适宜性差的难题。

2035 年目标：构建完善的松嫩平原协同提升黑土耕地质量和作物产量的技术体系，制定行业或地方标准 4～5 套，耕地质量提升 1 个等级，粮食产量提高 10%以上；在区域尺度上解决农机和农艺适配性差、耕地质量与作物产能不协同的问题。

9.5 典 型 案 例

案例一 松嫩平原南部土壤增碳培肥技术大面积应用

针对松嫩平原南部土壤肥力差、季节性干旱严重、水肥利用效率低等问题，在吉林省乾安县开展了秸秆深翻还田与滴灌水肥一体化等技术创新与示范推广工作，破解了耕地质量退化、水肥利用效率低、群体构建技术落后等技术难题，构建了适宜半干旱区的玉米秸秆深翻还田水肥一体化产效双增技术体系，制定了地方标准，实现了土壤快速培肥、水肥资源高效及玉米产效双增协同发展。实践表明，水肥利用效率提高 20%～30%，增产 30%～40%，创造了半干旱区玉米亩产 1136.1kg 的高产纪录。将玉米秸秆深翻还田水肥一体化产效双增技术体系在乾安县大遐畜牧场的 24 万亩耕地上实施，区域内耕层增加 10～15cm，土壤有机质增加 38%，耕地地力提高 0.5 个等级。技术进步带动生产水平大幅度提升。测产结果表明：玉米平均亩产达 800kg，比规模化经营前增产 200kg 以上，肥水利用效率提高 30%以上，地力培育、产效双增效果十分显著，实现了全要素生产率提升和高质量发展。截至 2022 年，东北区域应用面积累计有 1800 万亩，吉林省 900 余万亩，带动了新技术在东北西部地区的示范推广。半干旱区玉米产效双增技术已得到各级政府的肯定，大遐畜牧场的突出业绩得到了各级政府的表彰与奖励：2021 年被评为全国粮食生产先进集体、2022 年被评为吉林省粮食生产突出贡献集体。2021 年 8 月"吉林省实施乡村振兴战略现场推进会"在大遐畜牧场召开，与会代表高度评价了玉米产效双增技术在保护黑土地、推动粮食增产增效方面的突出作用。

案例二 松嫩平原北部黑土地肥沃耕层构建技术大面积应用

松嫩平原北部气候冷凉，土壤黏粒含量高，限制了土壤中水、热传导。同时，长期不合理耕作和缺乏有机物料投入导致黑土层土壤有机质含量降低，耕作层变浅、犁底层加厚，土壤物理性质恶化，降低了土壤的水养库容，限制了作物根系生长及对土壤中水分和养分的吸收利用，进而影响作物产量的稳定与提高。因此，区域内黑土地保护与利用的核心是增加耕作层厚度，提高水养库容。为了解决上述问题，从 2006 年开始，在黑龙江省海伦市开展了黑土地肥沃耕层构建技术研发与示范推广工作。通过深翻打破犁底层，增加耕层厚度至 32cm，土壤容重下降8%以上，饱和导水率增加28%以上，土壤储水量增加 12.5%；有机物料投入，使全耕作层土壤有机质含量增加了 2.6g/kg 以上，土壤水稳性大团聚体含量增加21%以上，显著改善了土壤孔隙结构，促进了土壤水热传导，增加了土壤中养分有效性，大豆和玉米产量分别平均增加 10.5%和11.4%。该项技术 2008 年开始在松嫩平原北部的巴彦、绥棱、海伦、北安和嫩江 5 个县（市）推广应用，2008～2010年 3 年间累计应用面积 236 万亩。2011～2013 年应用范围进一步扩大到黑河地区的逊克和爱辉。2014～2016 年在巴彦、绥棱、海伦、北安、嫩江、逊克和爱辉 7县（市、区）累计应用面积 1765 万亩。2017～2021 年在黑龙江省第三积温带以北的 30 个县（市、区、农场）推广应用，累计推广应用 2800 万亩。围绕该项技术已经发布实施了 8 项技术标准和 1 项行业标准，相关成果获得省部级一等奖 6 项。

案例三 松嫩平原西部黑土地保护性耕作技术大面积应用

松嫩平原西部地区位于农牧交错带生态脆弱区，属于温带大陆季风性气候，春季风大干旱，夏季雨热同期。土壤以黑土、黑钙土、草甸土为主，以及部分风沙土、盐碱土，耕层深度在 30cm 以下，土壤质地沙性较大，易风蚀，保水性能差。同时，长期不合理耕作和秸秆覆盖还田腐解速度慢、还田率低导致黑土层土壤有机质含量降低，秸秆翻耕易加重春季干旱，连年覆盖免耕易造成土壤紧实，耕作层变浅、犁底层加厚，出现耕层土壤"变薄、变瘦、变硬"等问题，限制了作物生长发育和产量形成。因此，区域内黑土地保护与利用的核心是实行秸秆覆盖还田，以及深松、免耕、少耕等保护性耕作措施，尽可能减少土壤耕作与翻动，提高水肥利用效率，实现防风固土、蓄水保墒，稳步提升耕地质量。为此，自 2016年开始在龙江县、富裕县等地开展了松嫩平原西部薄层黑土保护性耕作技术模式的研发和推广工作。推广以免耕秸秆覆盖还田+秋季深松为核心，以深松代替深翻，以免耕代替翻耕，减少土壤耕作与翻动，降低机械作业次数和动力消耗，减少作业成本，实现节本增效；通过秋季深松，改善土壤物理性质，打破犁底层，降低土壤容重，增加耕层厚度和水养库容；通过秸秆留茬覆盖还田，减少风蚀水蚀和土壤水分蒸发，提高耕层土壤防风固土、蓄水保墒能力，提高有机质含量，实现松嫩平原西部风沙半干旱区薄层黑土地保护利用。该技术与农民旋耕垄作传统种植相比，清理秸秆、机械耕整地等作业环节，每公顷可减少机械作业成本 900 元，增加效益 75 元。通过技术示范应用，解决了半干旱区秸秆连年还田难和翻耕失墒问题；秸秆留茬覆盖有效减少风蚀，抑制土壤水分蒸发，土壤含水量提高 15%～20%，实现防风固土、蓄水保墒、抗旱节水；秋季深松耕作层厚度增加至 30cm，改善了土壤物理性状，扩大了土壤蓄水能力，提升了耕层质量；秸秆粉碎免耕播种，减少了动力消耗，降低了投入成本，玉米产量获得稳步提升。该技术在黑龙江省齐齐哈尔市龙江、泰来、甘南、富裕等典型西部风沙半干旱区玉米种植区大面积推广应用，近 3 年累计推广应用 200 多万亩。该技术作为“高寒半干旱地区不同秸秆全量还田模式下秸秆腐解变化特征研究”中的一项主体技术，2019 年获得黑龙江省科学技术进步奖二等奖。2023 年其核心技术“秸秆覆盖还田‘一松两免’耕作技术”被评为黑龙江省主推技术。

作 者 信 息

邹文秀，中国科学院东北地理与农业生态研究所

任　军，吉林省农业科学院

韩晓增，中国科学院东北地理与农业生态研究所

王宇先，黑龙江省农业科学院

刘春柱，中国科学院东北地理与农业生态研究所

蔡红光，吉林省农业科学院

梁　尧，吉林省农业科学院

刘剑钊，吉林省农业科学院

参 考 文 献

敖曼, 张旭东, 关义新. 2021. 东北黑土保护性耕作技术的研究与实践. 中国科学院院刊, 36(10): 1203-1215.

北安市统计局. 2022. 北安市 2021 年国民经济和社会发展统计公报. 北安: 北安市统计局.

蔡红光, 刘剑钊, 梁尧, 等. 2022. 玉米秸秆全量条带覆盖还田耕种技术模式生产实证. 玉米科学, 30(1): 115-122.

大庆市统计局. 2022. 大庆市 2021 年国民经济和社会发展统计公报. 大庆: 大庆市统计局.

国家统计局. 2022. 中国统计年鉴. 北京: 中国统计出版社.

哈尔滨市统计局, 国家统计局哈尔滨调查队. 2022. 哈尔滨统计年鉴. 北京: 中国统计出版社.

韩晓增, 邹文秀. 2021. 东北黑土地保护利用研究足迹与科技研发展望. 土壤学报, 58(6): 1341-1358.

韩晓增, 邹文秀, 严君, 等. 2021. 黑龙江省打造黑土地保护利用的“龙江模式”. 中国农村科技, 4: 25-27.

黑河市统计局. 2022. 黑河市 2021 年国民经济和社会发展统计公报. 黑河: 黑河市统计局.

黑龙江省统计局, 国家统计局黑龙江调查总队. 2022. 黑龙江统计年鉴. 北京: 中国统计出版社.

呼伦贝尔市统计局. 2022. 呼伦贝尔统计年鉴. 呼伦贝尔: 呼伦贝尔市统计局.

吉林省统计局, 国家统计局吉林调查总队. 2022. 吉林统计年鉴. 北京: 中国统计出版社.

刘亚军, 张春雨, 林宏, 等. 2022. 研发推广"梨树模式"保护好"耕地中的大熊猫". 中国农村科技, 1: 20-23.

嫩江市统计局. 2022. 嫩江市 2021 年国民经济和社会发展统计公报. 嫩江: 嫩江市统计局.

农业部, 国家发展改革委, 财政部, 等. 2017. 东北黑土地保护规划纲要(2017—2030 年). http://www.moa.gov.cn/nybgb/2017/dqq/201801/t20180103_6133926.htm. [2023-3-3]

农业农村部, 国家发展改革委, 财政部, 等. 2021. 国家黑土地保护工程实施方案(2021—2025 年). https://www.moa.gov.cn/nybgb/2021/202109/202112/t20211207_6384018.htm. [2023-3-3]

齐齐哈尔市统计局. 2022. 齐齐哈尔经济统计年鉴. 北京: 中国统计出版社.

齐翔鲲, 安思危, 侯楠, 等. 2022. 耕作和秸秆还田方式对半干旱区黑土玉米养分积累分配与产量的影响. 植物营养与肥料学报, 28(12): 2214-2226.

绥化市统计局. 2022. 绥化市 2021 年国民经济和社会发展统计公报. 绥化: 绥化市统计局.

王立春, 马虹, 郑金玉. 2008. 东北春玉米耕地合理耕层构造研究. 玉米科学, 16(4): 13-17.

五大连池市统计局. 2022. 五大连池市 2021 年国民经济和社会发展统计公报. 五大连池: 五大连池市统计局.

徐英德, 裴久渤, 李双异, 等. 2023. 东北黑土地不同类型区主要特征及保护利用对策. 土壤通报, 54(2): 495-504.

邹文秀, 韩晓增, 陆欣春, 等. 2018. 玉米秸秆混合还田深度对土壤有机质及养分含量的影响. 土壤与作物, 7(2): 139-147.

邹文秀, 韩晓增, 严君, 等. 2020. 耕翻和秸秆还田对东北黑土物理性质的影响. 农业工程学报, 36(15): 9-18.

Chen X, Han X Z, Wang X H, et al. 2023. Inversion tillage with straw incorporation affects the patterns of soil microbial co-occurrence and multi-nutrient cycling in a Hapli-Udic Cambisol. Journal of Integrative Agriculture, 22(5): 1546-1559.

Gan J W, Zou W X, Han X Z, et al. 2023. Effects of organic materials and their incorporation depths on humus substances structure and soil microbial communities' characteristics in a Chinese mollisol. Agronomy, 13: 2169.

第10章 三江平原黑土地保护与利用的关键技术及应用

摘要：三江平原位于东北平原的东北部分，"三江"是指黑龙江、乌苏里江、松花江，此三条大江浩浩荡荡汇流于此，冲积形成了这块平整的沃土。三江平原上分布着我国耕地规模最大、综合生产能力最强的国家重要商品粮基地和粮食战备基地——北大荒集团，是我国农业规模化、机械化、建制化水平最高的地区，为其今后实现大农业、现代化和智能化生产提供绝佳条件。三江平原土地总面积为 1208.01 万 hm^2，耕地面积667.79 万 hm^2（徐英德等，2023），人均耕地面积为全国平均水平的 5 倍，人均粮食产量为全国平均水平的9.4 倍；2021 年粮食年总产量2896.96 万 t，占全国总产量的 4.24%，占黑龙江省总产量的36.82%。三江平原素以"北大荒"著称，为保障国家粮食安全、生态安全、国防安全作出重要贡献。三江平原作为一个完整的地理单元，是东北黑土地中唯一一个所有耕地都分布在湿润区的平原。但三江平原黑土地保护仍存在水田规模大、地下水季节性下降，湿润区+低温冷凉导致水田秸秆腐解慢，水田地力提升难度大；白浆土旱田薄、硬、黏障碍导致的生产力低；坡耕地水土流失严重，平地、低洼地涝渍问题严重，"鱼眼泡"遍布；机械化、规模化程度高，生产能力最强但智能化水平有待提升等问题。因此，迫切需要研发黑土地保护与利用技术模式，为三江平原地力、产能提升与可持续发展提供科技支撑。

三江平原土地总面积为1208.01 万 hm^2（徐英德等，2023），以广阔低平原地貌为主体，水资源丰富，但受到农业活动影响剧烈，空间变异性大。属中温带湿润、半湿润大陆性季风气候区，生物资源丰富。土壤类型主要包含黑土、草甸土、白浆土、沼泽土、暗棕壤、水稻土、新积土等，该区域耕地土壤类型面积最大的是草甸土，白浆土、沼泽土和暗棕壤次之。面向三江平原完整的地理单元，湿润区+低温冷凉加剧了土壤、水资源障碍对农业生产的限制，导致水田地力提升困难、白浆土旱田障碍严重、坡耕地水土流失、低洼内涝问题大，迫切需要提升规模化生产下的智能化水平,解决不同尺度土壤、作物、农业生产、耕地退化的时空异质性问题,构建面向三江平原的黑土地保护与利用模式,对保障国家粮食安全、生态安全有着重要意义。

10.1　三江平原黑土地资源禀赋与利用现状

10.1.1　区域位置

三江平原位于我国东北黑龙江省,是由黑龙江、乌苏里江和松花江三江汇流冲积而形成的冲积平原,主要包括黑龙江省东部地区。区域内西南高东北低,地貌特征为广阔的冲积低平原、阶地和河漫滩。三江平原行政区域包括鹤岗市、佳木斯市、七台河市、双鸭山市、哈尔滨市(依兰)、鸡西市(主要市区、密山、虎林、鸡东)(表 10-1,徐英德等,2023)。地处 44°51′18″~48°27′44″N,129°11′30″~135°5′19″E,是我国纬度最高的平原,东起乌苏里江,西至小兴安岭,东西宽 451km,南北长 392km,其总面积 1208.01 万 hm²,占黑龙江省总面积的 25.54%。

表 10-1　三江平原区包含的行政区域

类型区	省级行政区	市(县)级行政区
三江平原区	黑龙江省	鹤岗市、佳木斯市、七台河市、双鸭山市、哈尔滨市(依兰)、鸡西市(主要市区、密山、虎林、鸡东)

三江平原全境地貌广阔低平,以平原山地为主,平均海拔 60m。区域耕地面积 667.79 万 hm²,占该区域总面积的 55.28%,为 6 个类型区(松嫩平原区、三江平原区、辽河平原区、长白山辽东区、西部风沙区和大小兴安岭区)中开垦耕地比例最大的区域,占东北黑土区耕地总面积的 18.63%(徐英德等,2023)。区域内森林主要分布于完达山区和小兴安岭余脉,属于我国"两屏三带"①之一的东北森林带,是东北和华北平原的生态安全屏障,其农田防护功能、生物多样性保护功能极其重要(黄艳等,2023)。主要有黑土、暗棕壤、草甸土、白浆土、沼泽土等土壤类型。河流水系主要有黑龙江、松花江和乌苏里江,除此之外,还包括支流及小兴凯湖和部分大兴凯湖,流域面积约 2.61×10⁶km²,境内大中小河流共 190 多条。因其地理位置,湿地资源也同样丰富,湿地面积约 5×10⁶km²(吴耀宇,2022)。三江平原土壤肥沃、土层深厚、水源丰富,自然条件适宜农业发展,是我国重要的商品粮生产基地(于凤荣等,2022)。

中国的干湿地区分布与中国的年降水量分布密切相关,从东南沿海向西北内陆,中国的干湿分区从湿润区、半湿润区,逐渐演变到半干旱区、干旱区。东北

---

① "两屏三带"是我国构筑的生态安全战略,是指"青藏高原生态屏障"、"黄土高原-川滇生态屏障"和"东北森林带"、"北方防沙带"、"南方丘陵山地带"。

地区位于秦岭—淮河以北，以温带季风气候为主，大部分地区年降水量在 400～800mm。三江平原属于干湿地区中的湿润地区，纬度较高，气温较低，蒸发较弱，同时降水也比较多。

10.1.2 自然资源

地形地貌：三江平原以广阔低平原地貌为主体，地貌形态可分为低山、丘陵、扇形平原、河谷平原、低平原与山间平原等。其中，平原、沼泽与洼地约占三江平原土地总面积的 61%，山地、丘陵约占总面积的 39%（张扬，2020）。地势呈现西南向东北部倾斜的特点，山区主要位于西南方向的小兴安岭地带和中部的完达山地带，其余大部分地区是广阔低平的平原和沼泽湿地，并且是我国最大的沼泽湿地分布区，具有独特的沼泽景观。西部为小兴安岭余脉，中央区域有完达山贯穿，北部地区丘陵低山居多。在地质构造上主要分为三个不同地貌，西部低山丘陵区、东南部低洼平原区及中部平原区。三江平原地势较低，平均海拔为 50～60m，地面总坡降 1/10 000。在平原上零星分布残山和残丘，如卧虎力山、别拉音山、街津山、大顶子山等，它们的高度多在 500m 以下，主要由古生代、中生代页岩，中酸性火山岩和花岗岩构成。

水资源：三江平原水资源丰富，但受到农业活动影响剧烈，空间变异性大。该区多年平均地表水总资源量为 18.1km^3，水资源主要集中在松花江下游流域（12.23km^3），而发育于平原内部地区的河流流域地表水资源相对较少，如别拉洪河仅为 0.27km^3。三江平原多年平均地下水总补给量为 6.65km^3（2000～2020 年分区计算），多年平均地下水资源量为 6.33km^3。受气候变化和农业灌溉影响，三江平原各流域地表水资源量呈不明显下降趋势（1979～2021 年），地下水则呈现整体下降趋势，地下水资源处于负均衡状态，东北部地区地下水位下降趋势明显，其中建三江地区尤为明显。

气候资源：三江平原位于中温带湿润、半湿润大陆性季风气候区，夏季温暖湿润，冬季寒冷干燥。全年日照时数 2400～2500h，≥10℃有效积温在 2300～2500℃，1 月均温−21～−18℃，7 月均温 21～22℃，年平均气温 1.0～3.0℃，无霜期 120～140天。气温空间分布特点为山区较低，平原地区相对较高，南部较高，北部相对较低。年降水量在 500～600mm，全年降水量的 75%～85%集中在 6～10 月，尤其 7 月、8月降水最为集中，温度较高，昼夜温差大，雨热同季，适于农业的发展。

生物资源：三江平原在 1949 年之前以"北大荒"著称，草甸、沼泽茫茫无际，还有成片森林和多种野生动物。仅水禽就有 80 余种，如丹顶鹤、白鹤、枕鹤、大天鹅、大白鹭、白鹳及雁鸭等。其中，国家一级保护鸟类 9 种，国家二级保护鸟类 7 种，上述两种占全国保护鸟类的 26.8%。植物资源 550 多种，包括药用植物

第 10 章　三江平原黑土地保护与利用的关键技术及应用 | 299

250 多种，纤维植物 54 种，蜜源植物 57 种，蓼科植物 58 种，芳香植物 51 种，绿化用植物 87 种，其中包括国家一级保护植物人参、国家三级保护植物刺五加、水曲柳、胡桃楸等，还有稀有植物猕猴桃、山葡萄等。开垦后建有许多大型国营农场，所以三江平原被称为"北大仓"。

10.1.3　土壤类型与利用现状

1. 土壤类型

三江平原土壤包含黑土、草甸土、白浆土、沼泽土、暗棕壤、水稻土、新积土等类型。该区域耕地土壤类型面积最大的是草甸土，为 197.91 万 hm²，占该区耕地面积的 29.64%；白浆土、沼泽土和暗棕壤次之，分别占该区耕地面积的 25.11%、20.71% 和 16.52%；黑土也有一定面积分布（徐英德等，2023）。耕地土壤以草甸土、白浆土和黑土为主。大多数土壤有机质和养分总储量高，有较高潜在肥力。表层有机质含量在 30g/kg 以上的土壤约占全区总面积的 85%，各类土壤表层有机质含量平均为 55g/kg。全氮含量一般为 1.5~10g/kg，全磷含量平均为 1.8g/kg，全钾含量平均为 21.1g/kg。受黏、湿、冷、瘠等障碍因素影响，低产土壤也有较大面积。暗棕壤、白浆土的黑土层薄；白浆土土壤物理性质不良；低平地土质黏重易涝等。

黑土包含典型黑土和草甸黑土两个亚类，集中分布在佳木斯、集贤、七台河一带的漫岗上，海拔 120~200m。黑土具有地势相对平坦、黑土层深厚、耕性好、供水供肥能力强，垦殖率可达 85.0% 的优势。有机质含量达 33~69g/kg，全氮为 1.27~2.7g/kg，全磷为 0.2~0.98g/kg，全钾为 17~29g/kg，由于黑土多分布在岗坡地上，开垦较早，水土流失较为严重，土壤肥力下降明显，要加强黑土保护措施。

草甸土是三江平原主要耕地资源之一，主要分布在富锦、集贤、宝清、友谊等县，海拔 59~77m。有机质含量达 42.7~75.7g/kg，全氮为 3~5g/kg，全磷为 1.3~2.1g/kg，全钾为 23~25g/kg，土壤潜在肥力高，但土温低，养分释放慢。因成土因素在成土过程中的作用不同，同类土壤特性差异较大，可将其划分为 6 个亚类：典型草甸土、潜育草甸土、碳酸盐草甸土、盐化草甸土、白浆化草甸土和泛滥的草甸土。除泛滥的草甸土外，其他类型草甸土均具有质地黏重、内涝严重，经常遭受"哑巴涝"危害，应大力推进水田开发，加强防洪治涝、改土培肥、合理耕作等措施。

白浆土包括岗地白浆土、草甸白浆土和潜育白浆土 3 个亚类，依次分布于岗地、平地和低地上。白浆土是三江平原第二大耕地土壤，主要分布于宝清、集贤、富锦、桦川、桦南、虎林等地，与草甸土和沼泽土复区分布，海拔 60~220m。该类土壤养分总储量低，腐殖质层薄，腐殖质层下面存在障碍层次——白浆层，白浆层坚硬，阻碍植物根系下扎及雨水下渗，土壤表旱表涝严重，是一种典型低产障碍土壤，需要打破白浆层。白浆土腐殖质层厚度随地势变化差异较大，小于 10cm 的占 21.3%，10～20cm 的占 55.6%，大于 20cm 的占 22.1%，耕地有机质含量为 30～50g/kg。近年随着机械翻耕作业，腐殖质层厚度增加，但耕层肥力下降，需要培肥。

沼泽土包括泥炭土、泥炭腐泥沼泽土、泛滥地沼泽土和草甸沼泽土 4 个亚类，近年来面积逐渐扩大，主要分布于河滩地、古河道区和河漫滩地上，这类土壤易发生周期性滞水或常年积水，不排水很难直接利用。

暗棕壤包含典型暗棕壤、草甸暗棕壤和砂质暗棕壤 3 个亚类，主要分布于完达山及平原孤山上。暗棕壤是三江平原占地面积最大的一类森林土壤，多数只适合林业用地，只有一些坡度较小的草甸暗棕壤被开垦为农田。其耕地中有机质含量一般为 30g/kg，pH 值为 5.4～6.7，离子代换量为 30～40cmol/kg。

新积土是一种形成时间短、非地带性的幼年土壤，分布在地势平坦、水源充足的地方，在黑龙江省各大小河流沿岸均有分布。新积土只有一个亚类，即冲积土亚类。兼有砂土和黏土的优点，是农业生产中质地比较理想的土壤，容重 1.28～1.45g/cm³，有机质含量表土层一般为 45.5g/kg，全氮为 2.25g/kg，碱解氮为 212mg/kg，速效钾为 254mg/kg，均较丰富，只有速效磷低，仅为 12mg/kg。

水稻土是一种人为因素影响下形成的土壤，是在长期灌溉和种植水稻的条件下，由其他土壤演变而形成的一种特殊土壤。随种稻时间延长和水田面积增大，水稻土面积逐渐增多。水稻土有机质含量 44.0g/kg，由表层向下层递减。水稻土包括潜育型水稻土和淹育型水稻土，一般白浆土型、黑土型水稻土属于淹育型水稻土，草甸土型、沼泽土型水稻土属于潜育型水稻土。对水稻土的改良利用，一是搞好农田基本建设；二是培肥低肥力土壤；三是改善土体内涝。

石质土系是指石质山丘地区的薄层土，该类土壤表层疏松，结构性较好，有机质及全氮含量较高，其下各层结构性差，养分贫乏。石质土所处地势高峻，水土流失严重，它既不宜林，又不宜农，应该保护起来，以涵养水分、保持水土，促进土壤发育。

三江平原泥炭资源比较丰富，且质量较好，皆为富营养型泥炭。利用泥炭改土，效果也是很好的。分解度大于 30% 的可直接施用，每公顷施 150m³，可增产大豆 18%，玉米 31%，谷子 32.7%～60%。分解度低于 30% 的泥炭，宜过圈堆腐发酵后使用。过圈的泥炭 10m³，约等于生泥炭 15m³。在施有机物料的基础上，还要结合耕作逐步增厚肥沃土层。

2. 土地利用现状

根据统计年鉴数据，三江平原土地总面积为 1208.01 万 hm²，占黑龙江省土地总面积的 25.54%。现有耕地 667.79 万 hm², 占三江平原土地总面积的 55.28%。其土地利用类型包括耕地（农区的水田、旱田，垦区的水田、旱田）、林地、草地、湿地、其他用地。

（1）水田利用现状

水稻是三江平原种植的主要作物之一，具有规模化和集约化程度高、农产品产量高、生产潜力大、商品率高等特点，在支撑黑龙江粮食大省地位、建设稳固"大粮仓"、担当中国粮食市场"稳压器"方面发挥重要作用，在争当农业现代化建设"排头兵"中发挥了示范引领作用。

据黑龙江省各地级市统计年鉴，1997～2021 年三江平原水稻种植面积历史演变，24 年来水稻种植面积持续扩大并存在明显分段特征，1997～2004 年水稻种植面积基本稳定在 90 万 hm²；2004～2012 年，水稻种植面积在快速增加。9 年间，水稻种植面积增加了 145.3 万 hm²，平均每年增加 16.1 万 hm²；2012～2021 年，水稻种植面积处于稳定平衡阶段。

三江平原属寒地稻区，分布着 4 个积温带，分别为第二、第三、第四和第五积温带。根据三江平原农业生态特点，品种选择都是围绕着高产、早熟、耐寒、抗病、质佳目标进行的。

三江平原水稻生产水平高，基本实现了良种良法良田配套、农机农艺农户结合，在农业生产技术措施、栽培模式、耕作方式、农机装备水平和机械化程度方面位于全国前列。主推技术包括秸秆全量还田技术、本田标准化改造技术、温汤浸种技术、智能双氧催芽技术、叠盘育秧技术、旱平免提浆技术、水稻侧深施肥技术、水稻变量施肥技术、宽窄行插秧技术、节水控制灌溉技术、叶龄智能诊断技术、稻田综合种养技术等。

（2）旱田利用现状

三江平原旱田主栽作物为玉米和大豆。北大荒集团通过政策制定和补贴倾斜等方式积极推进玉米—大豆轮作种植模式，普通农户则倾向于玉米连作种植方式。在第三、第四积温带一般大豆连作较多，第一、第二积温带则玉米连作较多。三江平原机械化程度好、作业效率高，现在正逐步从机械化向智能化过渡，但仍然存在较大挑战。首先是国营农场大农机普及率高，操作人员专业水平高，可以满足高标准作业的要求，普通农户则较多为小农机，作业效率和质量也不能保证，生产成本和产能提升面临较大问题。如果按照国营农场目前农机作业标准，三江平原旱田作物产量仍然可以有 10% 以上的增产空间。国营农场的大农机多数为进口大农机，资金投入量大，具有一定的技术"卡脖子"风险。

10.1.4 作物种植结构

三江平原主要种植作物包括水稻、玉米和大豆。2021 年玉米种植面积 159.52 万 hm^2，大豆种植面积 83.65 万 hm^2，水稻种植面积 232.81 万 hm^2。2017～2021 年玉米种植面积总体呈现上升趋势；大豆种植面积呈现波动上升趋势，2020 年种植面积达峰值；水稻种植面积总体呈现大幅度波动上升趋势；其他作物种植面积较为稳定。

在空间上，水稻主要分布在三江平原的北部和东南部，玉米主要分布在三江平原的西部，大豆主要分布在三江平原的南部，其他作物零星分布在三江平原中部。2017～2021 年，从作物种植的空间变化上来看，水稻主要在三江平原的东北部和东南部减少，相应地在这两个区域玉米种植面积有所增长，大豆在这两个区域略有增长。

10.1.5 农业生产要素投入

根据各地级市统计年鉴，2021 年三江平原农业机械总动力为 216 万 kW。根据 2022 年桦南县、富锦市、集贤县和宝清县 676 户农户调研数据，户均承包地面积 1.71hm^2，户均经营耕地面积 11.56hm^2，其中，旱田 6.74hm^2，水田 4.82hm^2，每公顷玉米、大豆和水稻粮食产量分别为 9.17t、2.58t 和 8.15t。

在农业生产要素中，据各地级市统计年鉴数据，2021 年三江平原化肥施用折纯量为 64.56 万 t，其中氮肥 21.39 万 t、磷肥 14.27 万 t、钾肥 11.74 万 t、复合肥 18.02 万 t，农药使用量 1.57 万 t，有效灌溉面积为 4.98 万 hm^2，农用塑料薄膜使用量为 1.7437 万 t，农用柴油用量为 27.08 万 t。

农垦具有独特的组织化、规模化优势。根据对友谊农场种植户调研数据，2022 年户均耕地面积达到 14.24hm^2，其中，旱田 8.35hm^2、水田 5.89hm^2。每公顷玉米、大豆和水稻粮食产量分别为 12.63t、2.58t 和 8.61t。2021 年，三江平原垦区主要农作物耕种收综合机械化水平提升到 99.7%。

作物秸秆除部分用于畜牧养殖、清洁能源利用等，国营农场旱田按照北大荒集团统一部署采取黑色越冬政策，秸秆还田率在 98%以上；地方农户则多数采取焚烧方式进行处理，不仅造成阶段性的大气环境压力，也不利于维持土壤肥力。由于三江平原冬季寒冷漫长，秸秆腐解速率慢是阻碍秸秆全量还田、全域推广的关键，此外需要做好秸秆还田对农业病虫害影响的基础研究和科普工作，打消种植者秸秆还田的顾虑。

10.1.6 粮食产量及构成

三江平原位于东北平原东北部,是我国九大商品粮生产基地之一,2021 年粮食年总产量 2896.96 万 t,占全国总产量的 4.24%,占黑龙江省总产量的 36.82%。其中,水稻产量 1725.31 万 t,占全国水稻产量的 8.12%;玉米产量 1013.47 万 t,占全国玉米产量的 3.72%。水稻与玉米的产量占三江平原粮食总产量的 94% 以上。

10.2 三江平原黑土地保护与利用技术模式及应用现状

10.2.1 黑土地保护与利用"三江模式"

1. 技术概况

2021 年 6 月 30 日,农业农村部、国家发展改革委等七部门印发的《国家黑土地保护工程实施方案(2021—2025 年)》中关于"三江模式"的论述是"以秋季秸秆粉碎翻压还田、春季有机肥抛撒搅浆平地的水田",主要解决三江平原水田秸秆还田、有机培肥、整地问题。

三江平原作为完整的地理单元,湿润区+低温冷凉加剧了土壤、水资源障碍对农业生产的限制,导致水田地力提升困难、白浆土旱田障碍严重、坡耕地水土流失、低洼内涝问题大,迫切需要提升规模化生产下的智能化水平,解决不同尺度土壤、作物、农业生产、耕地退化的时空异质性问题,构建面向三江平原完整地理单元的黑土地保护与利用模式。

2021 年,在国家重点研发计划"黑土地保护与利用科技创新"重点专项、中国科学院战略性先导科技专项(A 类)"黑土地保护与利用科技创新工程"支持下,30 余家科研单位与北大荒等涉农企业,共同研发了三江平原黑土地智能化保护与利用"三江模式"。新模式面向三江平原完整地理单元的主要黑土地保护与利用问题,以天空地立体监测融合专家知识、智能诊断与决策为基础,以智能管控为核心,研发了寒地水田保护性耕作、白浆土旱田障碍消减与地力提升、水土资源高效利用与优化配置、黑土地保护与智慧农业融合四大技术体系,为三江平原黑土地保护与利用提供系统解决方案。

2. 技术要点

(1)天空地立体监测技术

集成天空地立体监测技术,利用卫星、无人机、探地雷达、三维激光扫描、地面传感器、原位观测和传统调查等监测手段,融合多平台、多尺度、多源异构数据，结合传统建模方法与人工智能算法，对三江平原白浆土障碍、耕层白浆化、砂质土、土壤黏重、低洼内涝、水田大规模土地整治等土壤利用现状进行定量监测，获取时空精准的三江平原黑土地保护与利用问题科学数据。

（2）分区与诊断技术

基于天空地立体监测技术获取的多源数据，结合水、土、气、生、地形地貌、水旱田分布、土壤退化等因素，对三江平原进行多尺度分区，最小单元内部土壤、利用、退化等问题相对均一，基于农业专家确定的指标和阈值，对最小单元的黑土地保护利用问题类型、退化程度进行诊断，针对不同问题，配套面向不同应用场景的四大技术体系。

（3）面向不同应用场景的三江平原黑土地保护利用技术体系

寒地水田保护性耕作技术体系。针对湿润区+低温冷凉区的区域特点，利用大型农机对水稻秸秆深翻全量还田，水稻秸秆翻埋至 20～22cm；耕层土壤容重以 1.3g/cm³、1.5g/cm³ 作为阈值，建立基于土壤容重判别的水田少免搅浆技术；以秸秆还田、菌剂促腐、少免搅浆、简化施肥技术为核心，配套应用高光效栽培、节水控制灌溉等技术，建立秸秆翻埋、少免搅浆、促腐扩容、节肥提效为核心的地力产能双提升寒地水田保护性耕作技术体系。

白浆土旱田障碍消减与地力提升技术体系。利用天空地立体监测技术，建立耕层白浆化快速诊断方法，根据黑土层厚度，确定黑土层与白浆层不同混拌程度，黑土层>30cm 为无混拌、22～30cm 为部分混拌、15～22cm 为完全混拌；结合诊断结果配套心土培肥犁、间隔混层犁和大型翻–松农机等制定差异化改土方案，同时结合白浆土专用改良剂、生物有机肥、专用肥料及耕层快速培肥技术，有效耕层扩容到 30cm，集成白浆土玉米和大豆高产栽培技术体系，解决三江平原大面积旱田耕层白浆化问题，并实现产能快速提升。

水土资源高效利用与优化配置技术体系。构建了"节水、净水、量水、调水"一体化的高效水资源利用技术体系；建立从源头至出口的水质、水量技术效果评估数据集；构建三江平原地下水位观测网络和高精度地下水运移模型，阐明地下水资源演变规律，实现手机 APP 地下水信息查询预警；建立与水田耕作栽培技术融合的节水技术，估算了三江平原目前水田种植规模下的总节水潜力；估算出目前三江平原最大水田承载面积，优化地下水、地表水资源配置方案。

黑土地保护与智慧农业融合。构建了基于时空大数据的变量施肥技术体系，包括智能监测、诊断、决策处方图、变量施肥农机、平台 APP 一体化的解决方案。面向三江平原旱田白浆土障碍、水田低温冷凉、水资源优化配置及规模化转向智能化的需求，以变量施肥技术体系为案例，以平台与 APP 为载体，以小流域与田块为实施基本单元，构建岗地白浆土障碍消减、坡耕地水土保持措施与规模农业措施配套、低洼内涝地块排水、水田保护性耕作、小流域尺度水土优化调控的黑土地保护与智慧农业融合技术体系。

3. 应用效果

"三江模式"在友谊农场、二道河农场和曙光农场等地进行示范应用，建立核心示范区 1.8 万亩，实现综合节水 27%，农田退水氮磷净化效率提升 35%；白浆土有效耕层增加到 30cm，玉米和大豆增产 14% 以上；阐明基于积温梯度的寒地稻田秸秆还田腐解规律，实现示范区水田增产 7%~12%；减肥 10%~20%，旱田增产 4.8%~21%；构建了智能监测、智能诊断、智能决策、智能控制、精准推广的全链条智能化黑土地保护利用模式，大幅度提高了示范农场的农业智能化水平。该模式通过北大荒集团与黑龙江省农业环境与耕地保护站双线推广体系，在垦区 4 个分公司 16 个农场建设千亩示范区；中国东北地理与农业生态研究所同黑龙江省农业环境与耕地保护站联合开展化肥减量增效"三新"示范区建设，共计服务 27 家涉农管理部门、企事业单位；并与北大荒集团签订战略合作协议，加快了示范推广进度。

4. 适宜区域

适宜于三江平原黑土地。

10.2.2 黑土地保护与利用"北大荒模式"

1. 技术概况

针对北大荒地区黑土地退化、农业生产效率低下、水资源短缺和不合理利用等问题，北大荒集团构建了"四良八化"的现代农业生产模式，依托独一无二的机械化、规模化、标准化和组织化优势（图 10-1），坚持农艺、农技、工程、生物相融合发展，通过智能化农机装备应用、精准施肥、保护性耕作、智慧农田管理等现代化科技手段的集成，系统性地解决黑土地综合利用与黑土地保护问题，形成了一套以"六个替代、六个全覆盖"为核心的黑土地保护利用"北大荒模式"。"六个替代"是指规模格田替代一般农田、保护性耕作替代传统翻耕、智能化替代机械化、绿色农药替代传统化学农药、有机肥替代化肥、地表水替代地下水。"六个全覆盖"是指实现高标准农田全覆盖、农机智能化全覆盖、标准化生产全覆盖、绿色生产全覆盖、投入品专业化统供全覆盖、数字农服管控全覆盖。实现肥料利用率、水资源利用率、农机作业效率、耕地产出率提升，为保障国家粮食安全奠定坚实基础。该模式包括科学轮作、绿色生产、精准施肥、智慧农业、生态治理、格田改造、水资源利用等内容。

图 10-1　农业机械作业现场

2. 技术要点

（1）科学轮作

北大荒集团坚持良种良法配套、农艺农机结合，大力实施标准化栽培，全面完善耕地轮作制度，建立以"玉米-大豆"为主的"二二制"或"玉米-大豆-经济作物"为主的"三三制"的科学轮作制度。

（2）绿色生产

积极推进绿色发展，实施绿色农药替代传统化学农药、有机肥替代化肥工程，推广农药减施增效绿色防控技术，采用有机肥部分替代化肥，有效地改善土壤结构、生态群落，实现减量增效、环境友好、农业生态。2022 年有机肥应用面积 420 万亩，绿色农药覆盖面积 2400 万亩。

（3）精准施肥

根据土壤检测结果及作物需肥规律、土壤供肥性能和肥料效应，提出氮、磷、钾及中、微量元素等肥料的施用数量、施肥时期和施用方法，坚持定时、定位、定量施用，基肥、种肥、侧深施肥、叶面追肥相结合。2022 年实施测土配方施肥面积达 4300 万亩以上，水稻侧深施肥应用面积 900 万亩，大豆分层定位定量施肥技术应用面积 737 万亩。

（4）智慧农业

积极推进智能化替代机械化，应用云平台调度、北斗导航、无人控制、5G 通信和多传感器融合等多项技术，开展天空地立体监测，做到时空精准分区施策，实现云端作业任务部署、云端路径规划、任务下发、远程操控等平台化管理的多机协同作业，实现耕、种、管、收、运少人、无人作业全覆盖。

（5）生态治理

结合地势、水量等因素采取分流、引流、截流等措施减少水蚀，从源头上预防水蚀沟形成。对急性强降雨形成的侵蚀沟，采用秸秆打捆填埋、暗管排水、谷坊治理、沟头防护、等高种植、垄向区田等措施，建立水土流失综合防治体系，累计治理侵蚀沟 2118 条，水土流失综合治理面积 576.6 万亩。采用履带、低气压轮胎等装备减轻大机械对土壤的压实破坏。

（6）格田改造

推进规模化格田替代一般农田，在沟渠、路、林三网整体布局的前提下，把影响农田耕作栽培的渠埂、高岗、低洼等障碍因素统一纳入规划改良范围。将原有农田进行统一规划，形成一条路贯穿其中，路两侧为格田，改造后单格田长度不超 200m，路两侧格田面积为 30 亩左右及格田四周布水渠的农田格局。该技术可有效地降低机械进地对耕地的破坏，改造后可提高有效插植面积 2%～4%。

（7）水资源利用

推进水利工程建设，实施地表水替代地下水工程，三江平原灌区工程在多方面取得了显著进展，地表水年灌溉面积达到 657 万亩，减采地下水 13.86 亿 m^3。

3. 应用效果

"北大荒模式"注重黑土地保护，通过实施"六个替代"等措施，使土壤质量得以改善。根据耕地质量调查评价数据，2021 年，北大荒集团耕地土壤有机质平均含量为 45.9g/kg，比 2014 年提高了 2.1g/kg。这表明"北大荒模式"有效地改善了土壤质量。土壤质量的改善能够直接提升粮食生产能力。粮食产能从 2013 年的 424.2 亿斤[①]提高到 2022 年的 451.3 亿斤，增加了 27.1 亿斤。此外，在社会效益和生态效益方面也取得了较好的效果，对于推动农业绿色可持续发展、巩固和提升粮食综合产能、全方位夯实国家粮食安全根基具有重要意义。

4. 适宜区域

适合规模经营的农场、合作社等。

10.2.3 白浆土心土机械改良技术

1. 技术概况

针对以白浆土为典型瘠薄土壤，存在黑土层薄、白浆层硬（或犁底层）、养分

---

① 1 斤=500g。

瘠薄、通气透水性差，导致作物产量低而不稳等问题，提出了白浆土心土机械改良技术体系，同时应用创制的系列专用改土机械，由仅打破白浆层逐渐进化为打破白浆层固有土体结构的同时培肥土壤，从根本上消除白浆土障碍因子。

2. 技术要点

白浆土心土改良主要包括两个主体技术，心土机械混层和心土机械培肥。

心土机械混层技术采用三段式、四段式白浆土心土混层机械，实现表土层机械翻耕，白浆层、淀积层在机械行走过程中完成抬起破碎混拌一次性作业，有效作业深度为 40～50cm，作业一次，持续后效 4 年以上。

心土机械培肥技术采用心土培肥机械表层翻耕的方式，心土层破碎培肥，有效作业深度为 40cm。培肥物料根据心土层土壤肥力水平分级培肥，按照白浆层有机质和土壤全磷含量分三个水平，高等水平培肥纯磷量 90～120kg/hm^2，中等水平培肥纯磷量 120～150kg/hm^2，低等水平培肥纯磷量 150～180kg/hm^2，一次作业，后效 4 年以上。

3. 应用效果

心土混层技术从 1998 年开始使用，首先机械研发成型后在八五三、八五二农场白浆土进行大田应用，取得明显成效；2016 年开始随着机械的改造升级在三江平原八五四农场、曙光农场等大面积示范推广，2020～2022 年示范面积 3000 亩。该技术亩增收 110 元，投入产出比 1：2.5，具有 4 年以上后效。

心土培肥技术从 2013 年开始，首先在三江白浆土、松嫩平原瘠薄黑土上进行大面积示范，总示范面积达到 19.6 万 hm^2，取得明显成效；2020 年采用改造升级的改土机械在三江平原白浆土上开展大面积示范，2022 年示范面积 3000 亩。该技术可实现亩增收 135 元，投入产出比 1：4.35。该成果可使白浆层硬度降低 50%以上，每年平均增产 15%～20%，改土后效 4 年以上。该技术先后在央视"发现之旅"频道和黑龙江卫视"公共•农业"频道报道。2023 年被列为农业农村部农业主推技术和黑龙江省主推技术。曙光农场、八五二农场心土培肥机械作业现场如图 10-2 所示。

图 10-2　改良机械及作业现场（曙光农场、八五二农场）

4. 适宜区域

所有黑土层薄、养分贫瘠的土壤，如白浆土、薄层黑土。

10.2.4　规模化农田土壤水分调控工程技术

1. 技术概况

三江平原水土流失、低洼内涝等问题严峻，田块内部土壤水分与地温空间差异大，农作物出苗、长势、产量差异显著，严重限制了耕地产能的提升。通过工程措施，匹配农机农艺措施，调控土壤水分运移方向与速率，将水土保持措施与大型农机作业、现代农业生产管理融合，减少水土流失、提高水肥利用效率，提高耕地地力与综合产能。

2. 技术要点

利用天空地立体监测技术、模拟和分析技术，对坡耕地水土流失、低洼地块内涝生态和环境状况进行定量监测与评估；确定水分运移方向、速率、汇聚等时空特征；制定科学合理的农田布局和土壤工程改良措施，匹配北大荒大型农机作业标准及研发的专用工程改土装备。主要措施包括：等高耕作、等高宽埝、等高窄埝、草水道、暗管、辅助暗渠构建等集成技术。

（1）等高耕作

等高耕作是一种应用于坡耕地的农业技术措施，其沿土地的自然等高线进行耕作、种植和栽培，而非采用直线方式（图 10-3）。实际应用中，耕作方向常与等高线呈一定角度以利于排水。等高耕作能够减缓水流速度，增加水分渗透时间，提高水分保持能力，从而防止表层土壤的流失；同时，地块内的水分、养分分布更加均衡，提高了水肥利用效率，从而有助于提高产量。其适宜于面积为 300～800 亩、自然坡度 1°～3°的地块；对作物类型、农机作业幅无限制。此外，该技术应该同时与其他保护措施如等高宽埝、草水道、暗管排水等相配合，以尽可能保护现有坡耕地。

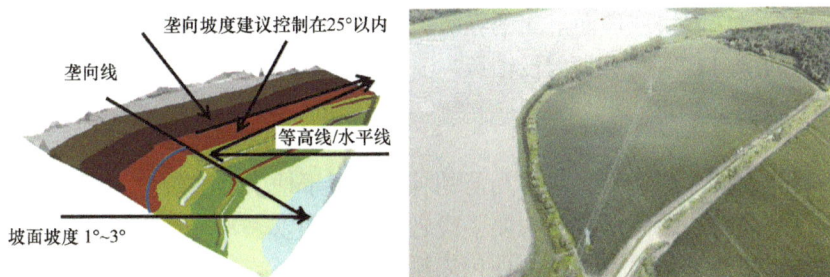

图 10-3　等高耕作地块设计

（2）等高宽埂

改垄和等高耕作并不能有效疏导径流，反而在遭遇夏季集中降雨时，出现垄沟内汇集的径流破垄并形成侵蚀沟的问题，导致水土保持效果并不理想。等高宽埂可以简单理解为等高耕作的加强版。在坡面上每隔一定距离，沿着等高耕作垄向筑埂，把坡面分割成若干带状的坡段，截短坡长，拦蓄部分地表径流，减轻土壤冲刷。除筑埂部分改变了地形外，坡面其他部分保持不变。

（3）等高窄埂

等高窄埂是指在坡面上每隔一定距离，沿着等高耕作垄向开沟、筑埂，把坡面分割成若干带状的坡段，用来截短坡长，拦蓄部分地表径流，减轻土壤冲刷。除开沟和筑埂部分改变地形外，坡面其他部分保持原状。窄埂技术基于农场的现有条件，采用水田筑埂机修筑，方法简便，挡水埂宽 40cm，成本低，操作简便。水田筑埂机及修筑的窄埂如图 10-4 和图 10-5 所示。

图 10-4　水田筑埂机　　　　图 10-5　修筑的窄埂

（4）草水道

草水道是一项防止坡耕地侵蚀沟形成、保护耕地完整性的水土保持技术。草水道可以是自然的也可以是人工水道，形状符合要求的尺寸，并内衬抗侵蚀的草，用于稳定地输送田块或坡面汇集的径流。除了处理径流，这些水道还作为宽埂、窄埂截水的出口。不同草类因侵蚀量、流速差异不同。

（5）暗管排水

暗管排水技术是将具有渗水功能的管道埋置于地下适当位置，用于控制地下水位，是解决低洼地区涝害的主要手段之一。长期以来，暗管排水技术应用推广发展缓慢，主要是受暗管材料、外包滤料等材料的影响。发展初期材料笨重、制作成本高、运输困难等，都限制了暗管排水技术的发展。另外缺乏铺设暗管的设备，最初在埋设暗管时采用人工挖沟的方式，效率低、成本高。随着挖沟机辅助挖沟的广泛应用，部分解决了人力的问题。

（6）辅助暗渠构建技术

辅助暗渠构建技术是对早期暗管排水技术的改造和升级，是通过使用专门的辅助暗渠构建机械，在田间进行机械化作业，从而实现更高效的排水效果（图10-6）。根据地块内涝程度，在土体内形成不同密度的疏水通道，可以提高土壤深层蓄水能力，与农田水利工程相结合，有利于土体水分排到农田外。

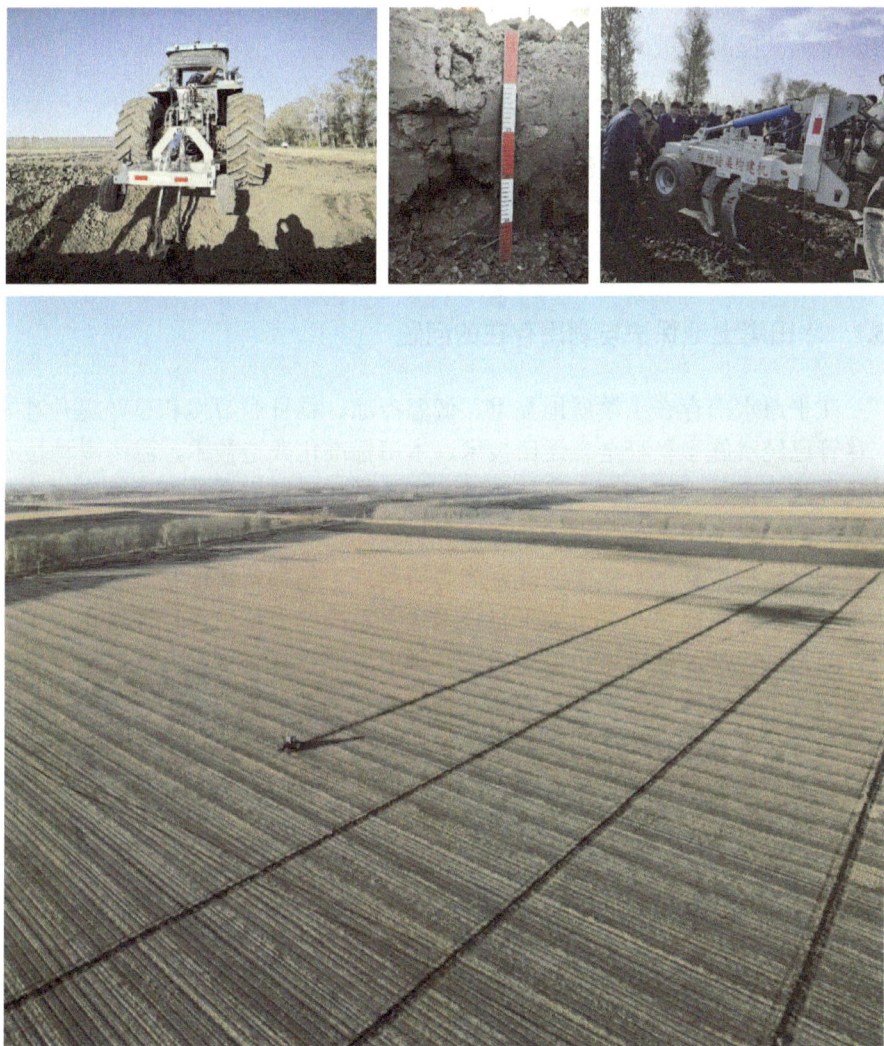

图 10-6　辅助暗渠构建作业及机械

作业成本低、效率高,是一项改造低洼易涝地的机械改土工程,克服了暗管排水技术应用受暗管材料、外包滤料等材料供应,工程动土量大、作业成本高、运输困难等问题。2023 年该技术在北大荒集团八五二农场低洼易涝地块机械大面积作业 1 万亩。适合所有的低洼易涝地。

3. 应用效果

应用于北大荒 7 个农场和 1 个合作社,分别是友谊农场、曙光农场、双鸭山农场、五九七农场、北兴农场、新华农场、佳南农场和龙江县双泉合作社,应用总面积为 5304 亩。该项综合技术可以有效阻止水土流失,保护黑土地,可以保水、蓄水、排水,提高产量。

4. 适宜区域

适合黑土地坡耕地或低洼内涝田块。

10.3 三江平原黑土地保护与利用技术模式存在的关键问题

10.3.1 水田黑土地保护与利用存在的问题

三江平原水田存在土壤质地黏重、低温冷凉、秸秆腐解慢和单产提升难等问题,尽管已经实施了秸秆全量还田技术、本田标准化改造技术、温汤浸种技术、旱平免提浆技术、水稻侧深变量施肥技术等,三江平原黑土地保护模式依然存在以下情况:一是还田秸秆腐解慢、土壤有机碳保存难和温室气体排放高,还田秸秆腐解抑制水稻生长,水稻单产提升难等问题;二是频繁耕作和高强度水搅浆破坏土壤结构,水田简单高效土地平整技术缺乏,高标准稻田保护性耕作技术储备不足;三是低温冷凉区土壤供氮能力低,延迟型低温冷害频发,低温抗逆原理和技术储备不足,区域尺度精准诊断和变量追肥技术亟须突破,因土因作物的大面积精准施氮技术有待升级;四是缺少耕作培肥模式长期定位试验平台,土壤碳氮协同提升机理和调控途径不明,水稻高产群体构建指标及高效调控技术有待升级,轻简稳产高效直播稻栽培技术不成熟。

10.3.2 白浆土旱田障碍问题

三江平原旱田主要存在白浆土障碍问题。经多年研究,三江平原旱田黑土地保护技术取得了一定的突破,如白浆土心土混层技术、白浆土心土培肥技术等,在解决土壤低产障碍问题上效果明显,但任何技术的实施都是需要机械、政策配套才能有效实施,否则只能束之高阁。针对黑土地保护,机械是技术实施的制约因素,在专用机械的研发下，通过国家项目的支持，已成功研发出相应的配套改土机械，如白浆土心土培肥机械、心土混层机械和心土耕作机械等。机械性能稳定，能够达到土壤改良需求，但要满足农业实际生产的需求是远远不够的，依然缺乏与当前已有的技术相配套的机械装备。虽然有农技和农机结合，但在实际生产应用中，仍有最后一公里的路需要打通，即如何推向农业生产，这也是黑土地保护技术真正落地的另外一个瓶颈问题，需要政府推动，政策导向，实现研、产、用密切结合。面临不同类型土壤及不同的低产障碍问题，黑土地保护技术依然单一，甚至缺乏行之有效的技术，需要在黑土地保护技术创新上持续加强，为黑土地保护提供技术储备。

10.3.3　黑土地保护与利用技术集成问题亟待破解

三江平原作为一个完整的地理单元，需要在山水林田湖草生命共同体理念下，构建黑土地保护系统解决方案，山水林田湖草沙之间的相互作用、结构、过程、功能等机理问题亟待研究。但目前黑土地保护仍存在以单项技术、单一环节技术的研发与示范，农业生产与生态保护、水土流失防治、生产规模、生产关系不协调等方面的问题。其中，农村很多黑土地保护与农业生产问题是由家庭联产承包责任制、生产规模与生产关系之间不协调造成的，难以通过科学研究解决。同时，三江平原是规模化、机械化、建制化水平最高的区域。北大荒农垦集团已经有了标准化的生产体系，部分黑土地保护问题得到一定程度的解决。例如，北大荒利用大型农机通过深松深翻的结合，虽然一定程度上解决了白浆土障碍问题，但还受自然条件的制约，尤其是水的问题，当地流行一句话"小旱大丰收、大旱小丰收"（怕涝不怕旱——湿润区、白浆土障碍）。水资源调控是限制三江平原农业生产的最大问题，坡耕地的水土流失、平地的"鱼眼泡"、低洼地块涝渍问题亟待解决。此外，防护林的格局限制了水力侵蚀防治措施的系统整治，加之草水路、缓冲带、湿地（积水区）等生态斑块的缺失，生物多样性差，降低了耕地综合产能，迫切需要系统措施保护黑土地。习近平总书记强调，要采取工程、农艺、生物等多种措施，调动农民积极性，共同把黑土地保护好、利用好。北大荒农垦集团利用其全国最高的规模化、机械化、标准化、建制化水平优势，有望率先实现综合措施的黑土地保护。

10.4　三江平原黑土地保护与利用科技创新未来重点研究方向

10.4.1　低温冷凉区智能施肥技术体系研发与示范

研究内容：过量施肥严重危害黑土地力、产能及可持续发展。智能施肥技术是解决过量施肥的根本途径，该技术的基础是机械化，三江平原是我国农业机械化、规模化、建制化程度最高的地区，是智能施肥技术研发与示范的优先发展区域。由于湿润区+低温冷凉区+土壤障碍问题，三江平原水肥运移存在显著的区域时空变异特征。明确湿润区+低温冷凉区水肥时空变异规律，作物长势与产量时空响应规律；结合作物需肥规律与目标产量，研发低成本、高精度、易推广的智能施肥处方图；攻关国产智能施肥农机，时空精准施肥，提高耕地产量、减少肥料投入；开发智能施肥平台与 APP，提升智能施肥技术实施效率；示范推广智能施肥技术体系，实现湿润区+低温冷凉区黑土地可持续发展。

2030 年目标：初步构建湿润区+低温冷凉区智能施肥技术体系，构建面向不同土壤障碍与退化类型的智能施肥处方图制作方法，实现减肥 10%、增产 8%以上，制定智能施肥技术标准。在农机厂商、规模农业经营主体示范。

2035 年目标：完成智能施肥技术体系构建，形成面向不同作物类型、土壤障碍类型的全套技术，完善智能施肥技术各环节配套措施，示范推广达到 1000 万亩，降低化肥用量，提高粮食产量与耕地质量。

10.4.2 水土资源时空精准调控理论与工程技术研发

研究内容：三江平原属于湿润区+低温冷凉区，土壤水分与地形决定了地温、养分、土壤障碍形成、土壤退化类型与程度、中低产田、产量等时空变异规律，需要综合工程措施提升黑土地力与产能。创建湿润区+低温冷凉区黑土地水土资源时空精准调控理论；建立黑土地耕地土壤水分运移的立体监测技术体系，揭示土壤水分时空运移规律；研发土壤水分精准调控关键技术与工程措施；工程措施融合智慧农业技术，提升水肥利用效率与产能，破解黑土地保护工程与大型农机作业、农艺措施融合难的问题；小流域尺度水土资源时空精准调控工程技术示范。

2030 年目标：创建湿润区+低温冷凉区水土资源精准调控理论；揭示湿润区黑土地土壤水分时空运移规律，建成水土资源时空精准调控工程示范样板，形成精准调控工程技术标准，提升耕地抗旱抗涝能力，提高水肥利用效率 10%，增产 10%，减少水土流失 30%。

2035 年目标：建成不同地貌类型的水土资源精准调控示范区；建立土壤水分立体监测、地力产能提升、智慧农业等黑土地保护综合工程措施技术标准体系；提高水分利用效率 20%，增产 10%～20%，减少水土流失 50%～70%；实现工程治水、农业节水、生态蓄水，水土资源高效利用与水肥耦合，切实系统保护黑土地、提升耕地综合产能。

10.4.3　三江平原稻区土壤固碳减排与产能协同提升技术模式

研究内容：三江平原稻田土壤碳氮协同提升减排技术原理及调控途径；水稻高产低排高效群体指标及调控途径；三江平原低温危害发生规律、危害机理及低温调控途径。秸秆快腐保碳及产能协同提升技术，土壤供氮能力提升及氮素精准调控技术，稻田地力提升及抗低温和低温危害后快速恢复调控途径。稻田土地快速整平技术及装备，稻田少耕技术及配套装备，水稻高产减排群体调控技术途径，有机还田下氮素精准运筹技术。

2030 年目标：构建三江平原稻区土壤固碳减排与产能协同提升技术模式 3～5 项，实现有机碳积累增加 5%、减排 10%、增产 10%的目标，解决土壤有机碳和产量增加缓慢、温室气体排放高的问题。

2035 年目标：实现有机碳积累增加 8%、减排 15%、增产 15%的目标，构建固碳减排增产技术体系。

10.4.4　三江平原障碍土壤改良治理研究与应用

研究内容：三江平原障碍土壤面积大、分布广，如白浆土旱田、草甸土旱田和沼泽土水田，都是三江平原障碍土壤最典型的代表。

在白浆土改良方面，通过多年研究提出了一些行之有效的改土技术，但在实际应用中还存在一些瓶颈问题。一方面，成果转化驱动力不足。改土理论、技术与改土手段研究脱节，改土机械创新滞后，一些黑土地保护的创新技术被束之高阁，甚至在最新的"高标准农田建设项目"中仍然停留在秸秆还田、施有机肥方面，鲜见新技术、新成果的应用；当前基于不同土壤的改土技术未形成完善的技术体系，有的甚至止步于田间试验阶段，成熟度低，推广应用乏力。有待于深入开展改土技术的熟化研究，并通过技术组装，构建完备土壤地力提升的技术体系，为消除土壤障碍、提升粮食产能提供技术支撑。

另一方面，三江平原地势平整，水资源丰富，是我国重要稻米产区。由于地势低，广泛分布着沼泽化土壤及泥炭土水田，统称潜育化水田。这部分水田潜水位高、土壤冷凉，发苗能力弱；一些泥炭土水田由于泥炭分解造成田面凹凸不平，甚至入水后形成漂垡，缺苗严重，生育不良。加之土壤排水能力差，常年处于还原状态，影响水稻生长发育和产量形成。目前尚缺乏适应的改良治理技术，改土增产潜力巨大。

2030 年目标：旱田障碍土壤改良方面，针对土壤障碍因子，一是研究增加白浆土深层储水技术，提高土壤抗御旱涝的能力，在研究揭示改土理论、明确改土技术基础上，开展专用机械研发，实现农机农艺融合，建立科研、生产应用密切结合的研究机制，推动改土配套机械的产品化进程及技术应用；二是针对农田中局部洼地渍害，研究农艺、工程措施综合排渍技术，研发专用机械，为实施改土工程提供手段。在潜育化水田治理方面：一是研究潜育化水田的分类及成因，为分类治理提供依据；二是研究提出潜育化水田的治理技术和研发专用机械；三是研究水田格田的规模化土地平整地技术及专用机械并开展大面积示范。

2035 年目标：构建土壤综合改良治理技术体系，并在三江平原推广应用，提升土壤质量、增加产能，解决黑土地保护中的难点问题，全面提升三江平原地区耕地质量。

10.4.5　水改旱土壤综合管理地力提升技术及理论研究

研究内容：水改旱后土壤有机质消耗增加，导致大豆单产下降。近年来，受国际形势影响，我国种植业结构受到巨大冲击，三江平原地区种植业结构也随之发生变化。水改旱转型种植大豆现象十分普遍。由于水田土壤的水分状况、结构及养分特征异于旱田，在水改旱的过程中，随处可见大豆减产的例子。有的地块水改旱后受周边田埂漏水及水分运动影响，地下水位升高、大豆生育受"哑巴涝"危害严重，造成减产甚至绝产。黑龙江省是一年一熟的种植制度，要么多年种植旱田，要么多年种植水田，在水改旱方面缺乏土壤质量变化方面的理论探索和规律研究，在水改旱的轮作模式下有关土壤质量提升、产能提升的技术及模式也是空白。当前，因国家粮食安全需求和种植结构调整，三江地区水改旱已经频繁发生，生产中出现的一系列问题有待解决，如何保证农田稳产、高产，需要开展相关的理论及技术研究，开展工程、技术、机械相结合的土壤改良技术模式研究，以应对未来农业生产需求。土壤质量变化特点及变异规律研究，水改旱土壤抗涝技术研究及技术体系构建，水改旱施肥管理技术体系研究。

2030 年目标：初步摸清水改旱后土壤初期肥力变化特征，土壤结构变化特征，以及土壤健康等方面的变化，为在三江平原地区水改旱种植模式下，形成配套的施肥技术体系及耕作改土技术体系提供理论依据，解决水改旱下作物施肥混乱、盲目施肥、经验施肥造成的减产、低效、资源浪费、对生态环境破坏的现象，以及水改旱下，缺乏与之匹配的耕作改土技术，导致土壤生产潜力发挥受阻、作物产量低的问题。

开展水改旱土壤抗涝技术研究，建立基于技术–机械–工程相结合的水改旱抗涝技术体系，解决三江平原地区水改旱后滞水现象严重的问题，提高土壤的抗逆能力。

2035 年目标：详细探明三江平原区水改旱下土壤质量变化特征及规律，建立基于作物的系统施肥技术体系和耕作改土产能提升的综合管理技术模式，为农业结构的随时调整和粮食增产需求提供理论指导和技术储备。

10.5　典 型 案 例

案例一　白浆土机械改土与培肥

白浆土主要集中分布在三江平原地区，是黑土区重要耕地土壤。白浆土存在白浆层，白浆层密度大、硬度高、通透性差，是限制作物生长的障碍土层，作物扎根困难，土壤易旱易涝，导致作物产量低而不稳，尤其旱涝年份减产严重。消除白浆土障碍，提升白浆土产量及建立稳产机制是白浆土改良、地力提升的关键途径。为消除白浆土障碍，从 20 世纪 80 年代开始，在三江平原地区八五三、八五零、创业等农场开展白浆土机械改土技术研究，先后形成了白浆土心土混层机械改土技术和白浆土心土培肥机械改土技术。白浆土心土混层技术主要是改变土壤物理性质，改变土体构型；白浆土心土培肥技术主要是改变物理性质的同时培肥瘠薄白浆层。白浆土上应用心土培肥技术后，白浆层硬度降低 50% 以上，通气透水性提高 1~2 个数量级，土壤肥力有效磷含量提高一个数量级，玉米增产 15%左右，大豆增产幅度超过 20%。白浆土心土培肥技术适用于所有瘠薄土壤，从 2015年开始该技术已引入瘠薄黑土改良培肥的示范应用中。白浆土心土培肥技术随白浆土改土培肥机械的改造升级提升了作业效率与效果稳定性，近几年在三江平原的八五二农场、曙光农场、八五零农场等大面积示范实施，2021~2022 年在曙光农场大面积示范 1000 亩，在八五二农场大面积示范 3000 亩，2023 年在八五零农场和八五二农场建立 2 个千亩示范区，示范推广面积 5000 亩。围绕该项技术已经获得 4 项奖励，出版专著 1 部，发布实施了 1 项技术标准，2023 年被列为农业农村部农业主推技术和黑龙江省农业主推技术。

案例二　三江平原潜育化土壤改造

潜育化土壤一般位于地势较低地区，土质黏重并受地下水和地表积水双重影响，在三江平原，地势低的土壤改为水田多，大大提高了该类土壤利用率，单位面积作物产量也得到提升，但在长期种稻过程中，土壤处于水分饱和状态，还原物质逐渐积累增加，对作物产生毒害，导致土壤产能逐渐下降，需要加强改造，这类土壤在三江平原及松嫩平原均分布广泛。针对低湿耕地土壤黏重不通透，易受灾害影响致产量不稳，一些地区采用暗管排水技术改善土壤环境。这类技术成本高、工程量大，而深松、深翻在土壤排涝方面也能发挥一定作用，但需要年年作业，且在黏重土壤很快复原。因此，加强土壤增渗和排涝技术研究，集成创新技术模式,有助于低湿耕地地力和产能提升。2017 年开始在八五九农场低湿土壤上实施稻壳机械深施深松养分活化耕作技术,可以改善土壤潜育化问题。潜育化土壤改造后,土壤水热条件得到改善,土壤滞水可以快速下渗并排出田外,土温日均提升 1～2℃,水稻连续三年增产,土壤养分得到活化,氮素有效性提高 10%以上,增产幅度 8.6%～10.46%,在三江平原地区推广应用 20 万亩。围绕该项技术已经登记科技成果 1 项,发布实施了 1 项技术标准。

案例三   建三江高标准稻田建设及生产力提升技术

三江平原地势低洼,土壤黏重板结,井水灌溉升温慢。由于过去施肥以化肥为主,有机物料投入有限,加之高强度水搅浆破坏土壤团粒结构,进一步加重土壤板结及供氮障碍。同时传统种植模式下,人工、肥料、农机等投入较大,各生产环节机械化效率低,且受气候影响大,产量易波动,最终种植效益低。因此,三江平原黑土地保护的核心问题是增加土壤保氮供氮能力,降低生产成本并进一步提高产能。针对上述问题,利用卫星平地技术,对传统相对凌乱、不规则的小格田进行标准化和因土有机还田少搅浆耕作培肥,形成"一路贯中、两侧为田,四周布渠"的本田高标准稻田建设模式。并采用土壤有机质快速检测、长势反演和平衡施肥等技术,根据地块的土壤养分、植株长势、水稻产量等差异,进行地块内养分管理的精准分区,并生成变量施肥处方图输入变量施肥控制系统,控制机插侧深施肥机械实现变量施肥,在水稻生长关键期利用多光谱无人机、地面冠层传感器、卫星遥感等手段诊断水稻营养状况,调整后期穗肥用量,构建基肥变量和追肥诊断的寒地水稻养分精准管理技术体系。格田改造后机械效率提高 20%以上,减少插秧人员和挑苗人员等雇工费用,在此基础上应用旱平免搅浆技术可以缓解农时 15～20 天,用水量每亩也可节约 40m³ 以上,每亩综合节本 300～400元。秸秆还田少搅浆技术可减少对土壤的扰动,保护团聚体,尤其是对耕层深度位于 6～12cm 的孔隙改善较大,较常规处理高 11.9%。同时技术应用 3 年以上还能够使土壤有机质增加 1.5g/kg 以上,0～20cm 土层容重降低 3%以上。秸秆还田后配合科学的养分管理还能促进养分的释放,在分蘖期矿化氮量增加 50%,成熟期增加 20%以上。新标准水渠可增温 1℃,显著缓解三江平原区频繁低温对水稻生长及产量的影响。变量施肥技术的应用可使格田改造后的田块水稻长势均匀度提高 10%以上,化肥用量减少 4.7%～21.4%,水稻产量提高 5.1%～11.3%,肥料利用率提高 10%以上,出米率提升 1～2 个百分点。上述核心技术获颁黑龙江省地方标准 1 项,1 项技术连续 3 年被选为黑龙江省主推技术,应用面积超过 2100 多万亩。

作 者 信 息

刘焕军，中国科学院东北地理与农业生态研究所

王秋菊，黑龙江省黑土保护利用研究院

彭显龙，东北农业大学

王　洋，中国科学院东北地理与农业生态研究所

李彦生，中国科学院东北地理与农业生态研究所农业技术中心

郭跃东，中国科学院东北地理与农业生态研究所

郑兴明，中国科学院东北地理与农业生态研究所

宋春雨，中国科学院东北地理与农业生态研究所农业技术中心

黄　彦，黑龙江省水利科学研究院

李　静，中国科学院东北地理与农业生态研究所

黄善林，东北农业大学

罗　冲，中国科学院东北地理与农业生态研究所

参 考 文 献

黄艳, 丛日征, 张吉利, 等. 2023. 三江平原典型森林类型土壤微生物群落结构与影响因子. 中南林业科技大学学报, 43(7): 129-140.

荆建宇, 戴长雷, 王美玉. 2023. 三江平原水文地质条件主要特征分析. 甘肃水利水电技术, 59(7): 31-34, 39.

吴耀宇. 2022. 三江平原地区农作物生产水足迹时空演变特征及水资源可持续利用研究. 东北农业大学硕士学位论文.

徐英德, 裴久渤, 李双异, 等. 2023. 东北黑土地不同类型区主要特征及保护利用对策. 土壤通报, 54(2): 495-504.

于凤荣, 孙嘉曼, 春香. 2022. 基于垦区/农区对比分析的三江平原水田变化分析. 现代化农业, (10): 22-26.

张扬. 2020. 三江平原耕地生产力演变与预测研究. 东北农业大学硕士学位论文.

第 11 章 辽河平原黑土地保护与利用的关键技术及应用

摘要: 本章系统分析了辽河平原黑土地资源禀赋特点与利用现状,明确了土壤有机质分解快和积累难、农田风蚀水蚀重、种植模式单一、作物生育期长、土壤耕翻频繁等是制约辽河平原黑土地可持续利用的主要问题。详细介绍了辽河平原保护性耕作技术模式、厚沃耕层构建技术模式和有机质快速提升技术模式的特点和应用成效。在综合研判基础上,指出了气候–作物–农艺多要素联合驱动的土壤退化机制、养分高效利用与碳汇功能提升的生物–非生物耦联机制、土壤培肥与产能协同提升的机理等是目前辽河平原黑土地保护与利用亟须解决的科学问题,水土资源协调配置与种植结构调整对策及技术、主动适应气候变化的黑土地保护技术、土壤酸化修复技术、农机农艺深度融合的一体化解决方案等是未来辽河平原黑土地保护与利用亟须解决的技术难题。提出了辽河平原旱作农田土壤退化机制与阻控路径、辽河平原农田养分利用效率与有机质高效提升关键技术、土壤培肥与产能协同提升模式、水土资源协调配置与产能提升技术、气候智慧型黑土地保护技术模式、旱作农田土壤酸化成因与阻控路径、辽河平原智能化农机农艺融合装备研发等重点研究方向,并明确了不同阶段预期实现的目标。以阜新蒙古族自治县为例,介绍了以保护性耕作为核心的气候智慧型农业对黑土地保护及产能提升的效果;以昌图县为例,介绍了种养结合模式对土壤有机质快速恢复和玉米产能大幅度提升的效果。

辽河平原位于东北地区南部,地处辽东山地与辽西丘陵之间,铁岭至彰武一线以南,直至辽东湾,是西辽河及其支流联合形成的冲积平原,现有耕地面积353.06 万 hm^2,占辽宁土地总面积的 41.6%,占东北黑土区耕地总面积的 9.9%,是我国最重要的商品粮基地之一,在保障国家粮食安全中具有十分重要的战略地位(徐英德等,2023)。区域内土壤类型包括棕壤、褐土、黑土、冲积土、风沙土、红黏土、草甸土、潮土、沼泽土、水稻土等 33 个土壤亚类,其中土壤类型面积较大的是草甸土和棕壤。该区域土地开垦早、光热资源丰富、耕地较为集中、农业机械化水平较高,是开展黑土地保护与利用的优势区域。目前生产上主要存在种植模式单一、土壤有机质含量低、保水保肥能力差、土壤侵蚀严重、干旱少雨等问题,加之技术单一、集成度和熟化度不高等进一步制约了土壤质量、产能和生态三位一体协同提升。因此,全面梳理辽河平原黑土地面临的关键问题、保护与利用技术模式及应用现状、未来研究重点及预期目标,既是落实东北地区黑土地保护与利用专项示范的需要,又是推动东北各区域间平衡发展的需要,同时对保障国家粮食安全、生态安全和巩固农村居民脱贫攻坚成果具有重要战略意义。

11.1 辽河平原黑土地资源禀赋与利用现状

11.1.1 区域位置

按徐英德等(2023)对东北黑土地不同类型地区划分,辽河平原区是以辽河流域为主体的中部和下部冲积平原,主要以下辽河平原区为主,包括辽宁省阜新市、葫芦岛市、锦州市、盘锦市、沈阳市、鞍山市、朝阳市、抚顺市、辽阳市、铁岭市、营口市 11 个市及下属县(区、市)(表 11-1)。

表 11-1 辽河平原包含的行政区域

类型区	省级行政区	市(县)级行政区
辽河平原	辽宁省	阜新市、葫芦岛市、锦州市、盘锦市、沈阳市、鞍山市(市区、台安县、海城市)、朝阳市(市区、朝阳县、北票市)、抚顺市(望花区、顺城区)、辽阳市(主要市区、灯塔市、辽阳县)、铁岭市(市区、铁岭县、昌图县、调兵山市、开原市)、营口市

11.1.2 自然资源

辽河平原区地处欧亚大陆东岸,由于东北山地的阻隔及辽东山地和山东半岛的夹峙,气候具有明显的大陆性气候特征,属温带半湿润大陆性季风气候,冬季寒冷干燥,夏季暖热多雨。辽河平原区日照充足,年日照总时数在 2300～2900h,具有自西北向东南部递减的趋势;多年平均降水量自东南向西北递减,年降水量 426～791mm,且降水时间主要集中在 6～9 月,降水量占全年总降水量的 72%～77%;雨热同期,年平均气温为 2.4～9.8℃,平均无霜期在 125～215 天。≥10℃有效积温平均为 3654℃,为东北 6 个类型区中最高(徐英德等,2023)。夏季多南风或西南风,冬季多北风或西北风。风速春季最大,冬季次之。辽河平原是东北黑土区光热资源条件最好的区域,但受全球气候变化影响,辽河平原极端天气气候事件的发生频率不断增加，干旱洪涝自然灾害风险增强。统计数据显示，近20年来，辽河平原有效积温年际间波动大，总体上呈波动上升趋势，气候倾向率为 1.35℃/a；空间分布上，生育期蒸发量总体上呈显著增加趋势，气候倾向率为5.55mm/a，且南北部均呈上升趋势，变化幅度由北向南逐渐增大，西部蒸发量增加趋势不明显；区域暖干化趋势明显，≥10℃积温增加，无霜期延长，降水量和日照时数减少且波动性增加，降水量由东向西递减。

辽河平原区内包含辽河、太子河、浑河和大凌河等水系，地表水资源相对丰富，以辽河平原内最主要的下辽河平原为例，该地区地表水资源占全国的 1.3%，多年平均地表径流量为 106 亿 m^3，人均占有水量约 538m^3（张雪锋，2018）。但辽河流域也是我国严重贫水地区之一，据统计，近 5 年来，辽河中下游地区由于气候持续干旱，河流径流衰减十分明显，辽河流域各二级区地表水资源利用均达到 60% 以上，地下水开发利用率更高达到 70% 以上。而随着辽河平原耕地面积的扩张及农业种植结构的大规模调整，农业活动对地下水动态的影响愈加显著，区域内部分黑土地保护与利用技术模式并未综合考虑区域水资源承载力，加之地方水资源管理水平差异较大，地方土地零散，标准化格田无法实现，在灌溉用水上存在很大浪费。同时，部分地区耕地遭到污水灌溉和其他不当农田管理措施的污染，虽然面积不大，但有扩张的趋势（贾文锦，1992）。

11.1.3 土壤类型与利用现状

辽河平原区土地资源类型丰富，在土壤类型方面，主要包括棕壤、褐土、黑土、冲积土、风沙土、红黏土、草甸土、潮土、沼泽土、水稻土等 33 个土壤亚类（张雪锋，2018），其中土壤类型面积较大的是草甸土和棕壤，分别为130.29 万 hm^2 和 112.87 万 hm^2，分别占该区耕地面积的 36.9% 和 32.0%；褐土次之，占该区耕地面积的 16.2%，水稻土和风沙土也有一定数量分布（徐英德等，2023）。辽河平原耕地地貌类型多以漫岗和坡耕地为主，不同区域耕地质量存在较大差异，高质量耕地主要分布在下辽河平原区中部和南部，低质量耕地主要分布在东部和西部与辽东、辽西山地丘陵区接壤的地带，整个区域土地利用类型以旱地为主，主要分布在西部、西北部和东部地区；其次是水田，主要分布在中部和南部地区；水浇地较少，分布也比较分散（曹新竹，2019）。以辽河平原典型代表区域的下辽河平原为例，该区 2016 年耕地质量等级评价结果显示，整体耕地质量平均以中等地为主，占全部耕地的 80% 以上，低、高等地各占 10% 左右，优质耕地稀缺，耕地质量总体明显偏低。高等地主要分布在沈阳部分地区和鞍山等区域，面积仅占不到 5%，以旱地为主；中等地主要分布在沈阳、营口、盘锦、铁岭和辽阳等辽宁中部地区，土地利用类型主要为水田，铁岭和辽阳等地区多为旱田；低等地主要分布在阜新和锦州部分地区,土地利用类型为旱地,面积占比约 5%(曹新竹,2019)。

与东北其他黑土区相比,辽河平原农田土壤地力条件总体较差,且由于持续高强度利用,耕地长期透支,原有微生态系统被打破,土壤生物多样性、养分维持、碳储存、缓冲性、水分调节等生态功能退化(辛景树等,2017)。据统计,辽河平原大部分地区耕地土壤有机质含量不足 2%,并且与第二次全国土壤普查时期相比平均下降近 16%(徐志强,2020)。作为我国典型的一年一熟区,多年来,为了保证粮食有效供给,区域氮肥、磷肥施用量普遍较高,导致土壤酸化加剧、肥料利用效率低下,特别是近年来随着玉米种植密度不断增加、有机物料投入过少,加剧了耕地土壤退化;并且,土壤有机质的下降加之长期小型机械化作业和水蚀风蚀,也导致该区域土壤板结、黏重、容重增加,保水保肥能力弱化(龙丽和闫成璞,2017),与第二次全国土壤普查时期相比,耕层厚度下降近 40%,容重平均增加近 17%(徐志强,2020)。

11.1.4　作物种植结构

按徐英德等(2023)对东北黑土地不同类型地区划分,本小节统计数据来源于 2017~2022 年辽宁省及沈阳市、鞍山市、锦州市、抚顺市、营口市、辽阳市、阜新市、盘锦市、铁岭市、朝阳市、葫芦岛市统计年鉴。资料显示:2016~2021年,作物种植结构中,粮食作物种植面积占比最大,平均占比 81.2%,2021 年较 2016 年粮食作物占比略有增加,增幅为 1.5%;经济作物(主要包括棉花、油料作物、甜菜、烟草等)占比平均为 8.8%,2021 年与 2016 年相比变化不大;其他作物(主要包括蔬菜、瓜果类等)占比平均为 10.1%,2021 年比 2016 年略有下降,降幅为 2.4%(图 11-1)。在粮食作物中,玉米和水稻所占比例最大,分别为 76.8% 和 16.1%,2021 年玉米占比较 2016 年增加 4.2%,水稻则下降 1.5%;大豆、高粱、谷子、薯类和其他粮食作物占比平均在 2% 以下,且年际间波动较小。在经济作物中,花生占比显著提高,平均在 97.4%,且 2021 年占比比 2016 年增加 3.0%。

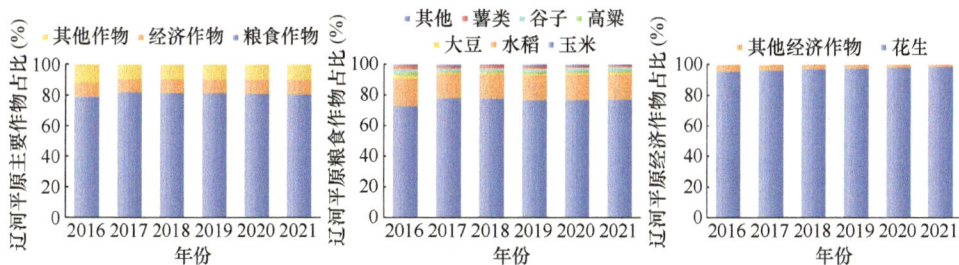

图 11-1　2016~2021 年辽河平原各作物种植面积比例变化

2021 年辽河平原主要农作物种植面积为 332.18 万 hm², 比 2016 年增加 5.96 万 hm², 增幅 1.8%（图 11-2）；粮食作物种植面积为 268.45 万 hm²，比 2016 年增加 9.68 万 hm²，增幅 3.7%；经济作物种植面积为 31.57 万 hm²，比 2016 年增加 3.53 万 hm²，增幅 12.6%；其他作物种植面积为 32.16 万 hm²，与 2016 年相比下降 7.25 万 hm²，降幅 18.4%。在粮食作物中，玉米种植面积最大，且呈增加趋势，2021 年为 207.66 万 hm²，比 2016 年增加 18.42 万 hm²，增幅达 9.7%；水稻种植面积呈下降趋势，2021 年为 43.00 万 hm²，比 2016 年下降 2.42 万 hm²，降幅 5.3%；谷子种植面积略有增加，2021 年为 4.75 万 hm²，比 2016 年增加 0.19 万 hm²，增幅 4.1%；大豆、高粱、薯类种植面积呈现不同程度的下降，2021 年分别为 4.76 万 hm²、3.06 万 hm²、3.71 万 hm²，与 2016 年相比分别下降 26.2%、40.5%、44.8%；其他粮食作物种植面积波动较大，且相较于 2016 年略有增加，2021 年为 1.51 万 hm²，比 2016 年增加 0.28 万 hm²，增幅 22.9%。在经济作物中，花生种植面积占比最大，且呈增加趋势，2021 年为 31.23 万 hm²，比 2016 年增加 4.33 万 hm²，增幅 16.1%。

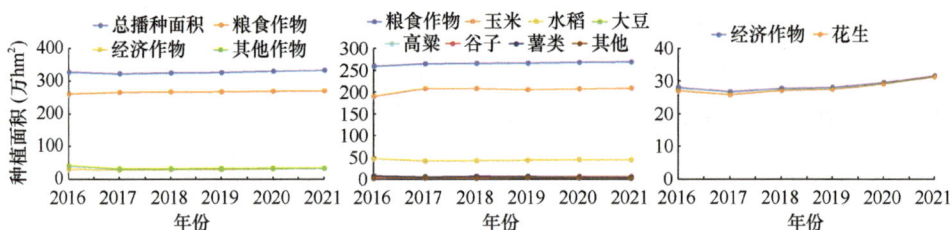

图 11-2　2016～2021 年辽河平原作物与粮食作物种植面积（万 hm²）变化

总体上看，2016～2021 年，辽河平原区作物种植面积、粮食作物种植面积和经济作物种植面积总体呈增加趋势，其中玉米和花生种植面积呈大幅度增加，而水稻、大豆、高粱和薯类种植面积则呈下降趋势。但受国家政策的导向性影响和经营主体逐利的驱动，主要作物（如玉米）种植还存在时空布局不合理现象，导致作物资源利用效率低、生产灾害频发、产量年际变化大、品质不高等问题突出（孙占祥，2022）。最典型的就是不合理的种植，显著降低了作物抵御自然灾害的能力，如地处辽河平原西北部的阜新市，在 2020 年遭遇了连续 31 天的严重伏旱，造成玉米大面积减产，部分坡地玉米绝收，影响了农民收入。

11.1.5　农业生产要素投入

统计数据表明：2016～2021 年，辽河平原化肥用量（折纯量）总体呈现逐渐下降趋势，由 2016 年的 124.40 万 t 降低到 2021 年的 113.80 万 t，降幅 8.5%；主要化学肥料投入中，氮肥、磷肥、钾肥（折纯量）分别由 2016 年的 50.60 万 t、9.10 万 t、9.30 万 t 降低到 2021 年的 35.80 万 t、7.20 万 t、8.40 万 t，分别降幅 29.3%、20.9%、9.7%，但复合肥（折纯量）由 2016 年的 55.40 万 t 增加到 2021 年的 62.40 万 t，增幅 12.6%。农业机械总动力呈增加趋势，由 2016 年的 1898.46 万 kW 增加到 2020 年的 2111.60 万 kW，增幅 11.2%。

11.1.6　粮食产量及构成

分析 2016～2021 年辽河平原主要粮食作物产量和经济作物产量贡献占比。粮食作物中玉米总体产量平均贡献 75.5%，与 2016 年相比，2021 年玉米产量贡献提高近 11 个百分点；水稻、大豆、高粱、谷子、薯类分别平均贡献 20.3%、0.6%、1.1%、0.8%、1.3%，与 2016 年相比，2021 年水稻、大豆、高粱、谷子、薯类产量贡献分别下降了 6.9 个、0.6 个、1.0 个、0.2 个、1.4 个百分点；其他粮食作物所占比例较小，总体产量平均贡献 0.4%，与 2016 年相比，2021 年其他粮食作物产量贡献提高了 0.2 个百分点。经济作物中花生总体产量平均贡献 90.4%，与 2016 年相比，2021 年花生产量贡献提高了 12.0 个百分点；而其他经济作物产量贡献则呈下降趋势（图 11-3）。

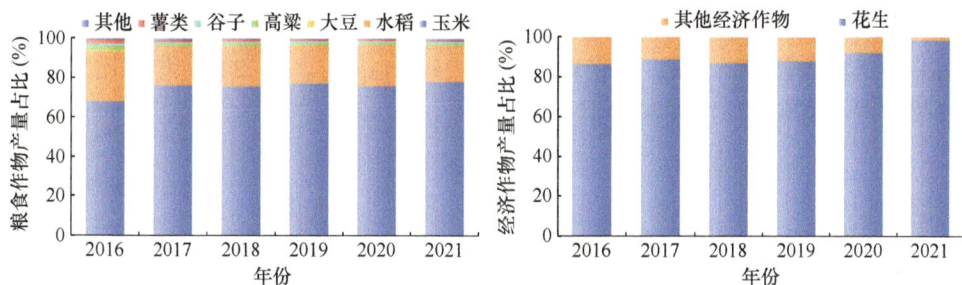

图 11-3　2016～2021 年辽河平原不同作物产量占总产的比例

分析粮食作物总产显示，玉米产量总体呈增加趋势，2021 年玉米总产为 1588.93 万 t，比 2016 年增加 462.60 万 t，增幅达 41.1%；水稻、大豆、高粱、谷子、薯类总体呈下降趋势，2021 年总产分别为 362.99 万 t、10.65 万 t、16.97 万 t、17.18 万 t、17.68 万 t，与 2016 年相比分别减少了 46.75 万 t、8.22 万 t、13.59 万 t、0.07 万 t、19.29 万 t，降幅分别为 11.4%、43.6%、44.5%、0.4%、52.2%；其他粮食作物总产为 12.40 万 t，比 2016 年增加 5.77 万 t，增幅达 86.9%。分析经济作物总产显示，花生为最主要的经济作物，总体呈增加趋势，2021 年总产为 106.26 万 t，比 2016 年增加 33.38 万 t，增幅 45.8%；而其他经济作物产量总体呈下降趋势（图 11-4）。

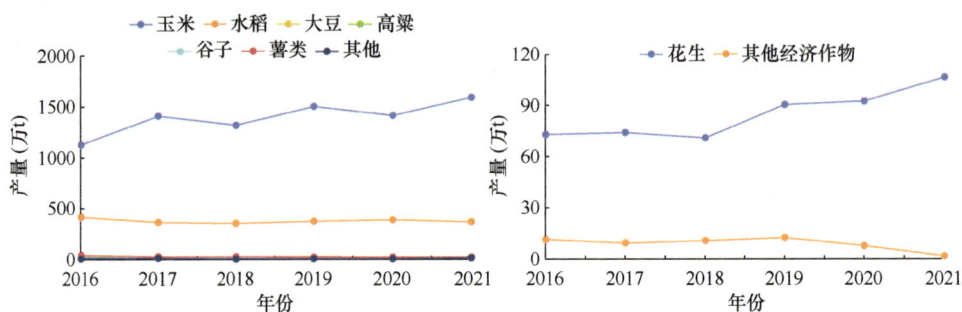

图 11-4　2016～2021 年辽河平原主要作物产量（万 t）变化

粮食作物和经济作物单产分析显示，两类作物单产总体上均有不同程度的增加，其中，2021 年粮食作物平均单产为 492.41kg/亩，与 2016 年相比增加了 37.07kg/亩，增幅 8.1%；经济作物平均单产为 235.56kg/亩，与 2016 年相比增加了 46.85kg/亩，增幅 24.8%。在粮食作物中，玉米、水稻、大豆、谷子平均单产呈增加趋势，2021 年分别为 506.34kg/亩、553.92kg/亩、154.21kg/亩、223.67kg/亩，与 2016 年相比分别增加了 58.61kg/亩、20.40kg/亩、17.83kg/亩、56.86kg/亩，增幅分别为 13.1%、3.8%、13.1%、34.1%；高粱和薯类平均单产呈下降趋势，2021 年分别为 280.36kg/亩和 314.27kg/亩，与 2016 年相比分别下降了 45.04kg/亩和 122.69kg/亩，降幅分别为 13.8%和 28.1%。在油料作物中，花生平均单产呈增加趋势，2021 年平均单产为 240.61kg/亩，与 2016 年相比增加了 42.8kg/亩，增幅达 21.6%（图 11-5）。

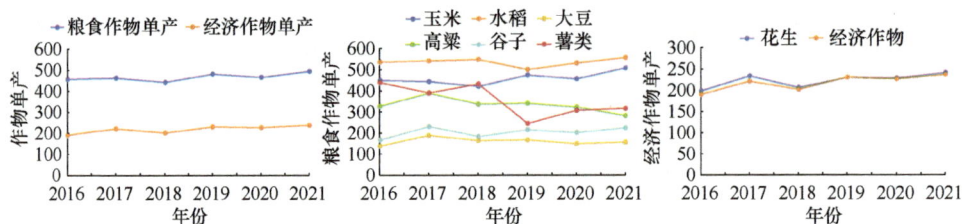

图 11-5　2016～2021 年辽河平原不同作物单产（kg/亩）变化

总体上看，2016～2021 年辽河平原区粮食作物和经济作物总产增加明显，主要贡献是单产提升和种植面积增加。在粮食作物中，无论是从种植面积（平均占 76.8%）还是总体产量（平均占 75.5%），玉米均是最主要的粮食作物贡献者；同时，除玉米以外，其他粮食作物总体产量，均有不同程度的下降，主要原因为玉米种植面积占比增加 1.5%。在经济作物中，花生作为最主要的贡献者，其总体产量显著增加，其主要原因是花生单产的显著提升（增幅为 21.6%）和花生种植面积的扩大（增幅为 16.1%）。

11.2　辽河平原黑土地保护与利用技术模式及应用现状

为深入贯彻落实习近平总书记关于保护黑土地的重要指示精神,推进国家《东北黑土地保护性耕作行动计划(2020—2025 年)》落实落地,实现国家"藏粮于地、藏粮于技"战略,辽宁省农业科学院、中国科学院沈阳应用生态研究所、沈阳农业大学等单位,依托承担的国家重点研发计划、国家自然科学基金、中国科学院战略性先导专项"黑土粮仓科技会战"、辽宁省"揭榜挂帅"科技攻关等项目,通过多年研究,形成了以少免耕秸秆覆盖还田为关键技术的"辽河平原保护性耕作技术模式"、以秸秆翻埋还田为关键技术的"辽河平原厚沃耕层构建技术模式"和以有机肥还田为关键技术的"辽河平原有机质快速提升技术模式",并进行了大面积应用,为辽河平原黑土地保护与利用提供了重要科技支撑。

11.2.1　保护性耕作技术模式

1. 技术概况

针对辽河平原西部地区干旱少雨、耕地质量退化明显、土壤有机质含量低、保水保肥能力差、土壤侵蚀严重、气候变化敏感、灾害频发等问题,辽宁省农业科学院、中国科学院沈阳应用生态研究所、沈阳农业大学等多家单位,在多年研究基础上,研发了适宜于该区域的保护性耕作技术模式。该技术模式以少免耕秸秆覆盖还田为核心,建立了休闲季玉米秸秆覆盖、苗带秸秆清理、免耕播种、侧深施肥、喷施除草剂、病虫害防治及全程机械化技术体系,并针对黑土地保护及保护性耕作模式实施中易出现的苗期缺氮、后期追肥扰动等问题,研发了玉米一次性施用免追专用肥产品,满足了辽河平原地区主要玉米品种整个生育期的养分需求。该模式具有防蚀固土、保墒抑蒸、固碳减排、节本增效、稳产增产等优点,其形成的"东北西部地区春玉米防蚀保墒稳产增效种植技术"2023 年入选农业农村部主推技术,为辽宁省保护性耕作作业面积连续三年超过 1000 万亩提供了重要技术支撑。

2. 技术要点

1)玉米秸秆集行大量(部分)覆盖还田免耕宽窄行种植技术:上年秋季收获时,选择自走式联合收获机(配备秸秆还田装置)配置相应割台,在进行果穗或籽粒收获的同时,完成秸秆粉碎作业,将秸秆直接粉碎覆盖地表,翌年播种前采用集行机进行秸秆集行,选择高性能免耕播种机宽窄行免耕播种,形成窄行作为苗带、宽行放置秸秆的种植模式,宽行、窄行隔年交替种植。该技术要求窄行行距≥40cm，宽行行距≥60cm，以不影响播种作业为宜。并根据田间土壤情况可进行必要的深松作业，可在秋季或春季苗期进行，采用间隔深松方式，即只对非种植条带作业，深松深度≥25cm，保证深松整地质量。

2）玉米秸秆部分覆盖还田苗带浅旋种植技术：上年秋季收获时，用收割机摘取玉米果穗，秸秆处理方式可选择整秆覆盖、高留茬粉碎覆盖和粉碎覆盖三种方式，播种前进行秸秆集行。采用专用旋耕机具进行苗带窄幅旋耕，旋耕宽度15～20cm，深度8～10cm，每个耕作条带种植1行玉米；或旋耕宽度≥50cm，深度8～10cm，每个耕作条带种植2行玉米，秸秆覆盖条带不进行任何土壤扰动，也可依据当地传统适当调整旋耕宽度，但均需保证动土率低于50%。播种方式可采用浅旋少耕播种复式作业或分段式作业，即采用少耕播种特制机具一次性完成秸秆集行、浅旋少耕、播种、施肥、覆土镇压作业，或先进行浅旋少耕作业，然后播种，采用常规播种机或少免耕播种机进行播种施肥作业。播种深度以覆土镇压后种子距地表3～5cm为宜，依据土壤墒情调节播种深度，但最大深度不宜超过7cm。

3）玉米秸秆全量覆盖还田免耕二比空种植技术：上年秋收时可采用高留茬粉碎秸秆处理，留茬高度不低于30cm；若收割机无高留茬功能，收获时关闭收割机还田动力部分，秸秆顺垄卧倒即可。播种采用二比空种植方式，即"种两行，空一行"的大宽窄行。播种前，用秸秆集行机将种植条带（窄行）覆盖的秸秆集中至非种植条带（宽行），清理40cm以上的种植带后，配合免耕播种机实现免耕播种。依据播种密度及实际垄距调节播种株距，播种深度一般3～5cm即可，最深不高于7cm，底肥侧深施，覆土镇压后12～15cm，种肥横向间隔5～7cm。形成窄行作为苗带、宽行放置秸秆的种植方式，宽行、窄行隔年交替种植，实现秸秆在行间交替（或间隔）覆盖还田、种植/休闲相结合。并根据田间土壤情况可进行必要的深松作业，可在秋季或春季苗期进行，采用间隔深松方式，即只对非种植条带作业，深松深度≥25cm，保证深松整地质量。

4）玉米一次性施用免追专用肥产品：该专用产品首先将现有主流配方进行了优化升级，利用稳定性肥料增效技术，集成脲酶抑制剂和硝化抑制剂，研制出高效、长效的稳定性肥料专用产品N：P_2O_5：K_2O=30：10：8及近似配方。该产品采用种肥同播机将种子化肥同步播施，配合保护性耕作，种肥隔离8～10cm即可，推荐施用量40～50kg/亩。

3. 应用效果

自2011年以来，辽宁省农业科学院、中国科学院沈阳应用生态研究所、沈阳农业大学等单位开展了大量的保护性耕作技术效应试验，并联合东北地区不同高校和科研单位在不同区域开展了大面积的试验示范，均表现出了良好的效果。多年监测数据表明，该模式具有以下效果，一是有效防止风蚀水蚀，提高土壤蓄水能力,土壤风蚀较传统种植降低 93%,春播前耕层土壤含水量提高 3～4 个百分点;二是提高作物出苗率,作物稳产增产性能增强,作物出苗率平均稳定在 92% 以上,较传统种植方式提高 8～10 个百分点,为提高作物产量奠定基础,丰水年不减产,平水年增产 8% 左右,枯水年增产 15% 以上,2020～2022 年连续 3 年经专家测产,示范区平均亩产 871kg 以上;三是提高水分利用效率,特别是 2020 年辽西地区遭遇了严峻伏旱,自 6 月 26 日至 7 月 27 日连续 31 天无有效降雨,该技术模式使作物耐旱性显著提高,0～20cm 土壤含水量比传统种植提高 41%,20～40cm 土壤含水量比传统种植提高 18.7%,作物水分利用效率提高 18.7%;四是减少农田温室气体排放,实现固碳减排,上述保护性耕作技术模式均降低了化肥的投入量及农机耕作次数,根据生命周期法估算,比传统种植方式平均可减排温室气体 12.2%,减排 CO_2 当量约为 1822.8kg/hm^2;五是调节土壤结构,增加黑土地土壤有机质含量,2021 年 9 月土壤剖面结果显示,模式示范区 10～20cm 犁底层消失,土壤总孔隙度增加,蚯蚓数量是传统耕作的 2 倍,秸秆全量还田每年可增加土壤有机质 0.1% 左右,还可以增加氮磷钾等养分含量;六是提高生产效率,实现节本增效。直接采用免耕播种机作业,最佳作业速度高达 10～12km/h,比传统耕种方式作业效率提高 2 倍以上,且减少了耕整地环节,作业成本节约 40 元/亩以上。

同时,该保护性耕作技术模式及产品单独或作为其他技术的核心内容,连续在辽河平原累计应用 1000 万亩以上,亩增加玉米产量 160 斤,累计增加玉米产量 8 亿斤,增加经济效益 16 亿元;减少成本 40 元/亩,累计节减生产成本 4 亿元,节本增效 20 亿元,并已在黑龙江省、吉林省、内蒙古自治区东四盟地区等同类地区广泛推广应用。

4. 适宜区域

该技术模式适宜于辽河平原西部、北部降雨少、风蚀水蚀严重地区。

11.2.2　厚沃耕层构建技术模式

1. 技术概况

针对辽河平原区中部和南部开垦历史久、利用强度高、水热条件好,造成有机质分解快、积累难,加之小型机械化作业农田耕层变浅,容重增加,土壤变“薄”变“瘦”趋势明显,养分供应能力降低、结构劣化等问题,辽宁省农业科学院、中国科学院沈阳应用生态研究所、沈阳农业大学等单位,在多年研究基础上,研发了以秸秆翻埋还田为核心的厚沃耕层构建技术模式。该模式通过有机物料深层补给,实现了打破犁底层、增加耕作层厚度、抗旱蓄水保墒、提高全耕作层土壤有机质及养分含量等多重目标,破解了秸秆还田当年腐解率低导致的播种层环境恶化、秸秆腐解与作物幼苗"争氮"等一系列问题,并通过良种、良法配套提高了作物产量、肥料利用效率,为辽河平原黑土地保护与利用及区域绿色丰产增效提供了重要支撑。

2. 技术要点

1)玉米秸秆全量深混还田技术:秋季玉米联合收割机收获结合秸秆粉碎机对散落的秸秆进行粉碎,采用 200 马力以上的机车牵引液压翻转犁进行深翻作业,翻耕深度 30～35cm;然后晒垡 3～5 天降低土壤湿度,采用重耙呈对角线方向耙地 2 次;最后使用旋耕机进行起垄作业,至待播种状态。

2)玉米秸秆条带还田技术:玉米秋季机械化收获后高留茬覆盖地表,选用间隔耕作秸秆条带还田机进行秸秆条带还田,秸秆残茬均匀分布于非播种行(垄)0～15cm 土层中,翌年春季播种前将前茬秸秆原地灭茬粉碎、归带深旋混拌还田(非播种带)、还田带镇压等环节一次性完成;播种带(非还田带)地表基本处于无秸秆残茬的免耕状态,适时实施免耕播种机播种作业;还田带与非还田带年际间交替。

3)有机–无机深混还田技术:秋季玉米联合收割机收获结合秸秆粉碎机对散落的秸秆进行粉碎,在秸秆粉碎后进行有机肥抛撒作业,施用量为 15t/hm²;采用 200 马力以上的机车牵引液压翻转犁进行深翻作业,翻耕深度 30～35cm;然后晒垡 3～5 天降低土壤湿度,采用重耙呈对角线方向耙地 2 次;最后使用旋耕机进行起垄作业,至待播种状态。

4)玉米—大豆轮作技术:采用玉米—大豆轮作种植方式,以 2 年为一个耕作和轮作周期,第一年种植玉米,秋整地采用玉米秸秆翻埋或者玉米秸秆和有机肥翻埋还田技术,进行起垄;第二年采用垄作种植大豆,秋季浅耕;待到第三年再种植玉米,以此循环种植。

3. 应用效果

辽河平原农田肥沃耕层丰产增效技术模式已在辽宁省大面积推广应用。2019 年在核心示范区,经过专家田间现场测产验收,玉米单产为 796.23kg/亩,相邻农民生产田单产为 648.49kg/亩,单产提高 22.8%;氮肥利用效率提高 22.8%;按玉米 1.4 元/kg 计,亩增加收入 206.80 元。多年试验示范数据监测也表明,该技术模式示范区亩增产≥20%,减氮≥10%,平均增效 28.8%。

4. 适宜区域

该技术模式适宜于辽河平原中部、南部雨水相对充沛的地区。

11.2.3　有机质快速提升技术模式

1. 技术概况

针对辽河平原地区耕地开垦时间长、土壤肥力下降快等问题，以及该区域养殖业发展迅猛（2022 年粪污资源总量折合 7000 万头猪当量）的现实，中国科学院沈阳应用生态研究所与辽宁省农业科学院、农业农村部农业生态与资源保护总站等单位通过多年联合攻关，研发了适用于辽河平原区耕地的有机质快速提升技术模式。该技术模式是以好氧发酵有机粪肥替代化肥技术、农业有机废弃物田间近地覆膜腐殖强化技术为核心，并根据不同区域气候和土壤特点开发配套技术，包括有机粪肥生产技术、有机–无机培肥与高效精准施用技术和农田立体防风抗蚀保墒增效技术、辽河平原稻作区配套稻秸全量原位还田技术等，其形成的"东北黑土区耕地增碳培肥技术"2024 年入选农业农村部主推技术。该技术模式的应用，既可迅速提升耕地土壤质量和粮食产能，同时又解决了粪污处置不当带来的环境污染问题。

2. 技术要点

1）好氧发酵有机粪肥生产技术：采用好氧罐式发酵技术对粪污进行资源化处理，将固体粪污或其与秸秆等农业废弃物按照比例混合，经过短期高温好氧发酵实现物料的充分腐熟，与常规露天堆沤发酵相比，好氧罐式发酵技术具有操作简单、能耗低、周期短、效率高等优点，对环境污染小且不受季节影响，适合有一定规模的养殖场或农业合作社使用。以有机肥替代 50%和 75%化肥的收益较好，均可增收节支 7%以上。

2）农业有机废弃物田间近地覆膜腐殖强化技术：针对集中式堆肥处理作物秸秆投资门槛高、运行成本大的问题，以专用有机肥发酵膜为技术载体，通过工程技术创新，研制形成拆装式分散田间近地覆膜发酵堆体，实现了秸秆的近地可控堆肥，减少了运、储环节，降低还田应用成本。发酵过程通过施用生物菌剂、科学调控通气量与水分，减少了发酵过程物质的气态损失，提高了物料腐殖质化率，进而实现还田物料腐殖质含量的提升，提高有机质还田转化效率。以尿素、牛粪和鸡粪作为氮源，玉米秸秆作为堆肥材料，腐殖酸浓度较堆肥初期增加了 10.83～26.35g/kg，胡敏素浓度增加了 13.10～82.60g/kg。

3）有机–无机培肥与高效精准施用技术：该要点主要是有机培肥产品结合保水型稳定性肥料，利用其中的氮肥增效剂、磷素活化剂、保水剂等功能性有效组分，提升耕层保水保肥能力，实现一次性底施免追肥，延长肥效期，增加和更新土壤有机质，加深耕层厚度，改善土壤的理化性质，促进团聚体形成。

4）农田立体防风抗蚀保墒增效技术：该技术环节提出了农田立体防蚀理念，构建了地上、地表、地下（耕层）立体防风抗蚀增效技术，基于机械沙障防蚀原理，创建农田防蚀微地形模型，确定垄高、垄底宽、沟垄比等技术参数；首创了秋夏年际交替间隔深松技术，量化外源秸秆碳、氮与水互作效应，优化了秸秆深还田、条带还田等技术，实现了地力保育与防蚀增效同步（郑家明等，2020）。

5）稻秸全量原位还田：该技术环节针对稻田土壤有机质消蓄悬殊、稻秸全量还田难的问题，面向种植面积大或机械化程度高的规模农业经营户，根据不同气候、土壤等区域差异，集成以秋季秸秆高速打浆全量还田、春季翻旋打浆、配施秸秆促腐剂、激光平地及直接进水泡田插秧的耕整地技术，并集成包括适宜品种的选择、氮肥运筹、减施化肥和农药及施用壮苗微生物菌剂等技术，实现了增加稻田土壤有机质含量、提高水稻产量和品质，减少氮肥和农药的施用量等目标。

3. 应用效果

辽河平原有机质快速提升技术模式已在辽河平原的沈阳市、铁岭市、阜新市、朝阳市、营口市、辽阳市、盘锦市等地大面积应用，累计推广应用面积超 850 万亩。该技术模式应用效果显示，在辽河平原不同区域均实现了耕地地力和作物产量的提升，为辽宁黑土地保护利用提供了技术支撑。其中，好氧发酵有机粪肥替代 50% 和 75% 化肥，可增收节支 7% 以上；以尿素、牛粪和鸡粪作为氮源，玉米秸秆作为堆肥材料，腐殖酸浓度较堆肥初期增加了 10.83～26.35g/kg，胡敏素浓度增加了 13.10～82.60g/kg。同时，结合粪肥一体化循环利用，在辽西风沙干旱区配套有机-无机培肥与高效精准施用可增加玉米产量 3.5%～12.1%，农民增收 3.4%～14.8%；在辽北雨养农业区，配套大二比空免耕、小二比空免耕、小二比空条耕模式产量均超过 850kg/亩；在辽宁阜新，配套浅埋滴灌绿色节水技术，土壤水分深层入渗量较沟灌和膜下滴灌分别减少了 66.9% 和 34.0%，与沟灌技术相比，可减少蒸发 31.8%，提高了光合速率和籽粒产量形成，实现了绿色节水增效生产；辽河平原稻作区，配套稻秸全量原位还田技术，表层土壤有机质增幅达 0.6%，水稻产量增加 7.2%～9.5%，与氮肥减施田块相比水稻产量增加 14.6%～21.8%，稻米品质明显改善，销售价格显著高于单施化肥的稻米。

4. 适宜区域

该技术模式适用于辽河平原全域，且以规模化养殖区附近优先。

11.3 辽河平原黑土地保护与利用技术模式存在的关键问题

辽河平原地处东北南部，耕地开发早、光热资源充沛、作物生育期长等导致土壤有机质快速下降、地力持续衰退、粮食产能不稳。多年来，在国家和地方相关科技计划的支持下，各有关单位围绕黑土地保护与利用开展了大量研究工作，也取得了一些成就，但面对未来国家粮食安全和黑土地保护的重大需求，仍然面临许多亟须解决的科学和技术难题。

11.3.1　气候–作物–农艺多要素联合驱动的土壤退化机制尚未厘清

土壤退化是一项复杂且多要素联合驱动的地球物理化学过程，取决于农作物生产和土壤管理等各种农艺措施，并与气候资源密不可分。以往研究多局限于单一学科的探索，如研究大风天气对土壤风蚀的影响、降雨对农田水蚀的影响，研究禾本科与豆科作物间套作、轮作等对土壤质量的影响，研究有机物料还田、土壤耕作等对耕地质量的影响等，上述工作更多的是从一个层面解析了土壤质量变化的机制，但并未从系统角度阐明气候–作物–农艺对辽河平原土壤退化的综合作用机制，也导致技术的针对性不强、效果不显著，造成土壤持续退化的现象未得到有效解决。据统计，辽河平原大部分地区耕地土壤有机质含量不足 2%，并且与第二次全国土壤普查时期相比平均下降近 16%（徐志强，2020）。面对未来黑土地保护与利用粮食产量持续增长和黑土地可持续利用的国家双重需求，亟须依据系统学原理，开展气候–作物–农艺对农田土壤退化的联合驱动机制研究，为辽河平原黑土地退化阻控提供理论依据和技术支撑。

11.3.2　养分高效利用与碳汇功能提升的生物–非生物耦联机制尚不明确

养分高效利用与土壤有机质提升不仅关乎农田产能与土壤质量，而且对我国"双碳"目标实现也具有重要意义。当前，辽河平原农田存在土壤有机质含量低、过度依赖化肥、生产成本高等问题。以往研究多从固持–矿化等生物过程角度探讨如何提高养分利用效率与有机碳截获能力，但关于矿物固定–释放对养分保供和矿物–有机复合体对有机碳保护等非生物过程机制，以及生物与非生物过程耦联互促效应，仍缺乏系统研究；对不同管理措施下养分保供路径切换、微生物与矿物选择性利用和保护有机碳、微生物功能和矿物演化交互影响等方面认知不足，造成有机物料投入配比不合理、养分供需不匹配、有机质积累难等问题难以攻克，导致相关技术理论依据不充分、改进方向不明晰、环境影响不确定。面对黑土地生产生态功能协同提升需求，亟须系统开展养分高效利用与碳汇功能提升的生物与非生物机制及其耦联互促效应研究，为辽河平原黑土地保护与利用及关键技术研发提供理论依据和技术支撑。

11.3.3 土壤培肥与产能协同提升的机理尚需深入研究

土壤培肥与产能协同提升是一项世界性的科学难题，辽河平原光热资源充沛的气候特点，更为实现土壤培肥和产能协同提升增加了难度。前人研究更多的是关注单一作物、单一模式、单一技术，研究目标多集中于土壤培肥和粮食产量提升的单一目标。土壤培肥与产能协同提升的机理是一个动态、复杂且多维度的过程，涉及土壤物理学、化学、生物学及农学等多个学科的交叉。虽然前人在这些领域已经取得一定的研究成果，但有关土壤培肥与产能协同提升的机理尚未厘清，特别是围绕土壤培肥和产能协同提升的机理研究相对较少，导致综合性技术供给相对不足。因此，亟须围绕土壤培肥和产能协同提升的产业目标，深入开展气候、种植制度、土壤耕作制度之间的互作关系研究，阐明土壤培肥和产能协同提升的耦合机制，探索出耕地可持续利用与粮食产能协同提升的技术路径，为黑土地保护与利用提供理论和技术支撑。

11.3.4 水土资源协调配置与种植结构调整的对策及技术体系尚未形成

在全球变暖背景下，辽河平原降水时空分配不均衡态势加剧，干旱与洪涝灾害风险增加，流域水资源供需矛盾突出，严重影响粮食安全生产。尽管国家已启动黑土地保护与利用和"黑土粮仓"科技会战等项目，但如何根据辽河平原土地利用现状和水资源禀赋，协调配置山水林田湖草沙资源，仍缺乏总体战略与行动方案。因此，有必要围绕辽河平原"林、草、沙、盐、碱"等丰富的土地资源，依据辽河平原水资源禀赋，开展气候变暖背景下该地区玉米与水稻种植区增产潜力的研究，为水稻、玉米与大豆等种植结构调整提供战略指引与技术指导。

11.3.5 主动适应气候变化的黑土地保护技术缺乏

辽河平原地处东北地区南部，是我国气候变化最敏感的区域，近年来高温、持续干旱和暴雨事件频发，粮食生产存在较大风险。例如，2010~2022 年，辽宁省农作物受灾面积平均为 1196.10 万亩，占耕地面积的 19.5%。而且，年间波动较大，其中，2016 年受灾面积高达 2897.10 万亩，绝收 360.75 万亩；2011 年受灾面积最低，但也达到 487.05 万亩。如何趋利避害、最大限度地降低气候变化给农业生产带来的不利影响，充分发挥作物适应气候变化的能力和土壤缓冲气候变化的能力是黑土地保护与利用面临的重大科技问题。以往研究多关注种植制度调整对产能提升和土壤质量的影响，但关于种植制度优化主动适应气候变化的研究相对较少；对土壤退化研究多关注农艺措施对耕层厚度、有机质含量、土壤压实等的影响，但关于土壤酸化、生物指标变化等的研究相对不系统，特别是在高强度利用背景下，如何构建科学的土壤生态系统，提高土壤缓冲气候变化能力方面的研究更是少之又少。因此，亟须在评估未来气候变化对农业生产的潜在影响前提下，前瞻性地开展应对气候变化的种植制度和土壤生态系统构建及配套农艺技术创新，提出基于自然的气候智慧型农业解决方案，才能为未来黑土地保护与国家粮食安全提供有效的技术支撑。

11.3.6　土壤酸化成因不清楚和修复技术缺失

辽河平原处在东北南部，水热资源好，耕作历史长，集约化程度高。然而，最近几十年来该区域出现了显著的土壤酸化问题。中国地质调查局的数据显示，辽河平原耕地土壤在过去 35 年 pH 值下降的区域占比约 63%，平均值由 7.77 下降到 7.03，下降了 0.74 个单位。其中，旱田土壤 pH 值下降占比约 69%，平均下降 0.81 个单位；水田土壤 pH 值下降占比约 33%，平均下降 0.63 个单位。由于土壤酸化，土壤钙镁等阳离子流失严重。该区域土壤全钙含量评价以中等和较缺乏为主，面积占比分别约为 78% 和 15%；土壤全镁含量评价中缺乏面积较大，占比约为 38%。土壤酸化和阳离子流失将带来一系列问题，如植物生长受到抑制、土壤生物群落结构趋于单一、土壤养分可利用性降低、土壤重金属有效性升高、水体质量下降等，从而威胁国家粮食安全和农业可持续发展。目前，辽河平原区土壤酸化和养分流失对农业生产和生态环境的影响还未有系统的研究，亟须开展针对该区域的土壤酸化成因、农业生产影响及阻控修复技术研究。

11.3.7　缺乏农机农艺深度融合的一体化解决方案

充分利用先进的农机装备保障农艺措施的高质量实现，既是解决农村劳动力不足的现实需求，又是提高农业生产效率的客观需求。近年来，辽河平原所在的辽宁省农业机械化发展迅速，2021 年农业机械总动力为 2552.6 万 kW、机耕面积 393.2 万 hm²，分别较 2016 年增加 227 万 kW 和 12.3 万 hm²。虽然农机装备作业总量不断增长，但多用于农业生产中单一环节，且适宜于不同耕地的中低端产品多、高端复式产品少，数字化和智能化装备水平不高，特别是围绕农业生产全周期的农机供给不足，导致农机农艺融合不够。因此，面对辽河平原黑土地保护与利用创新技术模式实际需求，亟须围绕农艺作业要求，开展新型农机装备研究，着力补足农机装备短板、解决部分关键零部件"卡脖子"问题、促进农艺与农机深度融合，结合具体作业场景和技术模式，提出针对辽河平原不同黑土地保护与利用技术模式的农机农艺一体化解决方案，为辽河平原黑土地保护与利用关键技术和模式应用提供技术支撑。

11.4 辽河平原黑土地保护与利用科技创新未来重点研究方向

11.4.1 旱作农田土壤退化机制与阻控路径

研究内容：针对辽河平原旱作农田土壤侵蚀严重、保水保肥能力差、耕地利用强度大、有机质含量低、多要素驱动机制不清等问题，在开展基于气候条件的侵蚀效果、作物种类对地力影响、土壤耕作对有机质和养分消减特征研究基础上，解析各要素对土壤退化作用，探索多要素耦联效应，阐明气候–作物–农艺联合驱动土壤退化的机制；结合各类型区气候、作物和农艺特点，提出针对不同类型区、不同类型土壤的退化阻控路径。

2030 年目标：阐明辽河平原气候、作物、土壤耕作等单要素对土壤退化的影响效果，构建评价模型；初步阐明气候、作物、土壤耕作等单要素对土壤退化的驱动机制；提出针对不同区域、不同类型土壤的单要素阻控路径与对策，为区域土壤退化阻控关键技术研究提供理论支撑。

2035 年目标：系统阐明气候、作物、土壤耕作等要素对土壤退化的联合驱动机制；围绕不同区域、不同类型土壤退化阻控目标，提出基于农田生态系统的多要素联合阻控路径，为区域土壤退化阻控模式构建提供理论依据和技术指导。

11.4.2 农田养分利用效率与有机质高效提升关键技术

研究内容：针对辽河平原农田土壤有机质分解快积累难、农业生产依赖化肥、养分利用率低等问题，在开展养分不同保供路径时效性差异、微生物与矿物对有机碳选择性利用与保护作用、养分利用与固碳能力交互影响研究基础上，阐明生物与非生物过程对养分循环影响机制，创建蓄纳高效、供需同步的养分高效利用技术；揭示有机–矿物复合体对有机碳保护及其对管理措施的响应机制，构建生物与非生物过程协同高效的有机质提升技术。

2030 年目标：初步阐明主导辽河平原农田养分高效利用与有机碳有效固存的驱动因子，形成生物与非生物过程相协调的区域适宜型调控管理措施，量化作用效果，建立评价体系，为辽河平原农田养分利用效率与土壤有机质高效提升关键技术研发提供理论支撑。

2035 年目标：系统阐明辽河平原主要类型土壤养分保供与有机质保护的生物与非生物机制，构建养分利用效率和土壤有机质协同提升耦联互促关键技术，为辽河平原农田生产生态功能协同提升提供技术支撑。

11.4.3　土壤培肥与产能协同提升模式

研究内容：针对辽河平原土壤培肥与产能提升的机理机制不清、技术集成度差等问题，开展"气候–土壤–作物"耦合匹配的土壤培肥与产能提升的机理机制研究，阐明土壤培肥的物理、化学和生物驱动机制及与作物产能协同提升的互作机理。突破土壤退化阻控、生物源耕地保育、土壤固碳培肥、土肥水高效利用等一批关键技术，根据不同类型耕地的资源禀赋、主栽作物、农业生产措施等，提出针对不同类型区、不同类型土壤的地力培肥与产能协同提升模式，实现辽河平原区"耕地质量提升、作物产能增加、生态环境改善"三位一体协调发展。

2030 年目标：通过定位试验研究探明土壤物理学、化学、生物学及农学的互作机制，突破土壤退化阻控、生物源耕地保育、土壤固碳培肥、土肥水高效利用等一批关键技术，初步形成针对不同类型区、不同类型土壤的地力培肥与产能协同提升模式，打造辽河平原土壤培肥与产能协同提升示范样板。

2035 年目标：阐明土壤培肥的物理、化学和生物驱动机制及与作物产能协同提升的互作机理，提出针对不同类型区、不同类型土壤的地力培肥与产能协同提升模式，建立高标准示范区，技术实现大面积推广应用。

11.4.4　水土资源协调配置与产能提升技术体系

研究内容：在综合分析辽河平原土地使用状况与流域水资源供需矛盾基础上，提出该区土地利用与水资源合理配置宏观战略；在分析该平原不同类型区"三线"（城镇开发边界、永久基本农田边界、生态保护红线）基础上，根据不同类型区经济发展规划和资源禀赋，提出调整"三区"（城镇空间、农业空间、生态空间）的战略方案；根据山水林田湖草沙一体化保护原则，提出该区土地资源优化配置与产能提升对策。采用系统科学原理和多源遥感技术，基于长期定位观测与空间统计分析，明确该区山水林田湖草沙复合系统协调性原理；应用系统动力学模型、多目标优化算法和多目标情景分析，建立该区山水林田湖草沙资源协调配置技术；创建以"全量有效水资源"为核心，既可满足区域整体协调度，又可节约用地的新型农田生态屏障营建方案。综合分析该区"三生"（生活空间、生产空间、生态空间）用地现状与发展需求、耕地与后备耕地资源范围、气候变化与水资源供需矛盾，提出后备耕地资源开发策略，水稻、玉米、大豆种植结构调整对策及技术体系。

2030 年目标：明确该区土地资源优化配置与产能提升技术体系，建立该区"山水林田湖草沙"资源协调配置技术;建立以"全量有效水资源"为核心,既可满足区域整体协调度,又可节约用地的新型农田生态屏障。

2035 年目标:构建良好的水土资源配置体系,建立完整的高标准农田示范区;优化水稻、玉米、大豆种植结构,构建优质、高产、高效的现代农业粮食生产技术体系。

11.4.5 气候智慧型黑土地保护技术与模式

研究内容:针对辽河平原极端降雨、干旱频发及土壤持续退化造成的粮食产能不稳的问题,开展气候变化评价与模拟研究,评估其对粮食产量的潜在影响,构建主动适应气候变化的种植制度,研发配套作物管理技术;研发农田作物长势和土壤水热肥供应自动化监测技术和预测预警体系,创建集蓄水保水和养分供给于一体的土壤综合管理技术,构建应对气候变化的健康土壤生态系统;阐明作物群体与土壤生态系统协调互促机制,突破作物和土壤协同管理技术,创建气候智慧型农业模式,提高农田生态系统应对气候变化的能力,实现黑土保护与产能协同提升。

2030 年目标:构建评价预测模型,精准预测辽河平原未来气温和降水分布变化并评估对作物产量的潜在影响,明确适应气候变化的种植区划,研发配套作物管理技术;研发作物长势和土壤水热肥供应自动化监测技术和预测预警体系,创建土壤综合管理技术,初步构建应对气候变化的土壤管理技术体系。

2035 年目标:阐明作物群体与土壤生态系统协调互促机制,突破作物和土壤协同管理技术,创建气候智慧型农业模式,建立高标准示范区,技术实现大面积推广应用。

11.4.6 旱作农田土壤酸化成因与阻控路径

研究内容:针对辽河平原区域土壤酸化成因和未来趋势不明、对粮食生产和土壤健康影响不清、阻控路径缺失的问题,反演近 40 年来区域土壤酸碱度和土壤盐基离子养分历史变化和空间格局,解析土壤酸化过程的机理和主控因子,尤其关注酸化过程中 H^+ 产生的根源和过程;揭示土壤酸化的生产和生态影响,特别评估对农作物生产、土壤健康和地下水的影响;预测保护性耕作制度变革和全球气候变化背景下土壤酸化和养分平衡的趋势规律;研发不同性质土壤和不同农作体系土壤酸化阻控和修复关键技术,综合评估关键技术的成本和收益;构建辽河平原典型农作体系土壤酸化阻控和修复技术模式,并大面积示范应用。

2030 年目标:反演近 40 年来区域土壤酸碱度和土壤盐基离子养分历史变化

和空间格局，解析土壤酸化过程的机理和主控因子，揭示土壤酸化生产和生态效应；预测保护性耕作制度变革和全球气候变化背景下土壤酸化和养分平衡的趋势规律。总目标是全面掌握辽河平原区域土壤酸化历史变化和未来变化，揭示酸化机制及其产生的生产和生态后果。

2035 年目标：研发不同差异性质土壤和典型农作体系酸化阻控和修复关键技术，综合评估关键技术对土壤 pH 值、土壤性质和作物产量及其成本的影响；构建辽河平原典型农作体系土壤酸化阻控和修复技术模式，并大面积示范应用，全面阻控土壤酸化的现状，为保障土壤健康和粮食生产服务。

11.4.7　智能化农机农艺融合装备研发

研究内容：针对辽河平原适宜于不同地域的农机装备中高端复式产品少、数字化与智能化装备水平不高、农机农艺融合一体化解决方案缺乏等问题，面向区域不同模式应用场景，开展薄弱环节专用农机装备及其核心部件研发，推进农机农艺融合、装备制造与应用示范链接；研发无人作业系统与智能化精准作业装备，实现"互联网+农机"协同作业与远程运维管理，构建农机农艺融合的黑土地智能化保护与利用范式；开展现代农业装备作业参数信息获取与智能控制一体化、农机协同作业技术研究，搭建农机作业监测服务平台，以物联网、大数据技术为支撑，把作业轨迹、作业面积、作业质量分析等信息集成到智慧管理平台上，实现全程数字化智能管理。

2030 年目标：研发薄弱环节专用农机装备及其核心部件，补足农机装备短板、解决部分关键零部件"卡脖子"问题、实现农艺与农机深度融合。

2035 年目标：构建多尺度多过程黑土地智能管理模式，打造黑土地保护与利用大数据平台，无人作业系统与智能化精准作业装备达到发达国家水平，黑土地智能化保护与利用达到国际领先水平。

11.5　典型案例

案例一　阜新蒙古族自治县气候智慧型农业助推粮食生产转型升级

阜新蒙古族自治县位于辽河平原西部，地处蒙古高原向辽河平原过渡的北方农牧交错带，是典型的褐土区，现有耕地面积 500 余万亩，是辽河平原区重要的粮食主产区和生态屏障区。由于长期高强度开发利用和光热资源丰富叠加驱动，农田土壤进一步恶化，土壤微生态环境变得更加脆弱，适应气候变化的缓冲能力不断降低；同时，作为全球气候变化最敏感地区之一，近年来该区域气候呈现温度逐年升高、降水逐年减少的态势，暖干化趋势愈加明显，传统的单一作物种植模式导致农田生态系统韧性差、稳产性变弱，已经难以适应气候变化；过度依靠化肥和多次耕翻，加速了土壤侵蚀和地力劣化，并增加了温室气体排放。

为探寻适宜于东北褐土地区的气候智慧型农业新模式，辽宁省农业科学院结合以往工作基础，在辽河平原典型褐土区（阜新蒙古族自治县），围绕黑土地保护与利用，开展了气候智慧型农业模式构建研究，在农作制度区划、土壤耕作与养地制度、资源高效利用、农田水肥调控、水土保持和旱作农业区产业发展等方面取得多项原始创新成果，集成构建了以作物多元化种植和秸秆科学还田技术为核心的气候智慧型农业——"阜新模式"。"阜新模式"的构建为辽河平原区秸秆科学还田提供了指导，同时建立的集秸秆还田、播种、施肥、病虫草害防治、收获等作物生产全流程于一体的技术规范，可有效推动褐土区气候智慧型农业的技术标准化，真正实现技术的可复制、能推广、见实效。在阜新地区连续实施 5 年的监测结果显示，"阜新模式"产量显著高于传统种植，平均增产 10.7%，且产量年际间稳产性更高，显著提高了农田生态系统抵御气候变化的"韧性"，项目区平均农田风蚀降低 85%以上，耕层土壤含水量提高 3～4 个百分点，生产过程减排温室气体（氧化亚氮）11.6%。2022 年，在"阜新模式"的示范带动下，阜新蒙古族自治县阜新镇桃李村农民对气候智慧型农业的认知度从 2019 年的不足 5%，达到 2022 年的 95%以上，因为尝到了增产增效的甜头，很多农民舍弃了几十年不曾改变的传统种植方法。目前，阜新市 486 万亩的玉米田中约 30%都采用了该项技术。

案例二　昌图县探索黑土地保护的多重路径——在大农业生态系统中养地增收

昌图县位于辽河平原北部，东西山水环抱，中部为漫岗平原，现有耕地近 490 万亩，地处世界黄金玉米带，其中玉米种植面积 400 万亩以上，是辽河平原区重要的粮食生产基地和畜禽生产加工基地。多年以来，昌图县深入贯彻"藏粮于地、藏粮于技"战略，实施国家黑土地保护工程，与中国科学院沈阳应用生态研究所、辽宁省农业科学院、沈阳农业大学等科研单位联合研发，探索出以作物秸秆覆盖为核心的保护性耕作技术、以有机肥还田为核心的种养一体技术、以大数据平台为依托的智慧农业技术等技术体系，综合采取工程、农艺、农机、生物等措施，保护黑土地的优良生产能力，实现黑土地总量不减少、功能不退化、质量有提升、产能可持续。目前，全县保护性耕作地块粮食可增产约 0.5 亿 kg，农业增产增效和生态效益逐步显现，形成了黑土地保护的"昌图模式"。具体路径包括以下几方面。

昌图县传统的均匀行种植行距在 57cm，不利于发挥辽北地区光热资源优势，而采用秸秆覆盖"不等行距种植"技术，即宽窄行（40～74cm）、二比空（57～114cm）等技术模式，通过调整行距，留出宽行，不仅可以堆放更多的秸秆，使更多的秸秆覆盖还田，还提高了玉米的通风性和透光性，促进玉米增产。目前，昌图县主要采用 4 种保护性耕作技术模式，即秸秆覆盖均匀行技术模式、秸秆覆盖宽窄行技术模式、秸秆覆盖二比空技术模式、秸秆覆盖条带浅旋技术模式，结合配套农机，进行玉米秸秆覆盖还田的保护性耕作，尤其是后 3 种模式更具代表性。通过机械收获与秸秆覆盖、免耕播种与养分综合管理、病虫草害精准防治、休耕轮作等技术环节，可有效减轻土壤的风蚀水蚀，提升土壤肥力和保墒抗旱能力，提高农业生态和经济效益；通过秸秆覆盖还田、免耕播种等技术，减少化肥施用量，增加土壤有机质、改良土壤结构，每亩能提高产量 10%～20%，每亩降低生产成本 70～100 元；实行休耕轮作，有针对性地对休闲带进行苗期深松，提升农作物保水抗旱抗倒伏的能力。此外，也扶持了新型农业经营主体做大做强，支持县内农机企业研发创新，进一步提升了保护性耕作装备能力。昌图县作为全国生猪调出大县，生猪饲养量达到 368 余万头，年出栏 500 头以上的规模猪场 83 个，养殖散户在 2 万户以上。通过发展循环农业，将畜禽粪污资源化利用，能够兼顾农业生态和经济效益。粪污发酵处理还田技术模式主要包括 5 种，即好氧发酵罐处理粪便生产粉剂有机肥还田模式、有机肥厂集中处理生产商品有机肥还田模式、污水存储池露天氧化发酵还田模式、黑膜密闭囊厌氧发酵处理污水还田模式和黑膜密闭囊厌氧发酵处理全量粪污还田模式。相较于传统露天静置堆肥，这 5 种技术模式能大幅减轻传统堆肥中产生大量臭气、养分损失严重的问题。同时，昌图县针对大型企业、中型企业及小农户等主体的不同养殖规模分类施策，开展猪粪、牛粪、鸡粪资源化利用技术开发。通过畜禽粪污发酵、固体有机肥抛撒、液体有机肥注射施用等技术，在增加土壤有机质、增强地力的同时，杜绝畜禽粪污污染，实现资源化利用。截至目前，昌图县建设畜禽粪污资源化利用示范点 5 个，规模养殖场粪污处理设施 100%全配套，大力推广养殖散户将粪污在耕地附近堆沤发酵还田，2021 年堆沤发酵还田有机肥 274 万 t，化肥施用量减少 20%。

上述黑土地保护多重路径解决了黑土地由于土壤侵蚀、高强度翻耕、作物连作、有机肥投入不足等导致的土壤变薄、变瘦和变硬等问题，为遏制黑土地退化、恢复重建黑土地生产生态功能、促进土壤保育及产能提升、推动现代农业及数字农业发展提供了可复制可推广的方案。

作 者 信 息

孙占祥，辽宁省农业科学院

汪景宽，沈阳农业大学

冯良山，辽宁省农业科学院

方运霆，中国科学院沈阳应用生态研究所

宇万太，中国科学院沈阳应用生态研究所

白　伟，辽宁省农业科学院

张　哲，辽宁省农业科学院

李　娜，辽宁省农业科学院

参 考 文 献

曹新竹. 2019. 下辽河平原区耕地质量等别评价及提升潜力研究. 沈阳农业大学硕士学位论文.

贾文锦. 1992. 辽宁土壤. 沈阳: 辽宁科学技术出版社.

龙丽, 闫成璞. 2017. 松嫩平原风(水)蚀区水土资源利用问题与治理措施. 黑龙江水利科技, 45(10): 15-17.

孙占祥. 2022. 东北地区旱地农业研究进展与发展对策. 寒旱农业科学, 1(1): 4-11.

辛景树, 汪景宽, 薛彦东. 2017. 东北黑土区耕地质量评价. 北京: 中国农业出版社.

徐英德, 裴久渤, 李双异, 等. 2023. 东北黑土地不同类型区主要特征及保护利用对策. 土壤通报, 54(2): 495-504.

徐志强. 2020. 辽宁省黑土保护利用现状及对策. 农业科技与装备, (1): 71-73.

张雪锋. 2018. 基于 TOPSIS 算法的下辽河平原区永久基本农田划定研究. 沈阳农业大学硕士学位论文.

郑家明, 冯良山, 冯晨, 等. 2020. 辽宁省旱作农田防蚀增效研究进展与展望. 辽宁农业科学, (3): 38-42.

第12章　长白山—辽东丘陵区黑土地保护与利用的关键技术及应用

摘要：长白山—辽东丘陵区黑土地是我国重要的耕地资源，保护和利用好这一区域耕地意义重大。该区域有旱田、水田 646.35 万 hm^2，林下种植养殖用地约 240 万 hm^2；旱田以坡地为主，水田则分布于山间谷地、河流两岸；土壤类型以暗棕壤面积为最大，其次是白浆土、棕壤，还有一定数量的黑土和草甸土。该区域水资源丰富，水热同季，黑土地土壤有机质含量相对较高，但坡耕地多、坡度大、土层薄，山区云量多、日照少，谷地渍水冷凉，加之利用不合理，使耕地"水蚀、瘠薄、酸化、冷凉"等问题长期存在且局部表现出了愈加严重的趋势。针对当地耕地资源优势与存在的主要问题，研发并在生产中应用的主要技术有植树造林、栽植地埂植物篱、等高种植等水蚀防治技术，秸秆还田、保护性耕作、增施有机肥等土壤培肥技术，合理耕作、打破障碍层、土层置换混拌、控制地下水埋深等耕层改良技术，因土施肥、作物轮作、有机物料与化学改良剂联用等土壤酸性改良技术；这些技术取得了较好的应用成效，但也存在着土壤退化机理不清、应用参数不配套、技术单一、整体效果欠佳、适用的农机具少和智能化程度低等问题。为此，要同步深化基础理论研究、强化技术研发及其模式构建与应用；主要内容包括阐明气候、土壤、作物互作及其与耕作、施肥等农艺措施叠加驱动农田土壤水蚀机理、致酸机理、障碍层次形成与消减机理，研发相关技术，并组合集成为监测、预警、治理、修复与培肥一体化的耕地土壤肥力提升、周年肥水协同高效利用、作物群体质量优化调控的技术模式，通过技术创新和模式构建及其在生产上大面积推广应用，为长白山—辽东丘陵区地力保育、产能提升、绿色生态协同发展提供技术支撑。

长白山—辽东丘陵区位于东北东部，地形复杂，地貌多样，耕地主要以坡耕地为主，面积 646.35 万 hm^2，占该区域总面积的 23.6%，占东北黑土区耕地总面积的 18.0%（徐英德等，2023），是我国重要的商品粮和绿色农产品生产基地，也是东北黑土地保护与利用的重要区域，又是东北重要的生态屏障区和东北发展林下经济重要产区；保护与利用好这一区域的土壤，对夯实东北粮食安全基础、巩固生态安全战略地位，守护好东北大粮仓起到举足轻重的作用（张佳宝等，2021）。多年来随着耕地利用强度持续升高，受自然禀赋条件限制和长期过量使用化肥、有机肥等有机物料投入少、坡耕地水土流失治理不到位等人为活动的影响，区域内黑土地出现了不同程度的耕作土层变薄、土壤有机质含量降低、土壤结构性变劣、保水保肥能力下降、土壤酸化加剧等问题（辛景树等，2017）；这些问题困扰着当地农业发展和生态建设水平的提升。到目前为止，虽然当地在黑土地保护、防治土壤侵蚀与土壤酸化方面已经做了不少理论研究与技术研发工作，但这些工作相对分散、没有形成技术体系或技术模式，尚不能为该区域黑土地保护与利用提供强有力的理论依据和技术支撑。因此，亟须全面明确该区域黑土地面临的主要问题、保护与利用技术模式及应用现状、未来研究重点方向及预期目标，以期为长白山—辽东丘陵区黑土地保护与利用提供可持续的系统解决方案，服务于该区域现代大农业建设，实现地力保育、产能提升、绿色生态协同发展。

12.1　长白山—辽东丘陵区黑土地资源禀赋与利用现状

12.1.1　区域位置

长白山—辽东丘陵区主要分布于黑龙江省东南部、吉林省东部和辽宁省东南部，位于 38°44′32″～46°13′48″N、121°8′24″～131°17′34″E。辽东丘陵区是长白山山脉的延续，构造上属华北地台辽东隆起带，该区地形复杂，地势由东南向西北阶梯式降低；地貌多样，以山地丘陵为主，山间形成一些小的盆地和河谷平原，部分地区为海拔 750m 以上的中山。行政区域主要包括黑龙江省的牡丹江市、哈尔滨市（阿城区、五常市、宾县、延寿县、方正县、尚志市）、鸡西市（梨树区、麻山区），吉林省的白山市、吉林市、辽源市、四平市（伊通满族自治县）、通化市、延边朝鲜族自治州、长春市（市区、榆树市）及辽宁省的本溪市、大连市、丹东市、鞍山市（岫岩满族自治县）、抚顺市（新抚区、东洲区、抚顺县、新宾满族自治县、清原满族自治县）、辽阳市（弓长岭区、辽阳县）和铁岭市（西丰县），总行政面积约 28 万 km² （表 12-1）。

表 12-1　长白山—辽东丘陵区包含的行政区域

类型区	省级行政区	市（县）级行政区
长白山—辽东丘陵区	黑龙江省	牡丹江市、哈尔滨市（阿城区、五常市、宾县、延寿县、方正县、尚志市）、鸡西市（梨树区、麻山区）
	吉林省	白山市、吉林市、辽源市、四平市（伊通满族自治县）、通化市、延边朝鲜族自治州、长春市（市区、榆树市）
	辽宁省	本溪市、大连市、丹东市、鞍山市（岫岩满族自治县）、抚顺市（新抚区、东洲区、抚顺县、新宾满族自治县、清原满族自治县）、辽阳市（弓长岭区、辽阳县）和铁岭市（西丰县）

12.1.2　自然资源

水资源：长白山—辽东丘陵区内河网密布，综合各行政区（县、市）统计年鉴，流域面积大于 100km^2 的大小河流（如牡丹江、松花江、鸭绿江、浑江、太子河、浑河等）有 60 条以上，为水资源丰富的足水区，年均水资源总量约 500 亿 m^3，几乎全部为地表水资源量，多年平均河川径流量可达 481.70 亿 m^3，地下水资源量约 110 亿 m^3。该区域水资源量受气候变化影响显著，降水量增加能够提高区域水资源总量。

气候资源：气候属于温带大陆性山地气候和温带大陆性季风气候，除具有一般山地丘陵气候的特点外，还有明显的垂直气候变化，整体上冬季漫长寒冷、夏季短暂温凉。长白山区域年均气温在-7～3℃，≥10℃有效积温在 2100～2700℃，年日照时数为 2200h 左右；而辽东丘陵区年均气温高于长白山区域，在 5～8℃，其≥10℃有效积温在 2800～3200℃，年日照时数可达 2500h 左右。年降水量在 700～1500mm，降水量年际分配变化较大，其中约 80%的降水量集中在 6～9 月，7 月、8 月最多。

土地资源：土地多分布在山地丘陵，总面积约 2700 万 hm^2，占东北黑土地总面积的 21.6%。该区域土地资源利用结构主要以林地为主，面积约 2000 万 hm^2（占比约 74%），耕地面积约 646.35 万 hm^2，占东北黑土地总耕地面积的 18.0%。土地整体海拔较高，山区云多、日照少，地貌类型和气候因素在一定程度上限制了农业生产。

生物资源：该区域存在种类繁多的野生生物，种质资源丰富。长白山区域已知的动物种类有 1000 多种，分属于 52 目 258 科，其中，哺乳类 6 目 18 科 48 种，鸟类 18 目 50 科 240 种，鱼类 5 目 10 科 24 种，两栖类 2 目 5 科 9 种，爬行类 1 目 3 科 12 种，代表性野生动物有东北虎、金钱豹、梅花鹿、紫貂、白肩雕、中华秋沙鸭、棕熊、黑熊、猞猁、马鹿、鹗、苍鹰、雀鹰、花尾榛鸡等。已知的植物种类有 2806 种，分属于 73 目 256 科，包括乔、灌、藤、草、蕨类等植物，如红松、长白落叶松、枫桦、椴树、白桦、槭树、花楸、杜鹃、笃斯越桔和苔藓等。辽东丘陵区已知的脊椎动物种类有 559 种，包括兽类 79 种、鸟类 447 种、爬行类 20 种、两栖类 13 种，如丹顶鹤、东方白鹳、白鹤、金雕、天鹅、狍子、林蛙等；已知的植物种类有 71 科 159 属 245 种，其中，被子植物 61 科 144 属 222 种，裸子植物 2 科 5 属 8 种，蕨类 8 科 10 属 15 种等，如樟子松、油松、辽东栎、人参、细辛、五味子、桔梗、轮叶党参等。

12.1.3 土壤类型与利用现状

1. 土壤类型

该区域土壤类型主要有暗棕壤、白浆土、棕壤、草甸土、黑土等，面积最大的是暗棕壤，为 253.05 万 hm²，占该区耕地面积的 39.2%；其次是白浆土，面积为 145.20 万 hm²，占该区耕地面积的 22.5%；再次为棕壤、草甸土和黑土，分别占该区耕地面积的 13.3%、12.6% 和 9.9%。区域内以坡耕地为主，其中 2°～6° 和 6° 以上缓坡耕地各占约 50%，主要种植玉米、大豆和水稻等。整体上，暗棕壤和白浆土黑土层薄、物理结构不良、低平地土质黏重等，受黏、湿、冷、瘠等障碍因素影响，低产土壤面积较大。

暗棕壤是区域内重要的耕地资源，主要分布在海拔 1100m 以下，南到辽宁铁岭、清原一带。暗棕壤质地大多为壤质，其黏土矿物以水化云母、蛭石和高岭石为主，有机质含量较高，最高可达 50～100g/kg，但有机质含量由表层向下锐减。腐殖质层较薄，多为 20cm 左右。表层腐殖质中胡敏酸含量较多，土壤阳离子交换量相对较高，可达 25～35cmol/kg，盐基饱和度可达 60%～80%，pH 值为 6.0 左右（姜岩，1998）。

白浆土包括岗地白浆土、草甸白浆土和潜育白浆土 3 个亚类，依次分布于岗地、平地和低地上，是该区域第二大耕地土壤，主要分布在吉林省东部，该类土壤养分总储量低，土壤有机质含量为 8～10g/kg，腐殖质层薄，存在坚硬障碍层次白浆层，阻碍根系下扎及雨水下渗，土壤表旱表涝严重，是典型低产障碍土壤，需要改良白浆层。近年来，随着机械翻耕作业进行，耕层厚度增加，但土壤肥力不高，需要培肥。

棕壤主要分布在辽东丘陵区域，土壤有机质含量约 20g/kg，阳离子交换量为 15～30cmol/kg，交换性盐基离子以 Ca^{2+} 为主，其次为 Mg^{2+}，而 Na^+、K^+ 很少，盐基饱和度多在 70% 以上，土壤呈中性—微酸性，pH 值为 5.5～7.0。棕壤质地多为砂壤土或壤质砂土，剖面中部多为粉质壤土。棕壤的黏土矿物以水云母为主，还有一定数量的蒙脱石、高岭石和少量的蛭石与绿泥石。棕壤的透水性较差，尤其是经长期耕作后形成较紧实的犁底层，透水性更差。在坡地上由于降水不能及时全部入渗土壤而产生地表径流，引起水土流失，严重时，表土层被全部侵蚀掉，黏重心土层露出地表，肥力下降（贾文锦，1992）。

草甸土在该区域各地均有零星分布，因成土因素在成土过程中的作用不同，导致此类土壤特性差异较大，可分为典型草甸土、潜育草甸土、碳酸盐草甸土、盐化草甸土等亚类。土壤有机质含量低于暗棕壤，为 $42\sim76$ g/kg，全氮为 $3\sim5$ g/kg，全磷为 $1\sim2$ g/kg，全钾为 $20\sim25$ g/kg，土壤潜在肥力高，但土温低，养分释放慢。

黑土主要分布在长白山—辽东丘陵区与松嫩平原区交界处，该类土壤腐殖质含量高，呈暗灰或灰黑色，土层厚度一般为 $30\sim70$ cm，土壤团聚化能力强，水稳性较高。质地大多为黏壤土，黏土矿物以水云母和蒙脱石为主；有机质含量在 $30\sim60$ g/kg，全氮含量 $2\sim5$ g/kg，全磷含量 $1\sim3$ g/kg，全钾含量 $22\sim26$ g/kg；土壤阳离子以 Ca^{2+}、Mg^{2+}为主，阳离子交换量可达 $30\sim45$ cmol/kg，保肥能力较强，盐基饱和度一般为 80%～90%，土壤呈中性至微酸性，pH 值为 5.7～6.8。黑土土层深厚、耕性好、供水供肥能力强，潜在肥力高，但开垦后若不注重保护，水土流失较为严重，土壤肥力下降明显。

2. 土地利用现状

长白山—辽东丘陵区土地总面积约为 2700 万 hm^2，其中耕地面积约为 646.35 万 hm^2，主要以旱田为主，其次为水田；此外还有林下种植养殖用地约 240 万 hm^2。

旱田利用现状：旱田多为坡耕地，主栽作物为玉米。由于长期以来粗放耕作管理，水土流失严重、土壤肥力下降，加之冷凉气候和光照不足，导致该区域农业生产受限。目前，针对该区域旱田土壤存在的"水蚀、瘠薄、酸化、冷凉"等问题，应用横坡起垄、垄侧少免耕、等高种植、地埂植物篱等水蚀防治技术，沟道整形、暗管铺设、秸秆打捆填埋、表层覆土、渗井修筑和沟毁耕地修复技术，秸秆覆盖还田、保护性耕作、增施物料有机质提升技术，氮素调控、增施碱性物料土壤酸化消减技术，秸秆全量粉耙还田、垄作覆膜散墒增温技术，并取得初步成效。

水田利用现状：该区域降水较多，水源相对充足，适合生产水稻，主要分布在吉林省东部的通化市和延边朝鲜族自治州，辽宁省东部的丹东市、本溪市和抚顺市，水稻品种以优质粳稻为主，每年优质粳稻种植面积稳定在 15 万 hm^2 左右。水田多分布在山间沟塘地带，气候冷凉，无霜期短，气温及灌溉水温度较低，限制了水稻高产稳产。该区域稻米品质好，自古以来就是贡米产区，但可供选择栽培的优质水稻品种较少。

林地利用现状：林下经济是依托林地及其生态环境，遵循可持续经营原则，以复合经营为主要特征的生态友好型经济形式，包括种植、养殖、相关产品采集深加工、林草湿景观利用等。近年来，大力发展中药材、软枣猕猴桃、大榛子、山野菜、食用菌等林下经济作物种植业和林蛙、野鸡等林下养殖业，目前经济总产值已近 500 亿元。在国家实施碳达峰和碳中和"双碳"目标的背景下，发展林下经济的同时还承担着生态环境建设任务。经济作物生产栽培仍以传统方式为主，技术碎片化，缺乏系统性、规范性和科学性，导致生产过程不规范，生产成本逐年上升，效益低。

12.1.4 作物种植结构

农作物种植结构包括粮食作物、经济作物和蔬菜等。主要的粮食作物包括玉米、水稻、大豆、小麦等。统计资料显示，该区涉及的 85 个县（市、区），2021年粮食作物种植面积占比 87.5%，为 595.40 万 hm^2，蔬菜作物、经济作物和其他作物种植面积占比分别为 5.0%、2.4%和 5.1%（图 12-1）。玉米种植面积 350.19万 hm^2，水稻种植面积 94.41 万 hm^2，大豆种植面积 55.41 万 hm^2；玉米、水稻、大豆和薯类占粮食作物播种面积比例分别为 68.4%、18.5%、10.8%和 2.1%（图 12-2）。

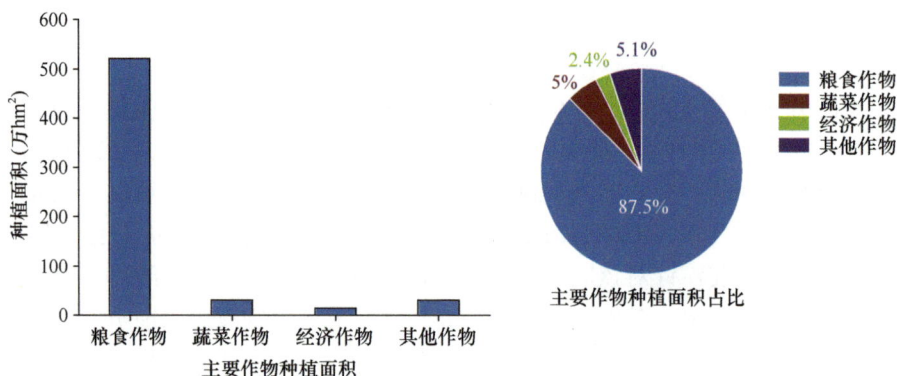

图 12-1　长白山—辽东丘陵区主要作物种植面积及占比

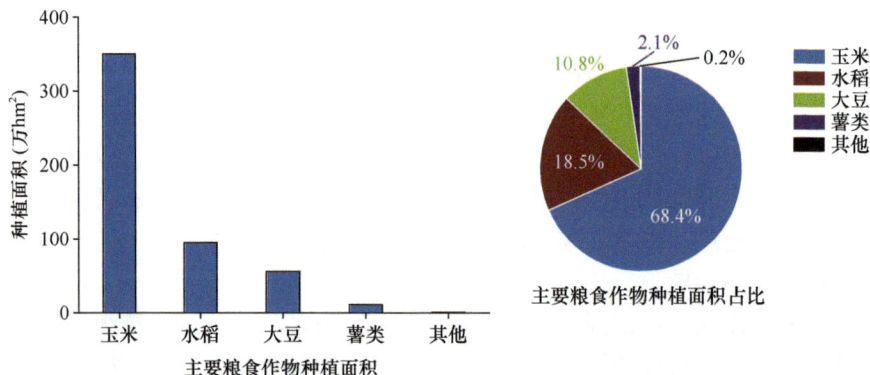

图 12-2　长白山—辽东丘陵区主要粮食作物种植面积及占比

玉米集中种植地块面积较小，适宜的农机装备缺乏，现有的农业机械土壤翻埋深度不够，致使培肥物料在土壤中混拌不匀，影响作物出苗。

12.1.5　农业生产要素投入

据各地级市统计年鉴数据，2021 年长白山—辽东丘陵区化肥施用折纯量为149.13 万 t，其中氮肥 29.78 万 t、磷肥 5 万 t、钾肥 5.70 万 t、复合肥 63.71 万 t，农药使用量 27.31 万 t，有效灌溉面积 17.19 万 hm^2，农用塑料薄膜使用量 4.79 万 t，农用柴油用量 40.85 万 t。长期使用化肥会导致土壤的酸化速度加快，加速 Ca^{2+}、Mg^{2+} 从耕作层淋溶，从而导致盐基饱和度和土壤肥力下降。大块塑料经紫外线照射、碰撞磨损或微生物降解等方式而破碎形成的微（纳）米级塑料，在土壤中能够向下迁移，存在污染土壤继而可能进入植物体内从而进入食物链，引发严重的环境和健康问题。另外，地膜产生的微塑料还可能随水进入周边河湖中，甚至进入海洋中，导致微塑料的面源污染。考虑到微塑料的稳定性，其对环境的污染将具有长期性特点，因此，地膜产生的微塑料污染亟须我们高度重视。

12.1.6　粮食产量及构成

由于气候资源的差异和种植技术的不同，不同作物的产量存在较大差异。一般来说，在气候适宜、土壤肥沃的地区，作物产量较高。同时，随着农业技术的不断进步，该地区的作物产量也在逐步提高。据统计，该区 2021 年粮食年总产量2928.77 万 t，占全国总产量的 4.3%，占东北三省总产量的 20.3%。其中，玉米产量 2149.20 万 t，占全国玉米产量的 7.9%；水稻产量 661.57 万 t，占全国水稻产量的 3.1%；水稻与玉米的产量占长白山—辽东丘陵区粮食总产量的 94.3%。2021 年大豆、薯类和其他粮食作物总产量分别为 99.83 万 t、46.38 万 t 和 21.80 万 t，分别占主要粮食作物产量的 3.4%、1.6% 和 0.7%（图 12-3）。玉米集中种植地块面积

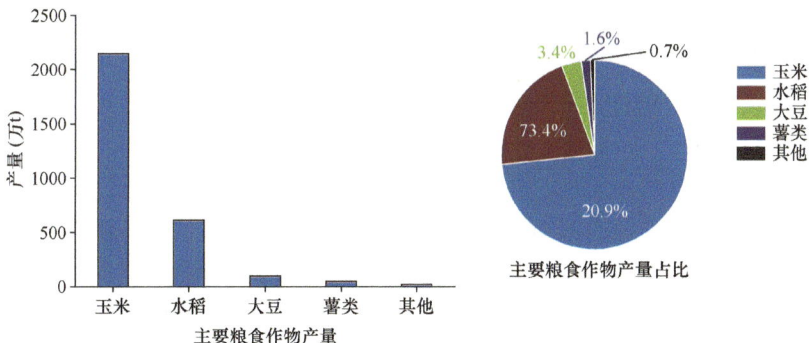

图 12-3　长白山—辽东丘陵区主要粮食作物总产量及占比

较小，适宜的农机装备缺乏，现有的农业机械土壤翻埋深度不够，致使培肥物料在土壤中混拌不匀，影响作物出苗。智能农机装备的信息化管理水平相对较低，缺乏完善的数据管理和分析系统，难以充分利用数据信息提升农业生产效率。

12.2 长白山—辽东丘陵区黑土地保护与利用技术模式及应用现状

12.2.1 坡耕地"三道防线"水蚀防治技术模式

1. 技术概况

该技术模式统筹兼顾坡耕地与上方汇水及下方沟道或道路排水导水关系，设置坡顶防护（第一道防线）、坡耕地治理（第二道防线）、侵蚀沟治理（第三道防线）三条防线，融生物措施、耕作措施、工程措施为一体，进行坡耕地综合治理。第一道防线以植被人工抚育或自然修复为主，辅以人工治理措施，以恢复植被、保持水土、涵养水源；第二道防线以等高种植、修建梯田、设置生物防冲带等措施为主，多种措施相互配合，以减缓坡度、拦截径流、减缓产沙；第三道防线以在侵蚀沟中修筑谷坊和塘坝等措施为主，拦沙蓄水，控制侵蚀沟发展。"三道防线"水蚀防治模式的实施能够有效解决丘陵山区截排水技术缺乏、水蚀防治技术不足等综合治理中存在的突出问题。

2. 技术要点

第一道防线坡顶防护：在山顶分水岭至耕地上缘的坡面，采用营造水土保持林（林带宽度一般设计为10～20m）、封禁或自然恢复植被等措施，并开挖截流沟、排水沟，用于拦蓄排导林地与坡耕地交接处的径流，降低坡面上方来水对坡耕地水土流失的侵蚀力。

第二道防线坡耕地治理：在坡度<15°的坡耕地上，采用等高种植、修建梯田或地埂植物带、设置生物防冲带等措施，用于排导坡耕地内坡面来水；同时，采用少免耕、秸秆还田等保护性耕作技术，用于提升农田土壤容蓄水与抗蚀的能力。

第三道防线侵蚀沟治理：在坡耕地与侵蚀沟或道路连接处布设植物篱以降低径流冲刷能量，将侵蚀沟或道路边沟作为排流导水通道用于排导耕地坡面来水；对侵蚀沟采取石笼等沟头防护措施、灌木放牧林等沟坡防治措施、谷坊及淤地坝等沟底治理措施，用于固定沟头、稳定沟坡、制止冲刷，以抬高侵蚀基准面，在防治侵蚀沟发育的同时，预防重力侵蚀危害的发生。

3. 应用效果

该模式在辉南、敦化、拜泉等地进行应用，效果良好。植被覆盖度由 5% 提高至 30% 以上，土壤侵蚀强度由治理前的剧烈侵蚀 [$>4800t/(hm^2 \cdot a)$] 降低至轻度侵蚀 [$200 \sim 1200t/(hm^2 \cdot a)$] 或微度侵蚀 [$<200t/(hm^2 \cdot a)$]，对水蚀的防治效果多数情况下可减少水蚀量的 70%～90%。该模式能够促进区域水土资源高效利用，保护区域生态环境，遏制土壤退化，培育提升土壤肥力，促进粮食增产和农民增收，为区域实施黑土地保护和高标准农田建设提供技术支撑，具有显著的生态效益、经济效益和社会效益（牛晓乐等，2019）。

4. 适宜区域

适用于丘陵区水蚀危害较大、坡度为 5°～15° 的地块或小流域。

12.2.2　地埂植物带水土保持技术模式

1. 技术概况

地埂植物带是在耕地坡面修筑土埂并在其上栽植植物带的一类技术措施，该技术通过截短坡长，起到降低水势、调蓄径流、增加入渗、减少表层土壤流失的作用；地埂植物带通常与横坡垄作配合使用，当径流增大时，可以有效拦截径流中挟带的泥沙，解决漫垄面蚀和断垄径流出沟的问题，有效防治坡耕地水力侵蚀。此外，地埂植物带与地表垄沟相结合，有助于从不同空间尺度上防治风力侵蚀。融雪期，地埂亦可拦截融雪径流；地埂植物带带间距和规格通常按十年一遇暴雨进行设计，而融雪径流水量远远小于该标准，因此，地埂植物带可以拦截融雪径流，防止融雪侵蚀。该技术重点解决长坡缓坡耕地汇流冲刷强度大、单一横坡垄作措施难以有效调控径流侵蚀的突出问题。

2. 技术要点

布设要求：在坡耕地田面横向培修土埂，并在土埂上种植灌木或其他多年生草本植物。地埂应沿等高线布设，两地埂间距应保证地埂之间田面不发生坡面径流冲刷，并按机耕行走幅宽倍数结合当地治理经验取值。地埂顶宽可为 30～50cm，埂高 50～60cm，内外坡比 1∶0.5；如应用于地势低洼处，地埂应适当加高、夯实。

地埂植物选择：地埂修成后，在地埂上种植经济价值较高的护埂植物。护埂植物主要有胡枝子（苕条）、紫穗槐、红姑娘、刺五加、枸杞、黄花菜等灌草物种。

应注意对地埂植物进行定期修剪和养护，并适当施肥。地埂灌木每隔 2～3 年应平茬一次。

地埂修复：地埂毁损方式包括径流冲刷、穿孔、滑塌、下陷、淤平等，应及时修复，确保地埂植物带充分发挥各方面效益。

3. 应用效果

地埂植物带技术最早于 20 世纪 60 年代在黑龙江省开始应用，目前是东北黑土区广泛应用的水土保持措施之一，其实施面积仅次于横坡垄作。该措施占地约为农田面积的 6%。地埂植物带具有改善水质、提高地表径流收集量、增加土壤湿度、防治土壤侵蚀、增加植物多样性和减少对邻近地块的危害等多种生态效益，保水保土效益接近 90%，仅次于梯田。

4. 适宜区域

该模式适用于 2°～6° 长坡缓坡的坡耕地，特别适用于丘陵沟壑区及中低山区。

12.2.3 农田土壤酸化阻控培肥技术模式

1. 技术概况

针对长白山—辽东丘陵区农田土壤酸化严重、有机质含量低等问题，通过玉米秸秆深翻还田，使秸秆和石灰类等无机改良剂进入亚表层土壤，使土壤 pH 值提高，降酸控酸效果显著；玉米秸秆粉耙还田可显著提高表层土壤有机质含量、土壤酸缓冲容量，有效解决该区域农田土壤酸化、有机质含量低的问题。

2. 技术要点

第一年：玉米秸秆深翻还田。当玉米进入完熟期后，采用大型玉米收获机进行收获，并用秸秆粉碎还田机将玉米秸秆粉碎（长度≤10cm）后均匀地抛撒于田间，再每亩均匀撒施 25～50kg 生石灰，将玉米秸秆和石灰耕翻入耕层土壤，翻耕深度 30～35cm。此后旋耕或耙平，达到可播种状态。翌年春季当田间 5cm 地温稳定通过 8℃、耕层土壤含水量在 20% 左右时，采用平播播种，播后及时镇压（镇压强度 400～800g/cm²）。

第二年：玉米秸秆粉耙还田，并根据土壤酸化程度施用一定数量的生石灰。

3. 应用效果

该技术模式耕层土壤有机质含量年平均提高 0.1% 个单位，土壤 pH 值提高 0.2

个单位，玉米增产 8%以上，耕层土壤氮、磷、钾等养分含量增加，经济效益与生态效益显著。

4. 适宜区域

该技术模式适宜在长白山—辽东丘陵区酸化瘠薄农田推广应用。

12.2.4　玉米秸秆翻免交替全量还田肥沃耕层构建技术模式

1. 技术概况

该技术模式针对长白山—辽东丘陵山区坡耕地土壤耕层浅、有机质含量低、易发生水土流失的实际情况，采取秸秆粉碎翻埋与秸秆粉碎（或整秆）覆盖的作业方式还田，以解决长期连续单一秸秆深翻还田造成生产成本增加、秸秆免耕覆盖还田降低地温和加重病虫草害等问题，改善耕层土壤结构、增加有机质含量、协调水肥气热效果明显，可有效地抑制水蚀、增厚耕层、提升黑土地土壤有机质含量（梁爱珍等，2022）。

2. 技术要点

一般以 3 年为一个轮作周期。

第一年：秸秆粉碎翻埋还田。秋季玉米收获后，用秸秆粉碎机将玉米秸秆就地粉碎并均匀地抛撒于地表，再使用翻转犁进行翻耕作业，将粉碎的玉米秸秆翻埋到耕层土壤中。

第二年：秸秆粉碎或整株田面覆盖还田。春季免耕播种。秋季玉米收获后将玉米秸秆就地粉碎或整秆覆盖在田面；对于冬季风大的地区，应优先选用玉米整秆覆盖。

第三年：秸秆粉碎或整株田面覆盖还田。做法同第二年。春季免耕播种，秋季玉米收获后将玉米秸秆就地粉碎或整秆覆盖在田间地面。翌年春季免耕播种。

3. 应用效果

该技术模式应用后，可使耕作层厚度达到 30cm，土壤容重降低到 1.26g/cm^3 左右，田间持水量提高 14%左右，紧实度降低 20%~40%；玉米产量达到 700kg/亩以上，增产 17%，水分利用效率提高 10%以上，节本增效 56 元/亩。

4. 适宜区域

适于在黑龙江省、吉林省、辽宁省东部丘陵区缓坡瘠薄农田应用。

12.2.5 玉米垄侧栽培覆盖作物保土增温散墒技术模式

1. 技术概况

针对农田土壤存在的渍水、冷凉、质量下降、容易发生水土流失等问题，集成垄侧栽培、覆盖作物种植、秸秆离田等关键技术，组装成垄侧保土提质增温散墒技术模式。该技术模式垄侧栽培可减缓径流对耕层的侵蚀，收到防蚀固土效果；秸秆离田有利于垄侧种植和土壤增温，提高出苗质量；套种覆盖作物可增加土壤水分消耗，增加土壤通气孔隙，降低土壤含水量、提高土壤温度，有利于改善土壤养分状况，减少春季融水对土壤的侵蚀，提高土壤肥力水平（杜伟嘉等，2023）。

2. 技术要点

（1）整地

横向等高起垄：沿着等高线起垄，使垄沟有利于阻截径流。如果当地降雨量或降雨强度很大，需对垄向进行调整，使垄向与等高线形成 1%~2%夹角，以适当增加垄沟的排水能力，防止形成水流冲刷。

精细整地：在春季整地施底肥前，把田间杂物清理干净、移出田间妥善处理，防止扣半留茬起垄后杂物影响整地质量、透风跑墒，干扰玉米的出苗。

施准底肥：在扣半留茬起垄前施底肥。底肥施在要起的新垄上，离玉米茬水平垂直距离 10cm 左右；要集中条施，不要撒施，施肥要均匀，以利于提高肥料利用率。

抢墒扣半：选择土壤墒情好的时候抢墒进行扣半留茬起垄，以保证在最佳时期播种。扣半留茬起垄时犁铧一定要紧贴玉米茬翻土，起垄后玉米茬子仍然留在原垄上；起垄时要向下坡方向翻土，这样操作省力，翻土量大、成垄效果好；另外，牵引的拖拉机行走要匀速，扶犁用力要均匀，以保证成垄质量。

（2）玉米播种

适时播种：为保证土壤墒情，要一边扣半留茬起垄，一边用便携式施肥播种器或滚动式施肥播种器播种，播种深度 3~4cm。播种后要马上镇压保墒。

镇压到位：由于扣半留茬起垄播种玉米，上一年的玉米茬全部保留在垄上，所以需要使用小磙子对播种后的新垄进行镇压，其镇压强度要根据当时田间土壤水分状况来调节。另外，也可以采用脚踩格子方式播种，其效果可能更好。只有播后种子与湿润土壤紧密接触，才能保证出苗质量。

（3）玉米田间管理与收获

适时化学除草：播种后至出苗前，最好选择在雨前或雨后，喷施阿特拉津加乙草胺；除草剂喷洒要均匀，有条件的还可用地膜覆盖全面封闭，以确保除草质量。

及时防控病虫危害：要做好正常的病虫害防控工作，还要通过病虫灾害的预测预报，防控草地贪夜蛾等突发性灾害发生。

科学追肥：有条件的农户应增施农家肥、减少氮素化肥用量。为此，要实行测土配方平衡施肥，减少环境污染。

（4）覆盖作物种植与管理利用

适时播种覆盖作物：适时播种黑麦草和红三叶等覆盖作物或两种牧草混合播种。目前，大都为人工播种，也可用无人机撒播。

及时收获：根据玉米的成熟度和天气状况，适时收获，避免造成不必要的损失。

覆盖作物还田：玉米收获后，覆盖作物继续生长，气温降到−15℃以下，覆盖作物被冻死后其秸秆整株直接还田（王芙臣等，2022）。

3. 应用效果

2018～2020 年，该模式在吉林省的敦化、桦甸、安图、蛟河、龙井、汪清等县（市）进行示范推广，3 年累计建立核心区 2900 亩，示范区 45.70 万亩，辐射区 509 万亩，新增利润 48 921.99 万元。玉米生产效率提升了 24.6%，节本增效 10.1%。

4. 适宜区域

适用于东北东部地区坡度为 2°～20°的坡耕地和平地农田。

12.2.6　水田土壤降酸培肥与产能协同提升技术模式

1. 技术概况

针对水田氮肥施用过量、土壤酸化加剧、耕层浅薄、养分贫瘠、低温冷害频发、产能下降、经济效益低等问题，构建"良田–良法–良种"高度融合的水田降酸培肥与产能提升技术模式，并进行大面积示范推广。

2. 技术要点

品种选择：选用适合区域种植的耐冷抗酸优质水稻品种。

抵御低温冷害：苗期遭遇短时低温冷害时，可在苗床表面覆盖一层地膜，待低温过后立即将地膜撤除。也可喷施含有 SOD 酶的生物菌剂、防寒抗逆的微生物菌剂，或叶面喷施磷酸二氢钾配合防治叶瘟病的药剂，以提高秧苗耐冷性。另外，在插秧前 3～4 天用芸苔素内酯等生长调节剂进行喷雾，同时在苗床上施用 80g/m² 的磷酸二氢钾，可提高秧苗抵御低温冷害的能力。

减氮活磷补钾：在水稻营养生长阶段，可减少氮肥施用量 20%～30%，增加磷钾肥 20%～30%，施入生物炭基肥或商品有机肥 150kg/亩或堆沤肥 250kg/亩。有机无机肥配施并深旋，缺锌或冷浸田基施硫酸锌 1～2kg/亩，硅钙肥类 10～20kg/亩，都可收到较好的改善水稻养分状况的效果。

生长调节剂喷施：水稻孕穗期喷施磷酸二氢钾 500g/亩，配合喷施防治稻瘟病药剂，效果明显；此时如遇低温冷害，也可喷施芸苔素内酯等生长调节剂，提高水稻植株的抗逆性。

3. 应用效果

该技术模式可提高水稻对低温冷害和土壤酸害的抗性，有效提高土壤 pH 值和黑土地土壤有机质含量，达到土壤降酸培肥与水稻产能提升的目的。

4. 适宜区域

适宜在长白山—辽东丘陵区水田应用。

12.2.7　丘陵区经济作物高效生产技术模式

1. 技术概况

针对丘陵区不同立地条件开发利用适宜的经济作物，集成适宜品种筛选、规模化繁育、适生立地选择、高效种植管控及病虫害生物防治等关键技术，构建丘陵区退耕还林经济作物高效生产技术模式，形成以林果、林药、林菜等为主体的特色林下经济产业，重点解决丘陵区退耕还林高效经济作物品种缺乏、经济效益低、简约化栽培技术少等突出问题。

2. 技术要点

在丘陵区林缘栽培榛、栗、软枣猕猴桃等经济作物，在丘陵区坡面下部栽培刺龙牙、大叶芹等林菜，在丘陵区坡面中下、中、中上部分别栽培人参、淫羊藿、刺五加等林药植物；在生产过程中，注重经营的可持续性、保护生态，充分满足消费者对食品安全和质量的需求，兼顾经济效益与生态效益，实现可持续发展。

3. 应用效果

目前，辽东绿色经济区有以榛、栗、软枣猕猴桃、林下参、淫羊藿、刺龙牙、大叶芹、刺五加等林、药、菜为代表的林下经济产业面积近 500 万亩，涌现出一批优良林下种苗基地、特色产业合作社、林下产品经营企业，逐渐形成了"企业+基地+农户"的致富路子；该产业的发展也在水土保持、水源涵养、土壤肥力提高等方面发挥了显著作用，已成为该地区广大林农增收致富、地区经济发展和生态保护的重要途径。

4. 适宜区域

适于在敦化、清原、新宾、抚顺、桓仁、本溪、凤城、宽甸、西丰、岫岩等长白山—辽东绿色经济作物种植区应用。

12.3　长白山—辽东丘陵区黑土地保护与利用技术模式存在的关键问题

12.3.1　坡耕地系统高效的防蚀固土技术模式缺乏深入研究

该区域目前应用的秸秆覆盖、横坡垄作、梯田、排水沟、植物篱、地埂等防蚀技术及集成的技术模式，内容相对单一不成体系，缺少优化配置和量化指标，效果不显著，难以实施和推广应用。亟须根据坡耕地特殊地形、地貌和气候条件，科学设计拦、导、排坡沟一体化、绿色生态的防蚀固土技术模式。

12.3.2　区域土壤酸化机理不清、因地制宜控酸培肥协同技术匮乏

该区域土壤酸化预警预测研究缺乏，土壤致酸机理研究不够，不能为有效防治土壤酸化关键技术研发提供理论指导；玉米、水稻、大豆等主要作物酸害阈值的研究处于空白状态。目前，当地酸化土壤的改良措施单一、治标不治本，仅限于施用石灰、有机肥、土壤酸化改良剂与翻耕作业配合等，针对不同酸化成因、不同酸化程度的土壤分区分类科学阻控技术研究较少，可供应用选择的技术措施有限，尤其缺少低成本、能复制、易推广、效果好的酸化阻控–土壤培肥–产能提升三者协同的绿色环保技术模式。

12.3.3　农田土壤快速稳定培肥与产能协同提升技术体系不匹配

该区域农田土壤耕层浅薄、有机质含量下降，耕层结构与功能不协调，蓄水

保水能力低；地形破碎化严重，等高种植农机装备缺乏、智能化水平不高，单一技术多，集成技术少。为此，急需开展深松深耕扩蓄增容耕层、秸秆覆盖少免耕固碳培肥、降氮增磷有机无机配施增效等关键技术创新研究，研发农田增碳培肥关键技术，创新集成农田增碳培肥技术体系。

12.3.4 丘陵区坡耕地耕种管收农机智能化水平低

丘陵区地形多变、坡度大，导致智能农机装备难以适应不同的地貌和坡度，影响其稳定性和效率，亟须研制智能化等高种植作业农机装备，提高技术间的关联契合度；尤其在复杂的地形条件下，智能农机的导航和定位系统受到影响，如何确保在丘陵山地实现精准定位和导航仍然是一个挑战；智能农机装备的信息化管理水平相对较低，缺乏完善的数据管理和分析系统，难以充分利用数据信息提升农业生产效率。

12.3.5 丘陵区经济作物生态高值化、规模化和标准化经营技术匮乏

经济作物栽培技术碎片化，缺乏系统性、规范性和科学性，导致生产过程不规范。林下作物栽培还存在破坏生态环境的现象，特别是化肥、农药的不合理使用现象普遍，规模化、标准化、绿色化种植技术匮乏。加之，产业链不完整、生产成本逐年上升，导致经济效益低。因此，如何在保障生态安全的前提下，筛选出适宜本地区的优良经济作物品种并建立高效的栽培技术体系已成为推动当地林下经济绿色发展的关键所在。

12.4 长白山—辽东丘陵区黑土地保护与利用科技创新未来重点研究方向

12.4.1 丘陵区坡耕地水蚀机理与防蚀固土技术模式创新

研究内容：解析水蚀机理，提出阻控路径，明确截流沟、排水沟、地埂、植物篱、梯田、等高种植、垄侧少免耕、秸秆覆盖、留高茬及其优化配置技术的坡面径流调控和防蚀固土机制，提出适用于不同区域的水蚀防治技术模式；牢固树立"山水林田路湖草"生命共同体理念，集成水蚀营力控制、径流调控、保护性耕作等技术，实施以小流域为单元、以蓄导排水系统建设为核心的侵蚀防控及保护与利用协同发展的黑土地研究，建立径流优化调控、大沟固坡缓冲、小沟填埋复垦技术模式，实现全面系统治理，达到水土流失得以有效遏制、生态环境得以

有效改善、黑土退化得以阻控、粮食可持续生产能力得以保证的目标。

2030 年目标：揭示长白山—辽东丘陵区气候、土壤、作物互作及其与农艺措施叠加驱动农田土壤水蚀机理，提出有效水蚀阻控路径；阐明典型水蚀防治技术的径流调控和防蚀固土机制，对不同水蚀防治技术进行优化配置，集成水蚀营力控制技术、径流调控技术、保护性耕作技术，构建防蚀固土与生态建设于一体的坡耕地水蚀防治技术模式。

2035 年目标：通过综合评价水蚀防治技术体系的防蚀过程、水动力学机制及其控制水沙数量关系，结合不同技术成本分析和农户可接受程度调查结果，评估水蚀防治技术体系的区域有效性与适宜性，建立丘陵山地农田坡沟一体化的"拦-截-导-排"水蚀防治技术，研发适用于不同区域的坡耕地水蚀监测、预警、修复、治理于一体的径流调控-防蚀固土的水蚀防治模式。

12.4.2 丘陵区农田土壤酸化消减与地力协同提升技术模式构建

研究内容：明确该区域农田不同程度酸化土壤的空间分布特征，系统阐明造成土壤酸化的肥料-作物-气候三者交互致酸机理，构建预测模型，确定作物对酸化土壤响应预警阈值。研制低成本、肥效持久、氮素高效的环境友好型氮肥及减缓土壤酸化的氮肥高效施用技术；开展作物种植优化、养分调控、秸秆碎混还田、增施生物有机肥和碱性物料等增碳扩容控酸技术；选择适宜的钙镁矿物、石灰类碱性物质与有机物料为原料开发新型高效、廉价和绿色环保的酸性土壤改良剂及配套施用技术。

2030 年目标：明确农田土壤酸化分区和主要作物酸害阈值，揭示土壤酸化致酸机理；优化氮肥施用方式，在定量评价石灰、生物炭等碱性物料、多源有机物料结合耕作方式对剖面土壤酸化特征的影响的基础上，建立秸秆碎混还田，增施碱性物质或高效菌肥，采用有机无机配施等土壤控酸技术，构建"增钙减氮增碳"土壤酸化消减与土壤培肥协同的农艺为主、化学为辅的联合调控技术模式。

2035 年目标：建立弱酸性农田土壤减氮控酸、中度酸性土壤增碳阻酸、强酸性土壤补钙降酸技术，使酸化消减技术物化为产品、研发酸性土壤调理剂及配套技术；创建适用于丘陵山地农田土壤的"生物-农艺-化学-产品"分区分类应用的土壤酸化绿色阻控、改土培肥与产能稳步提升技术模式。

12.4.3 丘陵区农田土壤肥沃耕层构建与产能协同提升技术模式创新

研究内容：优化适用于深松、条带深翻的增厚耕层扩蓄增容技术参数，提出基于增厚耕层和提高水养库容量的松免条耕肥沃耕层耕作改良技术；开展增施有机物料、秸秆堆沤还田和秸秆覆盖（高留茬、粉碎集行）与粉碎深埋交替还田等措施对耕层土壤肥力特征和固碳功能的影响研究，优化有机物料/秸秆还田及其耕作方式、施肥等技术参数，提出基于改善土壤结构和提升地力水平的固碳培肥技术；开展秸秆碎混还田、地膜覆盖、增施生物炭等配合顶凌破茬、等高起垄等措施对耕层土壤水热状况及物理结构的影响特征研究，提出基于上热增温和下松助渗的散墒提温关键技术，集成横坡改垄等高种植、有机无机肥配施、深松改土扩容蓄水技术，形成丘陵区农机农艺融合的肥沃耕层构建技术模式。

2030 年目标：明确松免结合、条带深翻等技术对耕层土壤形态特征和水养库容量的影响，优化适宜深松、条带深翻的增厚耕层扩蓄增容技术参数，提出基于增厚耕层和提高水养库容量的松免条耕肥沃耕层耕作改良技术；明确增施有机物料、秸秆堆沤还田和秸秆覆盖（高留茬、粉碎集行）与粉碎深埋交替还田等措施对耕层土壤肥力特征和固碳功能的影响，优化有机物料/秸秆还田及其耕作方式、施肥等技术参数，提出基于改善土壤结构和提升地力水平的固碳培肥、有机质提升技术。解决耕作层浅薄、土壤结构性差和有机质含量低的问题。

2035 年目标：明确秸秆、生物炭等有机物料还田配合顶凌破茬、等高起垄等措施对耕层土壤水热状况及物理结构的影响，提出基于上热增温和下松助渗的散墒提温关键技术；明确有机无机肥配施、控氮活磷补钾等技术对土壤养分供应特征和作物养分吸收分配规律的影响，提出以控氮活磷补钾为核心的养分科学管理技术；创新形成长白山—辽东丘陵区农田增碳培肥–养分高效–绿色栽培与产能协同提升技术模式。解决土壤肥力水平低、低温冷凉、养分失衡等因素造成耕地产能提升受限的问题。

12.4.4 丘陵区农田土肥水高效利用与产能协同提升关键技术研发

研究内容：配合深松、条带深旋/深翻等耕作方式，研发秸秆还田+有机培肥土壤"固碳增汇"、生物菌肥根际微环境调控、秸秆还田+氮肥"以碳调氮"等关键技术，揭示低山丘陵区农田土壤培肥与生产功能协同提升机制。研究周年肥水协同高效利用技术，揭示作物周年肥水耦合调控生理机制，构建水碳氮耦合的作物产量模型，明确秸秆还田条件下作物周年肥水供应与产量协同效应。研发作物群体质量优化调控技术，研制微生物土壤调理剂等新型沃土培肥产品，构建低山丘陵区作物周年土肥水高效利用与产能协同提升技术模式，实现土肥水资源高效利用和农业绿色生产高质量发展。

2030 年目标：揭示外源碳+生物菌肥对根层土壤"以碳增汇"和"以碳调氮"的调控机制，探明秸秆还田条件下作物周年肥水协同高效利用的生理基础及耦合机制，提出作物周年耕地土壤肥力提升、周年肥水协同高效利用、作物群体质量优化调控等关键技术。

2035 年目标：提出并完善周年耕地土壤肥力提升、周年肥水协同高效利用、作物群体质量优化调控等关键技术，研制新型沃土培肥产品 2～3 个，构建低山丘陵区作物周年土肥水高效利用与产能协同提升技术体系 1 套，实现区域土肥水利用效率提高 5%～10% 和作物增产 8%～10% 的发展目标。

12.4.5　低山丘陵区智能化农机装备研发与应用

研究内容：依托"卫星定位+无线通信+地理信息系统"开展农田土壤养分"天空地"一体化智慧监测技术和作物养分的近地无人机遥感技术研究，实现土壤养分及作物营养的快速准确诊断。基于作物养分吸收运转分配规律和实时监测技术参数，融合 3S［遥感（remote sensing）、地理信息系统（geographical information system）和全球定位系统（global position system）］等技术，简化变量因子，提升施肥专家决策系统的分析能力，研发简单、可靠的施肥专家决策系统。采用实时数据采集、多维监测数据融合和田间验证相结合的研究方法，运用信息化与数字化技术，研究坡耕地机具监测传感器与地块面积补偿方法，优化车体姿态传感器、称量传感器和施肥控制系统，研制等高种植作业条件下具有坡耕地补偿特性和基于不同坡度、不同地块养分状况、不同作物类别、不同产量水平变量的耕种管收全生产过程精准、精量高效智能化农机装备。

2030 年目标：应用高德红外、北斗导航定位等技术研发适合该区域的农田土壤养分"天空地"一体化智慧监测技术和作物养分状况分析近地无人机遥感技术，构建简单、可靠、适应性强的施肥专家决策系统，研制适宜于低山丘陵区的智能化精准施肥农机配件和软件系统，集成信息技术、地理信息系统、智能农机装备开发适应丘陵区地形的保护性耕作农机装备，确保在不同坡度下稳定作业，实现适配 70% 以上的农机装备在复杂地形中能够高效、安全地运行。实现减肥 10%、增产 8% 以上的目标。

2035 年目标：引入先进的导航和定位技术，确保智能农机能够在山区地形中实现准确定位和导航，95% 以上的智能农机配备多传感器数据采集系统，提高作业精度。在持续完善的施肥专家决策系统基础上，开发适合低山丘陵区的变量配肥施肥机，构建低山丘陵区智能化精准施肥技术系统，制定智能化精准施肥技术标准，完善智能化施肥技术体系各环节配套措施，区域耕种管收智能机械化程度达到 80% 以上，降低化肥用量 10% 以上，粮食产量提高 10% 以上。

12.4.6　经济作物生态高值栽培技术创制

研究内容：选育适宜于林下、林缘或退耕还林地的适应性强、规模化种植、耐贮藏、丰产优质的经济作物新品种；提出优质高效、资源节约、环境友好的可持续型林业复合系统配置方法，研究提高林下资源复合系统的生态效益和经济效益技术。研究不同林分立地条件下林果、林药、林菜资源生长发育特征、产量及品质形成的影响因素，研发适宜品种及生态条件关键栽培技术，建立适于不同地区、不同生境的生态高值优质栽培技术模式。

2030 年目标： 突破绿色经济区林下经济种质资源保护利用不足、优良品种匮乏、产量品质不高、化肥农药过量施用、种植不规范等关键技术难题，筛选出适于该地区的优质高产品种资源，研发林分与立地条件调控、生物防控、水肥高效管理等关键技术，建立适宜于不同类型立地条件的特色林下经济资源优质、丰产、高效栽培技术体系，形成可复制推广的技术模式，为绿色经济区建设发展提供技术支撑与服务。

2035 年目标： 突破退耕还林地绿色、高密度、轻简化、高产优质栽培技术，形成新品种培育、栽培生理生态、配套栽培技术、加工、示范推广服务等的一体化格局，形成林药、林粮、林果、林菌生态高值生产标准化和规模化，为延长经济作物产业链、提升价值链提供技术支撑。

12.5 典型案例

案例一 辽东丘陵区水土保持地埂植物穿带技术

辽东丘陵区是辽宁省重要的水源基地和中部城市群的生态屏障，在全省经济发展中起着举足轻重的作用。该地区降雨量大且集中，土壤侵蚀的动力强劲，加之山高、坡陡、土层薄，土壤侵蚀的潜在威胁加剧，特别是坡耕地，已成为该地区土壤侵蚀最严重的区域；加强坡耕地治理，控制水土流失，是改善该区域生态环境的关键。辽东地区坡耕地地面破碎，土层薄，地形起伏大，大部分难以修筑梯田，在少部分可以修筑窄条梯田的区域，因为损耗耕地面积较大致使农民难以接受而无法实施。近年来，辽宁宽甸地区实施的坡地植物篱也取得了巨大的成功。因此，无论从客观条件还是人为因素来看，在辽东山区乃至全省范围内的坡耕地上修筑占地面积小、不打破原有土层结构的植物地埂，对坡耕地进行穿带来遏制土壤侵蚀，是改善农业生产条件和生态环境、促进地区经济发展的理想选择。实施地埂植物穿带技术使水土流失得到有效控制，土壤侵蚀模数下降，拦蓄径流量80%以上，提高了拦沙率，并使土壤有机质、氮、磷、钾含量总体得到提升，同时也提高了肥料利用率和病虫害防治率，大幅度增加经济效益。地埂植物穿带技术在防治土壤侵蚀、提升土壤肥力、控制农药使用量、改善农村生活和农业生产条件、保护生态环境、推动社会主义新农村建设等方面都发挥了积极重要的作用（王辅强，2015）。

案例二　长白山区黑土地地力提升技术模式

吉林省东部玉米生产中存在着水土流失严重、氮肥施用过量、耕层质量下降等问题。近年来，吉林省玉米秸秆还田技术不断发展，不同区域主推不同的秸秆还田模式。根据吉林省坡耕地农田生态系统存在的亟待解决的问题，当地在坡耕地玉米生产中应用玉米秸秆全量粉耙还田技术提高耕地质量；同时，引入覆盖作物在水土保持、养分补充、土壤改良方面发挥较好作用，形成了吉林东部玉米秸秆粉耙还田抗逆增碳耕作技术模式。2021～2023 年，该技术模式在敦化市裕和农业种植专业合作社进行示范，示范区面积为 2300 亩，经现场测产，示范区产量为 798kg/亩，增产效果明显（当地农户常规产量为 720kg/亩）。在秸秆还田率 100% 条件下，连续还田 3 年后，与秸秆离田相比，示范区 0～20cm 和 20～40cm 土层土壤有机质含量分别增加 21.2% 和 20.0%，玉米产量提高 10.9%。

案例三　辽宁东南部棕壤厚沃耕层构建技术模式

辽宁东南部棕壤地区土壤贫瘠且偏砂壤质，多为坡地，玉米集中种植地块面积较小，适宜的农机装备缺乏，现有的农业机械土壤翻埋深度不够，致使培肥物料在土壤中混拌不匀，影响作物出苗。通过秸秆粉碎翻埋还田和机械耕作两项措施来实现耕层构建和地力培育。每年秋季玉米收获后用秸秆粉碎机将秸秆粉碎均匀（秸秆粉碎长度≤10cm），平铺于地表，再用大马力拖拉机将秸秆翻埋于 30cm 深土层或深混于 20cm 耕层土壤中，以打破犁底层，增加耕层厚度，培肥地力。2018～2021 年辽宁省大连市瓦房店市元台镇示范 500 亩，2020～2023 年瓦房店市谢屯镇示范 1000 亩，耕层厚度增加到 25～30cm，土壤容重降至 1.3g/cm³ 左右，紧实度降低了 20%～40%，有机质含量提高 0.5% 以上，水分利用效率提高 10% 以上，玉米增产幅度超过了 8%（孟庆英和邹洪涛，2019）。

作 者 信 息

邹洪涛，沈阳农业大学

范庆锋，沈阳农业大学

李向楠，中国科学院东北地理与农业生态研究所

隽英华，辽宁省农业科学院

沈海鸥，吉林农业大学

姚凡云，吉林省农业科学院（中国农业科技东北创新中心）

周　锋，中国科学院沈阳应用生态研究所

赵洪祥，吉林省农业科学院（中国农业科技东北创新中心）

高洪军，吉林省农业科学院（中国农业科技东北创新中心）

苏芳莉，沈阳农业大学

赵明辉，沈阳农业大学

李　丹，辽宁牧龙科技有限公司

辛　广，沈阳农业大学

于立忠，中国科学院沈阳应用生态研究所

刘振盼，辽宁省农业科学院经济林研究所

李秀芬，沈阳农业大学

参 考 文 献

杜伟嘉, 王芙臣, 李斐, 等. 2023. 覆盖作物对坡耕地的减流减沙效应及玉米产量的影响. 玉米科学, 31(6): 100-107.

贾文锦. 1992. 辽宁土壤. 沈阳: 辽宁科学技术出版社.

姜岩. 1998. 吉林土壤. 北京: 中国农业出版社.

梁爱珍, 张延, 陈学文, 等. 2022. 东北黑土区保护性耕作的发展现状与成效研究. 地理科学, 42(8): 1325-1335.

孟庆英, 邹洪涛. 2019. 秸秆还田量对土壤团聚体有机碳和玉米产量的影响. 农业工程学报, 35(23): 119-125.

牛晓乐, 秦富仓, 杨振奇, 等. 2019. 黑土区坡耕地几种耕作措施水土保持效益研究. 灌溉排水学报, 38(5): 67-72.

王芙臣, 史旭曾, 李斐, 等. 2022. 坡耕地嵌入覆盖作物条件下不同秸秆还田方式对玉米农艺性状及产量的影响. 玉米科学, 30(6): 93-101.

王辅强. 2015. 辽东地区水土保持地埂植物穿带技术示范. 中国水土保持, (10): 32-35.

辛景树, 汪景宽, 薛彦东. 2017. 东北黑土区耕地质量评价. 北京: 中国农业出版社.

徐英德, 裴久渤, 李双异, 等. 2023. 东北黑土地不同类型区主要特征及保护利用对策. 土壤通报, 54(2): 495-504.

张佳宝, 孙波, 朱教君, 等. 2021. 黑土地保护利用与山水林田湖草沙系统的协调及生态屏障建设战略. 中国科学院院刊, 36(10): 1155-1164.

第13章　大小兴安岭沿麓黑土地保护与利用的关键技术及应用

摘要：大小兴安岭沿麓是指沿大兴安岭山脉和小兴安岭山脉两侧分布的区域，位于东北黑土区的西部，是东北平原的天然屏障，也是我国北方农牧交错带的主要分布区。该区域地形起伏大，气候条件多样。区域西南部春季干旱、风沙大，夏季雨水集中，坡岗地易受风蚀水蚀侵害，耕地质量等级较低，保肥、保水能力较弱。东北部风蚀、水蚀、融蚀等水土侵蚀导致黑土层变薄明显，一些低洼易涝地土层深厚但存在土壤板结、通透性差、易涝易旱等问题。自 2000 年前后农业部在北方省份进行保护性耕作技术试验和示范推广以来，国家深入实施"藏粮于地、藏粮于技"战略，探索形成了一批有效治理模式，玉米秸秆覆盖免耕保护性耕作、大豆—玉米轮作保护性耕作、小麦—油菜轮作留高茬秸秆覆盖免耕保护性耕作、秸秆粉碎翻混还田地力提升等技术模式在大小兴安岭沿麓区大面积应用，黑土地退化得到有效控制，耕层厚度和有机质含量增加，耕地地力等级提升，成效显著。但目前大小兴安岭沿麓黑土地保护与利用技术模式仍存在区域适应性差、地力培育难、生产效益低等问题，制约了黑土地保护与利用技术的广泛应用。未来应重点加强黑土地侵蚀阻控与快速培肥、瘠薄耕地种养结合保护利用、作物丰产高效种植、农业劳动力减少下的黑土地保护与利用等基础理论、关键技术与配套政策研究，为保护与利用好黑土地提供关键科技支撑，促进农业高质量发展。

大小兴安岭沿麓位于东北黑土区的西部，总面积 7434.74 万 hm²，耕地面积 840.19 万 hm²，占东北黑土区耕地面积的 22.4%，是东北平原的天然屏障，也是我国重要商品粮和畜牧业生产基地。该区域是黑龙江、松花江、嫩江、辽河等水系及其主要支流的重要源头和水源涵养区，也是我国寒温带针叶林、温带针阔混交林植被类型的重要分布区。耕地以坡耕地为主，主要是旱田，山地中有面积较大的低山丘陵和山间盆地、山间冲积平原、河谷平原等。土壤类型主要是黑钙土、暗棕壤、黑土、草甸土、栗钙土、褐土、风沙土等。该区域生态环境脆弱，风蚀、水蚀等土壤侵蚀是导致耕地质量退化的主要因素。系统了解大小兴安岭沿麓黑土地资源禀赋与主要问题、黑土地保护与利用技术模式及应用现状、未来科技创新重点研究方向，构建区域针对性强、适应性好的黑土地保护与利用技术体系，对促进耕地保护和农牧业高质量发展具有重要意义。

13.1　大小兴安岭沿麓黑土地资源禀赋与利用现状

13.1.1　区域位置

大小兴安岭沿麓是指沿大兴安岭山脉和小兴安岭山脉两侧分布的区域。大兴安岭山脉位于黑龙江省西北部、内蒙古自治区东北部，是内蒙古高原与松辽平原的分水岭，北起黑龙江畔，南至西拉木伦河上游谷地，东北—西南走向，全长 1400 多千米，宽 200～400km，海拔 1100～1400m，年平均气温-2.8℃。小兴安岭山脉纵贯黑龙江省中北部，西北接伊勒呼里山，东南到松花江畔，长约 500km，最高峰平顶山海拔 1429m，年平均气温-1～1℃。

大小兴安岭沿麓总面积 7434.74 万 hm²，主要包括黑龙江省的西北部和吉林省、辽宁省西部的部分地区及内蒙古自治区东部地区（表 13-1）。

表 13-1　大小兴安岭沿麓包含的行政区域

省级行政区	市（县）级行政区
黑龙江省	大兴安岭地区、伊春市、哈尔滨市（通河县）、黑河市（市区、孙吴县、逊克县）、绥化市（庆安县、绥棱县）
吉林省	白城市（市区、通榆县、洮南县）
辽宁省	朝阳市（建平县、喀拉沁左翼蒙古族自治旗）
内蒙古自治区	赤峰市、兴安盟、通辽市、呼伦贝尔市（不含莫力达瓦达斡尔族自治旗）

资料来源：徐英德等，2023

13.1.2　自然资源

大小兴安岭沿麓区总体呈东北—西南走向，生态类型复杂，森林、湿地、草原、农田等生态系统交错分布，地貌形态主要由中山、低山、丘陵和山间盆地组成，地形起伏大。

该区域属大陆性季风气候，冬季寒冷干燥，夏季炎热多雨，年降水量 245～636mm，≥10℃有效积温为 1590～3640℃。气候条件多样，从北到南分为寒温带、中温带 2 个气候带，以中温带为主，由东向西分为半湿润与半干旱 2 个区。地域之间差异明显，东北部冷凉湿润，向西南部降水逐渐减少、积温逐渐升高。例如，区域东北端的伊春市，年降水量为 590～770mm，年平均气温 0.5～1.2℃，全年无霜期 105～126 天，≥10℃积温 1900～2300℃；西南端的赤峰市，全市年均降水量为 381mm，大部地区为 350～450mm，大部分地区年平均气温为 0～7℃，无霜期 90～145 天，≥10℃积温 1800～3200℃。

13.1.3 土壤类型与利用现状

大小兴安岭沿麓区土地利用涵盖林地、草原、耕地、湿地等多种类型（郑婷婷等，2023；杨绪红等，2022），根据《第三次全国国土调查主要数据公报》统计，仅内蒙古自治区东四盟林地面积 1778.08 万 hm^2、草地面积 1294.35 万 hm^2、耕地面积 762.44 万 hm^2、湿地面积 275.61 万 hm^2，是东北黑土区中森林、草原分布面积最大的区域。根据农业农村部东北耕地保育重点实验室和土肥高效利用国家工程研究中心统计结果，区域内耕地总面积 840.19 万 hm^2，占该区域总面积的 11.3%。耕地土壤类型面积最大的是黑钙土，为 150.41 万 hm^2，占该区耕地面积的 17.9%；其次是草甸土、暗棕壤、风沙土、栗钙土、褐土、黑土，分别占该区耕地面积的 15.6%、14.8%、12.2%、11.6%、11.5%、4.2%（徐英德等，2023）。根据《东北黑土区耕地质量评价》结果，内蒙古自治区东四盟中、低等地分布面积占到 72.3%（辛景树等，2017）。

大小兴安岭沿麓区域西南部的赤峰市、通辽市、兴安盟等地，土壤类型以黑钙土、风沙土、栗钙土、褐土为主，耕地质量等级较低，主要存在如下问题：①干旱少雨，土壤沙化严重。该区域生态环境较为脆弱，春季风沙大、干旱，裸露地表受到风蚀的影响严重；夏季雨水集中，坡岗地土壤易受水蚀侵害，且自然灾害频发，经常受到旱灾、大风、洪涝和冰雹等危害。②土壤有机质和养分缺乏，保肥、保水能力较弱。用养结合不够，因生产任务过重、土地连年耕种和利用强度大而导致土壤有机质含量下降、土壤养分失衡，因连续耕翻等不合理耕作方式导致的风蚀水蚀加重（徐英德等，2023；韩晓增等，2021；崔文华，2013）。

大小兴安岭沿麓区域东北部的呼伦贝尔市、伊春市、黑河市、绥化市等地，耕地土壤以暗棕壤、草甸土、黑钙土和黑土为主，主要存在如下问题：①有效积温少，低温冷凉严重。该区域纬度较高，有效积温为东北黑土区中最低，易出现春旱、低温等问题。②水土侵蚀严重、黑土层变薄明显。土体沙砾较多，由于春季风大、地表裸露、耕层土壤质地疏松、风蚀导致沙化严重、黑土层变薄、耕作层变浅和土壤养分流失，区域内侵蚀沟数量较多，农田基础设施薄弱。③冻融侵蚀广泛、黑土层剥蚀严重。北部山区冻融侵蚀主要为寒冻石流、冻胀丘、冰湖径流等侵蚀形式；南部的黑土区冻融侵蚀主要表现为融雪侵蚀、侵蚀沟岸冻裂融塌侵蚀、融冻泥流侵蚀等形式。④土壤板结明显、通透性差。大兴安岭南麓一些低洼易涝地土层深厚但存在土壤板结、质地黏重、通透性差、易涝易旱等问题（徐英德等，2023；王维芳等，2018；景国臣等，2016）。

13.1.4 作物种植结构

大小兴安岭沿麓主栽农作物包括玉米、大豆、水稻、小麦、油菜等。2022 年，区域内粮食作物播种面积 731.62 万 hm²，占该区域耕地总面积的 87.1%。其中，玉米播种面积最大，为 393.24 万 hm²，占粮食作物播种面积的 53.8%；其次是大豆，播种面积 197.30 万 hm²，占粮食作物播种面积的 27.0%；水稻播种面积 51.20 万 hm²，占粮食作物播种面积的 7.0%；小麦播种面积 23.85 万 hm²，占粮食作物播种面积的 3.3%。呼伦贝尔市的牙克石市、额尔古纳市、陈巴尔虎旗、阿荣旗等地是甘蓝型春油菜优势区和高产稳产区，播种面积 17.11 万 hm²。赤峰市、通辽市、兴安盟、白城市和朝阳市建平县等地是特色杂粮杂豆的主要种植区，2022年杂粮杂豆播种面积 80 万 hm² 左右。

13.1.5 农业生产要素投入

统计数据表明，2021 年，内蒙古自治区东四盟农业机械总动力为 2469.98 万 kW，农药使用量为 2.03 万 t，化肥施用量为 145.09 万 t。从 2016～2021 年，农业机械总动力逐渐增加，化肥、农药用量均呈现逐渐下降的趋势（图 13-1）。

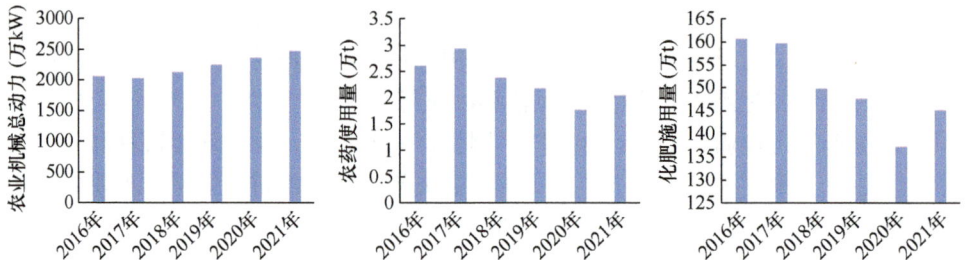

图 13-1 内蒙古自治区东四盟农业生产要素投入

13.1.6 粮食产量及构成

大小兴安岭沿麓粮食产量以玉米、大豆、水稻和小麦为主体。统计赤峰市、通辽市、兴安盟、呼伦贝尔市、伊春市和大兴安岭地区的粮食产量，2021 年粮食总产量为 2999.22 万 t，其中玉米、小麦、水稻、大豆、薯类和油料的产量分别为 2287.59 万 t、103.56 万 t、133.41 万 t、199.12 万 t、64.84 万 t 和 65.75 万 t，分别占粮食总产量的 76.3%、3.5%、4.5%、6.6%、2.2%和 2.2%。2016～2021 年，粮食总产量和玉米产量呈现明显的上升趋势，大豆产量波动较大，水稻产量增加，小麦产量减少，油料产量呈降低趋势（图 13-2）。

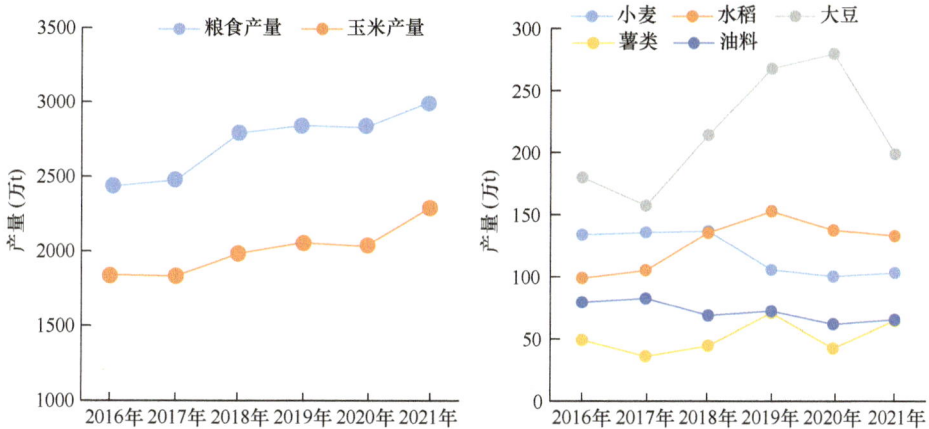

图 13-2　内蒙古自治区东四盟粮食产量

13.2　大小兴安岭沿麓黑土地保护与利用技术模式及应用现状

大小兴安岭沿麓春季风沙大、干旱，裸露地表受到风蚀的影响严重，夏季雨水集中，坡岗地土壤易受水蚀侵害。区域内地形复杂、生态条件多样，因此也需要多样化、适应性强的黑土地保护与利用技术模式。2000 年前后，农业部在北方省份进行保护性耕作技术试验和示范推广，2004 年起至 2023 年连续 20 年中央一号文件强调耕地保护，2015 年开始实施耕地质量保护与提升行动，2015 年和 2018 年农业部（现农业农村部）分别启动了第一批、第二批东北黑土地保护利用试点项目，2020 年实施《东北黑土地保护性耕作行动计划（2020—2025 年）》，2021 年实施《国家黑土地保护工程实施方案（2021—2025 年）》，深入实施"藏粮于地、藏粮于技"战略，以保障粮食产能、恢复耕地地力，促进黑土耕地资源持续利用为核心，探索形成了一批有效治理模式。

13.2.1　玉米秸秆覆盖免耕技术模式

1. 技术概况

该模式通过留高茬覆盖或茬秆复合覆盖防止土壤风蚀，通过标准化的秸秆处理，解决了播种拥堵问题，提高播种质量和播种效率；通过合理配方施肥，促进玉米生长，提高肥料利用效率；通过机械与化学相结合除草，解决杂草为害，减少除草剂用量，提高杂草防除率。该模式作为内蒙古 2020 年、2021 年黑土地保护性耕作主推技术和 2022 年内蒙古农牧业主推技术发布，2023 年内蒙古自治区农牧厅发布黑土地保护性耕作"扎赉特模式"，连续多年在内蒙古自治区东四盟等地大面积实施。

2. 技术要点

秸秆覆盖：玉米秸秆覆盖量需根据土壤质量等级和生产需要合理确定。鼓励农户尽量将更多的秸秆留于地表。留高茬覆盖：玉米收获一般留茬 25cm 左右，秸秆可以部分离田，覆盖度应在 30% 以上。茬秆复合覆盖：玉米收获时留茬 10cm以上，上部秸秆切碎均匀覆盖地表越冬，覆盖度在 60% 以上，也可收获后秸秆整秆留于地表越冬，春季播种前进行秸秆处理。

播前秸秆处理：如秸秆量过大或出现堆积影响播种，可在播前进行秸秆粉碎抛撒、耢茬、耙碎或归行处理。采用耙碎处理时，耙盘偏角应适度调小，尽量减少土壤翻动。

免耕播种：应选择切茬能力强、通过性能好、播种质量高的免耕播种机，能够一次完成切碎秸秆、破茬开沟、播种、施肥、覆土、镇压等多道工序。作业前应按要求正确调试播种机，并通过试播，确认调试到位，播种量、施肥量、播深、肥深、行距、镇压力等符合要求，才能进行正式作业。当 5~10cm 土层温度稳定通过 8℃ 时，开始播种玉米，一般播期为 4 月下旬至 5 月上旬。播种时要保证种子能够种植在湿土上，且各行播深一致并落籽均匀，侧深施肥，种肥分层，确保覆土严密，镇压紧实。

深松：深松作业可在秋季作物收获后进行，也可在春季播种前进行。根据土壤坚实度情况，一般每隔两年深松 1 次，深松深度 30cm 以上。春季深松与播种时间间隔越短越好，以免失墒。深松作业后，秸秆仍应覆盖在地表。冷凉地区在玉米生长至 3~4 叶期后，根据需要可进行苗期深松，苗期深松深度在 25cm 左右，通过松土放寒，加速地温提升，提高土壤蓄水能力。

机械收获：在玉米进入完熟期，进行机械收获。玉米籽粒含水量低于 25% 时可进行籽粒直收，籽粒含水量在 35% 以下时可进行摘穗收获。秸秆留高茬或茬秆复合覆盖于地表。

3. 应用效果

减少土壤侵蚀。免耕播种少动土，并用秸秆覆盖地表，有效减轻风蚀水蚀，同时可显著减轻风沙对幼苗的伤害。

培肥地力。长期秸秆还田，能够明显提升土壤有机质含量，改善土壤结构，增强土壤肥力，实现农田生态系统良性循环。

增强保墒抗旱能力。秸秆覆盖可减少土壤水分蒸发,增强土壤蓄水能力,较传统翻耕地含水率高 10% 以上,保证作物出苗,缓解生长期干旱胁迫。

节本增效。简化作业程序,提高作业效率,一般可减少机械进地 2～3 次,亩均节约作业成本 40～60 元。

4. 适宜区域

主要适用于大兴安岭东麓的丘陵漫岗坡耕地,以及半干旱区如通辽市、赤峰市等地的旱地。

13.2.2　大豆玉米轮作轮耕技术模式

1. 技术概况

该模式具有较好的防治土壤风蚀、培肥地力和增产效果,可有效解决连作土壤养分失衡、连续翻耕侵蚀重、长期免耕耕层结构劣化等突出问题,并且有利于病虫草害防控和土壤快速培肥。在大兴安岭沿麓的呼伦贝尔市、兴安盟、赤峰市等地区全面推广,并在黑龙江省、吉林省、辽宁省等地示范应用,年度应用面积达 400 万亩以上。

2. 技术要点

三年一耕轮作模式:免耕种植玉米→翻耕种植玉米→免耕种植大豆,即第一年在上一年种植大豆的地上免耕播种玉米,应选择生育期相对较短的玉米品种,秋季收获时玉米秸秆粉碎还田,并进行深翻将秸秆埋压,整理土地至待播状态;第二年种植玉米,秋季玉米收获时秸秆留茬覆盖;第三年免耕播种大豆,秋季收获时秸秆留茬覆盖。

四年一耕轮作模式:免耕种植大豆→免耕种植玉米→免耕种植大豆→翻耕种植玉米,即第一年在上一年种植玉米的地上免耕播种大豆,秋季收获时秸秆留茬覆盖;第二年免耕播种玉米,应选择生育期相对较短的玉米品种,秋季收获时秸秆留茬覆盖;第三年免耕播种大豆,秋季收获时秸秆粉碎还田,并进行深翻或深松浅翻将秸秆埋压,整理土地至待播状态;第四年种植玉米,秋季收获时秸秆留茬覆盖。

秸秆留茬覆盖:收获时留高茬,玉米留茬高度 25～40cm、大豆留茬高度 8～10cm,上部秸秆离田或粉碎抛撒均匀覆盖地表。

秸秆粉碎还田:收获时留茬高度≤10cm,上部秸秆粉碎长度≤10cm,粉碎长度合格率≥90%,粉碎秸秆均匀覆盖地表,然后通过深翻或深旋等作业将秸秆埋压或混入土壤中。

精量免耕播种：应用大马力机车及气吸式免耕精密播种机进行播种作业。用免耕播种机一次完成破茬开沟、施肥、播种、覆土和镇压作业。选择优良品种并进行精选处理，播前应适时对所用种子进行药剂拌种或包衣处理。作业要求：落籽均匀、播深一致、覆土严密、镇压保墒。

精准施肥、用药：以土壤测试和肥料田间试验为基础，根据作物需肥规律、土壤供肥性能和肥料效应，在合理施用有机肥料的基础上，确定合理施肥配比，实现各种养分平衡供应，满足作物的需要。加强病虫草监测，准确掌握田间病虫草害发生动态，坚持"以防为主"的原则，因地制宜集成推广生态调控、免疫诱抗、生物防治、理化诱控、科学用药等绿色防控措施，强化智能除草机械的应用，减少化学农药使用次数和使用量。

减损收获：作物成熟后采取大型联合收获机进行收获，减少田间损失率，收获时按照保护性耕作要求留茬和抛撒作物秸秆。

深松整地：深松作业地块要求达到深、平、细、实，深度一般在 30cm 以上，打破犁底层，做到田面平整，土壤疏松、细碎，没有漏耕，深浅一致。

3. 应用效果

该技术通过秸秆覆盖还田等一系列农机农艺技术，减少水土流失，不断提升土壤肥力和蓄水保墒能力，提高水分和肥料利用率，与常规翻耕种植技术相比，可减少土壤风蚀 35%～70%，增产 8%左右，每亩减少耕翻、整地、清理秸秆等作业成本 40～60 元，平均每亩增收节支 70～120 元。经济、社会和生态效益十分显著。

4. 适宜区域

适宜大兴安岭东南麓玉米、大豆种植区应用。

13.2.3 小麦油菜轮作留高茬秸秆覆盖免耕技术模式

1. 技术概况

该模式具有减少土壤风蚀、抗旱保苗和培肥地力的效果。春油菜、春小麦是黑龙江省、内蒙古自治区等大兴安岭沿麓高寒区种植的主要作物，常规翻耕种植由于干旱大风导致的毁种时有发生。该模式通过秸秆覆盖和免耕既能减少土壤风蚀，又能抗旱保墒，保障作物正常出苗；适度的表土处理，促进春季地温快速提升，同时提高播种质量和播种效率；通过合理配方施肥，提高了肥料利用效率。该技术已经在黑龙江省、内蒙古自治区等地区示范推广，为保障保护性耕作实现稳产增效发挥了重要作用。2023 年内蒙古自治区农牧厅以黑土地保护性耕作"额尔古纳模式"发布实施。

2. 技术要点

轮作轮耕：四年一耕、小麦（或大麦等）与油菜轮作。具体为翻耕种植小麦→免耕种植油菜→免耕种植麦类作物→免耕种植油菜，即第一年在上年种过油菜的地块上经翻耕整地后种植小麦，应选择适宜当地种植且生育期相对较长的小麦品种，秋季收获时秸秆留高茬覆盖；第二年免耕播种油菜，秋季油菜收获时秸秆留茬+粉碎复合覆盖；第三年免耕播种麦类，应选择生育期相对较短的小麦品种或种植大麦、燕麦，秋季收获时秸秆留茬覆盖；第四年免耕播种油菜，秋季收获时秸秆粉碎还田，并进行深翻或深松浅翻，将秸秆混入土壤，整理至待播状态。

秸秆覆盖：采取茬秆复合覆盖。麦类收获时留高茬 15cm 以上，其余秸秆切碎均匀抛撒覆盖于地表，覆盖度达到 60%以上，因秸秆量过大影响下年播种时，可部分离田。油菜收获时留茬高度一般 20cm 左右，其余秸秆粉碎均匀抛撒覆盖于地表。

播前处理：原则上应直接免耕播种。对于地表不平、秸秆量大、均匀度差、播种困难的地块，可通过耙茬等方式处理秸秆，使秸秆分布均匀，提高播种质量。处理后应及时播种，保证土壤墒情，提高出苗成苗率。

免耕播种：应选择切茬能力强、作业无堵塞、播种质量好的免耕播种机，能够一次完成切碎秸秆、破茬开沟、播种、施肥、覆土、镇压等多道工序。作业前应按要求正确调试播种机，并通过试播，确认调试到位，播种量、施肥量、播深、肥深、行距、镇压力等符合要求，才能进行正式作业。小麦播种时期为日平均气温稳定通过 5℃，土壤表层解冻至 5~6cm，一般在 4 月下旬至 5 月上旬播种。油菜播种时间为 10cm 土温稳定通过 5℃，一般在 5 月上中旬播种。播种时应确保种子播在湿土上，要均匀覆土镇压，"种–土"紧实利于出苗。

机械收获：作物成熟后用联合收获机收获，或进行分段收获。收获时按相应的秸秆覆盖标准留茬和粉碎抛撒秸秆。

深翻或深松浅翻：宜在秋季作物收获后进行，深翻深度大于 25cm；深松深度 30cm 以上，浅翻深度 15~22cm。

3. 应用效果

减少土壤侵蚀。免耕播种动土少，并用秸秆覆盖地表，可减少土壤风蚀水蚀。

培肥地力。长期秸秆还田，能够明显提升土壤有机质含量，改善土壤结构，增强土壤肥力，实现农田生态系统良性循环。

增强抗旱保苗能力。秸秆留茬覆盖可减少土壤水分蒸发，增强土壤蓄水能力，保证作物出苗，同时可避免大风毁苗，提高保苗率。

节本增效。简化作业程序，提高作业效率，一般可减少机械进地 2～3 次，亩均节约作业成本 40～60 元。

4. 适宜区域

主要适用于大兴安岭沿麓高寒旱作区。该类区域主要是雨养农业，春季干旱风大，夏季降雨集中，有效积温低，土壤风蚀、水蚀、融蚀不同程度的交替发生，主要种植麦类、油菜等喜凉作物。

13.2.4 低山丘陵黑土地立体保护与利用技术模式

1. 技术概况

针对典型丘陵单元黑土地的低山区坡耕地、缓坡漫岗耕地、河川甸子地、丘间易涝洼地 4 种类型，统筹考虑土、肥、水、种、栽培等生产要素，因地制宜，综合施策，围绕"控制黑土流失、增加土壤有机质含量、保水保肥、黑土地养育、节水节肥"的技术路径，采取土壤侵蚀治理、肥沃耕层构建、控水控肥、休耕轮作等措施，形成完善的"林草冠、生态沟、环耕地、高产田"的黑土地保护与利用综合技术模式。该技术模式以"阿荣旗模式"入选了国家七部委联合印发的《国家黑土地保护工程实施方案（2021—2025 年）》。

2. 技术要点

低山区坡耕地保护与利用技术：坡度大于 5°的低山区坡耕地，改长坡种植为短坡种植，等高修筑地埂，地埂种植生物篱带，地表径流严重区域改自然漫流为筑沟导流。坡度小于 5°的低山区坡耕地，改顺坡种植为机械起垄，等高横向种植。通过玉米—大豆或玉米—玉米—大豆轮作技术，应用秸秆覆盖还田免耕播种、测土配方施肥、种植牧草、绿肥还田等措施，解决水土流失严重、土层沙砾化、土层变薄、有机质含量下降等问题。

缓坡漫岗耕地保护与利用技术：土层厚度小于 30cm 的缓坡漫岗耕地，种植制度采取粮豆轮作，通过增施有机肥、秸秆覆盖还田、免耕播种、水肥一体化等措施培肥土壤。土层厚度大于 30cm 的缓坡漫岗耕地，推广秸秆原位全量粉碎深翻深混还田、深翻深松整地、平作改垄作、小垄改大垄、测土配方施肥等措施，解决水土流失、土层变薄、土壤板结、犁底层变浅问题。

河川甸子区黑土地保护与利用技术：采取以秸秆全量粉碎深翻深混还田、深翻深松整地为主，以米豆轮作、增施有机肥、测土配方施肥、水肥一体化、平作改垄作、小垄改大垄为辅的黑土地养育培肥综合配套技术。

丘间易涝洼地保护利用技术：开展林、田、沟等农田基础设施建设，配套增施有机肥、秸秆原位全量粉碎深翻深混还田、深翻深松整地、平作改垄作、小垄改大垄、测土配方施肥等措施，解决土壤冷凉黏重、易涝板结等问题。

3. 应用效果

该技术模式在阿荣旗 11 个乡镇 40 个村集中打造了一批示范区，统筹优化了农牧业结构，实现了"用养有机结合、保护利用并重"的黑土地保护与利用运行机制。

耕层厚度增加。使耕层厚度增加到 30cm 以上，土壤的团粒结构得到改善，容重降低，孔隙度增大，通气透水性变好，持水保水能力增强。

有机质含量增加。通过 5 年的技术实施，丘陵坡耕地土壤有机质由 38.2g/kg 提升到 44.2g/kg，缓坡漫岗地土壤有机质从 38.5g/kg 提升到 47.2g/kg，平川甸子地土壤有机质由 44.6g/kg 提升到 48.8g/kg（宋昌海等，2022）。

耕地地力等级提升。通过实施综合配套技术模式，项目区耕地地力等级由实施前的 2.64 提升为 2.11，比实施前耕地质量等级增加 0.53 个等级，成效显著。

4. 适宜区域

适宜在黑龙江省、吉林省及内蒙古呼伦贝尔市和兴安盟的大兴安岭沿麓区推广应用。

13.2.5　大兴安岭沿麓不同等级耕地差异化保护与利用技术模式

1. 技术概况

该模式基于区域特点和立地条件，结合区域轻度退化、中度退化、重度退化等不同类型耕地等级，集成了秸秆覆盖还田防风固土、少免耕播种减蚀保土、年际间轮耕平衡土壤养分、作物轮作养地、有机肥与秸秆配施还田增碳培肥、肥料调盈补亏提高利用效率等关键技术，较好地解决了大兴安岭沿麓黑土地保护与利用协同难、资源利用效率低等问题。该技术模式入选了 2023 年农业农村部主推技术。

2. 技术要点

耕地等级划分：根据《耕地质量等级》（GB/T 33469—2016）国家标准和国土资源部《中国耕地质量等级调查与评定》的基础上，结合大兴安岭沿麓农田地形地貌、坡度、成土母质、侵蚀程度、灌溉条件、有机质、有效土层厚度、耕层质地、清洁程度等实际情况，制定了《大兴安岭北麓农牧交错区耕地质量分级与保护利用技术规程》（DB15/T 1785—2019）等技术标准。将耕地质量分等定级为三等五级,包括优等(优级、良级)、中等(中级、较低级)、低等(低级),并制定了差异化的保护与利用技术。

不同等级耕地秸秆还田覆盖技术:优等耕地以采用秸秆少量覆盖技术为主,作物收获后秸秆少量覆盖越冬,同时适度调节秸秆全量还田年限;原则上要求玉米田秋季收获时留茬 10cm 以上,并有部分秸秆留于地表越冬,播前秸秆覆盖率在 15%~30%;其他作物秸秆全部留于地表均匀覆盖还田。中等耕地可采用秸秆部分覆盖技术为主、秸秆全量还田技术为辅,作物秋季收获后留高茬覆盖越冬或隔年秸秆全量还田覆盖越冬;原则上要求玉米秋季收获时留高茬 25cm 左右,并有部分秸秆留于地表越冬,播前秸秆覆盖率在 30%~60%。低等耕地可采用秸秆全量覆盖技术,作物秋季收获后秸秆全量覆盖越冬;要求玉米秋季收获时秸秆整秆留于地表越冬,或玉米收获时留高茬 20cm 左右,上部秸秆切碎覆盖地表越冬,播前秸秆覆盖率在 60%及以上。

少免耕播种技术:不同等级耕地采用圆盘破茬开沟少免耕播种、施肥、镇压一体化作业,优等耕地前茬为玉米等穴播大根茬作物,采用窄开沟免耕播种方式或秸秆归行适度旋耕少耕播种方式;前茬为小麦和杂粮等条播小根茬作物,采用免耕播种方式,动土量≤30%。中等、低等耕地采用圆盘免耕播种作业,动土量≤10%。

有机肥还田技术:优等耕地结合作物秸秆还田,实施适年增施有机肥技术,每 2~3 年增施 1.0~1.5t/亩有机肥翻耕混土还田;中等耕地结合作物秸秆还田,适年增施有机肥,可每 3 年结合秸秆全量粉碎还田的同时增施 1.5~2.0t/亩有机肥翻耕混土还田养地;低等耕地结合秸秆全量还田和绿肥适年还田技术,实施适年增施有机肥技术,每 3~4 年结合休耕或种植绿肥增施 2.0~3.0t/亩有机肥,夏季翻压混土还田养地增蓄。

水肥高效利用技术:①从低等到优等耕地,玉米推荐亩施肥量 N:2.5~7.5kg、P_2O_5:4.6~9.2kg、K_2O:2.5~4.0kg。拔节期时结合中耕,每亩追施尿素 10~15kg。播种后墒情较差农田,播后 3~5 天内进行补水增墒促进出苗,采用滴灌补水一般每亩灌水量 10~15m³;在拔节期、大喇叭口期、抽雄吐丝期、灌浆期进行灌水,全生育期灌水 3~5 次,每次亩灌水量为 15~20m³。②从低等到优等耕地,大豆推荐施肥量 N:2.0~5.0kg、P_2O_5:4.6~7.5kg、K_2O:2.0~4.0kg。侧位深施在种子侧下方 3~5cm 处。在大豆封垄前结合中耕除草和大豆需肥情况,每亩追施尿素 5~10kg,也可进行叶面喷施。③从低等到优等耕地,小麦结合目标产量和土壤状况进行测土配方施肥,一般亩施复合肥 15~25kg。也可在拔节期结合浇水追施尿素 5~10kg。生长后期小麦出现脱肥现象可在灌浆期进行叶面喷施,延长功能叶片光合时期,提高产量。④从低等到优等耕地,油菜结合目标产量和土壤状况进行测土配方施肥,一般亩施复合肥 12~20kg。也可在封垄前结合中耕除草每亩追施尿素 8～12kg。生长后期出现脱肥现象，可喷施叶面肥，提高产量和品质。⑤根据区域耕地等级、作物种类、产量目标及农牧业发展情况，科学合理选择杂草防除、水肥配施等田间管理措施，以提高作物产量，实现耕地保护利用与增产增效。

轮作轮耕技术：该区域主要种植玉米、大豆、小麦、油菜、马铃薯、杂粮杂豆等作物，优等地和中等地年际间可实施玉米与大豆轮作或大豆—玉米—马铃薯—玉米轮作，小麦与油菜轮作或小麦—油菜—小麦—马铃薯（其他经济作物）等轮作模式。其中，优等耕地可每 3 年深松浅翻一次，深松≥30cm、浅翻 17～22cm；中等耕地每 4～5 年深松浅翻或深翻一次，深松≥25cm，浅翻 15～17cm 或深翻≥25cm；低等耕地采用粮豆草/绿肥作物轮作模式，每 4～5 年休耕 1 年，或结合种植绿肥翻压还田。

3. 应用效果

该技术通过秸秆还田、少免耕播种、年际间轮耕、有机无机配施、粮豆轮作、绿肥养地等措施不断提升不同等级耕地土壤肥力和蓄水保墒能力，提高水分和肥料利用率。自 2013 年以来，"大兴安岭沿麓不同等级耕地差异化保护与利用技术"分别在内蒙古兴安盟、呼伦贝尔市、赤峰市、通辽市等地区试验示范并大面积推广，并在吉林、黑龙江等省进行示范应用推广，累计推广应用面积达 5000 万亩以上。技术应用减少土壤风蚀 38%～60%，减少扬沙 70%以上，播前土壤含水量平均增加 9.3%～17.6%；不同等级耕地土壤有机质年均增加 0.03～0.09 个百分点。

4. 适宜区域

适宜在大小兴安岭沿麓退化黑土地应用。

13.3　大小兴安岭沿麓黑土地保护与利用技术模式存在的关键问题

13.3.1　黑土地保护性耕作技术模式需进一步优化

区域内生态条件多样、种植结构复杂，需要建立针对不同生产条件的保护性耕作技术体系。大小兴安岭沿麓跨寒温带、中温带 2 个气候带，降水量跨半湿润与半干旱 2 个区，丘陵缓坡耕地与山间平原交错，种植作物除以玉米、大豆、小麦、油菜等为主，杂粮杂豆等也有较大的种植面积。在农牧交错区，秸秆饲料化利用需求大，还田量不足；小麦秸秆量大，全量覆盖严重影响播种质量和地温，打捆离田部分秸秆又缺少适宜的利用方式，大量秸秆堆积在田边，造成资源浪费；

干旱低温秸秆腐解难、地温低作物苗期生长慢、水肥管理难度增加等在一些地区不同程度地影响作物产量，限制了保护性耕作技术进一步扩大实施面积。因此，需要针对不同区域生态特征和生产条件建立适应性强的保护性耕作技术体系。

植保防控难度加大。保护性耕作由于采用少免耕技术，并要求保留秸秆残茬覆盖，导致杂草危害加重，也为土壤及秸秆中的病原菌及害虫的越冬提供了有利条件，给植保带来新的问题。但当前针对大小兴安岭沿麓秸秆覆盖和免耕条件下农业有害生物发生规律与防治技术的研究较少，存在病虫害暴发导致较大产量损失的风险。

13.3.2 有机物料培肥技术限制因素多，推广难度较大

土壤环境要求高，秸秆腐解困难。坡耕地土层较薄，大部分不适合进行深翻。秸秆还田应具备秸秆腐殖的环境因素，土壤水分只有保持在合理范围内，才能有效促进微生物活动的进行。一般而言，土壤的含水量是田间持水量的60%～70%，最适合秸秆腐殖。温度的高低会直接影响微生物群体的组成、活性及土壤酶的活动等，严重时土壤中的酶还会直接失去活性。碳氮比对腐殖也有影响，比值越小，初期分解率越高。过酸、过碱环境均会对微生物的活动产生影响，导致腐殖效率变低。大小兴安岭沿麓干旱和低温是导致秸秆腐解慢的主要原因。

秸秆或有机肥不足，限制还田技术大面积实施。大量秸秆被离田饲料化利用或用于生物质发电的燃料，秸秆价格大幅上涨，每亩地玉米秸秆达到100～200元，个别地方甚至达到300元以上，经济利益驱使下用于还田的秸秆大幅减少。增施有机肥主要利用养殖场的粪肥，同样受总量较少和运输距离较远等多种因素的限制，难以普遍应用。

秸秆还田作业程序多、成本高，影响用户积极性。秸秆深翻埋压还田和粉碎混土还田一般需要秸秆粉碎、深翻或旋耕、重耙、镇压等多道工序，作业成本每亩达到50～80元。当前秸秆还田作业多数是在项目补贴的情况下进行，没有补贴时种植户主动实施的积极性不高。

13.3.3 轮作轮耕养地培肥技术在一些地区难以建立完整的模式

建立理想的轮作模式受多方面因素限制。大小兴安岭黑土区气候冷凉，可轮作种植的作物品种较为单一，主要以大豆—玉米轮作、小麦—油菜（或马铃薯）轮作为主。基于这几种作物的轮作轮耕养地培肥技术主要在积温较低的地区应用，如大豆—玉米轮作轮耕养地培肥技术主要在扎兰屯市、阿荣旗、莫力达瓦达斡尔

族自治旗等大豆种植面积较大的区域实施，小麦—油菜轮作轮耕养地培肥技术主要在牙克石市、额尔古纳市等地实施。在较温暖的地区，由于种植大豆的比较效益较低，大部分耕地以连作种植玉米为主，难以进行有效轮作。坡岗瘠薄耕地从养地的角度更适宜种植多年生牧草，但受经济效益和国家政策等多方面影响，目前尚缺乏成熟的粮草轮作技术模式，仍以种植杂粮杂豆为主。

轮耕模式的免耕技术在一些地区实施也存在较大困难。主要是免耕播种机为了保证播种质量和作业效率，以大型机具为主，需要的配套动力也较高，总体价格比较高。大部分普通农户种植规模小，地块小且分散，大型机具作业难度较大，从经济方面考虑配置免耕机械的积极性不高。

13.3.4 需要加强黑土地保护配套的作物密植高产高效栽培技术研发

针对大小兴安岭黑土区保护性耕作、地力培育等条件下的作物密植高产高效栽培基础理论与集成技术有待进一步完善。合理增密种植可以显著提高作物产量，但具体种植多大密度需要综合考虑水热资源、品种、土壤肥力、植保、配套机械等多方面的因素，建立多因素协调、轻简化的集成技术才能实现效益最大化。目前，针对大小兴安岭黑土区的相关研究较少，对密植高产高效栽培的理论与技术支撑不够。

13.4 大小兴安岭沿麓黑土地保护与利用科技创新未来重点研究方向

大小兴安岭沿麓是我国农牧交错带的主要分布区，既是我国重要的农畜产品生产基地，又是北方重要的生态安全屏障。该区域生态环境脆弱，土壤侵蚀重，保护与利用好黑土地，促进农业高质量发展，对保障国家粮食安全、生态安全和边疆稳定具有重要意义。

13.4.1 黑土地侵蚀阻控与快速培肥技术

研究内容：大小兴安岭沿麓区中，西部干旱风沙大，东部丘陵漫岗坡耕地多，整体上比黑土区其他区域土壤风蚀水蚀严重，土壤侵蚀是该区域耕地退化的主要原因。解析黑土地产能下降的障碍因子及形成机制，阐明其消减与调控机理；研究黑土地侵蚀阻控与质量提升机理，揭示关键物质循环与土壤微生物功能的影响机制；解析黑土地肥沃耕层形成机制；研发黑土地侵蚀阻控与快速培肥技术，建立多样化作物种植模式，构建不同区域黑土地固土保肥和快速培肥标准化技术体系。

2030 年目标：揭示黑土地产能下降的障碍因子及形成机制，阐明其消减与调控机理；解析黑土地肥沃耕层形成机制；研发黑土地侵蚀阻控与快速培肥技术，初步构建多样化作物种植模式和不同区域黑土地固土保肥和快速培肥标准化技术体系。

2035 年目标：建立多样化作物种植模式和不同区域黑土地固土保肥和快速培肥标准化技术体系。

13.4.2 瘠薄耕地种养结合保护与利用技术

研究内容：东北黑土区低等地（8～10 等）面积 429.05 万 hm²，占耕地总面积的 12.0%。大小兴安岭沿麓丘陵坡岗地多，西部干旱风沙大，是低等耕地的主要分布区。这些耕地土层薄、土壤贫瘠，易受风蚀水蚀侵害，通过种植多年生牧草等加强耕地保护，同时也可以减轻草原放牧压力，对于以农牧交错带为主的大小兴安岭沿麓区耕地保护与利用及农牧业协调健康发展具有重要意义。

在"大食物观"背景下，研究瘠薄耕地障碍因子与驱动机制，解析土壤健康培育与肥沃耕层形成机制，评估水、土资源承载力，研发水土流失阻控、粮草（饲）轮作地力培育、资源集约化种养等关键技术，建立县域农牧结合的种养循环模式，并大面积示范推广，统筹推进粮食生产和畜牧业发展。

2030 年目标：建立"大食物观"背景下的瘠薄耕地保护与利用基础理论与关键技术体系，初步建立粮草轮作、种养循环等技术模式。

2035 年目标：统筹推进粮食生产和畜牧业发展的理论与技术体系进一步完善，关键技术及模式大面积应用，有效提升瘠薄耕地的屏障功能和生产潜力。

13.4.3 黑土地保护配套的作物丰产高效种植技术

研究内容：黑土地保护技术提升耕地产能的同时，需要配套的作物丰产高效种植技术实现粮食增产目标。

开展大小兴安岭沿麓气候变化和黑土地保护背景下的作物密植高效种植技术研究，选育耐密抗逆优良品种，综合解析积温、降水、土壤养分与贮水能力等种植环境变化下的产能与资源承载力变化规律，建立资源承载力、作物品种、栽培管理等多要素协调的作物密植高效种植理论，研发与黑土地保护性耕作、有机物料还田等配套的节水节肥、绿色植保等关键技术，建立不同生态区主要作物密植高效种植技术模式，推动大小兴安岭沿麓黑土地保护和提高粮食产量。

2030 年目标：明确气候变化和黑土地保护背景下的区域水资源承载力，建立作物密植节水高效种植技术模式。

2035 年目标： 配套的节水节肥、绿色植保等关键技术进一步完善，技术模式大面积应用，黑土地质量持续向好，粮食产量稳步提升。

13.4.4　农业劳动力急剧减少下的黑土地保护与利用政策与技术

研究内容： 大小兴安岭沿麓地广人稀，在人口流失和老龄化等多重因素的冲击下，农业劳动力正在急剧减少，以小农户为主的家庭经营形式和经营规模将发生巨大转变，未来种植业发展面临巨大挑战。

适应新形势，确保国家粮食安全、实现农业强国和农民共同富裕，需要前瞻性地加强国家支持政策及创新技术研究。研究建立不同规模经营主体分类支持、土地流转、人才培育、制度保障等政策体系。构建支持不同规模经营主体发展的科技创新体系，注重当代生物技术、第二代信息技术、智慧装备技术和现代生态技术在产前、产中和产后的全产业链应用，加速现代智慧生态农业发展，为实现农业强国提供坚强的科技支撑。

2030 年目标： 初步建立不同规模经营主体分类支持、土地流转、人才培育、制度保障等方面的政策理论体系和支持不同规模经营主体发展的科技创新体系。

2035 年目标： 建立完善的支持不同规模经营主体发展的政策体系和科技创新体系，现代智慧生态农业规模快速壮大。

13.5　典　型　案　例

案例一　额尔古纳市黑土地保护性耕作取得显著成效

额尔古纳市位于大兴安岭西北麓，属寒温带大陆性气候，四季分明、气候凉爽，年平均气温在-2.0～3.0℃，年降水量为 200～280mm，日照时间为 2500～3000h，现有耕地 282.6 万亩，主要种植作物为春小麦和春油菜。2020 年以来，额尔古纳市是第一批"东北黑土地保护性耕作行动计划整体推进县"，在 2020 年、2021 年、2022 年分别完成免耕播种作业 44.7 万亩、46.94 万亩、48.5 万亩，推广总面积达到全市适宜面积的 75%以上，取得了显著的经济、生态和社会效益。

额尔古纳市是小麦—油菜轮作留高茬秸秆覆盖免耕技术模式的主要实施区之一。小麦茬种植油菜时，小麦收获留茬高度在 15～20cm，上部秸秆切碎均匀抛撒覆盖于地表，秸秆覆盖度达到 60%～70%，丰产地块秸秆量大影响播种时，一般打捆离田部分秸秆或在翌年播种前进行耙茬处理；春季采用高质量免耕播种机播种油菜；根据地力和产量目标合理施肥，种肥一般分层施用复合肥 15～25kg/亩，生长期叶面喷施磷酸二氢钾、芸苔素内酯等叶面肥 2～3 次。油菜茬种植小麦时，油菜收获留茬高度一般 20cm 左右，其余秸秆粉碎均匀抛撒覆盖于地表，秸秆覆盖度达到 60% 以上；春季采用高质量免耕播种机播种小麦，亩播种量 15～20kg；侧位深施复合肥 15～25kg/亩做种肥，生长期叶面喷施磷酸二氢钾、尿素 1～2 次。轮作第四年油菜收获时秸秆粉碎还田，通过深翻或深松浅翻，将秸秆混入土壤，整理至待播状态。通过秸秆还田、免耕播种、配方施肥、轮作轮耕等关键技术的融合应用，有效减少了土壤风蚀，抗旱保墒，提高作物出苗成苗率，避免了油菜等小籽粒作物因风蚀、干旱等导致的毁种重播，土壤培肥和作物增产效果显著。与传统耕作相比，减少了翻、耕、耙等作业环节，减少机具作业 3～4 次，每亩节约成本 25～34 元，油菜每亩增产 3.2～6.5kg，小麦每亩增产 4～6.75kg。

案例二　扎赉特旗多措并举扎实推进黑土地保护

扎赉特旗地处大兴安岭南麓向松嫩平原过渡地带，现有耕地 685.61 万亩，是内蒙古自治区 5 个典型黑土区之一，主要种植玉米、大豆、水稻等粮食作物，粮食产量常年稳定在 45 亿斤以上。

近年来，扎赉特旗认真贯彻落实国家和内蒙古自治区有关决策部署，综合运用工程、农艺等治理措施，建立"保护利用并重，用养有机结合"的黑土地保护与利用机制。一是坚持高标准农田建设，建成高标准农田 209.89 万亩。二是开展耕地轮作，重点推行粮豆轮作及旱种水稻、甜菜等作物与玉米、大豆轮作，累计开展耕地轮作 203 万亩。三是推进耕地地力保护提升，利用耕地地力保护提升资金 2960 万元，在 5 个乡镇实施玉米主产区地力提升工程 9 万亩，增施有机肥 41.20 万亩，进一步提升黑土地有机质含量。四是实施保护性耕作，作为黑土地保护性耕作整体推进县，扎赉特旗建有县级高标准保护性耕作应用基地 1 个，面积 2000 亩，乡级基地 4 个，面积各 200 亩，2020～2023 年累计投入免耕播种机及监测设备 2741 台套，完成保护性耕作 731.96 万亩。

扎赉特旗是大豆—玉米轮作轮耕技术模式的主要实施区。收获时玉米留茬高度 25～40cm、大豆留茬高度 8～10cm，上部秸秆粉碎抛撒均匀覆盖地表。春季用大马力机车及气吸式免耕精密播种机一次完成破茬开沟、施肥、播种、覆土和镇压作业。根据作物需肥规律、土壤供肥性能和肥料效应，在合理施用有机肥料的基础上，确定合理施肥配比，实现各种养分平衡供应。病虫草害防治坚持"以防为主"的原则，因地制宜集成推广生态调控、免疫诱抗、生物防治、理化诱控、科学用药等绿色防控措施，减少化学农药使用次数和使用量。实施三年一耕大豆—玉米轮作或四年一耕大豆—玉米轮作，翻耕时秸秆粉碎还田。

经过多年的保护与利用，黑土地质量得到了显著提升。黑土地保护与利用项目区内耕地有机质提高 3.5%，耕层平均厚度增加 7.2cm。保护性耕作地块土壤蓄水保墒能力明显提升，有效抑制了耕地沙化和水土流失，减少土壤风蚀 35%～70%，增产 8%左右，平均每亩增收节支 70～120 元。

作 者 信 息

路战远，内蒙古自治区农牧业科学院

程玉臣，内蒙古自治区农牧业科学院

赵小庆，内蒙古自治区农牧业科学院

张向前，内蒙古自治区农牧业科学院

任永峰，内蒙古自治区农牧业科学院

陈立宇，内蒙古自治区农牧业科学院

高　娃，内蒙古自治区农牧业科学院

参 考 文 献

崔文华. 2013. 呼伦贝尔市耕地地力与科学施肥. 北京: 中国农业出版社.

韩晓增, 邹文秀, 杨帆. 2021. 东北黑土地保护利用取得的主要成绩、面临挑战与对策建议. 中国科学院院刊, 36(10): 1194-1202.

景国臣, 刘丙友, 荣建东, 等. 2016. 黑龙江省冻融侵蚀分布及其特征. 水土保持通报, 36(4): 320-325.

刘旭, 黄季焜. 2023-1-31. 我国种植业安全形势判断与战略举措. 人民政协报, 第 5 版.

宋昌海, 王璐, 王娜, 等. 2022. 呼伦贝尔市东北黑土地保护利用的"阿荣旗模式". 农业工程技术, 42(17): 49-50.

王维芳, 矫欣航, 李国春. 2018. DEM 分辨率对大兴安岭林区水土流失评价结果的影响. 东北林业大学学报, 46(4): 23-28.

辛景树, 汪景宽, 薛彦东. 2017. 东北黑土区耕地质量评价. 北京: 中国农业出版社.

徐英德, 裴久渤, 李双异, 等. 2023. 东北黑土地不同类型区主要特征及保护利用对策. 土壤通报, 54(2): 495-504.

杨绪红, 金晓斌, 杨永可, 等. 2022. 1950—2020 年东北地区林地时空变化特征分析. 地理科学, 42(11): 1996-2005.

郑婷婷, 杨莉, 贾卓霏, 等. 2023. 基于生态系统"受损-恢复力-修复潜力"评价的内蒙古生态空间分区及保护修复策略. 环境工程技术学报, 13(5): 1901-1909.